土壤肥料

第2版

王立河　田春丽　主编

中国农业大学出版社
· 北京 ·

内容简介

土壤肥料是一门以土壤的发生与土壤肥力的形成、植物营养和肥料基本性质与施用技术等知识、技能为主要内容的专业基础课。本教材分为概论、土壤形成与固相组成、土壤性质的判断与调控、土壤肥力因素与调控、土壤资源管理、植物营养原理解读、土壤养分与化学肥料施用技术、有机肥料与生物肥料施用技术、科学施肥技术等理论知识和实验实训内容。本书体例新颖，重点突出，较好地融入了思政和信息化资源，体现了教材的科学性、实践性和针对性。本教材可作为全国职业院校种植类专业的教材，也可供农业科技工作者参考。

图书在版编目(CIP)数据

土壤肥料/王立河，田春丽主编．--2版．--北京：中国农业大学出版社，2023.8(2024.5重印)

ISBN 978-7-5655-3031-9

Ⅰ.①土… Ⅱ.①王…②田… Ⅲ.①土壤肥力 Ⅳ.①S158

中国国家版本馆CIP数据核字(2023)第146127号

书　名 土壤肥料　第2版
Turang Feiliao

作　者 王立河　田春丽　主编

策划编辑 张　玉　　**责任编辑** 张　玉
封面设计 李尘工作室
出版发行 中国农业大学出版社
社　址 北京市海淀区圆明园西路2号　　**邮政编码** 100193
电　话 发行部 010-62733489,1190　　编辑部 010-62732617,2618
出版部 010-62732617,2618　　读者服务部 010-62732336
网　址 http://www.caupress.cn　　**E-mail** cbsszs@cau.edu.cn
经　销 新华书店
印　刷 涿州市星河印刷有限公司
版　次 2023年8月第2版　　2024年5月第2次印刷
规　格 185 mm×260 mm　　16开本　　18.25印张　　450千字
定　价 59.00元

图书如有质量问题本社发行部负责调换

第2版编审人员

主　编：王立河（河南农业职业学院）

　　　　田春丽（河南农业职业学院）

副主编：裴瑞杰（南阳农业职业学院）

　　　　海　飞（河南农业职业学院）

　　　　孙丽静（广东科贸职业学院）

　　　　张　涛（德阳农业科技职业学院）

参　编：王　娟（湖北生物科技职业学院）

　　　　黄　达（河南省土壤肥料站）

　　　　冯朝旭（河南商都种业有限公司）

　　　　张　莹（湖北生态工程职业技术学院）

主　审：介晓磊（河南农业大学）

　　　　徐丽芳（辽宁农业职业技术学院）

第1版编审人员

主　编：王立河（河南农业职业学院）
　　　　高素玲（河南农业职业学院）

副主编：田春丽（河南农业职业学院）
　　　　李秀霞（新疆农业职业技术学院）
　　　　高　彻（河北旅游职业学院）

参　编：杜丽君（河北旅游职业学院）
　　　　武守朝（沧州职业技术学院）

主　审：谭金芳（河南农业大学）

第 2 版前言

教材改革是实现课程改革的基础和体现。为深入贯彻落实中共中央办公厅、国务院办公厅《关于推动现代职业教育高质量发展的意见》和教育部《“十四五”职业教育规划教材建设实施方案》精神，我们组织修订了这部教材。

土壤肥料是高等职业教育种植类各专业的基础课程，对专业课程的学习和能力拓展具有重要作用。按照新时代对“粮食安全和生态安全”的新要求，结合“十四五”期间高等职业教育种植类专业课程改革成果和行业企业发展的需要，我们对教材进行了修订。新版教材保留了第 1 版的结构框架，以项目引领，任务驱动，理论与技能相融合。新版教材在原版基础上进行了以下创新。

1. 增加了课程思政

新版教材将爱国主义、爱岗敬业、安全生产、生态文明和党的二十大精神等思想教育内容融入教材，具体形式是：①在学习目标中增加“素质目标”；②在正文部分增加“科学史话”，介绍我国相关领域的先进人物和先进事迹；③在每个项目后增加了“思政园地”。

2. 更新了体例

新版教材体例做了如下调整：①学习目标由知识和技能目标扩展为知识＋技能＋素质；②增加“科学史话”；③更新“创新创业”；④增加“阅读材料”“项目小结”栏目，利于学生自学总结；⑤统一了课后题型，与生产实际结合更紧密；⑥技能训练紧紧跟在授课内容之后，便于教学和技能掌握，提高学生的职业能力；⑦双色印刷，教材更加美观，重点内容更加突出。

3. 丰富了教材信息资源

教材配套有教学设计、演示文稿、视频和动画、练习题等数字化资源，能够充分满足教师教学、学生自学、线上教学和线下教学的需求。

4. 完善了教材内容与编写团队

为适应现代农业生产实际需要，强化技术更新及实用性，新版教材突显“藏粮于地、藏粮于技”“生态文明”等粮食生产安全理念，完善土壤污染与修复，增加新型肥料施用管理和第三次土壤普查内容。在全国高等职业教育涉农院校教师编写队伍的基础上，吸纳行业和企业专业人才参加编写，通过与行业企业专家合作开发，实现教材知识性与实践性相结合，确保教材在职业教育上的适用性。

本教材适宜作为全国高等职业教育种植类各专业的必修课教材。建议学时安排：理论60学时，实验实训30学时。

本教材由王立河和田春丽主编。编写分工为：概论和项目六由王立河编写，项目一和项目四由裴瑞杰、田春丽编写，项目二和项目三由王娟、海飞编写，项目七由孙丽静、冯朝旭编写，项目五由张莹、黄达编写，项目八由张涛编写。本教材由王立河和田春丽进行统稿，并承蒙河南农业大学博士生导师介晓磊教授、辽宁农业职业技术学院徐丽芳教授审阅。本书在编写过程中，得到了编写人员所在单位领导的大力支持，在此一并表示感谢！

由于编者的水平有限，加之土壤肥料科学发展较快，技术性强，书中不足之处在所难免，敬请各院校师生和广大读者批评指正。

编　者

2023年3月

第1版前言

课程改革就是由传统学习方式向现代学习方式的“主动性、独立性、独特性、体验性与问题性”转变。教材改革是实现课程改革的基础和体现。为此，中国农业大学出版社于2016年6月组织相关院校召开了“十三五”规划教材编写会议。会议根据《国务院办公厅关于深化高等学校创新创业教育改革的实施意见》(国办发〔2015〕36号)和《高等职业教育创新发展行动计划(2015—2018)》，结合“十二五”职业教育教材建设的改革成果，确立了“适应工学结合和现代学徒制的教育教学模式要求，力求实现教材的精品化、特色化、信息数字化和体例内容创新”的编写指导思想。

土壤肥料是农业生产的基础，是高等职业教育种植类各专业的基础课程，对专业课程的学习和能力拓展具有重要作用。根据新时代对“粮食安全和生态安全”的新要求和“两减一增”目标的实现，结合“十二五”期间高等职业教育种植类专业课程改革成果和行业企业发展的需要，围绕教材编写会议指导思想，组织编写了本教材，该教材具备以下特点。

1. 以项目引领，任务驱动作为教材的基本框架。以职业岗位确立典型工作任务，以典型工作任务确立岗位能力需求，以能力需求确定项目和任务。把土壤、植物营养原理、肥料施用技术组合成8个项目30个任务。

2. 内容新颖，符合时代新要求。体现“藏粮于地、藏粮于技”，增加了生态安全修复和农产品安全生产、健康土壤培育。在更新原有新型肥料和施肥技术的基础上，强调了土壤资源管理的质量管理，把土壤质量管理分解为大田土壤、设施土壤、果园土壤三个任务，增加了土壤污染与修复任务。同时添加了肥料的安全施用及健康土壤培育、农产品安全生产任务。

3. 理论与技能深度融合，符合高等职业教育特点。根据教材30个任务和工作岗位的能力要求，精心挑选制作了17个技能训练项目，技能训练紧跟对应的任务其后，达到理论与技能的紧密结合，为“教、学、做”一体化教学方式改革的实现提供了可能。

4. 初步尝试了立体信息化技术在教材中的应用。响应教育部立体化教材改革的新要求，对课程中的知识点和技能点进行信息化加工，突出趣味性和直观性，实现手机移动终端推送学习。以有关文字(项目后思考题答案)、图片、动画、视频等格式，以二维码链接形式贯穿每一个任务，突出信息化教学原则，为实现信息化教学提供了较强的可操作性，是本教材一大创新和特色。

5. 体例创新，响应创新型社会的要求。每个项目前编排有知识目标和技能目标，项目后为【创新创业】、【阅读材料】、项目小结和思考题。体例结构方便教学和学习，尤其是【创新创业】，突出了可行性、企业案例化和可职业化，并与该项目紧密关联，【阅读材料】内容新颖，趣味性强，提高了项目的拓展性，紧跟社会前沿等又是本教材一大特色和亮点。

本教材适宜作为全国高等职业教育种植类各专业的必修课教材。建议学时安排：理论60学时，实验实训30学时。

本教材由王立河和高素玲主编。编写分工为：概论和项目六由王立河编写，项目一由武守朝编写，项目二、五、七由高素玲和李秀霞编写，项目三、四由田春丽和杜丽君编写，项目八由高彻编写。田春丽初审项目一、六、七；李秀霞初审项目四、五、八，高彻初审项目二、三，由田春丽汇总初审，最后由王立河和高素玲对全书进行修订、统稿，并承蒙河南农业大学博士生导师谭金芳教授审阅，在编写过程中，得到了编写人员所在单位领导的大力支持，在此一并表示感谢！

由于编者的水平有限，加之土壤肥料发展较快，技术性强，不足之处在所难免，敬请各院校师生和广大读者批评指正。

主　编

2018年1月12日

目 录

概　论

学习目标

知识目标：

1. 了解土壤肥料的发展历程和面临的工作任务。
2. 理解土壤和肥料在农业生产中的重要性、土壤肥力高低的决定因素、肥料的种类划分。
3. 掌握土壤、土壤肥力和肥料的概念。

技能目标：

1. 熟悉当地目前正在推广的土壤肥料应用项目对技术人员的要求。
2. 学会初步识别当地大区域主要土壤类型和常用的肥料种类。

素质目标：

1. 厚植学生的“大国三农”情怀。
2. 牢固树立尊重科学、土壤用养结合、持续发展的理念。

一、土壤概述

（一）土壤与土壤肥力的概念

我们对土壤既熟悉又陌生。早在三千多年以前，我国的《周礼》就对土壤有记载。“万物自生焉则曰土”“以人所耕而树艺焉则曰壤”，也就是说凡是自然生长植被的土地叫作“土”，经过开垦而种植植物的土地叫作“壤”，这可能是对土壤下的最早的定义。《说文解字》中注释：“土者，是地之吐生物也。”“土”与“吐”同音，意味着生长为“吐出来”之意。

世界各国不同学科的学者对土壤有不同的认识，对土壤下的定义也不同。持地质学观点的人，认为土壤是地表岩石风化的碎屑；持化学观点的人，认为土壤是植物养分的贮藏库；环境学家则认为土壤是重要的环境因素，是环境污染的缓冲带和过滤器。20 世纪 30 年代，苏联土壤学家威廉斯根据近代土壤学知识给土壤所下的定义是：土壤是地球陆地表面能生长植物收获物的疏松表层。随着环境科学和水产事业的发展，对水体和水下资源的研究与开发进行了大量的工作，国内许多学者趋向于将浅水域底的疏松层纳入土壤的范畴。目前，从农业生产方面考虑，更多学者认可将土壤定义为：地球陆地上能够生长绿色植物包括浅水域底的疏松表层。图 0.1 为土壤的基本组成。

二维码 0-1
“土”字的含义

土壤之所以能生长绿色植物，是因为土壤具有供应和协调植物所必需的养分、水分、空气和热量的能力，通常把这个能力称为土壤肥力。土壤肥力是土壤的基本属性和本质特征，是反映土壤肥沃性的一个重要指标，是土壤各种基本性质的综合表现，是土壤区别于成土母质和其他

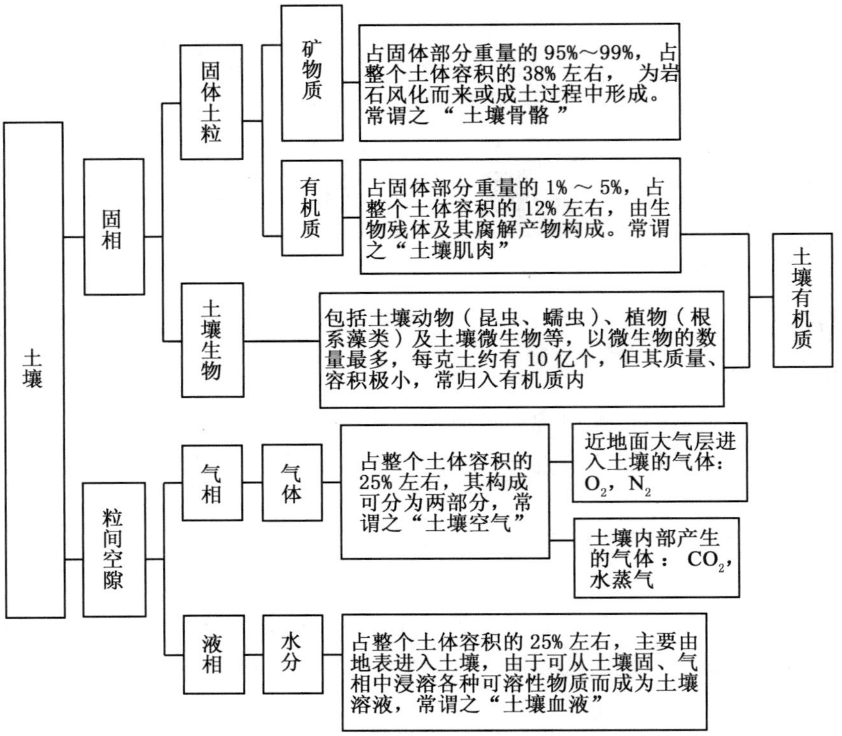

图 0.1　**土壤的基本组成**

自然体的最本质的特征，也是土壤作为自然资源和农业生产资料的物质基础。土壤中的养分、水分、通气状况和温度状况（简称水、肥、气、热）4 个因素称为四大肥力因素。这 4 个因素时刻在不断变化，它们相互联系、相互制约又相互协调，当这 4 个因素能最大限度地持续、协调满足植物的需求时，才是土壤肥力的最高表现。

二维码 0-2
土壤

土壤肥力包括自然肥力和人工肥力。自然肥力是在土壤母质、气候、生物、地形、时间五大自然因素的作用下形成的土壤肥力，是土壤的物理、化学和生物特征的综合表现。它的形成和发展，取决于各种自然因素的质量、数量及其组合适当与否。自然肥力是自然再生产过程的产物，是土地生产力的基础，它能自发地生长天然植被。人工肥力是指通过人类生产活动，如耕作、施肥、灌溉、土壤改良等人为因素作用下形成的土壤肥力。自然土壤只具有自然肥力，但农业土壤则兼具自然肥力和人为肥力，它们具有综合效应，作物在利用肥力因素时，二者是不能区分的，即自然肥力与人工肥力结合形成的经济肥力，才能用以为人类生产出充裕的农产品。农业生产上，能为植物或农作物即时利用的自然肥力和人工肥力叫“有效肥力”，不能即时利用的叫“潜在肥力”。有效肥力和潜在肥力在一定条件下是可以相互转化的，两者之间没有截然的界限（图 0.2）。

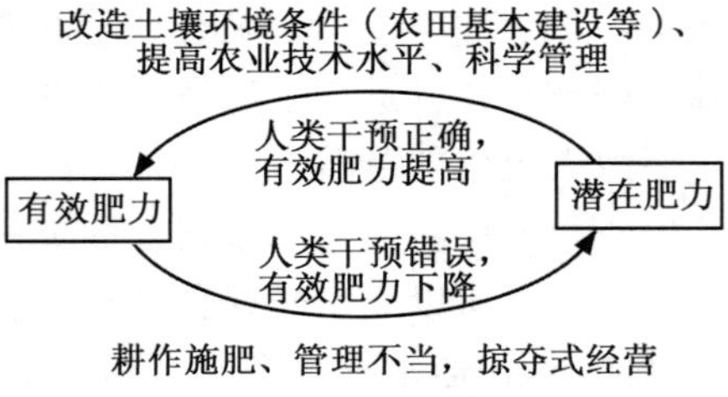

图 0.2　**有效肥力与潜在肥力的关系**

土壤生产力是由土壤本身的肥力属性和发挥肥力作用的外部条件（包括自然环境条件、人为因素和社会因素）所共同决定的，肥力高低是土壤生产力的基础而不是其全部。土壤生产力的高低反映了土壤肥力直接转化为社会经济效果的水平，它除了受土壤本身的影响外，更多受制于随科学及社会生产力发展而进步的技术以及社会经济关系。

（二）土壤在农业生产中的地位与作用

"民以食为天，食以土为本"，道出了土壤在农业生产中的地位。土壤是人类食物生产的主要基地，地球上95%的食物来自土壤。马克思说，土壤是人类赖以生存的、不能出让的生产资料和再生产资料。人类需要土壤来生产粮食、饲料、纤维、染料和其他诸多产品。土壤提供了植物生活必需的营养和水分，由于植物根系与土壤之间具有极大的接触面，在土壤和植物之间进行频繁的物质交换，彼此强烈影响，因而土壤是植物的一个重要生态因子，只有根据土壤条件采取相适应的农业技术措施才能达到高产优质的要求，所以土壤是农业生产各项技术措施的基础。

我国农业科学技术自古以来就是以土壤科学为中心的，古代劳动人民经过长期生产实践取得了重要经验，即为了搞好农业生产，以土为基础，实行"精耕细作"。依据自然规律，在治山、治水、治土、治田、施肥、治虫和作物栽培等方面，取得了丰富的经验与巨大的成就。虽然当今"无土栽培"正日益兴起，但一般认为"无土栽培"还不可能全面替代土壤进行农业生产。为了满足人们对食品的需要，就必须利用现有土壤获得植物产品（初级生产），进而获得动物产品（次级生产）。植物生长发育需要六大生活条件：光、热、水、肥、气和扎根立足条件。其中，除了光能以外，其余因素最终都要靠土壤来完成。可见，土壤是农业生产的基础，是支撑人类社会生存和发展的最珍贵的自然资源，是维持人类生存的必要条件。

土壤是植物生产的基地。归纳起来，土壤在植物生长繁育中具有下列作用：

第一，为植物提供必需的营养物质。除二氧化碳主要来自空气外，植物需要的营养元素，如氮、磷、钾及中量、微量营养元素主要来自土壤。

第二，促进陆地地表系统中养分的转化和能量循环。养分元素的转化既包括无机物的有机化，也包含有机物的矿质化，既有营养元素的释放和散失，也有元素的结合、固定和归还。通过土壤养分元素的繁杂转化过程，在地球表层系统中实现各营养元素与生物之间的循环周转，保持了生物生命的生息与繁衍。

第三，涵养雨水。土壤对雨水的涵养功能与其疏松程度、有机质含量等理化性质和植被覆盖度密切相关，植物枝叶对雨水的截留和对地表径流的阻滞，以及根系穿插和腐殖层形成对渗透的影响，都能大大增强土壤的雨水涵养能力。

第四，对植物起机械支撑作用。植物在土壤中生长，根系在土壤中伸展和穿插，获得土壤的营养和机械支撑。

第五，为植物生长提供稳定、适宜的生活环境。良好的土壤要给植物提供站稳、吃饱、喝足和住得舒服（空气流通、温度适宜）等环境条件。

另外，土壤的缓冲能力对进入土壤的污染物起到"过滤器"和"净化器"的作用，能通过土壤生物进行代谢、降解、转化、清除或降低其毒性，为植物和土壤生物提供一个相对稳定的生长繁衍环境。土壤中蕴藏着世界1/4的生物多样性。土壤也是碳循环中的关键因素，土壤固碳对于全球气候变化和食物的安全有重要意义，它能够帮助我们减缓和适应气候变化。此外，土壤有助于水资源管理及加强抵御洪水和干旱的能力。

（三）土壤在生态系统中的地位与作用

早在唐代，我国先贤们就把土壤称作"地皮"。"地皮"一词，正确地反映了土壤在地球生命系统中的重要地位。如果地球表面没有我们称之为土壤的薄薄的表皮，地球将同其他星球一样几乎毫无生命的痕迹。土壤是地球的皮肤，是五大圈层（岩石圈、大气圈、水圈、生物圈、土壤圈）的纽带，是陆地生态系统的根基，孕育着世界万物，是生命与非生命联系的中心环节，也是结合地理环境各组成要素的纽带。土壤作为陆地生态系统中生物的支撑结构，通过物质循环与能量的转化，协调陆地生态系统结构和功能的变化，维持陆地生态系统的和谐与稳定。

二维码 0-3

土壤在生态系统中的地位

土壤位于陆地生态系统的底部，具有营养物传递系统、再循环系统和废物处理系统，是陆地生态系统的基底或基础。在土壤中进行的两个最重要的生态过程是分解和固定过程。土壤为陆生植物提供了基质，为陆生动物提供了栖息地。土壤是植物萌芽、支撑和腐烂的地方，又是水和营养物储存的场所；是动物和微生物的藏身处、排污处；是污染物质转化的重要基地。因此土壤无论对植物或动物都是重要的生态因子，是人类重要的自然资源。

二、肥料概述

（一）肥料的概念及分类

肥料是作物的“粮食”，是施于土壤中或施在植物地上部分，能够直接或间接为植物提供养分的物质。肥料可向土壤中施用，也可施在植物的地上部分，满足植物对养分的需求。肥料是保障国家粮食安全的战略物资，是保持和提高地力、实现农业可持续发展的物质基础。

根据发挥作用的方式，可以把肥料分为直接肥料和间接肥料。直接肥料是施入土壤后直接供给植物养分的肥料，如大部分的化学肥料。间接肥料是指施入土壤后，不是直接提供给植物养分，但是它们能改善土壤理化性质、生物性质，逐步提高土壤肥力。如酸性土壤施用的石灰，碱性土壤施用的石膏、生物制剂等。但这种划分是相对的，直接肥料和间接肥料二者之间没有明显的界限。如有机肥料含有植物所需的各种营养物质，属于直接肥料，可以直接为植物提供养分，同时还能改良土壤、改善植物营养条件，起到间接肥料的作用。

生产上，更多是根据肥料的来源和性质，将其分为化学肥料、有机肥料和生物肥料三大类型。化学肥料是用化学方法制成的含有一种或几种农作物生长需要的营养元素的肥料。只含有一种可标明含量的营养元素的化肥称为单元素肥料，如氮肥、磷肥、钾肥以及中量元素肥料和微量元素肥料；含有氮、磷、钾三种营养元素中的至少两种养分且标明其含量的化肥，称为复合肥料。有机肥料是有机质经微生物分解或发酵而成的一类肥料，又称农家肥。生物肥料，是通过微生物生命活动，使农作物得到特定的肥料效应的制品，也被称为接种剂或菌肥，它本身不含营养元素，不能代替化肥。

由于一种肥料常有多种属性，除上述分类外，还有其他常见的分类方法：①按肥料物理状态可分为固体肥料和流体肥料。固体肥料又分为粉状肥料和粒状肥料。流体肥料是常温常压下呈液体状态的肥料。②按肥料的化学性质，可分为化学酸性肥料、化学碱性肥料和化学中性肥料。③按肥料被植物选择吸收后对土壤反应的影响，可分为生理中性肥料、生理碱性肥料和生理酸性肥料。④按肥料中养分对植物的有效性，可分为速效肥料、迟效肥料和长效肥料。

目前，要全面实现农业农村现代化目标，亟须以农业高质量发展推动生态文明建设。要求农业生产向着高产、低耗、优质、高效的方向发展，结合我国人地矛盾突出、资源利用率低等现状，肥料的革新成为关键。如何提高化肥利用率、减轻或免除肥料对环境的污染，生产出优质营养的农产品是当今农业绿色可持续发展的迫切要求。于是，新型肥料的研制和开发应运而生。

新型肥料发展具有高效性、专业化、简便化、多功能化等趋势。新型肥料主要有:水溶肥料、缓控释肥料、功能性肥料、商品有机肥和生物肥料等。

(二)肥料在农业生产中的作用

农业生产中种植业的发展离不开肥料。我国农业历史悠久,古代称肥料为粪,农田施肥则称为粪田。我国农田施肥大约开始于殷商时期,该时期的出土文物中已有罱(lǎn,捞)河泥的木制工具,殷商的甲骨文中已有表示屎、壅等字形记载,并有施肥可以增产的卜辞。到战国时期已经重视并强调农田施肥了。《齐民要术》中详细介绍了种植绿肥的方法以及豆科作物同禾本科作物轮作的方法等;还提到了用作物茎秆与牛粪尿混合,经过践踏和堆制而成肥料的方法。在施肥技术方面,《氾(fán)胜之书》中有详细叙述,强调施足基肥和补施追肥对作物生长的重要性。

我国历代农民及有识之士对作物施肥极为重视,并有许多深刻的见解。早在春秋战国时期,人们就把土壤肥料与增产联系在一起,孟子说:"耕者之所获,一夫百亩,百亩之粪,上农夫食九人";清代杨屾(shēn)在《知本提纲》里也提到:"田得膏润而生息,变臭为奇,化恶为美,丝谷倍收,蔬果倍茂。"说明用肥料来改良土壤是农业生产的首要问题。生产实践中,人们认识到通过施肥,能够改良土壤性质,提高作物产量,改善农产品品质。在确定肥料的地位和作用方面,"肥料是植物的粮食"这一提法,同土壤是农业生产的基础一样,早已被人们所认同。

三、我国土壤肥料的发展概况及面临的任务

(一)我国土壤肥料的发展概况

在五千年的历史长河中,中国人民用勤劳和智慧开创了精耕细作的古代农业,积累了丰富的认土、评土、用土、改土和对肥料积、造、保、用的经验,总结出"地力长新壮",要改善农业的环境条件,提高农业的生产能力,这是我国劳动人民对土壤肥料的伟大科学贡献。近百年来,欧美近代土壤科学传到我国,我们对土壤施肥的认识也发生了深刻变化。19世纪中叶,以德国化学家李比希为代表的农业化学派,从化学的观点来研究土壤,提出了"植物矿质营养学说",认为作物的营养主要依赖于土壤中矿质成分以及有机质分解后产生的矿物质,只有不断地向土壤归还和供给矿质养分,才能维持土壤肥力。在当时,这种观点推翻了以前认为植物靠吸收腐殖质而生长的错误学说,推动了化肥的广泛应用;抛弃了施用有机肥、种植绿肥培养地力的措施,忽视了生物因素对提高土壤肥力的积极作用。现代农业单纯靠化肥农药大面积、大幅度地提高了作物产量,经济效益十分可观,但这是以消耗大量能源,牺牲生态环境,降低土壤肥力和农业产品品质为代价的。化肥、农药的大量使用,对日益严重的能源危机无疑是雪上加霜,同时还加剧了环境的污染,有害元素在农产品中的累积和营养成分的单一性严重威胁人类身体健康。高额的产量从土壤中夺取了大量养分,单纯依靠化肥作为土壤养分的投入,不仅破坏了养分循环再利用的途径,而且减弱了土壤养分的自我维持,导致土壤肥力下降,有机物减少,理化性能变劣,使化肥施用效果降低,生产成本增加。

随着对化肥的进一步认识,人们开始迫切希望有一种使土地活化、松散、肥力高、无污染、长效的物质代替单纯施用化肥。为此,1989年农业部成立了绿色食品办公室,并设立了第一个重点研究项目"绿色食品生产基地环境和生产技术研究",积极推广测土配方施肥技术。1995年5月,国家成立了自然科学基金项目"有机酸-金属(FE. AL)-磷三元复合及植物有效性研究"以及"有机肥活化土壤养分机理研究",从而再次提出有机质-废物能源利用的问题。2011年2月,中

国科学院南京土壤研究所主持的第四个国家重点基础研究发展计划（“973”计划）“粮食主产区农田地力提升机理与定向培育对策”项目在南京启动。2015 年 3 月 20 日，面对农业面源污染越来越严重的问题，农业部明确“一控、两减、三基本”的农村污染治理目标。我国部分地区土壤污染较为严重，面对越来越堪忧的土壤环境总体状况，国务院 2016 年 5 月 31 日印发《土壤污染防治行动计划》（简称《土十条》）。2018 年 8 月 31 日，第十三届全国人大常委会第五次会议通过了《中华人民共和国土壤防治法》（以下简称《土壤法》），并于 2019 年 1 月 1 日起实施。2020 年各省、市全面贯彻落实《土壤污染防治工作实施方案》，扎实推动净土保卫战，改善土壤环境质量，保护生态环境，保障食品安全、饮食安全。2022 年中央一号文件耕地保护新政为“保数量、提质量、管用途、挖潜力”，即严守 18 亿亩耕地红线。2022 年建设高标准农田 1 亿亩，累计建成高效节水灌溉面积 4 亿亩，严厉查处违法违规占用耕地从事非农建设，积极挖掘潜力增加耕地。保护耕地是落实“藏粮于地、藏粮于技”战略的关键，深入确保国家粮食安全，把中国人的饭碗牢牢端在自己手中。2023 年中央一号文件提到，要加强耕地保护和用途管控，做好第三次全国土壤普查工作，可见，政府对土壤和肥料工作的重视。新中国成立以来我国分别于 1958 年和 1979 年开展过两次全国土壤普查，受当时历史时期和科学技术水平的影响，这两次土壤普查都存在很大的局限性。当前，我国土壤肥料工作稳步推进，把改良土壤、培肥地力作为农田基本建设的重要内容和长期任务，对确保生态环境质量得到改善、各类自然生态系统安全稳定具有积极作用。

（二）我国土壤肥料工作面临的主要任务

农业的可持续发展是人类社会、经济可持续发展的基础。可持续农业的核心是以当代科学技术为基础，以持续增长的生产率、持续提高的土壤肥力、持续协调的生态环境，以及持续利用与保护的农业自然资源为目标，以高产、优质、高效、低耗为宗旨，采用现代科学技术、现代经营方法来管理而建立的一种农业综合体系。我国地少人多，人均占有土地资源，特别是耕地资源数量有限。在我国有限的耕地中，中低产田占 60% 以上，其中养分贫瘠、土壤污染成为较普遍的问题，加上有机肥料逐年减少、化学肥料滥用、施肥技术落后等在很大程度上制约着土壤肥力的提升和农作物产量的进一步提高。因而，作为人类生存的基本资源的土壤以及与之密切关联的土壤肥料学的发展，对可持续农业的发展起着举足轻重的作用。

要保持中国的农业可持续发展和生态环境健康，中国南京土壤研究所周健民指出，在新世纪，土壤肥料工作者面临着以下主要工作任务。第一，要关注食品安全问题。中国新世纪的食物安全与土壤资源的关系密不可分，要实现食物安全的目标，就要保持耕地的相对稳定，维持和提高土壤质量。第二，应该继续为土壤资源的合理利用提供决策依据。研究土壤质量演变的过程与发生机制，运用 3S 技术和近代分析技术获取土壤资源和质量指标的信息，分析明确我国土壤资源与质量的时空分异规律，对土壤资源演变提出预警，建立土壤数据库，为我国土壤资源的合理利用和管理提供决策的支持和技术咨询。第三，维持土壤肥力，提高肥料利用率。我国耕地后备资源严重不足，要实现食物的安全目标、维持单位面积的粮食高产和增产，土壤的高强度利用和肥料的高投入是不可避免的。但我国现行的肥料分配和施用存在诸多问题，导致肥料利用率低下，土壤肥力下降。因此，培肥土壤，推广配方施肥、水肥一体化、精准施肥等科学合理的施肥技术和方法，减少肥料对土壤和环境的不良影响，显得尤为重要。第四，提高土壤环境质量，维护生态环境健康。土壤除了生产功能，其巨大的缓冲能力使其还具备接纳、消解污染物的功能，但过量的污染排放，也会导致土壤遭受污染，严重影响人们的生活甚至生存。现在的环境污染已经带来了严重的生态环境问题，国家需要行之有效的防止土壤污染的原理与技术，对已经污染的土壤，也需要有效的修复技术，以维持和提高现有的土壤环境质量和健康质量。第五，进一步研究和完善土壤质量的概念。随着全球范围土壤退化及伴随而来的环境问题的出现，使以增加粮食生产为主要目标的传统土壤学正在向以提高粮食生产、改善农产品品质、保护环境和促进人畜健康等多目标的现代土壤学发展。这就使得表征土壤生物生产能力的土壤肥力不再是评价土壤的唯一指标，而土壤容纳、吸收和降解各种污染物的功能和生产能促进人畜健康产品的功能已成为评价土壤的另外两个基本指标。但到目前为止，人们对土壤质量的内涵仍然理解不深，很多问题都有待进一步的研究。另外，建立圈层物质和能量交换理论、可变电荷土壤特性理论、土壤高强度利用与环境协调等理论研究，不仅将对我国土壤学的发展发挥重要作用，而且也将对国际土壤学的发展做出重大贡献。

思考题

一、名词解释

土壤　土壤肥力　肥料　潜在肥力　有效肥力

二、问答题

1. 如何理解土壤肥料在农业生产中的地位和作用？
2. 我国土壤肥料工作面临的任务有哪些？
3. 根据自己目前对所在专业的认识，列举事实说明土壤肥料的作用。

二维码 0-4
思考题答案

思政园地

土壤对我们的生活具有重要意义。工业革命以来，由于乱砍滥伐、过度放牧，不科学的农业耕作方式以及无节制的污染排放，已经导致全球土壤生态环境急剧恶化，土壤退化、污染问题日趋严重。2020 年 12 月，联合国粮农组织(FAO)发布了首份关于全球土壤生物多样性的研究报告，报告指出土壤退化是与全球气候变暖、地表环境破坏同等重要的生态环境问题，更值得关注的是，土壤中储存着大量的二氧化碳，土壤退化将加速全球气候变暖。因此，人们必须尽快认识和珍惜土壤资源，了解植物的营养特性，科学、合理、高效、可持续利用土地，才能得到高质量的农产品。请思考如何让更多的人加入拯救土壤的行动中，有效遏制全球土壤退化，加快土壤生态系统的保护与修复。

项目一　土壤形成与固相组成

学习目标

知识目标：

1. 了解土壤的形成过程、影响因素以及土壤的组成。
2. 了解土壤矿物质的类型及土壤粒级、质地的划分。
3. 掌握土壤质地与肥力的关系、土壤质地的改良及有机质的作用和调节措施。

技能目标：

1. 鉴别土壤质地的类型，掌握不同质地与肥力的关系。
2. 掌握土壤有机质的测定方法，判断土壤有机质的含量水平。
3. 掌握土壤有机质调控措施。

素质目标：

1. 培养学生吃苦耐劳、具备组织能力和团队协作精神。
2. 牢固树立尊重科学、土壤用养结合、持续发展的理念。

科学史话

土壤是生命的坚实基础

人类自开始农耕以来，对土壤的认识和研究就从未停止过。我国夏代《尚书》的禹贡篇，距今有 4 100 多年的历史，其中有对土壤的特征、分布和肥力进行概述。而土壤具有科学内涵，进而发展为一门学科，经历了一个探索过程。19 世纪下半叶，形成了以法国的法鲁(F. A. Fallou 1794—1877 年)为代表的“农业地质学派”，运用地质学的观点研究土壤的变化，认为土壤形成过程是风化过程和淋溶过程的结果；19 世纪中叶，形成了以德国化学家李比西(J. V. Liebig)为代表的“农业化学派”，创立了矿质营养学说，他们认为，只有不断地向土壤归还和供给矿质养分才能维持其肥力。这一学说本质上揭示了植物从土壤中吸取矿质营养的规律，对土壤学、农业科学等产生了极为深远的影响，并推动了化肥工业和广泛施用化肥的迅速发展；19 世纪末和 20 世纪初，形成了以俄国的 B. B. 道库恰耶夫(B. B. Докучаев1846—1903 年)为代表的“土壤发生学派”，运用土壤发生学的观点研究土壤的发生发展，认为土壤是在气候、生物、物质、地形和时间 5 个自然成土因素的共同作用下发生发展的，从而为土壤地带性分布，农业区划奠定了基础，更加重视生物在土壤发生和肥力发展上的作用，不仅为土壤发生学派奠定了科学基础，同时也密切了土壤学与农业生产的关系，并促进了二者的相互发展。他的学说得到各国土壤学家的公认，为现代土壤学的发展奠定了基础。

土壤是孕育万物的摇篮，是人类文明的基石。“民以食为天，食以土为本”，精辟地概括了人类、农业、土壤之间的关系。万物土中生，土壤是农业生产的基础，是粮食安全的保障。同时，土壤在水安全、能源安全、保护生物多样性以及减缓气候变化等方面都起着重要作用。近年来，全球耕地质量退化，严重威胁农产品有效供给及人类的生存与健康。迫切需要人们提高对有限的土壤资源在粮食安全和基本生态系统功能方面所起作用的认识，并维持其可持续性，推广“健康土壤带来健康生活”的理念。人们一直在追寻着“健康的土壤”，以便生活在一个“青山、绿水、净土、洁食”的健康环境中。本章主要介绍了土壤的形成过程、固相组成、质地划分及有机质的作用等，对我们合理利用土壤、改良土壤具有十分重要的意义。

任务一　了解土壤形成的因素与过程

土壤是地壳表层岩石、矿物在生物、气候、母质、地形、时间等自然因素和人类活动综合作用下的产物。由于在不同的时间和空间范围内，各成土因素的不同，使地球表面形成了千差万别的土壤。因此，学习和了解土壤的形成规律、形成过程及影响因素，有利于我们在农业生产中树立用养结合、保护土壤资源的持续发展理念。

一、土壤的形成过程

土壤形成过程就是土壤形成中进行的各种物理、化学和生物作用以及物质转移和能量转换。土壤的本质是土壤肥力，因此，土壤的形成过程主要是土壤肥力发生、发展与形成的过程。

（一）土壤形成的一般规律

从地球系统物质循环的观点来看，土壤肥力的发生、发展与形成是自然界物质的地质大循环与生物小循环相互作用的结果。

地质大循环是指矿物质养分在海洋和陆地之间循环变化的过程。陆地上的岩石经过风化产生的风化产物，通过各种外力作用的淋溶、剥蚀、搬运，最终在低洼的湖泊和海洋中沉积起来，并经过固结成岩作用形成各种沉积岩；经过漫长的地质年代，这些湖泊、海洋底层的沉积岩随着地壳运动重新隆起成为陆地岩石，再次经受风化作用。其中岩石的风化过程和风化产物的淋溶过程是影响土壤形成的最为重要的因素。风化过程在土壤形成中的作用主要表现为原生矿物的分解和次生黏土矿物的合成。原生矿物的分解使矿物分解为较简单的组分，并产生可溶性物质，释放出养分元素，为绿色植物的出现准备了条件；次生黏土矿物的合成使风化壳中增加了活跃的新组分，从而具有一定的养分和水分的吸收保蓄能力，为土壤的形成奠定了无机物质的基础。可见，风化过程对土壤来说，是一种物质输入过程。淋溶过程使有效养分向土壤下层和土体以外移动，而不是集中在表层，具有促进土壤物质更新和土壤剖面发育的作用。对于土壤来说，它是一种物质转移和输出过程。

二维码 1-1
土壤形成过程的大小循环

生物小循环又称为养分循环，指营养元素在生物体和土壤之间循环变化的过程。植物从母质和土壤中选择性吸收所需的可溶性养分，通过光合作用合成有机体；植物被动物食用后变成动物有机体；植物、动物有机体死亡后经微生物分解与合成转化为植物可以吸收的可溶性养分和腐殖质，腐殖质经过缓慢的矿质化，也为植物提供养分。这种物质循环的周期较短，一般为10～100年。

从地球发展史来看，生物的出现较晚，因此，生物小循环是在地质大循环基础上发展起来的，是叠加在地质大循环上的较小时间尺度的次级物质循环。从对于土壤形成的作用上看，地质大循环的总趋势是陆地物质的流失，造成土壤系统养分的淋溶分散，而生物小循环的总趋势是使流失中的物质保存和集中在地表，并不断在土壤与生物之间循环利用。一般情况下，如果风化作用和有机质的累积、分解与腐殖质合成作用较强，而淋溶作用较弱，土壤中养分保存多，肥力水平将逐渐提高；如果风化作用和有机质的累积、分解与腐殖质合成作用较弱，而淋溶作用较强，土壤中养分保存少，肥力水平将逐渐降低；当两种作用势均力敌时，土壤肥力的发展处于动态平衡状态。此外，人类的各种生产活动如砍伐森林、耕垦草原、围湖围海造田、开采矿产、城市建设等都会对地质大循环和生物小循环产生干扰，从而影响一个地方土壤肥力的发展方向与平衡。

（二）土壤形成的一般过程

土壤是在气候、母质、生物、地形、时间、人类活动等因素的综合作用下，由岩石的风化产物或母质发育而来的。所谓土壤形成过程实际上就是成土母质中物质转化、淋失、淀积等的一系列过程。土壤形成的基本过程包括原始成土过程、有机质累积与消耗的过程、脱钙与积钙的过程、盐化与脱盐化的过程、黏化过程、富铝化过程、潜育化与潴育化的过程、熟化过程等。土壤形成的一般规律适用于各种土壤，可是，由于地球表面成土条件的多样性，不同土壤类型的形成又有其特殊的成土过程，往往一种土壤的形成可能由一个主要的成土过程和几个次要的成土过程共同组成。

二维码 1-2
土壤形成与发育

1. 原始成土过程

原始土壤形成过程是从裸露岩石表面及其风化物上低等植物着生到高等植物定居之前形成土壤的过程。包括着生绿藻、蓝藻、甲藻、硅藻等岩生微生物的“岩漆”阶段，地衣阶段和苔藓阶段。在这三个阶段的发展中，细土和有机质不断增多，最后为高等植物的生长准备了肥沃的基质。这一成土过程主要发生在高山区。

2. 有机质累积与消耗过程

成土母质中有机质累积是土壤形成的重要标志，主要有草原、草甸和沼泽泥炭等有机质累积过程。在地下水位浅时，水分充足，植物生长旺盛时，形成草甸，有机质累积量大；而在地下水位深时，植物生长较差，则形成草原，有机质累积量小；如果地表水充足，地下水位浅，就会形成沼泽，植物残体成为泥炭。施用有机肥料和秸秆还田，可以提高土壤有机质的含量，实际上就是土壤有机质的累积过程。与此相反，自然土壤一旦被开垦利用，有机质含量一般大幅度降低，如我国东北的黑土，有机质含量在 100 g/kg 以上，一旦被开垦利用，有机质含量就迅速下降，这就是有机质的消耗过程。

3. 脱钙与积钙过程

在一些成土母质中，钙是比较丰富的元素，同时也非常容易淋失。在高温高湿地区，钙大部分被淋洗出土体，但在大多数地区，钙从表层土壤中淋失掉，而在底层土壤中沉积下来，形成钙积层、沙礓等，所以在干旱地区容易形成石膏层。

4. 盐化与脱盐化过程、碱化与脱碱化过程

在干旱少雨地区，岩石风化释放出来的可溶性盐类物质，不能被淋洗出土体，而在表层土壤累积起来，形成盐渍化土壤。如果地下水含盐量高或称矿化度高，随着水分的蒸发，盐分上升，并在表层土壤累积，同样形成盐渍化土壤。滨海地区盐渍化土壤也非常普遍。与盐化过程相反，通过灌溉、开沟排水、降低地下水位等措施，可以淋洗掉土壤中的可溶性盐类物质，这就是土

壤的脱盐化过程。

土壤盐化过程实际上就是土壤胶体上交换性钠离子增加的过程，而脱碱化过程则是钠离子占胶体上交换性阳离子的比例减少的过程。

5. 黏化过程

黏化过程就是矿物质颗粒由粗变细，形成黏粒的过程，包括两个方面：①原生矿物质风化为黏土矿物，土壤颗粒由粗变细；②表层土壤黏粒发生淋移，在下层土壤沉积下来。前者叫残积黏化，后者叫淋移黏化。一般湿润暖和的地区比干旱寒冷的地区土壤黏化作用要强，耕地的犁底层就是淋移黏化的结果。黏化作用的结果导致在土体一定的深度形成黏粒含量较高的层次，即黏化层。

6. 富铝化过程

在湿热气候带，岩石风化强烈，盐基和硅发生淋失，而铝、铁、锰等发生沉淀而富集在土壤中，所以富铝化过程也叫脱硅过程或脱硅富铝化过程。砖红壤、红壤、黄壤等在其形成过程中，都不同程度地有富铝化作用。

7. 潜育化与潴育化过程

如果土壤长期积水，并且存在易分解的有机物，土壤就会长期处于还原状态，铁、锰呈低价态，土体有一层为青色或青黑色，即潜育层，潜育层的形成过程就是潜育化过程。排水不良的水稻土就存在潜育化作用。但如果土壤有时发生落干，铁、锰就氧化为高价态，土体出现铁、锰的沉淀物，表现为锈纹、锈斑、结核、红色胶膜、“鳝血”等，这一层称为潴育层，其形成过程就是潴育化过程。排水好的水稻土，其潴育层一般非常明显。

8. 熟化过程

自然形成的土壤通过人类的耕作，土壤肥力得到不断提高，这一过程就是土壤的熟化过程。熟化的土壤重要标志在于：①氮、磷等营养元素要比母质有大大提高，而有害物质则减少或完全消除；②土壤剖面构型得到改良，障碍层次不复存在；③表层土壤颗粒组成合理，水、肥、气、热状况与作物生长发育达到协调一致。

二、土壤形成的影响因素

在土壤形成的影响因素中，没有受人类经济活动影响的因素称为自然成土因素。母质、气候、生物、地形和时间都属于这些因素。同时，人类的经济生产活动也会影响到土壤形成过程的发展方向，对土壤肥力的发展也起到很大作用。

综合来说，自然土壤形成所需的时间内气候、母质、地形、生物的作用，以及土壤利用后时间内人为管理活动造成的影响，共同决定了土壤的性质。

自然成土因素和人为因素共同影响了土壤的形成或性质。对自然土壤来说，自然因素在成土过程中起到主导作用，它们相互影响，紧密联系，综合作用于土壤，随着时间的推移，这些作用不断累积加强。人类的活动只是对耕作土壤来说，会产生重大影响，并随着时间的推移，作用不断加强。

气候因素是影响成土过程的重要因素之一。水、热条件的差异，也就是温度和湿度的差异，都是由气候的差异引起的。水分和热量直接参与岩石的风化作用，在很大程度上决定着生物的生长和繁殖，影响土壤有机质的累积和分解。一般情况，湿润地区土壤有机质含量高，岩石易风化，生物生长旺盛。

母质和土壤有着“血缘”关系。土壤的骨架就是母质，土壤的物质基础也是母质，土壤主要的、最初的矿质营养也都来源于母质。可见，母质从根本上决定了土壤肥力的高低。

生物是土壤形成的主导因素，有了生物的出现，才开始了成土过程，可以说没有生物就没有土壤。低等生物如微生物、藻类等，不但能使岩石风化，而且可以固氮，使母质中的含氮量大幅增加。

地形的作用在于使母质进行再分布，并对地面接收水分和热量产生影响。地形的差异导致岩石风化物发生不同程度的侵蚀、搬运和沉积。坡度越小，在相同的降雨条件下接受的水分越多，坡的方向直接影响太阳辐射能的接收。南坡接收的太阳辐射能比北坡多，因而南坡土壤温度也就越高。一般情况下，南坡土壤称为阳性土，北坡土壤称为阴性土。

土壤的形成随着时间的进展而不断加深。其形成是一个极其漫长的过程，大约三四百年甚至上千年才能形成 1 cm 厚的土壤。经历的时间越久，气候、母质、生物和地形四种因素相互交叉的作用效力越强，最终形成结构复杂的土壤环境。因此，作为农业工作者我们要牢固树立热爱土壤、保护土壤的信念，肩负起守牢 18 亿亩耕地红线的历史使命，确保农业的健康、可持续发展。

技能训练1

土壤样品的采集与制备

一、技能目标

了解土壤样品采集的原则，能熟练进行土壤样品布点、采集与制备。

二、实验材料

小铁铲或土钻、剖面刀、盛土盘、土棒、制样板、研钵、布袋或塑料袋、标签、广口瓶等。

二维码 1-3
视频：土壤样品的采集与制备

三、操作规程

1. 合理布点

布点方法。为保证样品具有代表性，采样前首先确定采样点。可根据地块面积大小，按照一定的路线进行选取。采样的方向应该与土壤肥力的变化方向一致，采样线路一般为对角线式、棋盘式和蛇形三种。

采样点确定。保证采样点“均匀”和“随机”，避免特殊部位取样。一般以 5～20 个点为宜。

2. 正确取土

在所选定的采样点上，用剖面刀将 2～3 mm 表土杂物刮去，然后用土钻或小铁铲垂直入土 15～20 cm。如用小铁铲取土，应挖一个一铲宽和 20 cm 深的小坑，坑壁一面修光，然后从光面用小铁铲切下约 1 cm 厚(厚度上下应一致)的土片并集中起来，均匀混合。每个点的取土深度、质量应尽量一致。如果测定微量元素，应避免使用含有所测定微量元素的工具来采样，以免造成该待测微量元素的污染。

3. 样品混合

将采集的各点土样放到盛土盘上集中起来，剔除虫壳、石砾、根系等物质，然后混合均匀，量多时采用四分法，去除多余的土，直至所需数量，一般每个混合土样的质量以 0.5～1 kg 为宜。

4. 装袋与填写标签

混合好的土样装入布袋中，用铅笔写好标签，标签一式两份，一份系在布袋外，一份放入布袋内。标签注明采样日期、地点、土壤名称、采样深度、编号及采集人等，同时做好采样记录。

5. 自然风干

从野外采回的样品要及时放在样品盘上，捏碎土块，摊成薄薄的一层，置于干净整洁的室内通风处自然风干。严禁暴晒，并注意防止酸、碱、气体及灰尘的污染，同时要经常翻动。

6. 磨细过筛

(1)18 目(1 mm 筛孔)样品制备。将完全风干的土样平铺在制样板上，用土棒先行碾碎。经初步磨细的土样，用 1 mm 筛孔的筛子过筛，不能通过筛分的，则用研钵继续研磨，直到全部通过 1 mm 筛孔为止，约 3/4 土样装入具有磨口塞的广口瓶中，称为 1 mm 土样或 18 目样，供土壤速效养分、pH、土壤质地测定之用。

(2)60 目(0.25 mm 筛孔)样品制备。剩余的约 1/4 土样，则继续用研钵研磨，至全部通过 0.25 mm 筛，按四分法取出 200 g 左右，将土样装瓶，称为 0.25 mm 土样或 60 目样，供有机质、全氮测定之用。

7. 装瓶贮存

装样后的广口瓶中，内外各附标签一张，标签上写明土壤样品编号、采样地点、土壤名称、深度、筛孔号、采集人及日期等。制备好的样品要妥善保存，若需长期贮存最好用蜡封好瓶口。

四、注意事项

(1)面积较大，地势起伏不平，肥力不均，采用蛇形布点法；面积中等，地势整齐，肥力有差异，采用棋盘式布点法；面积小，地势平坦，肥力均匀，采用对角线布点法。

(2)每个采样点随机选取，做到分布均匀，每个点采取土样深度和采样量要保持一致。

(3)将各点土样混合均匀，使样品具有代表性。

(4)采样应避开田埂、沟边、路旁、挖方、填方、堆肥地段以及特殊地形。

(5)剖面层次采集分析标本，分层取样，依次由下而上逐层采取土壤样品。

(6)在四分法操作时，先进行初选剔杂，然后进行土壤样品混合，做到混合均匀，土层摊开底部平整，厚薄一致。

(7)土壤置阴凉透风处风干，严禁暴晒，并注意碱、酸等气体及灰尘的污染，同时经常翻动。

(8)石砾和石块量少可除去，量多必须进行收集称重，计算其含量，在计算养分含量时考虑进去。

(9)样品在装瓶后保存期间，应避免高湿、高温、日光及酸碱气体的影响或污染，有效期为 1 年。

五、训练报告

报告内容：实验题目、时间地点、方法原理、操作程序、数据记录、计算结果、收获与体会。

任务二　土壤质地的判断与改良

土壤矿物质是土壤的主要组成物质，构成了土壤的“骨架”，一般占土壤固相部分重量的 95%～98%，它既区别于土壤，又对土壤的形成和肥力发展有着深刻的影响，它的很多性状都遗传给了土壤，从而造成了土壤的物理、化学等性质的差别。因此，学习了解土壤矿物质可以为我们鉴定土壤类型、掌握土壤肥力状况和改良土壤打下良好的基础。

一、土壤矿物质与岩石的风化

土壤是由固相、液相和气相三类物质组成的疏松多孔体。固相物质即固体土粒，约占土壤总体积的50%，其中包括矿物质和有机质，有机质占总体积的12%左右，矿物质占38%以上。土壤总体积中的另外50%为土壤孔隙，孔隙中分布着液相的土壤水和可溶性物质，以及气相的土壤空气。

土壤矿物质是土壤中所有的无机物质的总和，它们主要来自岩石与矿物的风化产物，少部分源自有机化合物的分解产物。土壤矿物质，如按重量计，一般占土粒的95%以上。因此，土壤矿物质就成为土体的“骨架”，它是植物矿质营养的源泉，也是影响土壤肥力的决定性因素之一。

自然界的矿物岩石经风化作用及外力搬运形成了母质，母质经过成土作用最终形成土壤。因此，研究土壤肥力特征必须从主要的成土矿物岩石和母质入手。

（一）土壤矿物质

1. 土壤的矿物组成

成土的主要矿物是一类产生于地壳中具有一定化学组成、物理性质和内部构造的单质或化合物。它是土壤矿物质的来源。

矿物的种类很多，目前已经发现的在3 000种以上，但与土壤有关的不过数十种。土壤矿物质来自土壤母质，其矿物组成按其成因可分为原生矿物和次生矿物两类。

(1)原生矿物　在风化过程中没有改变化学组成而遗留在土壤中的一类矿物称为原生矿物。土壤中的原生矿物主要是石英和原生铝硅酸盐类。

(2)次生矿物　原生矿物在风化和成土作用下，新形成的矿物称次生矿物。次生矿物种类很多，有成分简单的盐类，包括各种碳酸盐、重碳酸盐、硫酸盐、氯化物等；也有成分复杂的各种次生铝硅酸盐；还有各种晶质和非晶质的含硅、铁、铝的氧化物。各种次生铝硅酸盐和氧化物称为次生黏土矿物，是土壤黏粒的主要组成部分，黏土矿物与土壤腐殖质一起，构成土壤的最活跃部分——土壤胶体，这对土壤的物理、化学及生物学特性产生深刻的影响。

现将几种主要成土矿物的化学成分、风化特点和分解产物列于表1.1。

表1.1　几种主要成土矿物的化学成分、风化特点和分解产物

分类	名称	化学成分	风化特点和分解产物
原生矿物	石英(quartz)	SiO_2	不易风化，是土壤中沙粒的主要来源
	正长石(orthoclase) 斜长石(plagioclase)	$KAlSi_3O_8$ $n NaAlSi_3O_8,(100-n)CaAl_2Si_2O_8$	较易风化，风化后产生高岭土、二氧化硅和盐基物质，正长石含钾较多，是土壤中钾素和黏粒的主要来源
	白云母(muscovite) 黑云母(biotite)	$K\{[Al_2Si_3O_{10}](OH)_2\}$ $K(Mg,Fe)_3[AlSi_3O_{10}](OHF)_2$	白云母抗风化，黑云母易风化，均形成黏粒，是土壤中钾素和黏粒的主要来源
原生矿物	角闪石(hornblende) 辉石(augite)	$Ca_2Na(Mg,Fe)_4(AlFe)[(Si,Al)_4O_{11}](OH)_2$ $Ca(Mg,Fe,Al)[(Si,Al)_2O_6]$	易风化，风化后形成黏粒，并释放出盐基养分
	橄榄石(olivine)	$(Mg,Fe)_2[SiO_4]$	易风化，风化后形成蛇纹石
	方解石(calcite) 白云石(dolomite)	$CaCO_3$ $CaMg(CO_3)_2$	易风化，是土壤中碳酸盐和钙、镁的主要来源

续表1.1

分类	名称	化学成分	风化特点和分解产物
原生矿物	磷灰石(apatite)	$Ca_5(PO_4)_3(F,Cl_2OH)$	风化后是土壤中磷素的主要来源
	赤铁矿(hematite) 褐铁矿(limonite) 磁铁矿(magnetite) 黄铁矿(pyrite)	Fe_2O_3 $2Fe_2O_3 \cdot 3H_2O$ Fe_2O_3 或 $FeO \cdot Fe_2O_3$ FeS_2	易风化,是土壤中红色的来源 易风化,是土壤中黄色、棕色的来源 难风化,风化后形成赤铁矿、褐铁矿 易风化,是土壤中硫的来源
次生矿物	高岭石(kaolinite) 蒙脱石(montmorillonite) 水云母(hydromica)	$Al_4[Si_4O_{10}](OH)_8$ $Al_4[Si_8O_{20}] \cdot nH_2O$ $Ky[Si_8-2yAl_2y]Al_4O_{20}(OH)_4$	是长石、云母风化后形成的次生矿物,是土壤中黏粒的主要来源

2. 土壤矿物质的化学组成

土壤矿物质的化学组成很复杂,几乎包括地壳中所有的元素。其中氧、硅、铝、铁、钙、镁、钠、钾、钛、碳 10 种元素占土壤矿物质总重量的 99%以上,这些元素中以氧、硅、铝、铁四种元素含量最高。如用氧化物的形态来表示,SiO_2、Al_2O_3 和 Fe_2O_3 三者之和通常约占土壤矿物质部分总重量的 75%以上。因此人们常把它们看成为土壤的骨干成分(表 1.2)。

表 1.2　我国表层土壤的主要化学组成

g/kg

成分	SiO_2	Al_2O_3	Fe_2O_3	CaO	MgO	K_2O	Na_2O	P_2O_5	SO_3	TiO_2
含量	641.7	128.6	65.8	11.7	9.1	9.5	5.6	1.1	—	12.5

(二)岩石的风化

岩石是由一种或多种矿物以一定的规律组成的集合体。根据其成因可分为岩浆岩、沉积岩和变质岩三类。

1. 主要成土岩石

(1)岩浆岩　由岩浆冷凝而成。岩浆岩的共同特征是没有层次和化石。由岩浆侵入地壳在深处逐渐冷凝而成的岩石叫侵入岩,慢慢冷却,形成粗的结晶,如花岗岩、正长岩等;由岩浆喷出地面而冷凝形成的岩石叫喷出岩,快速冷却,形成细的结晶,呈斑状多孔结构,如玄武岩等。

(2)沉积岩　由各种先成的岩石经风化、搬运、沉积、重新固积而成或由生物遗体堆积而成的岩石称为沉积岩。该类型岩石具有层次性,常含有生物化石,如砾岩、砂岩、石灰岩、页岩等。

(3)变质岩　在高温高压的共同作用下,岩石中的矿物发生重新结晶或结晶定向排列而形成的岩石称为变质岩。岩石致密坚硬,不易风化,呈片状组织,如石英岩、片麻岩、大理岩、板岩等。

常见的主要成土岩石列于表 1.3。

表 1.3 主要成土的岩石

种类	名称	矿物成分	风化特点和分解产物
岩浆岩（火成岩）	花岗岩与流纹岩	主要含石英、正长石、云母及少量角闪石等	含二氧化硅65%以上，称为酸性岩。易发生物理风化，石英变成沙粒，正长石变成黏粒，且钾素丰富，形成的土壤母质沙黏适中
	正长岩与粗面岩	正长岩主要含正长石，粗面岩含正长石和角闪石	含二氧化硅52%～65%，为中性岩。较易风化形成大量黏土矿物，沙粒较少，含钾素多
	辉长岩与玄武岩	辉长岩主要由辉石和少量角闪石和黑云母组成。玄武岩主要由辉长石、斜长石组成	含二氧化硅42%～52%，为基性岩（碱性岩）。易风化成黏土，含钙、镁、铁等盐基较多
	闪长岩与安山岩	主要由斜长石、角闪石组成，含少量云母和辉石	为中性岩，易风化，风化产物含黏粒多，钙、镁等盐基成分较多
沉积岩（水成岩）	砾岩	由直径大于2 mm的碎石砾胶结而成	圆形石砾胶结而成，不易风化，角砾岩易风化，风化产物含沙粒、砾石多，养分贫乏
	砂岩	由0.1～2 mm的沙粒胶结而成	不易风化，风化后形成的土层薄，沙粒多
	页岩	由黏土经压实脱水和胶结作用硬化而成	易风化，风化产物含黏粒多，养分含量多
	石灰岩	由碳酸钙沉积胶结而成	易风化，形成土壤土层薄，质地黏重，富含钙质
变质岩	片麻岩	由花岗岩经高温高压变质而成	呈片状结构，有条带状特征，对土壤影响与花岗岩相似
	板岩	由泥质页岩变质而成	较粗脆，较难风化，风化土壤母质较黏
	石英岩	由砂岩变质而成	极硬，不易风化，形成沙质土或砾质土，质地粗
	大理岩	由石灰岩变质而成	性质与石灰岩相似

由表1.3可以看出，不同岩石矿物与土壤的化学组成和物理性质有着密切关系。首先，对土壤质地的影响较大，在花岗岩、片麻岩、石英岩、砾岩地区的土壤中，因石英含量较高，会形成很多沙粒，质地较粗，通透性比较好，但保水保肥能力差；在玄武岩、页岩地区的土壤，因岩石中含有黑云母、角闪石、辉石、橄榄石等易被风化的深色矿物较多，故形成黏粒较多，通透性差，保水保肥能力强。其次，对土壤养分含量也有很大的影响，母质中含正长石、云母较多时，土壤含钾素较多；含有磷灰石时，土壤含磷量高；含角闪石、辉石、橄榄石和褐铁矿的土壤，则含有较多的镁、钙、铁等养分；如果含石英多则土壤养分贫乏。此外，对土壤酸碱度也有影响，石灰岩地区形成的土壤一般偏碱性；南方花岗岩地区的土壤一般偏酸性。

2. 岩石的风化

风化是指矿物、岩石在内部因素和外界因素的共同作用下，逐渐发生分解和崩解的过程。按其作用因素和风化特点，可分为以下三种类型：

(1)物理风化　指外力作用使矿物、岩石发生崩解破碎，但不改变其化学结构和成分的过程。这种外力作用可分为：温度作用、结冰作用以及大风和水流的磨蚀作用等。

(2)化学风化　指矿物、岩石在水和二氧化碳等因素作用下，发生化学变化而产生新物质的过程。这种风化过程包括：水解、溶解、水化和氧化。

(3)生物风化　指矿物、岩石在生物及其分泌物或有机质分解产物的作用下，进行的化学分解和机械破碎的过程。

自然界中物理风化、化学风化和生物风化作用绝不是单一进行的，而是相互关联、相互促进，只是在不同条件下不同因素作用强度有大有小而已。岩石矿物经过风化破碎成疏松的堆积物，形成成土母质。

二维码 1-4　**物理风化**　　二维码 1-5　**化学风化**　　二维码 1-6　**生物风化**

3. 母质的类型及分布规律

岩石矿物的风化物形成的母质，有的残留堆积在原地，有的受水、重力、风和冰川等外力作用搬运到别的地方重新沉积下来，形成各种沉积物。根据其搬运动力与沉积特点的不同可分为以下几种类型：

(1)残积物　指岩石经过风化后未经搬运残留在原地的风化物，多分布在山地和丘陵上部。其特点是层次薄，理化性质与母岩几乎一致，表层质地较细，往下渐粗，逐渐过渡到岩石层，母岩对其特性影响很大。

(2)坡积物　指风化物在流水或重力的作用下，被搬运到山坡的中、下部的堆积物。其特点是层次稍厚，无分选性。坡积物的性质由山坡上部的岩性决定，与下部母岩无过渡关系。

(3)洪积物　指山洪搬运的碎屑物在山前平原形成的沉积物。形状如扇，所以也称为洪积扇。其特点是扇顶沉积物分选差，往往是石砾、黏粒与沙粒混存，在扇缘其沉积物多为黏粒及粉沙粒，水分条件好，养分也较丰富。

(4)冲积物　河水中挟带的泥沙，在中下游两岸与入海口沉积而成。它的分布范围广，面积大，所有的江河，在其中下游两岸都有这种母质分布。在我国华北平原、东北平原、长江中下游平原、珠江三角洲、四川成都平原、陕西渭河平原都有大面积的分布。其特点是具有明显的成层性和条带性。

二维码 1-7　**残积物**　　二维码 1-8　**坡积物**　　二维码 1-9　**洪积物**　　二维码 1-10　**冲积物**

(5)湖积物　由湖泊的静水沉积而成。其特点是一般质地偏黏，夹杂有大量的生物遗体。湖积物中的铁质在嫌气条件下与磷酸结合形成蓝铁矿，有的还形成菱铁矿，致使湖泥呈现青灰色。

(6)海积物　是海边的海相沉积物。由于海岸上升,海退或江河入海的回流淤积物露出水面而形成。其特点是各地的粗细不一,有的全为沙粒,有的全为黏粒,质地细的养分含量较高,粗的则养分少,而且都含有盐分,形成滨海盐土。

(7)风积物　是由风力将其他成因的堆积物搬运沉积而成的,其特点是质地粗,沙性大,形成的土壤肥力低。

(8)黄土　黄土为第四纪沉积物。其成因有人认为是风力搬运堆积而成的,也有人认为是水流搬运堆积而成的,尚未得到一致看法。黄土可分为马兰黄土、离石黄土和午城黄土几种,另外在长江中下游还分布着一种质地黏重,性质与黄土相似的下蜀黄土。

二维码 1-11　风积物

(9)红土　又称第四纪红色黏土,分布在我国南方,多呈红色、红棕色,质地黏重,养分少。

二、土壤粒级与土壤质地

(一)土壤粒级

土壤是由各种大小不同的矿质土粒组成的,它们单独或相互团聚成土粒聚合体存在于土壤中,前者的土粒称为单粒,后者称为复粒。大小不同的土粒,由于物理、化学性质不同,对土壤肥力的作用也不相同。为了研究和使用方便,根据土粒的粒径和性质将其划分为若干等级,称为粒级。

土粒分级一般是将土粒分为石砾、沙粒、粉沙粒和黏粒四级,每级大小的具体标准各国不尽相同,但却大同小异。

新中国成立前多采用国际制,新中国成立后,国际制和苏联制并用,而以后者为主。另外还提出了我国的土粒分级。现将三种标准分述如下:

(1)国际制土粒分级　国际制是 1930 年第二届国际土壤学会提出的,其特点是十进位制,以粒径 2 mm 为土粒的上限,以小于 0.002 mm 为土粒的下限(表 1.4)。

表 1.4　国际制土粒分级标准

粒级		粒径/mm
石砾(gravel)		＞2
沙粒(sand)	粗沙粒(coarse sand)	2～0.2
	细沙粒(fine sand)	0.2～0.02
粉沙粒(silt)		0.02～0.002
黏粒(clay)		＜0.002

(2)苏联制土粒分级　苏联制又称卡庆斯基制,以粒径 1 mm 为土粒的上限,以粒径小于 0.001 mm 为土粒的下限。先把所有颗粒分为石砾(大于 1 mm)、物理性沙粒(1～0.01 mm)、物理性黏粒(小于 0.01 mm)。物理性沙粒和物理性黏粒这两大粒级的相对含量,将是土壤质地分类的主要依据。这两大粒级进一步细分,又可分出粗、中、细沙粒,粗、中、细粉粒和粗黏、细黏粒及胶粒等级见表 1.5。

表 1.5　苏联制土粒分级标准(1957 年)

<table>
<tr><th colspan="3">粒级名称</th><th>粒径/mm</th></tr>
<tr><td colspan="3">石块</td><td>>3</td></tr>
<tr><td colspan="3">石砾</td><td>3～1</td></tr>
<tr><td rowspan="4">物理性沙粒</td><td rowspan="3">沙粒</td><td>粗沙粒</td><td>1～0.5</td></tr>
<tr><td>中沙粒</td><td>0.5～0.25</td></tr>
<tr><td>细沙粒</td><td>0.25～0.05</td></tr>
<tr><td rowspan="3">粉粒</td><td>粗粉粒</td><td>0.05～0.01</td></tr>
<tr><td rowspan="5">物理性黏粒</td><td>中粉粒</td><td>0.01～0.005</td></tr>
<tr><td>细粉粒</td><td>0.005～0.001</td></tr>
<tr><td rowspan="3">黏粒</td><td>粗黏粒</td><td>0.001～0.0005</td></tr>
<tr><td>细黏粒</td><td>0.000 5～0.000 1</td></tr>
<tr><td>胶粒</td><td><0.0001</td></tr>
</table>

(3)我国制土粒分级　中国科学院南京土壤研究所等单位根据中国的土壤情况，拟定了我国的土粒分级标准(表 1.6)。

表 1.6　我国制土粒分级标准

<table>
<tr><th colspan="2">粒级名称</th><th>粒径/mm</th></tr>
<tr><td colspan="2">石块</td><td>>3</td></tr>
<tr><td colspan="2">石砾</td><td>3～1</td></tr>
<tr><td rowspan="2">沙粒</td><td>粗沙粒</td><td>1～0.25</td></tr>
<tr><td>细沙粒</td><td>0.25～0.05</td></tr>
<tr><td rowspan="3">粉粒</td><td>粗粉粒</td><td>0.05～0.01</td></tr>
<tr><td>中粉粒</td><td>0.01～0.005</td></tr>
<tr><td>细粉粒</td><td>0.005～0.002</td></tr>
<tr><td rowspan="2">黏粒</td><td>粗黏粒</td><td>0.002～0.001</td></tr>
<tr><td>细黏粒</td><td><0.001</td></tr>
</table>

各粒级的组成：

(1)矿物组成　由于岩石中的各种矿物抵抗风化的强弱不同，造成各粒级土粒的矿物组成有较大差别(图 1.1)。

由图 1.1 可见，沙粒和粉粒主要是由各种原生矿物组成的，其中以石英最多，其次是原生硅酸盐矿物。

土壤黏粒部分的矿物组成则完全不同，在黏粒中，原生矿物很少，基本上是次生矿物，主要是高岭石、蒙脱石和水云母三类以及铁、铝等的氧化物和氢氧化物。

(2)化学组成　各个粒级的矿物组成不同，它们的化学组成也不同。沙粒和粉粒以石英和长石等原生矿物为主，二氧化硅含量较高；在黏粒中，则以次生硅酸盐矿物为主，铁、钾、钙、镁等的含量较高。

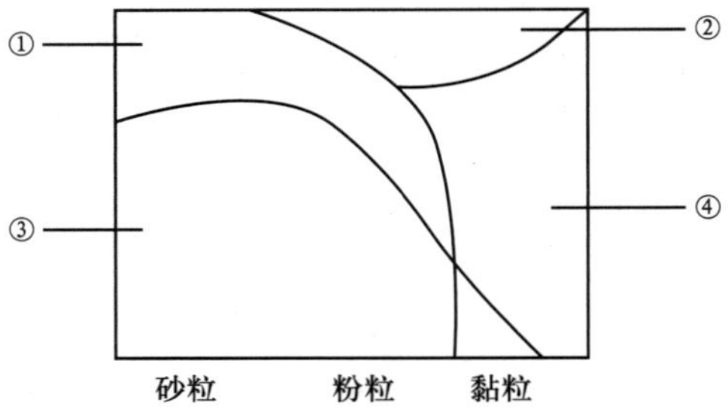

① 原生硅酸盐矿物　② 其他次生矿物
③ 石英　④ 次生硅酸盐矿物

图 1.1　土壤颗粒的矿物组成示意图

由于各粒级的矿物组成不同,其相应的化学组成也相差很大(表 1.7)。

表 1.7　不同粒级的化学组成

粒级	粒径/mm	SiO_2/%	Al_2O_3/%	Fe_2O_3/%	CaO/%	MgO/%	K_2O/%	P_2O_5/%
沙粒	1～0.2	93.6	1.6	1.2	0.4	0.6	0.8	0.05
	0.2～0.04	94.0	2.0	1.2	0.5	0.1	1.5	0.1
粉粒	0.04～0.01	89.4	5.1	1.5	0.8	0.3	2.3	0.1
	0.01～0.002	74.3	13.2	5.1	1.6	0.3	4.2	0.2
黏粒	$<$0.002	53.2	21.2	13.2	1.6	1.0	4.9	0.4

(二)土壤质地

任何一种土壤,都是由粒径不同的各种土粒组成的,即任何一种土壤都不可能只有单一的粒级。但是土壤中各粒级的含量也不是平均分配的,而是以某一级或两级颗粒的含量和影响为主,从而显示出不同的颗粒性质。我们把土壤中各粒级土粒含量(重量)百分率的组合,叫做土壤质地(或称土壤颗粒组成、土壤机械组成)。通常所说的沙土、壤土和黏土等就是根据粗细不同的土粒各占的百分比来决定的,土壤质地是土壤的重要物理性质之一,对土壤肥力有重要的影响。

根据土壤中各粒级含量的百分率进行的土壤分类,叫作土壤的质地分类。现就土壤质地分类的三种标准分述如下。

1. 国际制土壤质地分类

国际制土壤质地分类是一种三级分类法,即按沙粒、粉粒、黏粒三种粒级所占百分数划分为 4 类 12 种(表 1.8)。

表 1.8　国际制土壤质地分类标准

质地分类		所含各级土粒(重量)/%		
类别	名称	黏粒 (<0.002 mm)	粉沙粒 (0.02～0.002 mm)	沙粒 (2～0.02 mm)
沙土类 (sand)	1. 沙土及沙质壤土	0～15	0～15	85～100
壤土类 (loam)	2. 沙质壤土	0～5	0～45	55～85
	3. 壤土	0～15	30～45	40～55
	4. 粉沙质壤土	0～15	45～100	0～55
黏壤土类 (clay loam)	5. 沙质黏壤土	15～25	0～30	55～85
	6. 黏壤土	15～25	20～45	30～55
	7. 粉沙质黏壤土	15～25	45～85	0～40
黏土类 (clay)	8. 沙质黏土	25～45	0～20	55～75
	9. 壤质黏土	25～45	0～45	10～55
	10. 粉沙质黏土	25～45	45～75	0～30
	11. 黏土	45～65	0～35	0～55
	12. 重黏土	65～100	0～35	0～35

国际制质地分类的主要标准是：以黏粒含量15%作为沙土类和壤土类同黏壤土类的划分界限；而以黏粒含量25%作为黏壤土类同黏土类的划分界限。以粉沙含量达45%以上作为“粉沙质”土壤的定名标准。以沙粒含量达85%以上为划分沙土类的界限；沙粒含量在55%～85%作为“沙质”土壤定名标准。新中国成立前多采用这种分类，目前有的地区仍采用。

2. 苏联制土壤质地分类

苏联卡庆斯基提出的质地分类有简制和详制两种。详制在我国未广泛采用，简制也叫“基本质地卡庆斯基土壤质地分类”制(表1.9)。苏联制是一种二级分类法，即根据物理性黏粒和物理性沙粒的含量，把土壤质地分为3类9种。这种分类比较简明，测定过程也较简便。同时照顾到土壤类型的差别，主要是考虑到交换性阳离子(H^+、Ca^{2+}、Na^+等)对土壤物理性质的不同影响，对不同类型的土壤划分质地时所采用的物理性黏粒含量水平有所变化。新中国成立后多采用这种分类，对一般土壤可按卡庆斯基制中的草原土及红黄壤类的标准划分质地类别。

表 1.9 卡庆斯基制土壤质地分类标准

质地分类		物理性黏粒(<0.01 mm)含量/%			物理性沙粒(>0.01 mm)含量/%		
类别	名称	灰化土类	草原土类及红黄壤类	碱化及强碱化土类	灰化土类	草原土及红黄壤类	碱化及强碱化土类
沙土	松沙土	0～5	0～5	0～5	100～95	100～95	100～95
	紧沙土	5～10	5～10	5～10	95～90	95～90	95～90
壤土	沙壤土	10～20	10～20	10～15	90～80	90～80	90～85
	轻壤土	20～30	20～30	15～20	80～70	80～70	85～80
	中壤土	30～40	30～45	20～30	70～60	70～55	80～70
	重壤土	40～50	45～60	30～40	60～50	55～40	70～60
黏土	轻黏土	50～60	60～75	40～50	50～35	40～25	60～50
	中黏土	65～80	75～85	50～65	35～20	25～15	50～35
	重黏土	>80	>85	>65	<20	<15	<35

在分析结果中,不包括大于 1 mm 的石砾,这一部分含量需另行计算,然后按表 1.10 的标准,确定其石质程度,冠于质地名称之前。对于盐基不饱和的土壤,应把 0.05 mol/L HCl 处理的冲洗量并入“物理性黏粒”的总量中,而对于盐基饱和土壤,则应把它并入“物理性沙粒”总量之中。

表 1.10 土壤中所含石块成分多少的分类

大于 1 mm 的石砾含量/%	石质程度	石质性类型
<0.5	非石质土	根据粗骨部分的特征确定为:漂砾性的、石砾性的或碎石性的石质土三类
0.5～5	轻质土	
5～10	中石质土	
>10	重石质土	

3. 中国制土壤质地分类

中国科学院南京土壤研究所等单位综合国内研究结果,将土壤分为 3 组 12 种质地名称(表 1.11)。

我国北方寒冷少雨,风化较弱,土壤中的沙粒、粉粒含量较多,细黏粒含量较少。南方气候温暖,雨量充沛,分化作用较强,故土壤中的细黏粒含量较多。所以,沙土的质地分类中的沙粒含量等级主要以北方土壤的研究结果为依据。而黏土质地分类中的细黏粒含量的等级则主要以南方土壤的研究结果为依据。对于南北方过渡的中等风化程度的土壤,沙粒和细黏粒含量是难以区分的,因此,以其含量最多的粗粉粒作为划分壤土的主要标准,再参照沙粒和细黏粒的含量来区分。

表 1.11　我国土壤质地分类标准

<table>
<tr><th colspan="2">质地分类</th><th colspan="3">颗粒组成(粒径:mm)/%</th></tr>
<tr><th>组别</th><th>名称</th><th>沙粒(1～0.05)</th><th>粗粉粒(0.05～0.01)</th><th>细黏粒(＜0.001)</th></tr>
<tr><td rowspan="3">沙土</td><td>粗沙土</td><td>＞70</td><td rowspan="3"></td><td rowspan="8">＜30</td></tr>
<tr><td>细沙土</td><td>＞60～＜70</td></tr>
<tr><td>面沙土</td><td>＞50～＜60</td></tr>
<tr><td rowspan="5">壤土</td><td>沙粉土</td><td>＞20</td><td rowspan="2">＞40</td></tr>
<tr><td>粉土</td><td>＜2</td></tr>
<tr><td>沙壤土</td><td>＞20</td><td rowspan="2">＜40</td></tr>
<tr><td>壤土</td><td>＜20</td></tr>
<tr><td>沙黏土</td><td>＞50</td><td></td></tr>
<tr><td rowspan="4">黏土</td><td>粉黏土</td><td colspan="2" rowspan="4"></td><td>＞30～＜35</td></tr>
<tr><td>壤黏土</td><td>＞35～＜40</td></tr>
<tr><td>黏土</td><td>＞40～＜60</td></tr>
<tr><td>重黏土</td><td>＞60</td></tr>
</table>

由于我国山地和丘陵较多，砾质土壤分布很广，将土壤的石砾含量分为三级(表 1.12)。

表 1.12　土壤石砾含量分级

1～3 mm 石砾含量/%	分级
＜1	无砾质(质地名称前不冠)
1～10	砾质
＞10	多砾质

(三)土壤质地与肥力的关系

土壤的固、液、气三相组成中，液相和气相状况是由固体颗粒的特性和组合状况决定的。因此，土壤质地是土壤最基本的性状之一，它常常是土壤通气、透水、保水、保肥、供肥、保温、导温和耕性等的决定性因素，我国农民历来重视土壤质地问题，因为它和土壤肥力、作物生长的关系最为密切，最为直接。现将不同质地土壤的肥力特性综述于下。

1. 沙土类

由于粒间孔隙大，毛管作用弱，通气透水性强，内部排水通畅，不易积聚还原性有害物质。整地无须深沟高畦，灌水时畦幅可较宽，但畦不宜过长，否则因渗水太快造成灌水不匀，甚至畦尾无水。沙性土水分不易保持，水蒸气也很容易通过大孔隙而迅速扩散逸向大气，因此土壤容易干燥、不耐旱。毛管上升水的高度小，故地下水位上升回润表土的可能性小。

二维码 1-12
沙土

沙质土主要矿物成分是石英，含养分少，要多施有机肥料。沙土保肥性差，施肥后因灌水、降雨而易淋失。因此施用化肥时，要少施勤施，防止漏失。施入沙土的肥料，因通气好，养分转化供应快，一时不被吸收的养分，土壤保持不住，故肥效常表现为猛而不稳，前劲大而后劲不足。如只施基肥不注意追肥，会产生“发小苗不发老苗”的现象。因此沙土施肥除增施有机肥作为基肥外，还必须适时追肥。

沙质土经常处于通气良好状态，好气性微生物活动强烈，土壤中有机质分解迅速，易释放有效养分，促使作物早发，但有机质不易积累，一般有机质含量比黏土类低。

沙质土因含水量低，热容量较小，易增温也易降温，昼夜温差较大，这对于某些作物是不利的，如小麦返青后容易因此而受冻害，但种植甘薯类及其他块根块茎作物时，则有利于淀粉的累积。沙土在早春气温上升时很快转暖，所以称为“热性土”，但晚秋一遇寒潮，温度下降也快，作物易受冻害。

沙质土松散易耕，但缺少有机质的沙土泡水后容易沉淀、板实、闭气、且不易插秧，要边耕边插，浑水插秧。

二维码 1-13　黏土

2. 黏土类

黏质土由于粒间孔隙很小，多为极细毛管孔隙和无效孔隙，故通气不良，透水性差，内部排水慢，易受渍害和积累还原性有毒物质，故需“深沟高畦”，以利排水通气。

黏土一般矿质养分较丰富，特别是钾、钙、镁等含量较高。这是因为黏粒本身含养分多，同时还因为黏粒有较强的吸附能力，使养分不易淋失，因黏土通气性差，好气性微生物受到抑制，有机质分解较慢，易于积累腐殖质，故黏土中有机质和氮素一般比沙土高。在施用有机肥和化肥时，由于分解慢和土壤保肥性强，表现为肥效迟缓，肥劲稳长。

黏土保水力强，含水量高，热容量较大，升温慢降温也慢，昼夜温差小。早春升温时土温上升较慢，故又称“冷性土”。如生长在黏土上的早稻前期容易因低温而僵苗不发。在黏土上生长的作物苗期也常由于土温低、氧气少、有效养分少而生长缓慢，小苗瘦弱矮黄；但生长后期因肥劲长，水分养分充足而生长茂盛，甚至贪青晚熟，出现所谓“发老苗不发小苗”的现象。

黏土干时紧实坚硬，湿时泥烂，耕作费力，宜耕期短。黏土对顶土力差的种子不易发芽出苗，容易产生缺苗断垄现象。因此黏土必须掌握宜耕期操作，注意整地质量。

二维码 1-14　壤土

3. 壤土类

这类土壤由于沙黏适中，兼有沙土类、黏土类的优点，消除了沙土类和黏土类的缺点，是农业生产上质地比较理想的土壤。它既有一定数量的大孔隙，又有相当多的毛管孔隙，故通气透水性良好，又有一定的保水保肥性能，含水量适宜，土温比较稳定，黏性不大，耕性较好，宜耕期较长，适宜种植各种作物，“既发小苗又发老苗”。有些地方群众所称的“四沙六泥”或“三沙七泥”土壤就相当于壤土类。

含粗粉沙较多（40%以上）而又缺乏有机质的土壤，泡水后也易淀浆板结、闭气，不利于植物根系发育和生长。

我国土壤质地的地理分布特点，在水平方向上，自西向东，从北向南有由粗变细的趋势。在垂直方向上，从高到低也有相同的变化规律。

从上面的讨论中可以看到，土壤质地对于土壤性质和肥力有极为重要的影响，是土壤一种主要的较稳定的自然属性。但是，质地不是决定土壤肥力的唯一因素，一种土壤在质地上的缺点，可通过改善土壤结构和调整颗粒组成而得到改善。

三、土壤质地的利用与改良

（一）土壤质地的利用

各种作物的生物学特性及耕作栽培要求不同，所需的土壤条件也不相同。土壤质地是重要的土宜条件之一。通常生长期短的作物易于在沙质土上生长，后期不致脱肥。耐旱耐瘠的作物，以及要求早熟的作物也以沙质土为宜。需肥较多的谷类作物，易于在黏壤至黏土中生长。不同的作物对土壤质地有一定的适应性（表1.13），大部分农作物对土壤质地的适应范围较广，但部分园艺作物，特别是部分花卉作物对土壤质地的适应范围较窄。

表1.13　主要植物对土壤质地的适应性

作物种类	土壤质地	作物种类	土壤质地
水稻	黏土、黏壤土	马铃薯	沙壤土、壤土
大麦	黏壤土、壤土	萝卜	沙壤土
小麦	壤土、黏壤土	莴苣	轻壤土、黏壤土
粟	沙壤土	甘蓝	沙壤土、黏壤土
玉米	黏壤土	白菜	黏壤土、壤土
黄麻	沙壤土、黏壤土	大豆	黏壤土
棉花	沙壤土、壤土	豌豆、蚕豆	黏土、黏壤土
烟草	沙壤土	油菜	黏壤土
甘薯、茄子	沙壤土、壤土	花生	沙壤土
甘蔗	黏壤土、壤土	葡萄	沙壤土、砾质壤土
西瓜	沙壤土	苹果	壤土、黏壤土
柑橘	沙壤土、黏壤土	桃	沙壤土、黏壤土
梨	壤土、黏壤土	茶	砾质黏壤土、黏土
枇杷	黏壤土、黏土	桑	壤土、黏壤土

总之，不同植物对质地有一定的适应性。要根据质地情况，选种适宜的植物种类。一定要做到因地制宜，充分发挥地质和植物的潜力，以免造成不必要的损失。

（二）土壤质地的改良

农业生产中经常遇到土壤质地不适应所选用作物需要的情况或者某一地区由于母质的原因，土壤质地不利于大规模农业生产的需要，就必须对土壤质地进行改良。

改良土壤质地是农田基本建设的一项基本内容，是落实“藏粮于地、藏粮于技”战略、优化农业生产布局、确保粮食安全生产、助力乡村振兴的重要举措。实践证明，只要发挥人的积极因素，任何不好的土壤质地都是可以得到改善的。根据各地经验总结，改良土壤质地有以下措施。

1. 增施有机肥料

增施有机肥料，增加土壤有机质含量，既可改良黏土，也可改良沙土，这是改良土壤质地最简便和最有效的方法。因为有机质的黏结力和黏着力比沙粒强，比黏粒弱，可以克服沙土过沙和黏土过黏的缺点。有机质还可以使土壤形成良好的结构，使土体疏松，增加沙土的保肥性。各地农民群众历来有沙土地施土粪和炕土肥，黏土地施炉灰渣和沙土粪等经验。在南方某些地区，大量施用草塘泥、压绿肥等都是改良土壤质地行之有效的方法。中国科学院南京土壤研究所在江苏铜山区孟庄村的沙土上，采用秸秆还田（主要是稻草还田），翻压绿肥，施用麦糠或麦糠和绿肥混施，都能改善土壤板结，使其迅速发暄变软。其中稻草、大麦草等禾本科植物含难分解的纤维素较多，在土壤中可残留较多的有机质，而豆科绿肥（如苕子）含氮素较多，而且植株较嫩，易于分解，残留在土壤中有机质较少，因此，从改良质地的角度来看，禾本科植物比豆科的效果好。

2. 掺沙掺黏，客土调剂

如果沙土地（本土）附近有黏土、河沟淤泥（客土），可搬来掺混；黏土地（本土）附近有沙土（客土）可搬来掺混，以改良本土质地的方法，称为客土法。掺沙掺黏的方法有遍掺、条掺和点掺三种。遍掺即将沙土或黏土普遍均匀地在地表盖一层后翻耕，这样效果好，见效快，但一次用量大，费劳力；条掺和点掺是将沙土或黏土掺在作物播种行或穴中，用量较少，费工不多，也有一定效果，但需连续几年方可使土壤质地得到全面改良。

3. 翻淤压沙，翻沙压淤

有的地域黏土下面有沙土，或沙土下面有淤黏土，这样可以采取表土“大揭盖”翻到一边，然后使底土“大翻身”，把下层的沙土或淤黏土翻到表层来使沙黏混合，改良土性。

4. 引洪放淤，引洪漫沙

在大面积、有放淤或漫沙条件的地区，可利用洪水中的泥沙改良沙土和黏土。所谓“一年洪三年肥”，可见这是行之有效的办法。引洪放淤改良沙土时，要注意提高进水口，以减少沙粒进入；引洪漫沙改良黏土时，则应降低进水口，以引入多量粗沙。引洪量视洪水泥沙含量而定。泥沙多，漫的时间可短；反之，则漫的时间要长一些。引洪之前需开好引洪渠，地块周围打起围埂，并划分畦块，按块淤漫。引洪过程中，要边灌边排，留沙留泥不留水。

5. 根据不同质地采用不同的耕作管理措施

如沙土整地时畦可以放低一些，垄可以放宽一些，播种宜深一些，在播种后要镇压接墒，施肥要少量多次，注意勤施。黏土整地时要沟深、畦高、垄窄，以利排水、通气、增温；要注意掌握土壤的适宜含水量及时耕作，提高耕作质量，要精耕、细耙、勤锄。黏土水田要冬耕晒田，植稻期间注意放水烤田，插秧深度宜浅一些，以利出苗、发苗。施肥要求施足基肥，前期注意施用适量种肥和追肥，促进幼苗生长，后期注意控制追肥，防止贪青晚熟。

6. 种树种草，培肥改土

植物生长根部会分泌一些物质，同时植物残体和微生物残体在土壤微生物的作用下，都会分解形成各种形态的有机成分，进而形成土壤腐殖质。

技能训练2

土壤质地的测定

方法一：比重计法

二维码 1-15
视频：土壤质地的测定

一、技能目标

了解简易比重计法测定土壤质地的原理，能够熟练应用该方法判断当地农田、菜园、果园、绿化地、林地、草地的土壤质地类型，为耕作、栽培、灌溉、施肥等提供依据。

二、方法原理

简易比重计法测定土壤质地，就是取一定量的土壤，经物理化学处理后分散成单粒，将其制成一定容积的悬浊液，让分散的土粒在悬浊液中自由沉降。根据粒径越大，下沉速度越快的原理，应用物理学中司笃克斯公式计算出某一粒级土粒下沉所需时间。在这个时间，用特制的甲种比重计测得土壤悬浊液中所含小于某一粒级土粒的数量，经校正后可计算出该粒级土粒在土壤中的质量百分数，然后查表确定质地名称。

三、实验材料

量筒(1 000 mL、100 mL)、特制搅拌棒、甲种比重计(鲍氏比重计)、温度计(100 ℃)、带橡皮头玻棒、烧杯(50 mL)、天平(0.01 g)、角匙、称样纸、500 mL 三角瓶、电热板、滴管、表面皿等。沙土、壤土、黏土等已知质地名称土壤样本和待测土壤样本。并提前进行下列试剂配制：

(1)0.5 mol/L NaOH 溶液　称取 20 g 化学纯氢氧化钠，加蒸馏水溶解后，定容至 1 000 mL，摇匀。

(2)0.25 mol/L 草酸钠溶液　称取 33.5 g 化学纯草酸钠，加蒸馏水溶解后，定容至 1 000 mL，摇匀。

(3)0.5 mol/L 六偏磷酸钠溶液　称取化学纯六偏磷酸钠 51 g，加蒸馏水溶解后，定容至 1 000 mL，摇匀。

(4)2%碳酸钠溶液　称取 20 g 化学纯碳酸钠溶于 1 000 mL 蒸馏水中。

(5)异戊醇$(CH_3)_2CHCH_2CH_2OH$，化学纯。

(6)软水的制备　将 200 mL 2%碳酸钠溶液加入 15 000 mL 自来水中，静置过夜，上清液即为软水。

四、操作规程

(1)称样　称取通过 1 mm 筛孔的风干土样 50 g(沙质土称 100 g)，置于 500 mL 三角瓶内，供分散处理用。

(2)样品分散　根据土壤 pH，选择加入相应的分散剂(石灰性土壤加 0.5 mol/L 六偏磷酸钠 60 mL；中性土壤加 0.25 mol/L 草酸钠 20 mL，酸性土壤加 0.5 mol/L 氢氧化钠 40 mL)。再加入 100～150 mL 软水，用带橡皮头的玻棒充分搅拌 5 min 以上，再静置 0.5 h 以上。

(3)悬液制备　将分散后的土壤悬浊液用软水无损地洗入 1 000 mL 量筒中至刻度，该量筒作为沉降筒之用。

(4)测量悬浊液温度　将温度计插入待测量沉降筒的悬浊液中，记录悬浊液温度。

(5)自由沉降　用搅拌棒在沉降筒内沿上下方向充分搅拌土壤悬浊液 1 min 以上。搅拌结束后计时，让土粒在沉降筒内自由沉降。

(6)测悬液比重　根据表 1.14 和悬浊液温度查到待测土粒所需的沉降时间，提前 30 s 小心将甲种比重计放入沉降筒内，如沉降筒内泡沫较多，可加入几滴异戊醇消泡。沉降时间到则读数，并记下读数。然后小心取出比重计，让土粒继续自由沉降，供下一级别粒级测定用。

表 1.14　小于某粒径土粒的沉降时间

温度/℃	<0.05 mm			<0.01 mm			<0.005 mm			<0.001 mm		
	h	min	s	h	min	s	h	min	s	h	min	s
10		1	18		35		2	25		48		
11		1	15		34		2	25		48		

续表1.14

温度/℃	<0.05 mm			<0.01 mm			<0.005 mm			<0.001 mm		
	h	min	s	h	min	s	h	min	s	h	min	s
12		1	12		33		2	20		48		
13		1	10		32		2	15		48		
14		1	9		31		2	15		48		
15		1	8		30		2	15		48		
16		1	6		29		2	5		48		
17		1	5		28		2	0		48		
18		1	2		27	30	1	55		48		
19		1	0		27		1	55		48		
20			58		26		1	50		48		
21			56		26		1	50		48		
22			55		25		1	50		48		
23			54		24	30	1	45		48		
24			54		24		1	45		48		
25			53		23	30	1	40		48		
26			51		23		1	35		48		
27			50		22		1	30		48		
28			48		21	30	1	30		48		
29			46		21		1	30		48		
30			45		20		1	28		48		

(7)结果计算

① 将风干土样重换算成烘干土样重

$$烘干土重(g)=\frac{风干土重}{1+吸湿水含量(\%)}$$

② 比重计读数的校正

校正后读数＝比重计读数－分散剂校正值＋温度校正值

分散剂校正值＝分散剂毫升数×分散剂摩尔浓度×分散剂相对分子质量

温度校正值见表1.15。

表 1.15　甲种比重计温度校正值

温度/℃	校正值	温度/℃	校正值	温度/℃	校正值
6.0～8.5	−2.2	14.0～14.5	−1.4	18.5	−0.4
9.0～9.5	−2.1	15.0	−1.2	19.0	−0.3
10.0～10.5	−2.0	15.5	−1.1	19.5	−0.1
11.0	−1.9	16.0	−1.0	20.0	0
11.5～12.0	−1.8	16.5	−0.9	20.5	+0.15
12.5	−1.7	17.0	−0.8	21.0	+0.3
13.0	−1.6	17.5	−0.7	21.5	+0.45
13.5	−1.5	18.0	−0.5	22.0	+0.6

③土粒含量

$$\text{小于某粒径土粒含量}=\frac{\text{校正后读数}}{\text{烘干土重}}\times 100\%$$

某两粒径范围内土粒含量＝两相邻粒径土粒含量相减值

④ 查表确定质地名称。查卡庆斯基质地分类标准得到所测土样的质地名称。

五、注意事项

(1)样品称量精确到 0.01 g。

(2)样品分散,除研磨法外,也可使用煮沸法、振荡法处理,但一定要分散彻底。

(3)应少量多次无损洗至 800～900 mL,再定容。

(4)应注意手持温度计进行测量,防止损坏。

(5)搅拌棒搅拌约上下各 30 次,搅拌棒的多孔片不要提出液面。

(6)每次读数应以弯月面上缘为准,取出的比重计应放在清水中洗净备用。

六、训练报告

报告内容:实验题目、时间地点、方法原理、操作程序、数据记录、计算结果、收获与体会。

方法二:手测法

一、技能目标

了解手测法测定土壤质地的原理,能够熟练应用该方法快速、准确地判断出当地农田、菜园等田间土壤的质地类型,为农业生产提供依据。

二、方法原理

本法以手指对土壤的感觉为主,结合视觉和听觉来确定土壤质地名称,方法简便易行,熟练后也较准确,适合于田间土壤质地的鉴别。

三、实验材料

沙土、壤土、黏土等已知质地名称土壤样本和待测土壤样本、表面皿、洗瓶等。

四、操作规程

手测法分成干测法和湿测法两种，均以感觉为主，是经验方法，需要多做多练，积累经验。

1. 干测法

取玉米粒大小的干土块，放在拇指与食指间摩擦，使之破碎。根据指压时用力大小和摩擦时感觉来判断。

2. 湿测法

取一小块土，放在手中捏碎，加入少许水，以土粒充分浸润为度（水分过多、过少均不适宜），根据能否搓成球、条及弯曲时断裂等情况加以判断。

3. 结果判断

(1)按照先摸后看、先沙后黏、先干后湿的顺序，对已知质地的土壤进行手摸测定其质地。

(2)先摸后看就是首先目测，观察有无土块、土块多少和软硬程度。质地粗的土壤一般无土块，质地越细土块越多越硬。沙质土壤比较粗糙无滑感，黏重的土壤正好相反。具体判断标准见表 1.16。

表 1.16 土壤质地手测法判断标准

质地名称	干燥状态下在手指间挤压或摩擦的感觉 （干测法）	在湿润条件下揉搓塑形时的表现 （湿测法）
沙土	干土块毫不费力即可压碎，沙粒一望而知，手捻粗糙刺手，发出嚓嚓响声	不能成球形，用手捏成团，但一松即散，不能成片
沙壤土	干土块用小力即可捏碎。沙粒为主，混有少量黏粒，很粗糙，研磨时有响声	勉强可成厚而极短的片状，能搓成表面不光滑的小球，但不能搓成条
轻壤土	干土块稍用力挤压即碎，手捻有粗糙感	可捏成较薄的短片，片长不超过 1 cm，片面较平整，可成直径约 3 mm 的土条，但提起后易断裂
中壤土	干土块稍加大力量才能挤碎，为粗细不一的粉末，沙粒和黏粒的含量大致相同，稍感粗糙	可捏成较长的薄片，片面平整，但无反光，可以搓成直径约 3 mm 的小土条，但弯成 2～3 cm 的圆形时会断裂
重壤土	干土块用大力才能破碎成为粗细不一的粉末，黏粒的含量较多，略有粗糙感	可捏成较长的薄片，片面光滑，有弱反光，可以搓成直径约 2 mm 的小土条，能弯成 2～3 cm 的圆形，但压扁时有裂缝
黏土	干土块很硬，用力不能压碎，含黏粒为主，有滑腻感	可捏成较长的薄片，片面光滑，有强反光，可以搓成直径约 2 mm 的细条，能弯成 2～3 cm 的圆形，且压扁时无裂缝

五、注意事项

(1)应拣出土样中的植物根、结核体（如石灰结核）、侵入体等。

(2)加入的水分必须适当,不粘手为最佳,随后按照搓成球状、条状、环形的顺序进行,最后将环压偏成片状,观察指纹是否明显。

(3)手测法是以手指对土壤的感觉为主,结合视觉和听觉来确定土壤质地名称,方法简便易行,适合于田间土壤质地的鉴别。干测法和湿测法可以相互补充,一般以湿测法为主。

任务三　土壤有机质的转化与调节

土壤有机质是土壤的重要组成部分,它不仅含有植物生长所需要的各种营养元素,对土壤物理、化学和生物学性质以及对重金属、农药等各种污染都有着深刻的影响,而且对全球碳平衡起着重要作用,被认为是影响全球温室效应的主要因素。因此,学习土壤有机质对土壤改良、环境保护、农业可持续发展等方面都有着重要的作用和意义。

一、土壤有机质的来源与组成

在土壤固相组成中,除了矿物质之外,就是土壤有机质,它是土壤肥力的重要物质基础。土壤有机质泛指土壤中来源于生命的物质,土壤有机质的含量因土壤类型不同而差异很大,含量高的可达20%或30%以上(如泥炭土,某些肥沃的森林土壤等),含量低的不足1%或0.5%(如荒漠土和风沙土等)。在土壤学中,一般把耕作层中含有机质20%以上的土壤称为有机质土壤,含有机质在20%以下的土壤称为矿质土壤。一般情况下,耕层土壤有机质含量通常在5%以下,东北地区新垦耕地可超过5%。土壤有机质含量虽然很少,但在土壤肥力上的作用却很大,它不仅含有各种营养元素,而且还是土壤微生物生命活动的能源。此外,它对土壤水、气、热等肥力因素的调节,对土壤理化性质及耕性的改善都有明显的作用。

(一)土壤有机质的来源

土壤有机质是指土壤中含碳的有机化合物。土壤有机质可分成腐殖质和非腐殖质,微生物是土壤有机质的最早来源。土壤中有机质的来源十分广泛,主要有以下几种。

1. 植物残体

包括各类植物的凋落物、死亡的植物体及根系,这是自然状态下土壤有机质的主要来源。其含量达80%以上,植物残体中干物质约占25%左右,其元素组成中,碳占44%,氧占40%,氢占8%,此外,N、P、K、Ca、Si、Fe、Zn、B、Mo和Mn等只占8%。对森林土壤尤为重要。森林土壤相对农业土壤而言具有大量的凋落物和庞大的树木根系。中国林业土壤每年归还土壤的凋落物干物质量按气候植被带划分,依次为:热带雨林、亚热带常绿阔叶林和落叶阔叶林、暖温带落叶阔叶林、温带针阔混交林、寒温带针叶林。

2. 动物、微生物残体

包括土壤动物和非土壤动物的残体及各种微生物的残体。这部分来源相对较少。但对原始土壤来说,微生物是土壤有机质的最早来源。

3. 排泄物和分泌物

土壤有机质的这部分来源虽然量很少,但对土壤有机质的转化起着非常重要的作用。

4. 废水、废渣

人为施入土壤中的各种有机肥料(绿肥、堆肥、沤肥等),工农业和生活废水、废渣等,还有各种微生物制品、有机农药等。

通过各种途径进入土壤中的有机质，不断被土壤微生物分解，所以土壤有机质一般呈三种形态。

（1）新鲜有机质　指土壤中未分解的动、植物残体。

（2）半分解的有机质　有机质已被微生物分解，多呈分散的暗黑色小块。

（3）腐殖质　指有机残体在土壤腐殖质化的过程中形成的一类褐色或暗褐色的高分子有机化合物。腐殖质与矿物质土粒紧密结合，不能用机械方法分离。它是土壤有机质中最主要的一种形态，占有机质总量的85%～90%，对土壤物理、化学、生物学性质都有良好作用。通常把土壤腐殖质含量高低作为衡量土壤肥力水平的主要标志之一。

（二）土壤有机质的组成

土壤有机质的组成取决于进入土壤的有机物质的组成，进入土壤的有机物质的组成相当复杂。各种动、植物残体的化学成分和含量因动、植物种类、器官、年龄等不同而有很大的差异。一般情况下，动、植物残体主要的有机化合物有碳水化合物，纤维素和半纤维素，木质素，含氮化合物，脂肪、树脂、蜡质和单宁五大类。土壤有机质的主要元素组成是C、O、H、N，分别占52%～58%、34%～9%、3.3%～4.8%、3.7%～4.1%。其次是P和S，C/N在10左右。

（1）碳水化合物　包括单糖、双糖和多糖类，它是广泛分布在植物中的一类化合物。单糖在水中溶解度很大，在植物残体被分散时，能被水淋洗流失。这类化合物被分解后产生CO_2、H_2O；在氧气不足的条件下，产生有机酸，甚至产生H_2及CH_4等还原性的有毒物质。

（2）纤维素和半纤维素　纤维素用较强的酸或碱溶液处理才能水解；半纤维素用稀酸或稀碱溶液处理即可水解。它们均能被微生物分解。

（3）木质素　木质素是复杂的有机化合物，不容易被细菌和化学物质分解，但在土壤中可不断地被真菌、放线菌分解。

（4）含氮化合物　有机态含氮化合物主要为蛋白质，各种蛋白质经水解后，一般可产生多种不同的氨基酸，少部分比较简单而可溶性的氨基酸，可为微生物直接吸收，但是大部分含氮化合物是需要经过微生物分解后，才能被利用。

（5）脂肪、树脂、蜡质和单宁　这类有机化合物属于复杂的化合物，不溶于水，而溶于醇、醚及苯。在土壤中，这类物质抵抗化学分解和细菌分解的能力比较强。

植物残体经过灼烧后残留下来的元素，称为灰分物质。这些元素在生物的生活中起着巨大作用。有机质中还含有一些灰分元素，如Ca、Mg、K、Na、Si、P、S、Fe、Al、Mn等，还含有少量的I、Zn、B、F等。

二、土壤有机质的转化及影响因素

土壤有机质的转化过程主要是生物化学过程。土壤有机质在微生物的作用下，向着两个方向转化：一个是有机质的矿质化过程，另一个是有机质的腐殖化过程。这两个过程既是相互对立的，又是相互联系的，随着土壤中环境条件的改变而相互转化。它们对土壤肥力都有贡献。前者是有机质中的养分释放过程，后者是土壤腐殖质的形成过程。

（一）有机质的矿质化过程

土壤有机质的矿质化过程是指有机质在微生物作用下，分解为简单无机化合物的过程，其最终产物为CO_2、H_2O等，而N、P、S等以矿质盐类释放出来，同时释放出热量，为植物和微生物提供养分和能量。该过程也为土壤形成腐殖质提供物质来源。

1. 糖类化合物的转化

多糖类化合物先通过酶的作用，水解成为单糖，单糖再进一步分解成为更简单的物质。

在通气良好的条件下，分解迅速，最后产物为 CO_2 和 H_2O，并放出能量。在通气不太好（半厌气）的条件下，分解较缓慢，往往产生有机酶的积累。在通气极端不良（完全厌气）的条件下，分解极慢，最后产物为还原性物质，如 CH_4、H_2 等。

2. 含氮有机质的转化

土壤中含 N 有机物只有一小部分是水溶性的，绝大部分是以复杂的蛋白质、腐殖质以及生物碱等形态存在的。现以蛋白质为例，说明含 N 有机质的转化。

第一步　水解作用：在微生物好气和厌气细菌分泌的蛋白水解酶作用下，水解成氨基酸。

蛋白质→水解蛋白质→消化蛋白质→多缩氨基酸（或多肽）→氨基酸

第二步　氨化作用：借助水解作用、氧化作用和还原作用。将胺态氮（NH_2^--N）转化为铵态氮（NH_4^+-N）。氨化作用在好氧和厌氧条件下均可进行。

第三步　硝化作用：在通气良好的条件下，铵态氮通过亚硝化细菌和硝化细菌的相继作用，逐级转化成亚硝酸态氮（NO_2^--N）和硝酸态氮（NO_3^--N）。

在某些条件下，还可通过反硝化细菌的作用，将土壤中 NO_3^--N 变成 NO_2、NO 或游离 N_2 而逸散于空气中，这一过程称为反硝化过程。

出现反硝化过程的条件是：①通气不良；②土壤中有硝酸盐存在；③土壤中有大量碳水化合物；④适宜 pH7.0～8.2。反硝化过程是造成氮损失的途径之一，应加以控制。

3. 含磷、含硫有机化合物的转化

土壤中的磷绝大部分是以植物不能直接利用的难溶性无机和有机状态存在的。有机态的磷、硫只能经过微生物分解成为无机的可溶性的物质后，才能被植物所吸收利用。

（1）含磷有机化合物的转化　磷主要存在于核蛋白、核酸、磷脂和植素等有机化合物中，它们在土壤酶的作用下，逐渐把磷释放出来，以磷酸形态被植物吸收利用。在厌氧条件下，常常引起磷酸还原，产生亚磷酸和次磷酸。在有机质丰富和通气不良的情况下，将进一步被还原成磷化氢，而危害作物生长。

（2）含硫有机化合物的转化　硫主要存在于蛋白质类物质中，在土壤酶的作用下，含硫的有机化合物先分解成含硫的氨基酸，然后再以硫化氢的形态分离出来，硫化氢在硫细菌作用下，氧化成硫酸，后者再与土壤中的盐作用形成硫酸盐类，并为植物所吸收利用。

在通气不良情况下，发生反硫化作用，将硫酸转化为硫化氢，使硫损失。存在于土壤有机质中的微量元素，也随着上述相似的转化过程被释放出来。

总之，存在于复杂有机质中的植物营养元素，必须经过上述的生物化学过程才能得到释放，被植物吸收利用。这些过程进行的具体情况取决于土壤的组成、pH、Eh 和土壤的水、气、热状况。土壤的条件不同，植物营养元素在土壤中转化的特点也有差异，要善于根据具体情况，具体分析。

（二）有机质的腐殖化过程

1. 有机质腐殖化过程

有机质腐殖化过程是形成土壤腐殖质的过程。它是一系列极其复杂过程的总称。关于腐殖化过程，尚未研究得十分清楚，目前多倾向于苏联学者柯诺诺娃的看法，认为腐殖化过程分两个阶段：第一阶段是在有机残体分解中形成腐殖质分子的基本成分，如多元酚、含氮有机化合物

(如氨基酸)等;第二阶段是在各种微生物群(细菌、霉菌、链霉菌等)分泌的酚氧化酶作用下,把多元酚氧化成醌,即:

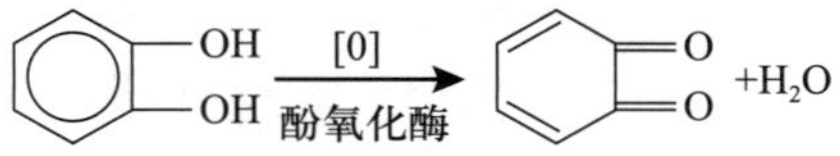

多元酚

醌再进一步与含氮有机化合物缩合

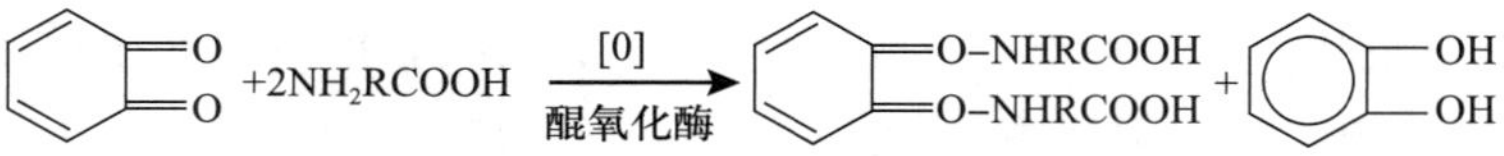

醌　　腐殖质单体分子

上述反应的产物是形成腐殖质分子的基础,在不同条件下这些简单的产物再进一步缩合,形成分子大小不等的腐殖质。在农业土壤中,腐殖质分子的大小与熟化程度有关,熟化程度越高,分子越复杂、越大。

腐殖质形成的生物学过程可用下列式表示:

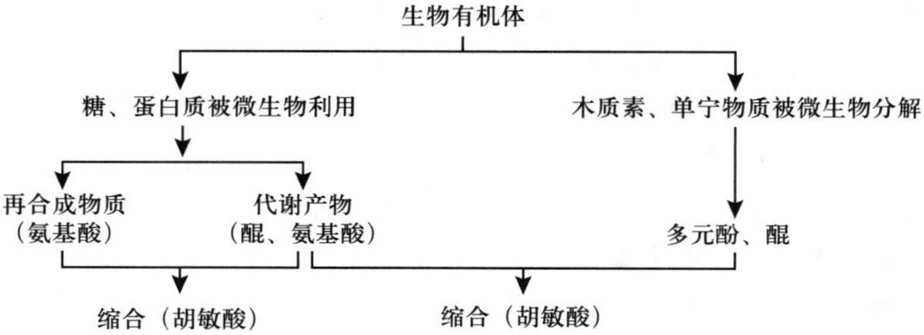

2. 腐殖质的组成和性质

(1)腐殖质的组成

根据腐殖质的颜色和在不同溶剂中的溶解性,可把腐殖质分为胡敏酸(褐腐酸)、富里酸(黄腐酸)和胡敏素(黑腐素)三组,具体分离方法如下:

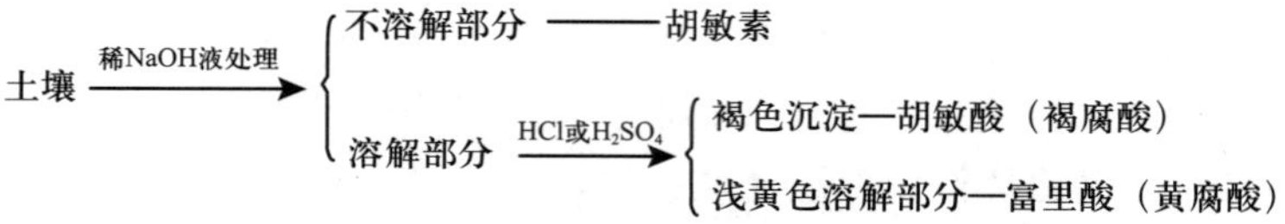

上述三组腐殖质中,对胡敏酸研究较多。其元素组成是:C 52%~62%、H 3.0%~4.5%、O 30%~39%、N 3.5%~5.0%,此外,还含有 P 和 S,其分子上含有许多活性官能团。一般认为胡敏酸分子上有四个羧基和三个酚羟基。胡敏酸代换量因不同的土壤而异,变动在 300~500 me/100 g 之间。胡敏酸的一价盐类溶于水,而与二价以上的盐基离子形成的盐类都不溶于水,这一性质使胡敏酸成为水稳性团粒结构形成不可缺少的物质。富里酸的分子组成与胡敏酸相同,但它是在多水和酸性条件下形成的,所以它与胡敏酸有下列不同:①具有强酸性,有强烈的腐蚀能力;②颜色为浅黄色;③含碳量较低(44%~48%),而含氧量较高(45%~48%);④在酸性环境中不沉淀。这些特点决定了它在土壤结构形成上的作用远不如胡敏酸。胡敏素是胡敏酸经过冰冻或干燥产生的变性产物,或者由胡敏酸与矿物质紧密结合而成,以致失去水溶性和碱溶性。

腐殖质在土壤中主要是和矿物质胶体结合，并形成土壤无机有机复合胶体。这对于土壤团粒结构的形成及其保持具有重要作用。

(2)腐殖质的性质

①土壤腐殖质分子结构复杂，尚未十分清楚。一般认为腐殖质分子包括芳香族化合物的核、含氮有机化合物和碳水化合物三部分。在其分子上含有若干个羧基(—COOH)、酚羟基(—OH)、醇羟基(—OH)、甲氧基($—OCH_3$)、甲基($—CH_3$)、醌基(—CO—CO—)等能与外界进行反应的官能团，使腐殖质具有多种活性，如离子吸附性，对金属离子的络合能力，氧化-还原性及生理活性等。

②腐殖质具有带电性。土壤腐殖质的各种性质与其带电性有密切关系。就电性而言，由于腐殖质是两性胶体，通常以带负性为主。电性来源于分子表面羧基的酚羟基的解离及氨基的质子化。例如：

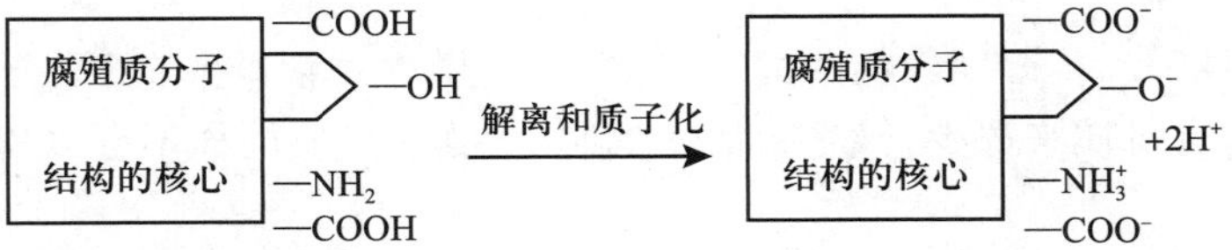

土壤腐殖质所带的电荷属可变电荷，其电荷量随土壤 pH 而变化。腐殖质对阳离子有很高的吸附力，其阳离子代换量达 150～450 me/100 g。

③腐殖质的吸水性。腐殖质是亲水性胶体，吸水能力强，吸水量可超过 500%，而黏粒仅仅为 15%～20%。因此，腐殖质具有膨胀性和收缩性，与黏粒矿物比较，黏结性、黏着性和可塑性很低。

④腐殖质的稳定性。腐殖质的化学稳定性高，抗分解能力强。因此，分解周期需较长时间。温带地区，一般植物残体的半分解期少于三个月，新形成的有机质，其半分解期为 4～9 年，而胡敏酸的平均存留时间为 780～3 000 年，富里酸为 200～630 年。

(三)影响土壤有机质转化的因素

土壤有机质在不同条件下，转化方向、速度、产物都不一样。对养分和能量利用以及对土壤性质的作用截然不同。因此，掌握影响有机质转化的因素十分重要。

1. 有机质的碳氮比和物理状态

有机质的碳氮比(C/N)的大小因植物残体的种类、老嫩程度不同而不同。一般枯老秸秆的 C/N 为(65～85)∶1，青草的 C/N 为(25～45)∶1，幼嫩豆科绿肥的 C/N 为(15～20)∶1。通常植物残体中的 C/N 为 40∶1。

微生物生命活动需要碳素和氮素，细菌每分解 25 份碳需要 1 份氮素以获取分解时所需要的能量和组成本身细胞的物质，当土壤有机质中 C/N 小于 25∶1 时，才有细菌利用之外多余的矿质态氮供植物直接利用。而在 C/N 为 10∶1 时，土壤矿质态氮积累更多。所以，幼嫩多汁而 C/N 较小的植物残体分解快易矿质化，释放的氮素多，但形成腐殖质少。而 C/N 较大的植物残体则相反，有机质分解缓慢，易引起微生物与植物争氮，造成植物暂时性的饥饿状态。同时，由于土壤能源过多，加上通气不良，引起反硝化作用，对植物不利。所以，作物生长期内不应把 C/N 大的有机残体直接施入土中，应经过沤制后再施用。

通常把每克干重的有机物经过一年分解后转化为腐殖质(干重)的克数，称为腐殖化系数。不同的植物和不同的腐解条件，腐殖化系数有一定差异。

一般讲，水田较旱田腐殖化系数高，木质化程度高的植物残体其腐殖化系数也高，即形成较多的腐殖质。

此外，经粉碎的植物残体比未经粉碎的植物残体更容易腐解。特别是C/N大的枯老植物残体更是如此。因为粉碎后，暴露的表面积大，与外界作用的机会多，并粉碎了包裹在残体外面抗微生物作用的木质素、蜡质等物质，因而更容易受到酶和微生物的作用，加快腐烂过程。

2. 土壤水、热状况

微生物分解有机质需要一定的水分和温度，土壤水、热状况直接影响生物学过程的强弱。一般规律是：

(1)温度在30 ℃，土壤水分含量接近于最大持水量的60%～80%，有机质分解强度最大。

(2)温度和含水量低于或高于最适点时，都会减弱有机质的分解程度。

(3)温度和含水量二者之中，一个数值增大，另一个数值同时减小时，有机质的分解强度则受限制因素的制约。

一般在土壤温度较高，湿度较低的情况下，好气性微生物活跃，有机质分解快，在土壤中积累少；在温度过低，有机质来源少，微生物活性低时，土壤有机质同样不会累积。

3. 土壤通气状况

通气状况直接影响着分解有机质的微生物群落分解的速度和最终产物。在通气良好的条件下，好气性细菌和真菌活跃，有机质分解迅速，可完全矿质化，不含氮有机化合物，分解的最终产物是CO_2、H_2O和灰分物质。含氮有机化合物的最终产物主要是硝态氮，易被植物吸收利用。在少氧或无氧的不良通气条件下，有机质分解缓慢，而常积累有机酸，甚至形成还原性物质，如CH_4、H_2和H_2S等物质。一般认为在好气和嫌气分解交替进行时，有利于土壤腐殖质的形成。

4. 土壤酸碱性

各种微生物都有最适宜的环境反应。酸性环境适宜真菌活动，易产生酸性的富里酸型的腐殖质。中性环境适宜细菌繁殖，在适量水分和钙的作用下，易形成胡敏酸型的腐殖质。在微碱性环境中，空气流通时，宜于硝化细菌活动，有利于硝化作用。

三、土壤有机质的作用与调节

（一）土壤有机质的作用

1. 土壤养分的主要来源

土壤有机质中含有极为丰富的氮、磷、硫等元素，它们的有机化合物是植物营养物质在土壤中的主要存在形式，并使植物营养元素在土壤中得以保存和聚积。土壤有机质不仅是一种稳定而长效的氮源物质，而且它几乎含有作物和微生物所需要的各种营养元素。大量资料表明，我国主要土壤表土中80%以上的氮、20%～76%的磷以有机态存在，在大多数非石灰性土壤中，有机态硫占全硫的75%～95%。随着有机质的矿质化，这些养分都成为矿质盐类（如铵盐、硫酸盐、磷酸盐等），以一定的速率不断地释放出来，供作物和微生物利用。

另外，据估计土壤有机质的分解以及微生物和根系呼吸作用所产生的CO_2，每年可达1.35×10^{11} t，大致相当于陆地植物的需要量，可见土壤有机质的矿化分解是大气中CO_2的重要来源，也是植物碳素营养的重要来源。

此外，土壤有机质在分解过程中，还可产生多种有机酸（包括腐殖酸本身），这对土壤矿质部分有一定的溶解能力，促进风化，有利于某些养分的有效化，还能络合一些多价金属离子，使之在土壤溶液中不致沉淀而增加了有效性。

2. 改善土壤物理性质

有机质在改善土壤物理性质方面具有多种功能，首先是促进土壤团粒结构的形成。腐殖质在土壤中主要以胶膜形式包被在矿质土粒的外表。由于它是一种胶体，黏结力和黏着力都大于沙粒，施于沙土后能增加沙土的黏性，可促进团粒结构的形成。由于它松软、絮状、多孔，黏结力又比黏粒强 11 倍，黏着力比黏粒小一半，所以黏粒被它包被后，易形成散碎的团粒，使土壤变得比较松软而不再结成硬块。表明有机质能使沙土变紧，黏土变松，土壤的保水、透水性以及通气性都有所改变。同时使土壤耕性也得到改善，耕翻省力，适耕期长，耕作质量也相应地提高。

腐殖质对土壤的热状况也有一定影响。主要由于腐殖质是一种暗褐色的物质，它的存在能明显地加深土壤颜色，从而提高了土壤的吸热性。同时腐殖质热容量比空气、矿物质小，而比水小，而导热性质居中。因此在同样日照条件下，腐殖质质量分数高的土壤土温相对较高，且变幅不大，利于保温和春播作物的早发速长。

3. 增强土壤的保水保肥能力和缓冲性

腐殖质疏松多孔，又是亲水胶体，能吸持大量水分，故能大大提高土壤的保水能力。此外腐殖质改善了土壤渗透性，可减少水分的蒸发等，为作物提供更多的有效水。

腐殖质属胶体物质，具有巨大的比表面和表面能，同时带有大量正负电荷，所以可吸附阴、阳离子；又因其所带电性以负电荷为主，所以它具有较强的吸附阳离子的能力，其中作为养料的 K^+、NH_4^+、Ca^{2+}、Mg^{2+} 等阳离子一旦被吸附后，就可避免随水流失，而且能随时被根系附近的其他阳离子交换出来，供作物吸收，仍不失其有效性。

腐殖质保存阳离子养分的能力，要比矿质胶体大许多倍至几十倍。因此，保肥力很弱的沙土中增施有机肥料后，不仅增加了土壤中养分分数，改良沙土的物理性质，还可提高其保肥能力。

腐殖质又属两性胶体，是弱酸，其盐类具有两性胶体的作用，因此有很强的缓冲酸碱变化的能力。当土壤溶液中 H^+ 或 OH^- 过多时，通过离子交换作用，可降低土壤的酸性或碱性，这种使酸碱反应减弱的能力，称为缓冲性。所以提高土壤腐殖质质量分数，可增强土壤缓冲酸碱变化的性能。

4. 促进作物生长发育

极低浓度的腐殖质（胡敏酸）分子溶液，对植物有刺激作用。如能改变植物体内糖类的代谢，促进还原糖的积累，提高细胞的渗透压，从而提高植物的抗旱性；能提高氧化酶的活性，加速种子发芽和对养分的吸收，促进作物生长；还可增强植物的呼吸作用，提高细胞膜的透性和对养分的吸收，促进根系的发育。

5. 有助于消除土壤的污染

腐殖质有助于消除土壤中的农药残毒和重金属污染以及酸性介质中 Al、Mn、Fe 的毒性。特别是褐腐酸能使残留在土壤中的某些农药，如 DDT、三氮杂苯等的溶解度增大，加速其淋出土体，减少污染和毒害。腐殖酸还能和某些金属离子络合，由于络合物的水溶性，而使有毒的金属离子有可能随水排出土体，减少对作物的危害和对土壤的污染。

（二）土壤有机质的调节

在有机质的调节中，除了增加土壤有机质的含量，还要提高有机质的分解速率。

1. 增加土壤有机质的含量

我国农业土壤的有机质质量分数大多偏低，特别是华北平原和黄土高原。提高这些地区土壤有机质的质量分数将可有效地提高土壤的生产能力。增加土壤有机质的途径有：

(1)种植绿肥作物　种植绿肥作物，实行绿肥作物与粮食作物轮种，历来是我国农业生产中用以补给土壤有机质的一种重要方法。绿肥作物产量高，有机物质质量分数高(一般为10%～20%)，养分丰富(一般平均含 NO 5%，P_2O_5 0.1%，K_2O 0.5%)，分解也较快，形成腐殖质较迅速，可不断地更新土壤腐殖质。

与单一作物连作相比，实行绿肥或牧草与作物轮作可显著提高土壤有机质的质量分数。据全国绿肥试验网在16个省(区)进行的定位试验结果表明，无论是我国的南方或北方，旱地或水田，连续5年翻压绿肥，土壤有机质均有明显提高，其增加量平均为每千克土壤1～2 g。但土壤肥力不同，其累积有机质的效果存在较大差异。在肥力高的土壤上，绿肥一般只能起到维持土壤有机质水平的作用；而肥力低的土壤上，绿肥则有明显增加土壤有机质质量分数的良好效果。

为了防止土壤原有机质的大量消耗及绿肥分解时可能会产生的有毒物质，可以采取沤肥办法，先把绿肥和稻草、河泥等一起沤腐，然后再施入土中；或用换肥办法，把一部分绿肥割出用为饲料，再以一部分厩肥代替绿肥使用。

(2)增施有机肥料　我国农民素有施用有机肥的习惯，而且施用的种类和数量都很多，如：粪肥、厩肥、堆肥、青草、幼嫩枝叶、饼肥、蚕沙、鱼肥等，其中粪肥和厩肥是普遍使用的主要有机肥。这就应该在大力发展畜牧业的同时，鼓励农民大力发展有机肥。养畜积肥一般以养猪为主，若以平均每公顷养猪30头，每公顷年积厩肥22 500 kg计，则每公顷土壤中增加的有机质干重可达750 kg以上。

(3)秸秆还田　秸秆直接还田是增加土壤有机质和提高作物产量的一项有效措施。作物秸秆含纤维素、木质素较多，在腐解过程中，腐殖化作用比豆科植物进行慢，但能形成较多的腐殖质。对于含氮较多的土壤，秸秆还田的效果较好；瘦田采用秸秆还田时，应适当施入速效性氮肥，否则会产生秸秆分解迟缓或虽分解而作物却产生黄苗缺氮的现象。在秸秆还田时，最好采用禾本科植物的秸秆或厩肥等混合使用，这样可以起到调节C/N，加速残体分解、多积累腐殖质及防止作物缺氮的发生，比单用禾本科秸秆或豆科秸秆的增产效果好。

应该指出，增加有机质的途径，要因地制宜。例如，以牧业为主的地区可采用粮草轮作；在山区应结合山区综合治理，发展林业和畜牧业；在平原地区，除发展绿肥外，应积极发展林业，四旁绿化，使秸秆还田的数量不断增加。

2. 调节土壤有机质的分解速率

土壤有机质的分解速率和土壤微生物活动是密切相关的，因此我们可以通过控制影响微生物活动的因素，来达到调节土壤有机质分解速率的目的。调节途径主要有以下几个方面：

(1)调节土壤水、气、热状况　土壤水、气、热状况影响到有机质转化的方向与速度，在生产中常通过灌排、耕作等措施，改善土壤水、气、热状况，从而达到促进或调节土壤有机质转化的效果。

(2)合理的耕作和轮作　合理耕作和轮作，既能调节进入土壤中的有机质种类、数量及其在不同深度土层中的分布，又能调节有机质转化的水、气、热条件。我国人民在长期生产实践中形成的良好粮肥轮作、水旱轮作制等，都是用地养地的良好的农业耕作措施，既利于发挥地力，又提高了有机质质量分数，培肥了土壤。

(3)调节碳氮比率和土壤酸碱度　根据有机质的成分,调节其碳氮比来调节土壤有机质的矿质化和腐殖化过程。在施用碳氮比大的有机肥时,可同时适当加入一些含氮量高的腐熟的有机肥和化学氮肥,经缩小碳氮比,加速有机质的转化。土壤微生物一般适宜在中性至微碱性范围生活,通过改良土壤的酸碱性,以增强微生物的活性,改善土壤有机质转化的条件。

技能训练3

土壤有机质的测定

一、技能目标

了解土壤有机质测定的意义,了解重铬酸钾容量法测定土壤有机质的原理,能熟练运用该方法测定土壤有机质的含量,指导土壤有机肥料的施用。

二、方法原理

在加热的条件下,用过量的重铬酸钾-硫酸($K_2Cr_2O_7$-H_2SO_4)溶液,来氧化土壤有机质中的碳,$Cr_2O_7{}^{2-}$等被还原成Cr^{3+},剩余的重铬酸钾($K_2Cr_2O_7$)用硫酸亚铁($FeSO_4$)标准溶液滴定,根据消耗的重铬酸钾量计算出有机碳量,再乘以常数1.724,即为土壤有机质的量。其反应式为:

重铬酸钾-硫酸溶液与有机质作用:

$$2K_2Cr_2O_7+3C+8H_2SO_4=2K_2SO_4+2Cr_2(SO_4)_3+3CO_2\uparrow+8H_2O$$

硫酸亚铁滴定剩余重铬酸钾的反应:

$$K_2Cr_2O_7+6FeSO_4+7H_2SO_4=K_2SO_4+Cr_2(SO_4)_3+3Fe_2(SO_4)_3+7H_2O$$

三、实验材料

1. 主要仪器

分析天平(0.000 1 g)、硬质试管、长条磞光纸、油浴锅、铁丝笼(消煮时插试管用)、温度计(0~360 ℃)、滴定管(25 mL)、吸管(10 mL)、三角瓶(250 mL)、小漏斗、量筒(100 mL)、角匙、滴定台、吸水纸、滴瓶(50 mL)、试管夹、吸耳球、试剂瓶(500 mL)。

2. 试剂

(1)0.136 mol/L$K_2Cr_2O_7$-H_2SO_4的标准溶液　准确称取分析纯重铬酸钾($K_2Cr_2O_7$)40 g溶于500 mL蒸馏水中,冷却后稀释至1 L,然后缓慢加入比重为1.84的浓硫酸(H_2SO_4)1 000 mL,并不断搅拌,每加入200 mL时,应放置10~20 min使溶液冷却后,再加入第二份浓硫酸(H_2SO_4)。加酸完毕,待冷后存于试剂瓶中备用。

(2)0.2 mol/L $FeSO_4$标准溶液　准确称取分析纯硫酸亚铁($FeSO_4\cdot7H_2O$)56 g或硫酸亚铁铵[$Fe(NH_4)_2(SO_4)_2\cdot6H_2O$]80 g,溶解于蒸馏水中,加3 mol/L的硫酸(H_2SO_4)60 mL,然后加水稀释至1 L,此溶液的标准浓度可以用0.016 7 mol/L重铬酸钾($K_2Cr_2O_7$)标准溶液标定。

(3)邻啡罗啉指示剂　称取分析纯邻啡罗啉1.485 g,化学纯硫酸亚铁($FeSO_4\cdot7H_2O$)0.695 g,溶于100 mL蒸馏水中,贮于棕色滴瓶中(此指示剂以临用时配制为好)。

四、操作规程

(1)在分析天平上准确称取通过60目筛子(<0.25 mm)的土壤样品0.1~0.5 g(精确到0.000 1 g),用长条磞光纸把称取的样品全部倒入干的硬质试管中,用移液管缓缓准确加入

0.136 mol/L 重铬酸钾-硫酸($K_2Cr_2O_7$-H_2SO_4)溶液 10 mL,(在加入约 3 mL 时,摇动试管,以使土壤分散),然后在试管口加一小漏斗。

(2)预先将液状石蜡油或植物油浴锅加热至 185~190 ℃,将试管放入铁丝笼中,然后将铁丝笼放入油浴锅中加热,放入后温度应控制在 170~180 ℃,待试管中液体沸腾发生气泡时开始计时,煮沸 5 min,取出试管,稍冷,擦净试管外部油液。

(3)冷却后,将试管内容物小心仔细地全部洗入 250 mL 的三角瓶中,使瓶内总体积在 60~70 mL,保持其中硫酸浓度为 1~1.5 mol/L,此时溶液的颜色应为橙黄色或淡黄色。然后加邻啡罗啉指示剂 3~4 滴,用 0.2 mol/L 的标准硫酸亚铁($FeSO_4$)溶液滴定,溶液由黄色经过绿色、淡绿色突变为棕红色即为终点。

(4)在测定样品的同时必须做两个空白试验,取其平均值。可用石英砂代替样品,其他过程同上。

五、结果计算

在本反应中,有机质氧化率平均为 90%,所以氧化校正常数为 100/90,即为 1.1。有机质中碳的含量为 58%,故 58 g 碳约等于 100 g 有机质,1 g 碳约等于 1.724 g 有机质。由前面的两个反应式可知:1 mol 的 $K_2Cr_2O_7$ 可氧化 3/2 mol 的 C,滴定 1 mol $K_2Cr_2O_7$,可消耗 6 mol $FeSO_4$,则消耗 1 mol $FeSO_4$ 即氧化了 3/2×1/6C=1/4C。

计算公式为:

$$\text{有机质(g/kg)}=\frac{(V_0-V)\cdot N\times 0.003\times 1.724\times 1.1}{m}\times 1\,000$$

式中:V_0——滴定空白液时所用去的硫酸亚铁体积,mL。

V——滴定样品液时所用去的硫酸亚铁体积,mL。

N——标准硫酸亚铁的浓度,mol/L。

m——样品重,g。

六、注意事项

(1)根据样品有机质含量决定称样量。有机质含量在大于 50 g/kg 的土样称 0.1 g,20~40 g/kg 的称 0.3 g,少于 20 g/kg 的可称 0.5 g 以上。

(2)消化煮沸时,必须严格控制时间和温度。

(3)最好用液体石蜡或磷酸浴代替植物油,以保证结果准确。磷酸浴需用玻璃容器。

(4)对含有氯化物的样品,可加少量硫酸银除去其影响。对于石灰性土样,须慢慢加入浓硫酸,以防由于碳酸钙的分解而引起剧烈发泡。对水稻土和长期渍水的土壤,必须预先磨细,在通风干燥处摊成薄层,风干 10 d 左右。

(5)一般滴定时消耗硫酸亚铁量不小于空白用量的 1/3,否则,氧化不完全,应弃去重做。消煮后溶液以绿色为主,说明重铬酸钾用量不足,应减少样品量重做。

七、训练报告

报告内容:实训题目、时间地点、操作程序、实训记录、结果分析、收获与体会。

创新创业

水培营养液的配制

一、目的与要求

根据营养液的配制原则和注意事项，利用化学药品配制水培营养液母液。为植物的不同生育阶段提供充足的营养。

二、材料与用具

1. 材料

准备下列大量元素和微量元素化合物。

(1)大量元素化合物　KNO_3、$Ca(NO_3)_2 \cdot 4H_2O$、$NH_4H_2PO_4$、$MgSO_4 \cdot 7H_2O$。

(2)微量元素化合物　EDTA-2NaFe、$MnSO_4 \cdot 4H_2O$、$CuSO_4 \cdot 5H_2O$、H_3BO_3、$ZnSO_4 \cdot 7H_2O$、$(NH_4)_6Mo_7O_{24} \cdot 4H_2O$。

2. 用具

电子天平(感量 0.01 g、0.000 01 g)，烧杯(100 mL、200 mL 各 1 个)、容量瓶(1 000 mL)、玻璃棒、贮液瓶(3 个 1 000 mL 棕色瓶)、记号笔、标签纸、贮液池(桶)等。

三、方法和步骤

1. 母液(浓缩液)种类

分成 3 个母液，分别记为 A、B、C，A 液包括 KNO_3 和 $Ca(NO_3)_2 \cdot 4H_2O$，浓缩 200 倍；B 液包括 $NH_4H_2PO_4$ 和 $MgSO_4 \cdot 7H_2O$，浓缩 200 倍；C 液包括 EDTA-2NaFe 和各种微量元素，浓缩 1 000 倍。

2. 计算各母液化合物用量

按照日本兴津园艺试验场开发的通用无土栽培营养液配方要求配制 1 000 mL 母液，所需用量如下。

A 液：KNO_3 161.80 g，$Ca(NO_3)_2 \cdot 4H_2O$ 189.00 g。

B 液：$NH_4H_2PO_4$ 30.60 g，$MgSO_4 \cdot 7H_2O$ 98.60 g

C 液：EDTA-2NaFe 20.0 g，$MnSO_4 \cdot 4H_2O$ 2.13 g，$CuSO_4 \cdot 5H_2O$ 0.08 g，

H_3BO_3 2.86 g，$ZnSO_4 \cdot 7H_2O$ 0.22 g，$(NH_4)_6Mo_7O_{24} \cdot 4H_2O$ 0.02 g。

3. 配制母液

按上面计算结果，准确称取各元素化合物用量，按 A、B、C 种类分别溶解，并定容至 1 000 mL，最后装入棕色贮液瓶中，贴上标签，注明 A、B、C 母液。

4. 工作营养液的配制

用以上母液配制 50 L 的工作营养液。分别取 A、B 两母液各 250 mL、C 母液 50 mL，在加入各母液的过程中一定要防止出现沉淀。方法如下：①在贮液池内先放入预配工作营养液体积的 40% 的水量，再将量取好的 A 母液倒入贮液池中。②将量取好的 B 母液缓慢倒入贮液池中，并不断加水稀释，直至达到总水量的 80%。③将量取好的 C 母液加入贮液池，然后加足水量，伴随着不断搅拌，直至均匀。

阅读材料

土壤的功能

土壤是支撑人类社会生存和发展的最珍贵的自然资源，是维持人类生存的必要条件，它不仅具有自然属性，同时具有经济属性和社会属性。土壤作为多功能的历史自然体，主要具有如下八大功能：

1. 土壤的生产功能

土壤是人类食物生产的主要基地，地球上95%的食物来自土壤，可以说，没有土壤人类就无法生存。在不同生态条件下培育出了各种名特优农产品，如热带铁铝土上的咖啡、可可、腰果等；亚热带富铝土上的柑橘和茶叶；温带淋溶土上的莱阳梨、烟台苹果、肥城桃等；漠境干旱土上的长绒棉、吐鲁番葡萄、哈密瓜等均驰名中外。天然药物方面也有与土壤相联系的特定产地，如黄连以川、贵为佳，枸杞以甘、宁为优，红花以西藏为最，三七以云、贵居上，即所谓道地药材。

营养库的作用。绿色植物生长发育的五大基本要素，即日光（光能）、热量（热能）、空气（氧气及二氧化碳）、水分和养分，其中养分和水分主要通过根系从土壤中吸取，植物有强大的根系滋养着植物群体。植物需要的营养元素除二氧化碳主要来自空气外，氮、磷、钾及中量元素（钙、镁、硫）、微量元素（铁、锰、铜、锌、硼等）和水分则主要来自土壤。土壤营养库十分重要。土壤是陆地生物所必需的营养物质的重要给源。

雨水涵养作用。土壤是地球陆地表面具有生物活性和多孔结构的介质，具有很强的吸水和持水能力。研究表明，土壤储水量明显大于江河水和大气水的储量。土壤的水分涵养功能与土壤的总孔隙度、有机质含量等土壤理化性质和植被覆盖度有密切的关系。

生物的支撑作用。土壤不仅是陆地植物的植物营养库，还能使绿色植物在土壤中生根发芽。根系在土壤中伸展和穿插，获得土壤的机械支撑，保证绿色植物地上部分能稳定的立于大自然之中。土壤中还拥有种类繁多、数量巨大的生物群。

2. 土壤的环境功能

土壤具有吸附、分散、中和和降解环境污染物质的缓冲和过滤作用。土壤的环境保护功能主要表现在对进入土壤的污染物通过物理、化学、物理化学和生物学等过程，使其浓度降低、毒性减轻或降解消失的过程。全球有50%～90%的污染物最终滞留于土壤中，进入土壤中的污染物，经过一系列反应，其毒害得到降低或消除，土壤对污染物的缓冲和净化作用在稳定和保护人类生存环境中发挥着重要作用。

3. 土壤是生物基因库和种质资源库

土壤中的生物有多细胞的后生动物、单细胞的原生动物以及大量的微生物。土壤是重要的微生物种质资源库和功能基因库，人类目前应用的微生物大多数是从土壤中分离、驯化和选育的。例如，英国细菌学家弗莱明于1928年发现了青霉素，继青霉素之后，链霉素、氯霉素、土霉素、四环素等抗生素不断产生，这些都是生长在土壤之中的微生物产生的物质，它们增强了人类治疗传染性疾病的能力。

4. 土壤是生物多样性的根基

世界上没有相同的两片树叶，地球上也没有两块相同的土壤。俗话说“一步三换土”，就是说土壤的类型多，变化大。

土壤作为一个开放系统，其形成过程不仅受到五大成土因素的综合作用，还受到自“人类世”以来不断加剧的人为影响，造成土壤类型和土壤分布形式多种多样。土壤的多样性为生物多样性提供了条件；反之，生物多样性也影响土壤多样性的发生和演变。没有基于地学要素多样性构成的土壤多样性，生物多样性很难维系。

随着土壤退化的加剧，土壤多样性的研究更显重要。土壤学者开始用土壤多样性的研究指示濒危、稀有土壤类别。根不离土，土不离根。生物圈离不开土壤圈，土壤多样性是生物多样性的根基，保护土壤多样性就是保护生物多样性。

5. 土壤是全球碳循环中重要的碳库

二氧化碳（CO_2）是大气中的主要成分，是主要的温室气体之一。目前使全球变暖的原因中大约50%是由于人类活动所增加的CO_2。工业革命前公元1800年，大气中CO_2浓度约为280 mL/m^3，有学者预测，预计到2030年，CO_2浓度将高达600 mL/m^3，是工业革命前的2倍。土壤是全球碳循环中的重要碳库。在主要碳库中，大气碳库最小，海洋碳库最大，陆地碳库居中，其中73%以有机质的形态存在于土壤中。

土壤碳库是大气碳库的2倍，总库容的变化与土壤圈、大气圈、水圈（尤其是海洋）等圈层紧密相关。土壤固碳对于全球气候变化和食物的安全有重要意义。退化土壤碳库的增加，不仅可以增产粮食，而且土壤固定的碳每年能抵消占全球化石燃料排放碳量的5%～15%的CO_2。

6. 土壤具有保存自然文化遗产的功能

在历史的长河中，因为新构造运动、火山喷发、河流改道、沉积物覆盖、风沙堆积和人工堆垫，加上人类战乱、饥荒和人口的迁徙，使成土环境巨变，造成了一个封闭的环境，一些自然变化和人类文明得以保存下来。如在自然条件下，在黄土高原黄土沉积中埋藏了不同时期的古土壤；在青藏高原隆起过程中出现了不同成土条件下形成的古土壤。这些古土壤的形成特点，有助于推断黄土高原古气候的变化以及青藏高原隆起的速度。

至于土壤与社会历史和人类文明的关系则更为密切，如古埃及、古希腊、古印度和我国古代均有丰富的地下宝藏，名震中外的西安秦始皇兵马俑即是古代文明的辉煌宝藏。

7. 土壤是景观旅游资源

我国地域广大，土壤景观旅游资源众多，自然土壤景观或以秀丽著称，或以奇异见长，或别具一格，多姿多彩。我国农业历史悠久，有不少已开发的人工土壤景观，极具观赏旅游价值，如云南元谋的土林奇观、新疆克拉玛依市东北的“魔鬼城”等。

8. 土壤的材料和支撑功能

土壤除了景观文化传承等功能外，还是道路、桥梁、隧道、水坝等一切建筑物的地基，同时土壤又是工程建筑的原始材料，其中90%以上的建筑材料均来自土壤。土壤作为城市的支撑者，随着城镇化的进程，其功能也发生了深刻的变化。农村变为城镇，除少数绿地外，农用地变成了建筑物或封闭的路面。除了经济效益外，城市化的结果导致耕地减少，地表径流增多和土壤污染加剧。在我国一线二线大城市，土壤承托着城市的建筑群，承受着越来越大的压力。

项目小结

- 土壤形成与固相组成
  - 土壤形成因素与过程
    - 土壤形成的一般规律：地质大循环和生物小循环
    - 土壤形成的一般过程：原始成土过程、有机质累积与消耗的过程、脱钙与积钙的过程、盐化与脱盐化的过程、黏化过程、富铝化过程、潜育化与潴育化的过程、熟化过程
    - 土壤形成的影响因素：母质、气候、生物、地形和时间
  - 土壤矿物质
    - 土壤矿物质的组成：原生矿物和次生矿物
    - 岩石的风化：主要成土矿物和岩石、岩石风化、母质的类型及分布规律
    - 土壤粒级：石砾、砂粒、粉砂粒和黏粒及分级标准
    - 土壤质地：沙土、壤土和黏土；土壤质地与肥力的关系；土壤质地的改良
  - 土壤有机质
    - 土壤有机质：有机质的来源和组成：植物残体；动物和微生物残体；排泄物和废弃物；废水废渣
    - 土壤有机质的转化：土壤生物的作用、土壤有机质的矿化过程、土壤有机质的腐殖化过程
    - 土壤有机质的作用与调节：土壤有机质的作用、土壤有机质的调节原理、增加土壤有机质的途径

思考题

一、名词解释

土壤矿物质　　岩石的风化　　土壤质地　　土壤有机质

二、填空题

1. 土壤形成的一般过程包括＿＿＿＿＿＿、＿＿＿＿＿＿、＿＿＿＿＿＿、＿＿＿＿＿＿和＿＿＿＿＿＿等。

2. 自然土壤形成的影响因素有＿＿＿＿、＿＿＿＿、＿＿＿＿、＿＿＿＿和＿＿＿＿。

3. 土壤矿物质按其成因可分为＿＿＿＿＿＿＿＿和＿＿＿＿＿＿＿＿。

4. 土壤的粒级一般分为＿＿＿＿、＿＿＿＿和＿＿＿＿。

5. 土壤有机质的转化过程包括＿＿＿＿＿＿＿和＿＿＿＿＿＿＿。

三、简答题

1. 简述土壤形成的一般规律。

2. 简述土壤质地与肥力的关系。

3. 土壤有机质作用及调节措施是什么？

二维码 1-16
思考题参考答案

思政园地

党的二十大报告指出，全方位夯实粮食安全根基，牢牢守住 18 亿亩耕地红线，确保中国人的饭碗牢牢端在自己手中。河南作为粮食生产大省，以占全国 1/16 的耕地生产了全国 1/10 的粮食，其中小麦产量占全国的 1/4。全国销售的 1/2 的火腿肠、1/3 的方便面、1/4 的馒头、3/5 的汤圆和 7/10 的水饺来自河南，河南每年向全国输出原粮和加工制成品超 300 亿 kg。这是河南人的骄傲，也是责任和担当。同学们，通过本章内容的学习，请谈谈你对如何培肥土壤，树立用养结合理念，确保粮食产量和品质，发挥中原粮仓压舱石和稳定器的作用的认识。

项目二　土壤性质的判断与调控

学习目标

知识目标：

1. 理解土壤密度、容重、孔隙度的概念，掌握土壤孔隙性及结构体调节措施。
2. 理解土壤耕性对整地的影响，掌握宜耕期的判断标准。
3. 理解酸碱性与作物生长和土壤环境的关系，掌握土壤酸碱测定方法及调节措施。

技能目标：

1. 能独立完成土壤容重、孔隙度的测定，并依据结果判断作物生长适应性。
2. 能准确判断土壤结构性与宜耕期，并采用正确的改良措施和整地操作。
3. 能独立完成土壤酸碱度的测定（电位法），并依据结果进行土壤酸碱性调节。

素质目标：

1. 坚定“农为国之本，土为农之本”的信念，厚植“三农”情怀。
2. 重视农业工作中理论联系实际的重要意义，学会因地制宜地运用科学方法分析并解决问题。

科学史话

关爱地球，从认识土壤开始

土壤是农业生产的基础资源，虽然不同类型的土壤表现出不同的肥力特性，但从肥力发生发展根源上看，却有许多共性和规律之处。追溯农耕发展史就会发现不少先驱们探究土壤性质和合理利用土壤的记载。

《淮南子·修务训》：“神农乃始教民播种五谷，相土地宜燥湿、肥硗（qiāo，土地坚硬而不肥沃）、高下。”《荀子·王制篇》：“相高下，观肥硗，序五种，省农功，谨蓄藏，以时顺修……，治田之事也。”《管子·立政》：“相高下，定肥硗，观地宜，明诏期，前后农夫以时均修焉，使五谷桑麻皆安其处，由田之事也。”“任土作贡”一词更是描述了古时候按土壤肥瘠程度来确定上交贡赋数量的制度。可见，很早人们就对土壤性质有了朴素的科学认识，关注土壤肥力早就成为农业生产的重要部分了。

从战国时期开始，有关田间施肥的认识也得到了进一步的发展。《周礼·地官·草人》提出了“掌土化之法以物地，相其宜而为种”的土化之法。《韩非子·解老篇》云“积力于田畴，必且粪溉”。《氾胜之书》提出了“趣时，和土，务粪泽”的农耕原则，其中“和土”就是对土壤理化结构达到平衡的一种概括性描述，要求土壤不躁，不湿，柔和，肥度适中。后来王充又在《论衡·率性篇》中提出“深耕细锄，厚加粪壤，勉致人功，以助地力”等土壤改造理论。至此，人们对土壤的认识和开发从简单的利用，到认识其肥力特点，到改良土壤，对土壤特性的认识越来越全面。

20世纪初，国际上对土壤学的研究进入快速推进阶段。首先被广泛而深入研究的就是土壤性质、功能与转化关系，以土壤肥力为研究重点的农业土壤学取得了新突破。1930年7月，我国成立土壤研究室，标志着中国近代土壤科学研究正式创立。1953年改建为中国科学院南京土壤研究所，中国土壤科学的研究迈入奠基推进时期，此后开展了大量的土壤资源调查、土壤改良、肥力培育和合理施肥方面的工作，在土壤基础理论方面也做了大量研究，如土壤发生、分类、分布及基本性质等方面，并在土壤发生学原理，物理特性，黏土矿物特性，土壤肥力特性等方面取得了巨大的研究进展。

随着对土壤性质研究的不断深入，合理利用土壤，保持和提升地力，将是人类可持续发展、人与自然和谐共生的重要保障。

土壤的基本性质可分为物理性质和化学性质。物理性质包括土壤孔隙性、结构性及土壤耕性；化学性质包括土壤酸碱性和土壤缓冲性。土壤的基本性质揭示了土壤肥力的实质，是土壤利用、培肥和合理施肥的重要依据，通过改善土壤理化性状，可为植物生长创造更有利的生长条件。

任务一　土壤孔隙性的判断与调控

土壤由固体土粒和粒间孔隙组成，是一个极其复杂的多孔体系，孔隙存在于土粒与土粒之间、团聚体与团聚体之间、团聚体内部空间等。孔隙是容纳水分和空气的空间，也是物质和能量交换的通道，还是植物根系伸展、土壤动物和微生物活动的场所。土壤孔隙特性与孔隙数量（孔隙度）和孔隙类型（孔隙大小及其比例）有关，前者反映土壤气液两相的总量，后者反映气液两相的比例。

一、土壤孔隙度

（一）土壤密度

土壤密度指单位体积固体土粒（不包括粒间孔隙）的干重，单位 g/cm^3 或 t/m^3。

土壤密度大小主要取决于土壤固相组成及各矿物所占比例。从表2.1可见，多数土壤矿物密度为2.6～2.7 g/cm^3，有机质密度为1.25～1.40 g/cm^3。若土壤有机质含量高，则密度值偏小，比如表土层密度值通常低于心土层。由于土壤有机质含量较矿物质少，故矿物质类型是决定土壤密度值的关键，常见土壤密度可按2.65 g/cm^3 估算。

表2.1　土壤中主要矿物和有机质的密度　　g/cm^3

矿物名称	密度	矿物名称	密度
石英	2.60～2.68	赤铁矿	4.90～5.30
正长石	2.54～2.57	磁铁矿	5.03～5.18
斜长石	2.62～2.76	高岭石	2.61～2.68

续表2.1

矿物名称	密度	矿物名称	密度
白云母	2.77～2.88	蒙脱石	2.53～2.74
黑云母	2.70～3.10	伊利石	2.60～2.90
角闪石	2.85～3.57	白云石	2.80～2.90
辉石	3.15～3.90	有机质	1.25～1.40

（二）土壤容重

土壤容重指单位体积原状土(包括孔隙)的干重，单位 g/cm^3 或 t/m^3，因原状土包含孔隙，故容重值小于密度值。

容重是农业生产中十分重要的数据，其大小受质地、结构、松紧度、有机质含量等内因影响，也受耕作、施肥、降雨、灌溉等外因影响。当土壤疏松、团粒结构多、有机质含量高时，容重较小；当土壤耕作、灌水后，容重值变大，如表 2.2 所示。由于影响土壤容重的因素很多，其值的变幅很大。一般，旱地土壤 1.00～1.80 g/cm^3，沙土 1.2～1.8 g/cm^3，黏土 1.0～1.5 g/cm^3，壤土 1.1～1.4 g/cm^3，而市售栽培基质甚至只有 0.2～0.4 g/cm^3。

表 2.2　耕作及灌溉对土壤容重的影响

耕深/cm	原状土壤容重/(g/cm^3)	深耕施肥后容重/(g/cm^3)	灌水后容重/(g/cm^3)
30	1.38	1.10	1.22
45	1.38	1.07	1.28
60	1.38	1.12	1.21

农业生产上，土壤容重的作用主要表现在以下几个方面：

1. 反映土壤松紧状况

当土壤质地相似时，容重可以反映土壤松紧状况。容重小，土壤疏松多孔，结构性良好；容重大则土壤紧实板结，结构性差。土壤容重过大，透气透水性差，阻碍根系生长；但容重过小，植物易倒伏，通气透水性太强，易漏风跑墒。对于多数旱地作物而言，容重值在 1.1～1.3 g/cm^3 有利于幼苗出土和根系生长，水田土壤容重宜在 0.5～0.6 g/cm^3，过大时易出现淀浆板结，过低时易起浆，水层浑浊。

2. 可根据土壤容重计算一定面积、一定厚度的土壤质量

土壤重量＝土壤面积×深度×容重

如：土壤容重 1.15 t/m^3，耕层深度 0.2 m，则 1 hm^2 耕层土壤重量为

$$10\ 000 \times 0.2 \times 1.15 = 2\ 250(t) = 2\ 250\ 000(kg)$$

1 hm^2 等于 15 亩(1 亩≈667m^2)，所以，通常可按每亩耕层土壤干重 150 t 估算。

3. 估算土壤养分含量

当通过实验获得了土壤有机质和养分数据时，可根据每亩土壤重量，估算每亩土壤中有机质、养分等的总含量，以此作为施肥管理的重要依据。

如：经实验检测，耕层土壤中全氮含量为 0.5 g/kg，则 1 hm^2 土壤耕层全氮量为

$$2\ 250\ 000 \times 0.5 = 1\ 125(kg)$$

4. 通过土壤含水量确定灌溉用水量

如：测得土壤耕层质量含水量5%，要求灌溉后达到25%，则1 hm^2 的灌水定额为

$$2\ 250\ 000\times(25\%-5\%)=450\ 000(kg)=450(m^3)$$

（三）土壤总孔隙度

一定体积的原状土中，孔隙体积占整个土壤体积的百分数即为总孔隙度，其值的大小可反映土壤孔隙的总量。

由于土壤是个复杂的多孔体系，孔隙形态、大小千差万别，有关孔隙的多少或大小很难直接测得，因此，一般通过容重和密度计算而得，公式如下：

$$土壤总孔隙度=(1-容重/密度)\times100\%$$

例如：测定土壤容重为1.55 g/cm^3，土壤的密度为2.65 g/cm^3，则

$$土壤总孔隙度=(1-1.55/2.65)\times100\%=41.5\%$$

土壤孔隙容易受质地、耕作、结构体类型等影响，总孔隙度一般有30%～60%的变幅。富含有机质的泥炭土孔隙度甚至可达85%。农业生产上，适宜多数植物生长的孔隙度一般在50%～60%。

二、土壤孔隙类型

土壤孔隙度的值反映孔隙总量的多少，但未说明其“质量”，即无法体现不同大小孔径的孔隙数量。孔隙作为土壤水和空气的主要储存场所，不同孔径的孔隙在土壤水、气调节中发挥的作用有较大不同，因此很有必要了解不同孔径孔隙的数量和比例关系，以便开展土壤肥力分析。

土壤孔径大小无法直接测量获得，土壤学中用当量孔径来表示。当量孔径是指与一定的土壤水吸力相当的孔径。当量孔径越大，土壤水吸力就越小。根据当量孔径大小，可将孔隙分为三类，如表2.3所示。

表2.3　土壤孔隙类型

孔隙类型	非活性孔隙（无效孔隙）	毛管孔隙	通气孔隙
当量孔径/mm	＜0.002	0.02～0.002	＞0.02
土壤水吸力/kPa	＞150	15～150	＜15
主要特点	1. 孔隙几乎被土粒表面的吸附水充满，吸附水不易运动，不能为植物利用 2. 无效孔隙或非活性孔隙 3. 土粒越细越分散时，非活性孔隙越多，土壤透水性、通气性和耕性越差	1. 具有明显的毛管作用，水分可借助毛管弯月面力保持在孔隙中，并被植物吸收利用 2. 植物根毛和一些细菌能够在毛管孔隙中活动 3. 毛管孔隙的主要作用是保水蓄水，是旱作土壤主要蓄水部位	1. 通气孔隙是水分和空气的通道，经常被空气所占据 2. 由于孔隙较大，其中的水受重力作用可向深层土壤渗透
计算方法	非活性孔度(%)＝非活性孔隙容积/土壤容积 ＝凋萎含水量×容重	毛管孔度(%)＝毛管孔隙容积/土壤容积 ＝(田间持水量－凋萎含水量)×容重	通气孔度(%)＝通气孔隙容积/土壤容积 ＝总孔隙度－非活性孔度－毛管孔度

土壤孔隙状况直接影响土壤通气和保水能力，特别是毛管孔隙和通气孔隙的分配比例对土壤的水、肥、气、热及耕作性能影响更大。在水气协调的土壤中，毛管孔隙和通气孔隙各50%左右为宜。

三、土壤孔隙的调节

（一）判断土壤孔隙状况

土壤孔隙状况直接影响着土壤肥力和植物生长发育状况。土壤过松，大孔隙占优势，易耕，但根系下扎不稳，常漏风跑墒，土壤养分也易随水流失。土壤过紧，小孔隙占优势，耕作阻力大，透水性差，易产生地表积水与地表径流，土壤中空气少，影响微生物活动和养分转化效率。表2.4是旱地土壤孔隙度与松紧度的关系。

表2.4　旱地土壤容重、孔隙度和松紧状况的关系

土壤容重/(g/cm^3)	<1.00	1.0～1.14	1.14～1.26	1.26～1.30	>1.30
孔隙度/%	>60	60～55	55～52	52～50	<50
松紧状况	极松	疏松	适度	稍紧	紧密

孔隙度随土层深度变化而变化，表土层大于底土和心土层。一般旱地土壤0～5 cm耕层内总孔隙度55%左右，通气孔隙度不低于10%，以15%～20%为宜，毛管孔隙与通气孔隙之比为(2～4)∶1，无效孔隙度越低越好。有适量通气孔隙又有较多毛管孔隙时，水气协调有利于作物生长。下部土层总孔隙度为50%，通气孔隙度为10%左右为宜，“上虚”有利于通气透水和种子发芽破土，“下实”有利于保水、扎稳根系及微生物活动和养分转化。水田土壤耕层总孔隙度50%～60%，通气孔隙度8%～10%以上为宜。山坡地土壤，要特别注意减少地表径流和水土流失，提高表土通气孔隙度比例，增加透水性。被广泛使用的蔬菜育苗基质，以腐熟有机物料及天然矿物为主要组分，执行NY/T2118—2012标准规定总孔隙度不小于60%，其中通气孔隙度不小于15%，持水孔隙不小于45%，气水比1∶(2～4)。

判断孔隙度是否适宜还要考虑作物间的差异。如双子叶棉花出苗时0～5 cm表层容重在1.0～1.2 g/cm^3较好，超过1.3 g/cm^3就会造成缺苗或延迟出苗。单子叶小麦的根细芽尖，穿透力较强，容重在1.5 g/cm^3时虽能扎根，但扎根较慢。甘薯、马铃薯等植物，在紧实的土壤中块根、块茎不易膨大，导致产量低，品质差；而李子树对紧实土壤有较强的忍耐力，土壤容重1.55～1.65 g/cm^3也能生长结果。也有研究表明，同一作物在不同区域生长时，由于自然条件不同，对土壤松紧及孔隙状况的要求也会不同。如东北嫩江地区小麦适宜容重为1.5 g/cm^3，而在河南长葛则以1.2 g/cm^3为宜。

综上所述，农业生产中，必须考虑作物类型、土地利用类型、地理位置等因素对土壤孔隙度的影响，才能创造出利于作物生长的适宜环境。

（二）判断影响土壤孔隙度的因素

1. 土壤质地

黏土土粒细，土粒间接触点多，孔隙数量多，但以无效孔隙为主。沙土土粒粗，接触点少，孔隙数量少，以通气孔隙为主。壤土既有一定数量的大孔隙，又有较多的小孔隙，孔径分配较为适中。

2. 土壤结构体

一般来说，团粒间的大孔隙通气透水，团粒内的小孔隙保水，团粒结构多的土壤中，大小孔

隙比例分配会更合理，水气更协调。生产上可通过增施有机肥提升土壤有机质含量，从而促进团粒形成，达到改善土壤孔隙状况的目的。

3. 其他因素

部分农事操作如土壤耕整、排水灌水，均对土壤孔隙度影响较大。如未耕土壤孔隙度一般30%～40%，而刚翻耕过的土壤孔隙度可达60%左右；长期大水漫灌的土壤容易导致表土板结，黏土尤甚，因此生产中要根据实际情况，合理使用这些农事措施。需要特别注意的是，刚翻耕过的土壤，易发生孔隙度过大导致播种过深，出苗不全的现象，可通过翻耕沉降几天再播种，或轻微镇压后播种的方式来解决。

（三）土壤孔隙性的调节

土壤孔隙度过小，土壤紧实，通气透水困难，根系生长困难，需中耕松土；土壤孔隙度过大，土壤过于疏松，漏水漏肥，易产生“吊根”现象，需培土镇压。生产中，可先测定土壤容重，计算土壤总孔隙度，再结合土壤及植物类型确定调节措施。常见孔隙度调节措施有：

1. 合理耕作，创造良好耕层构造

(1)防机械压实。在播种、田间管理和收获等作业过程中，常因农机具的碾压和人畜的践踏造成土壤结构破坏，由松变紧。压实的土壤孔隙度变小，透气性变差，有效水含量下降。生产中需要优化机械作业方法，第一，尽量在适宜含水量时开展整地作业，土壤过湿或过干情况下不耕作；第二，减少非必要的田间作业项目，尽量实行联合作业，如播种、施肥和病虫害防治一起，收割、粉碎和秸秆还田一次性完成，从而减少对土壤的碾压，既提高了作业质量，又降低了作业成本；第三，有条件地实施少耕免耕，提升土壤有机质，改善土壤结构体类型，保持土壤疏松状况。

(2)搭配使用各类土壤耕作方法，如深耕结合耙耱，耕透、耱细，创造上松下紧的耕层构造。旋耕配合镇压，创造利于播种的耕层；中耕除草配合松土，改善根系环境。过松的耕层土壤，先耙地，再粉碎坷垃，再沉实土壤，有效减少大孔隙，使之达到适宜的松紧范围。

2. 合理轮作和增施有机肥

通过粮肥轮作、水旱轮作等模式，培育良好的水稳性团粒结构体，平衡大小孔隙比例，使土壤水气协调。也可能通过增施有机肥达到提高土壤通气性和透水性的目的。

3. 改良土壤质地

针对过黏或过沙土壤的孔隙特点，分别采用客土掺黏或拌沙，配合施用有机肥的方法，改善土壤松紧状况和孔隙状况。

4. 采用工程措施进行改良

工程措施效果直接，适合有明显耕作障碍的土壤，如有铁盘、沙浆、漏沙、黏土等障碍的土壤，能快速高效地创造出一个深厚疏松的根系土层，这对于果树、园林树木等深耕植物尤为重要，其缺点是成本偏高。

技能训练4

土壤孔隙度测定

一、技能目标

土壤孔隙度无法直接测量，只能间接通过测定密度和容重值，通过计算获得。通过本技能的学习，掌握重量法测定土壤容重和计算土壤孔隙度的方法，准确判断土壤孔隙状况，为土壤利用和管理提供依据。

二、方法原理

重量法。用已知容积的环刀，取原状土，通过称重和计算土壤自然含水量求得原状土容重值，再利用公式计算出土壤总孔隙度。

三、实训材料

钢制环刀、百分之一天平（精度 0.01 g）、环刀托、削土刀、小铁铲、铝盒、烘箱、干燥器。

二维码 2-1
实验器具图片

四、操作步骤

（1）记录空环刀的重量和容积。在百分之一天平上称出环刀（连同底和盖）的重量并记录，量取环刀直径和高度，计算环刀容积（容积一般是整数，如直径 5 cm 环刀容积 100 cm^3）。

（2）带环刀至田间采样。先将采样点土面铲平，避开石块、作物根系和杂物，去除环刀底和盖，将环刀刀口端垂直向下，用环刀托将其压入土中，切忌左右摆动，待土与环刀顶端平齐时，用小铁铲将环刀带土挖出，确保土壤完全充满环刀，再用锋利的削土刀将环刀两端多余的土壤削除，确保环刀内原状土的体积刚好等于环刀容积，迅速盖上底和盖防水分蒸发。清理环刀外的泥土，立即带回室内称重（精确到 0.01 g）并记录。

（3）测土壤质量含水量。从环刀中称取约 20 g 的原状土于已知重量的铝盒中（精确至 0.01 g），用烘干法或酒精燃烧法测定土壤质量含水量。

（4）结果计算

土壤容重计算：

$$\text{容重}(g/cm^3)=\frac{G}{V(1+W)}$$

式中：G—环刀内湿样重，g；V—环刀容积，cm^3；W—土壤质量含水量，%。

重复测定不少于 3 次，允许平行绝对误差 $<0.03\ g/cm^3$，取算术平均值。

土壤总孔隙度计算：

$$\text{土壤总孔隙度}=\left(1-\frac{\text{土壤容重}}{\text{土壤密度}}\right)\times 100\%$$

式中：土壤密度取常用值 2.65 g/cm^3。

土样编号	环刀重量/g	环刀+湿土重/g	铝盒空重/g	铝盒+湿土重/g	铝盒+干土重/g	质量含水量/%	容重/%	孔隙度/%	田间持水量/%	毛管孔隙度/%

若要进一步确定毛管孔隙、通气孔隙和无效孔隙的数量，还需要测定田间持水量和凋萎含水量，测定方法可扫二维码 2-2 学习。

二维码 2-2　土壤田间持水量的测定：环刀法

任务二　土壤结构性的判断与调控

土壤固体颗粒受内外因综合影响，很少以单粒形式存在，而是相互团聚形成复粒，再逐步形成大小、形状和性质各不相同的团、块、片状等形态，这些形态被称为土壤结构体。

结构体表现出的稳定性、孔隙性等综合特性被称为土壤结构性。结构性是一项重要的土壤物理性质，与土壤水气运动、热量特性等密切相关，在很大程度上反映了土壤肥力水平。

一、土壤结构体类型及特征

土壤结构体类型是依结构体大小、形状、与土壤肥力的关系来划分的。常见土壤结构体类型见图 2.1。

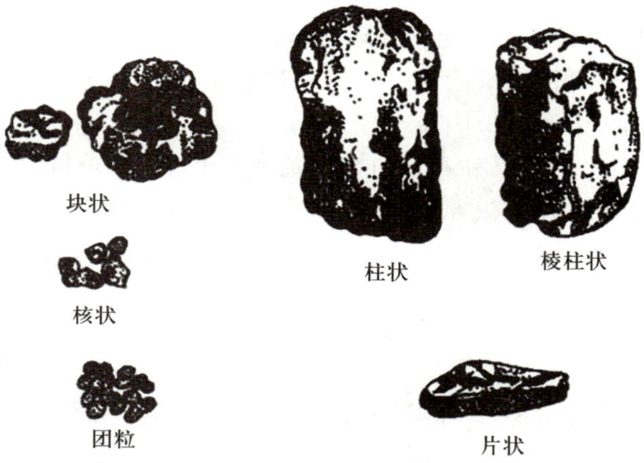

图 2.1　土壤结构体类型

（一）块状结构体

土粒胶结成块，呈不规则立方体，表面不平，界面与棱角不明显，长、宽、高三轴大体近似，大的直径大于 10 cm，小的直径也有 5 cm，俗称“坷垃”。坷垃坚硬又有棱角、用手捏不易散碎，农民称为“生坷垃”或“死坷垃”；反之，易捏碎较松散的称为“熟坷垃”或“活坷垃”。坷垃常导致压苗、漏风跑墒，其危害程度依坷垃大小和数量而异。块状结构体常出现于土质偏黏且缺乏有机质的耕作层；土体受压时会出现，如心土或底土层的块状结构；过湿或过干耕作时也较易形成。块状结构本属于不良结构体。

二维码 2-3　块状结构体

（二）核状结构体

长、宽、高三轴大体近似，形状近立方体，比块状结构体小，表面光滑有胶膜，结构紧实稳定，界面与棱角明显清晰，大的直径 1～2 cm，小的直径 0.5～1 cm，俗称“蒜瓣土”，不利于根系下扎和水分保持，常见于土质黏重且缺乏有机质的心土或底土层，属不良结构体。

（三）柱状结构体

垂直轴远大于水平轴，呈立柱状，其横断面直径 3～5 cm 左右，俗称“立土”，结构体间间隙过大，漏水漏肥。多见于心土或底土层中，在干湿交替作用下形成；也可见于碱土和碱化土壤心土层。属不良结构体。

（四）片状结构体

水平轴远大于垂直轴，扁、平、薄，俗称“卧土”，厚度 1～5 cm 不等，往往由流水沉积作用或某些机械压力造成，常见于冲积性母质、犁底层、碱化层或质地偏轻的土壤表层，下雨或灌水后所形成的地表结皮也属此类。若片状结构出现在耕作表层，既不利于水分下渗，又不利于幼苗出土；若出现在旱地土壤犁底层，则不利于根系下扎；若出现在水田犁底层有托水托肥的效果，但过厚时又会影响水田水气更新和氧化还原电位。属于不良结构体。

二维码 2-4　**核状结构体**　　二维码 2-5　**柱状结构体**　　二维码 2-6　**片状结构体**

上述四类结构体都存在结构体内部过于紧实，无效孔隙多，而结构体间空隙过大，不保水不保肥的问题。植物根系很难进入结构体内部，导致根表面积不够，影响植物生长发育。根系若伸展于结构体间，易形成“吊根”现象，导致根系无法稳定吸收肥水，植株易出现死苗现象。

（五）团粒结构体

指土壤中近似球形的小团聚体，直径 0.25～10 mm。若粒径小于 0.25 mm 可称为微团粒，微团粒是团粒结构形成的基础。农业生产上认为，旱地土壤中粒径 1～3 mm 的团粒结构体最为理想，被群众形象地比作“蚂蚁蛋”“米糁子”。水田土壤由于经常淹水，不易形成大于 0.25 mm 的团粒结构，只有微团粒结构，微团粒的存在对水田透水、通气、保肥、保持表土松软有一定作用。团粒结构多见于有机质含量高，肥沃的耕层土壤，是被公认的良好结构体。团粒结构体具有以下特点：

1. 有多级孔隙

当单粒凝聚成微团粒，微团粒再胶结成较大团粒时，会创造出一定数量和适当比例的大小孔隙。团粒内部，毛管孔隙发达，仅有少数的无效孔隙，总孔隙度较高。团粒之间，有较多的通气孔隙，具有较好的通气性和透水性。

2. 有一定的稳定性

团粒结构经水浸泡较长时间不松散的特性称为水稳性；在一定外力作用下结构不被破坏称为机械稳定性；有抵抗微生物分解破碎的能力称为生物稳定性。稳定性是维持团粒优良功能的基础。有资料显示，东北某些地区的黑土地，粒径大于 0.2 mm 的水稳性团粒结构可达 80%以上。

二维码 2-7　**团粒状结构体**　　二维码 2-8　**视频：土壤改良剂促进团粒结构形成试验**

（美国富朗松土型复合肥团粒试验）

二、团粒结构与土壤肥力的关系

生产实践证明，团粒结构对土壤肥力有重要作用，是一种优良的土壤结构体。团粒结构丰富的土壤，往往具有以下特征：

1. 良好的水气协调能力

团粒间大孔隙充满空气，团粒内部毛管孔隙充满水分，空气和水分各得其所，能同时满足植物根系对水分和氧气的需求，有效解决水和气的矛盾。降雨和灌溉时，水分通过大孔隙快速向下渗透，并随即进入团粒内部的小孔隙，当团粒充满水分后，多余的水可以流到耕层以下贮藏起来，减少地表径流和侵蚀。干旱时，表土层团粒内的水分先蒸发，导致团粒收缩，团粒间孔隙加大，毛管作用减弱，形成天然隔离层，减少底层土壤水分散失。所以，具有团粒结构的土壤，既不像黏土那样不透气不透水，也不像沙土那样漏风跑墒。

2. 较强的保肥与供肥能力

由于团粒间的大孔隙有空气的存在，氧气充足，好气微生物活跃，故团粒表面有机质矿化作用强，养分转化快，可迅速为植物提供有效养分。团粒内部水分多易形成嫌气环境，有利于腐殖质积累，使养分得以保存。所以团粒结构的养分是由外层向内层逐渐释放的，能源源不断地供给植物所需养分，起着"小肥料库"的作用。

3. 稳定土温的能力

有团粒结构的土壤，毛管孔隙内含水量高，土壤温度升温慢，降温也慢，温度变幅小，土温相对稳定，有利于植物根系生长和微生物活动。

4. 保持良好耕性的能力

团粒之间接触面较小，黏结性较弱，大大减少了农具的耕作阻力，提高了耕作效率和质量。团粒结构丰富的土壤质地疏松，根系穿插容易，团粒内部略微紧实，又有利于根系固着，支撑植株，同时土壤细碎而均匀，既不紧硬，又不起浆浮泥；干燥不开大坼，泡田渗漏损失也小。

总之，团粒结构是水、肥、气、热的"调节器"，能使植物"吃饱、喝足、住得舒服"。但也要注意，并不是所有的土壤都需要团粒结构，沙土形成团粒较难，沙壤土和轻壤土本身就有较适宜的孔径分布，旱耕地只有在中壤以上质地的土壤迫切需要，所以盲目地追求团粒结构也是不必要的。

三、团粒结构体的培育

（一）结构体形成过程

结构体的形成是固相单粒、土壤胶体、环境外力等共同作用的结果，其形成过程大致可分为两个阶段：

1. 第一阶段：土粒黏聚

单个土粒黏聚形成复粒，再进一步黏聚成较大团聚体。黏聚的动力主要有以下三种。

(1)胶体凝聚作用　分散在土壤悬液中的胶体颗粒在电解质的作用下相互凝聚，形成粒径约为 0.05 mm 的复粒。

(2)胶结作用　土壤颗粒或复粒在土壤胶结物质的作用下相互团聚在一起。土壤中的胶结物质主要有黏土矿物、含水氧化物胶体和有机胶体，它们在土粒团聚时起到黏结剂的作用。

(3)水膜黏结作用　土壤黏粒吸附水分子，形成水膜，当黏粒相互靠近时，水膜共用，从而黏结在一起。

2. 第二阶段:动力成型

土壤团聚体经外力切割、挤压形成稳定的独立结构体。

(1)干湿交替作用　土壤由湿变干时,胶体脱水,由于不同胶体干缩程度不一致,土粒便会沿黏结力弱的地方裂开;当土壤由干变湿时,又因胶体吸水速度和程度不同,受到的挤压不均匀而促使土壤破碎。晒垡晒透,灌水越急,干湿交替的作用力越明显。

(2)冻融交替作用　水变成冰时,体积增大约 9%,对周围土体产生压力而使之崩解。同时,水结冰引起胶体脱水,土壤溶液中电解质浓度增加,有利于胶体凝聚。因此,秋冬翻起的土垡,经过冬天的冻融交替,土壤结构状况往往有所改善。

二维码 2-9

动画:土壤团粒结构体形成过程

(3)生物作用　根系生长对土壤产生分割和挤压,造成不均匀的紧实度,根系越强大,作用力越强。根系死亡后,在微生物的作用下,部分形成新鲜腐殖质,又有利于团粒结构形成。此外,土壤中穴居的蚯蚓、昆虫、蚁类等动物活动也会影响结构体的形成,特别是蚯蚓,吞进大量泥土,经肠液胶结后排出体外,其排泄物就是良好的水稳性团粒结构。

(4)耕作的作用　合理的土壤耕作可促进团粒结构形成,如选择在含水量适宜的宜耕期整地、配合使用不同的土壤耕作措施和种植制度等。

(二)团粒结构体的培育

土壤结构体的形成和破坏是同时或交替进行的,在自然因素和农艺措施双重影响下,团粒结构无论怎样稳定,也会被破坏,因此,需要不断恢复和培育。

1. 深耕结合施用有机肥料

深耕施肥对培育团粒结构作用很大。深耕能加深耕层,疏松土壤,促进土壤熟化,但还不足以创造出稳固的团粒结构体,必须结合施用有机肥,使土肥相融,增加土壤腐殖质,提高胶结物质含量,且连年施用,才能有效培育出团粒结构体。

2. 合理的土壤耕作和灌溉

合理适度地使用耕、耙、耱、压等耕作措施,可培育良好的土壤结构体。如冬耕冻垡、夏耕晒垡等依季节进行的土壤耕作;如大水漫灌易造成土壤板结,灌溉后及时松土,也可改用沟灌、喷灌、滴灌或地下灌溉。

3. 合理轮作倒茬,扩种绿肥牧草

利用植物根系和耕作管理制度的不同,开展正确的轮作倒茬能恢复和创造团粒结构。如块根块茎膨大使团粒结构受到机械外力的破坏;如小麦等密植植物覆盖度大,根系密集,中耕次数少,有利于结构体形成,而棉花、玉米等中耕作物正好相反,易导致结构体破坏,但可通过中耕施肥逐渐恢复。如旱田改水田有利于有机质的积累,水田改旱田可促使大土块破碎,又有利于胶体脱水凝聚,改善土壤结构。此外,种植绿肥或牧草,提高土壤有机质含量,增加胶结物质数量,也是培育团粒结构体的有效措施。

4. 施用土壤结构改良剂

人工提取或合成的,用于改良土壤结构的胶结物质即土壤结构改良剂。天然的土壤结构改良剂,如从植物遗体、泥炭、褐煤等原料中提取的腐殖质、木质素、多糖羰醛类等胶结物质;人工合成的土壤结构改良剂,是模拟天然团粒结构中胶结剂的分子结构、性质,以人工方式合成的一类高分子聚合物,如聚乙烯醇、聚丙烯酰胺及其衍生物等。使用时,先将改良

二维码 2-10

土壤水稳性大团聚体组成的测定

剂干施或液施于土壤，再通过耕耙使其与土壤充分混匀。

任务三　土壤耕性的判断与调控

土壤耕性是指土壤在耕作时所表现的特性。土壤耕性的好坏应根据耕作难易、耕作质量和宜耕期长短3个方面来判断，它与土壤物理机械性关系密切。由于土粒与土粒、土粒与外物之间有相互作用力，耕作时土壤会表现出如黏结性、黏着性、可塑性、胀缩性等一定的物理机械特性，这些特性的综合表现影响着土壤的耕作特性。

一、土壤物理机械性

土壤的物理机械性指土壤的黏结性、黏着性、可塑性、胀缩性以及其他受外力作用（如农具的切割、穿透和压板等作用）而发生形态变化的性质。

（一）黏结性

黏结性指土粒因分子力、氢键、静电力和水膜表面张力等作用力而黏结在一起的性质。是土壤对机械破坏和根系穿插生长时的主要阻力。黏结性大小受土壤质地、水分、有机质等因素影响。质地越黏重，黏结性越强；黏结性越强，耕作阻力越大，耕作质量越差。增加土壤有机质可提高沙土的黏结性，降低黏土的黏结性。湿润的土壤分子间通过水膜而相互黏结，含水量越少，土粒表面水膜越薄，黏结力越强。水分增加时，土粒间距离增大而产生微弱的黏结性。

水分与黏结性的关系如图2.2所示。

（二）黏着性

黏着性是指土壤在一定含水量范围内，附着于外物表面的能力，黏着性越强，越容易附着于农具表面，增大耕作阻力，降低耕作质量。黏着性也受质地、水分和有机质等因素影响。质地越黏重的土壤，黏着性越强。干燥的土壤无黏着性，随含水量增加，黏着性逐渐增强，到达最高点后又逐渐降低，如图2.3所示。增加土壤中有机质含量可降低黏土黏着性，提高沙土黏着性。

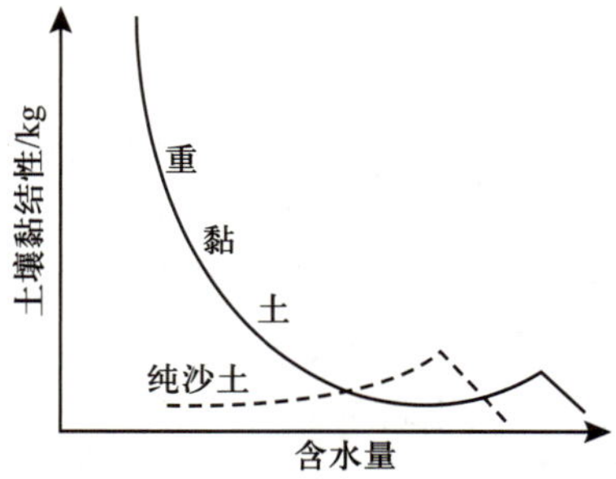

图2.2　土壤黏结性与含水量关系

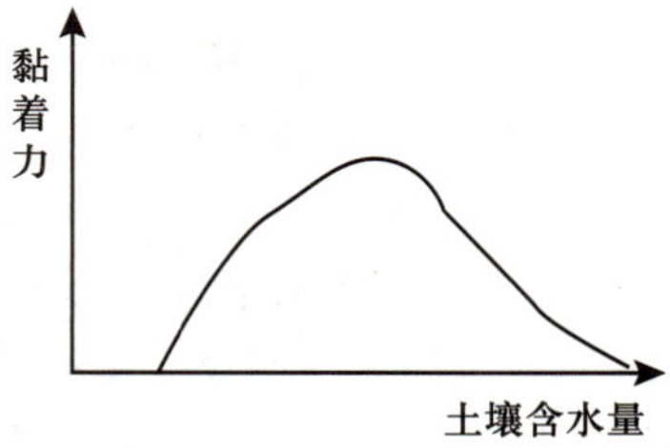

图2.3　土壤黏着性与含水量关系

（三）可塑性

可塑性是指在一定含水量范围内，土壤在外力作用下发生形变，当外力撤除后仍能保持这种变形的特性。

干土无可塑性，随含水量增加，逐渐表现出可塑性。将土壤出现可塑状态时的含水量称为下塑限(或塑限);将含水量继续增加,土壤逐渐呈流动状态的含水量称为上塑限(或流限);上塑限和下塑限之差称为塑性值。塑性值范围内的土壤才有可塑性,塑性值越大,土壤可塑性越强,而可塑性强的土壤耕性往往不好。

可塑性受水分、质地、有机质和交换性阳离子数量等因素影响。其中,质地最为重要,质地越黏重,可塑性越强,如表2.5所示。

表2.5　土壤质地与可塑性关系　　%

土壤质地	物理性黏粒	下塑限	上塑限	塑性值
中壤偏重	＞40	16～19	34～40	18～21
中壤	28～40	18～20	32～34	12～16
轻壤偏中	24～30	21±	31±	10
轻壤偏沙	20～25	22±	30±	8±
沙壤	＜20	23±	28±	5±

当土壤含水量处于塑性值范围内时,不宜进行土壤耕作,此时耕作阻力大,易形成表面光滑坚硬的大土垡,不易耙耢破碎,否则不仅达不到松土的目的,还易形成大量不良结构体,使得土壤被压实,理化性质变差。土壤质地明显影响土壤可塑性。土壤黏粒越多,土粒越细,土壤可塑性越强,沙土可塑性弱。可塑性与耕作难易及耕作质量关系密切。当土壤在塑性值范围耕作时,耕后易形成坷垃,有时耕作不当,不仅达不到耕松土壤使土块破碎、松土和创造良好结构的目的,反而使得土壤压实,导致土壤理化性质变坏。

(四)胀缩性

胀缩性是指土壤吸水后体积膨胀、干燥后体积收缩的特性。主要受质地、含水量、黏土矿物类型、有机质含量、交换阳离子种类等因素影响。

胀缩性大的土壤,湿时膨胀,黏闭泥泞,通气性差,透水困难;干旱时,体积收缩大,易形成大裂缝,漏风跑墒,加速下层土壤水分蒸发,且易扯断植物根系。胀缩性大的土壤对农业生产极为不利,常发生于质地黏重且贫瘠的土壤中。

二、土壤耕性

(一)土壤耕性的判断标准

土壤耕性是对土壤耕作状态的全面描述,是土壤物理机械特性的综合体现。耕性一般从耕作难易、耕作质量和宜耕期长短3个方面判断。

(1)耕作的难易程度　即耕作时土壤对农机具的阻力大小。阻力越大,耕作时越耗能,工效越低。耕作省工、省劲、易耕的土壤,常用“土轻”“口松”“绵软”描述;耕作费工、费劲、难耕的土壤,常用“土重”“口紧”“僵硬”描述。一般沙土和结构良好的壤土易耕,缺乏有机质、结构不良的黏土耕作困难。

(2)耕作质量的好坏　即被耕作的土壤所表现出来的状态。比如,地表是否疏松平整,耕层孔隙是否合适,土壤松紧度是否适合种子萌发等。耕作质量好的土壤状态是土垡松散、容易耙碎,无大土块,孔隙适中,有利于种子发芽、出土及幼苗生长。一般黏结性和可塑性强的土壤耕作质量较差。

(3)宜耕期的长短　即土壤含水量处于适宜耕作的时段范围。宜耕期长短与土壤质地和土壤含水量密切相关。宜耕期长的土壤“干好耕、湿好耕、不干不湿更好耕”；宜耕期短的土壤甚至只有一两天，表现为“早上软、晌午硬、到了下午锄不动”，翻耕此类土壤时，把握住宜耕期十分关键，否则耕作困难，费工费力，而且耕作质量差。

（二）宜耕状态的判断方法

对质地相近的土壤，含水量是确定宜耕期的关键，如表 2.6 所示。旱地耕作宜在下塑限以下进行，水田耕作可在上塑限以上进行。土壤过干，耕作时机械阻力大，费时费力费农具；土壤过湿，耕作又容易破坏良好的土壤结构体，加剧土壤板结。

表 2.6　土壤含水量与土壤宜耕性的关系

水分状况	干	润	潮	湿	饱和	过饱和
土壤结持性	坚硬	酥软	可塑	黏韧	黏滞	液态流动
土壤性状	黏结力强、固结、不能揉捏	松散、无塑性、可揉捏成条成团	有塑性、无黏着性	有塑性和黏着性	浓浆呈厚层流动	悬浮稀浆呈薄层流动
耕作阻力	大	小	大	大	大	小
耕作质量	成硬块	成土团	成大垡条	成湿泥条	成稠泥浆	成稀泥浆
宜耕性	不宜	宜	不宜	不宜	不宜	水田宜耕耙

二维码 2-11
微课：宜耕状态判断

尽管宜耕期的判断主要是依据土壤含水量，但当前的农业生产中，基本不具备先测定水分含量，再依水分值判断是否宜耕的条件。因此，许多从实践生产中总结出的判断方法更适合基层农业工作者使用，如旱地宜耕状态：一是眼看，地表有“喜鹊斑”，即外白里湿，黑白相间，出现“鸡爪裂纹”，处于半干半湿状态；二是试犁，犁后土垡能被抛散而不粘农具，即出现“犁花”；三是手感，扒开二指表土，取一把土能紧握成团，从 1m 高处松手时，落地散碎成小土块。也可根据拔起植物时根系的状态判断，把植株连根拔起，根系带土较多，说明土壤含水量偏高；根系带土很少或不带土，且断根多，说明含水量低，土壤过于干燥；拔起容易，根系带少量土，断根也少则为宜耕期。

（三）改良耕性的方法

耕性是土壤物理机械性能的综合表现，通过调节物理机械性能因素可达到改良土壤耕性的目的。

(1)改良土壤质地　这是改良耕性最重要的措施。黏土掺沙，减弱黏结性、黏着性、可塑性，从而减少耕作阻力；沙土易耕，但黏结性不够，可通过掺黏增加黏结性，改善孔隙状态；也可追施有机肥，提高土壤有机质的含量，改良质地，从而达到改善耕性的目的。

(2)合理灌排，适时耕作　通过合理排灌方式调节土壤水分，减少土壤板结。如黏质土灌水“闷土”，可使黏质土块自然松散。低洼湿地，排水降湿至下塑限以下再耕作。

(3)选择正确的耕作方式　若农时允许，要尽可能在宜耕期内进行土壤耕作。宜耕期内干耕时，用旋耕机将土壤耕翻和打碎，整平后就可播种或栽插；若土壤含水量偏高，接近下塑限时，先用铧犁耕翻，晾晒一段时间后再用旋耕机将土块打碎，播种前根据土块情况可再用旋耕机碎土一次。

选择正确的耕作方式可提高整地质量，有利于团粒结构体形成，降低农具压实土壤的风险。

(4)少免耕措施　少耕是指对土壤的耕翻次数或强度比常规耕翻少的土壤耕作方式；免耕是基本上不对土壤进行耕翻就直接播种植物的土壤利用方式。少免耕能改善表土结构，减少水土流失和水分蒸发损失，提高表土有机质含量，稳定团粒结构体。不足之处在于杂草不易控制，病害也较常规耕翻严重。

任务四　土壤酸碱性的判断与调控

酸碱性是土壤成土过程、理化反应和肥力特征的综合反映，也是划分土壤类型、评价土壤肥力的重要指标。它不仅影响土壤养分的转化和供应，还影响到植物的生长发育及土壤有毒物质的转化分解。土壤酸碱性虽然是通过土壤溶液反映出来的，但其实质是离子在土壤固、液、气三相之间相互作用达到一种动态平衡后的结果。

一、土壤酸性

土壤酸性与土壤液相中 H^+ 浓度和土壤胶体所吸附的致酸离子(H^+ 或 Al^{3+})数量有关。一般认为，土壤酸性主要来源有：胶体吸附的 H^+ 或 Al^{3+}、CO_2 溶于水所形成的碳酸、土壤中盐基离子的淋失、有机物分解产生的小分子有机酸、氧化作用产生的无机酸、生理酸性肥料产生的酸性物质、大气沉降或酸雨带来的酸性物质，等等。

(一)表征土壤酸性的指标

1. 活性酸度

活性酸度指土壤溶液中游离的 H^+ 所表现的酸度。通常用 pH 表示，其值等于土壤溶液中 H^+ 浓度的负对数，即 $pH=-\lg[H^+]$，反映土壤活性酸的强度指标，也可表示碱性强弱。当土壤溶液中 H^+ 浓度大于 OH^- 浓度时，土壤呈酸性反应，反之则呈碱性反应。通常根据 pH 将土壤酸碱性分为若干级，如表 2.7 所示。

表 2.7　土壤酸碱度分级

土壤 pH	<4.5	4.5～5.5	5.5～6.5	6.5～7.5	7.5～8.5	8.5～9.5	>9.5
级别	极强酸性	强酸性	酸性	中性	碱性	强碱性	极强碱性

在土壤酸碱性的分级方面，因研究目的不同，各国的分级标准不完全一致。参照上述分级，我国土壤 pH 多数在 4.5～8.5，地理分布上具有“东南酸，西北碱”的规律。

2. 潜性酸度

土壤胶体所吸附的交换性致酸离子(H^+ 和 Al^{3+})一旦解离或被阳离子交换后进入土壤溶液也可显示出酸性，这类由土壤胶体上吸附的交换性致酸离子(H^+ 和 Al^{3+})引起的酸度为潜性酸度。

$$\boxed{\text{胶体}}-Al^{3+}+3KCl+3H_2O \rightleftharpoons \boxed{\text{胶体}}-3K^{+}+Al(OH)_3+3HCl$$

(潜在酸)　　　　(活性酸)

潜性酸度比活性酸度大很多，一般相差 3～4 个数量级，通常用每千克烘干土中氢离子厘摩尔数表示[cmol(+)/kg],反映了土壤酸性的容量大小。潜性酸度还可细分为交换性酸度和水解性酸度。

(1)交换性酸度　用过量中性盐溶液(如 1 mol/L KCl 或 NaCl)处理土壤,将胶体上吸附的大部分 H^+ 和 Al^{3+} 交换到土壤溶液中,化学反应产物是强酸和 $Al(OH)_3$ 沉淀,这是一个可逆的阳离子交换平衡反应,因此测得的酸量只是潜性酸量的大部分。交换性酸度值是计算酸性土壤石灰用量的重要参考。

(2)水解性酸度　用过量弱酸强碱盐溶液(如 pH 8.2 的 1 mol/L NaOAc)处理土壤,将土壤胶体上吸附的 H^+ 和 Al^{3+} 交换到土壤溶液中,化学反应产物是弱酸和 $Al(OH)_3$ 沉淀,反应向右进行较为彻底,与交换性酸度相比,此法可交换出更多的 H^+ 和 Al^{3+},因此,水解性酸度值大于交换性酸度值。

(二)酸性土壤的改良

酸性土壤往往表现出"酸"(pH 在 6 以下)、"瘦"(速效养分低,有机质低于 1.5%,严重缺有效磷)、"黏"(土质黏重,耕性差)、"深"(土色多为红色、黄色、紫色)等特性。在酸性土壤上种植作物,常形成僵苗或老苗,产量低,品质差。改良培肥酸性土壤的方法有:

1. 施用石灰改良

农业生产中最常用的酸性土壤改良剂为石灰。石灰的碱性中和土壤酸性,其化学反应如下:

$$\boxed{\text{土壤胶体}}-2H^{+}+Ca(OH)_2 \rightleftharpoons \boxed{\text{土壤胶体}}-Ca^{2+}+2H_2O$$

$$\boxed{\text{土壤胶体}}-2Al^{3+}+3Ca(OH)_2 \rightleftharpoons \boxed{\text{土壤胶体}}-3Ca^{2+}+2Al(OH)_3\downarrow$$

此外,施用石灰还能提高土壤钙含量,有利于有益微生物的活动,也可促进有机质分解和养分释放,特别是促进酸性土壤磷元素的释放,钙离子还是很好的团聚体胶结物质,可促进团粒形成,改良土壤物理特性。

二维码 2-12
石灰质改良酸化土壤技术规范

施用石灰中和土壤酸性时,一要注意石灰种类的选择,常用的有石灰石、生石灰和熟石灰。生石灰活性最强,施入后对土壤环境影响较大,施用不当有烧伤植物的风险,但其还具有较好的杀虫杀菌效果,因此生产上也使用较多。二要注意石灰用量,考虑到三种石灰的化学活性不同,在改良同等酸度土壤时,石灰石用量>熟石灰用量>生石灰用量。三要注意施用时期与施用方法。

我国农业生产上多用熟石灰改良酸性土壤,科学的石灰施用量可用交换性酸度或盐基饱和度来估算,经验的做法是:pH4～5,施用石灰 750～2 250 kg/hm^2;pH 5～6,施用石灰 375～750 kg/hm^2。为达到理想治理效果,选择细腻粉末在整地时撒施后随土翻耕。

2. 增施有机肥或选用生理碱性肥料

增施有机肥,增加土壤胶体数量,提升土壤缓冲性,缓解环境对土壤酸碱性的影响,稳定土壤酸碱性。施用肥料时,酸性土壤上可优先施入生理碱性肥料(如硝酸钙)或碱性肥料(如钙镁磷肥),利用肥料的碱性缓慢中和土壤酸性。

3. 其他改良措施

调整种植结构,改种耐酸作物,如绿豆、油菜、荞麦、水稻等;实行水旱轮作(2～3 年换一次),既可改善土壤耕性和理化性状,又能有效消灭杂草和病虫害,还可提高土壤中的有机质含量;也可用客土法进行局部土壤改良,或施用土壤改良剂等。

二、土壤碱性

土壤碱性主要来源于胶体吸附的交换性钠离子。进入土壤溶液的 Na^+ 与生物呼吸及有机质分解产生的 CO_2 发生化学反应，形成 Na_2CO_3 或 $NaHCO_3$ 使土壤呈碱性反应，因此，胶体表面钠离子饱和度越高，土壤碱化特性越明显。

此外，土壤中弱酸强碱盐类物质（如钙、镁、钠的碳酸盐和重碳酸盐）也可水解产生 OH^-。

（一）表征土壤碱性的指标

土壤碱性除了用 pH 表征外，还可用碱性盐类（特别是 Na_2CO_3 和 $NaHCO_3$）的总量来表征，即土壤总碱度。由于碱性强弱还决定于胶体上交换性钠离子的相对数量，还可用钠离子饱和度，即土壤碱化度来表示。

总碱度：指土壤溶液中碳酸根 CO_3^{2-}、重碳酸根 HCO_3^- 的总量。

$$总碱度(cmol/kg)=[CO_3^{2-}]+[HCO_3^-]$$

碱化度（钠碱化度 ESP）：指交换性钠离子占阳离子交换量的百分数

$$碱化度=交换性钠/阳离子交换量\times 100\%$$

土壤的碱性反应有盐化和碱化两种，两者之间有着发生学上的联系。盐土在积盐过程中，胶体表面吸附有一定数量的交换性钠，但因土壤溶液中的可溶性盐分浓度较高，阻止了交换性钠的水解，所以，盐土的酸碱度一般都在 pH8.5 以下，物理性质也不会严重恶化。如果盐土脱盐到一定程度，溶液中可溶盐含量较低时，胶体表面的交换性钠开始解吸，土壤会出现碱化特征。碱化土会呈现极强的碱性反应，pH 大于 8.5 甚至超过 10.0，结构体破坏，土粒高度分散，湿时泥泞，干时硬结，耕性极差。盐土向碱土演变往往是盐土积盐和脱盐两种情况频繁交替，胶体上吸附的钙、镁离子被钠离子取代时发生的。

因此，碱化度常被用作碱土分类及碱化改良的判断指标。碱化度＞30％，表层含盐量＜0.5％和 pH＞9.0 为碱土；碱化度 5％～10％为轻度碱化土壤；10％～15％为中度碱化土壤；15％～20％为强碱化土壤。

（二）碱性土壤的改良

1. 化学改良

碱性土壤常用石膏、硫黄粉、腐殖酸肥料等进行化学改良。这些物质一方面可中和土壤碱性，另一方面也可增加土壤中多价离子的含量，能改善胶粒凝聚特性，促进良好结构体的形成。

石膏中的钙离子通过离子交换吸附将胶体表面钠离子代换至土壤溶液中，结合灌水洗盐措施再将钠离子从土层中淋洗出去，从而达到降低钠离子含量治理土壤碱性的目的，其作用机理如下：

$$\boxed{土壤胶体}-2Na^+ + CaSO_4 \rightleftharpoons \boxed{土壤胶体}-Ca^{2+} + Na_2SO_4$$

$$Na_2CO_3 + CaSO_4 \rightleftharpoons Na_2SO_4 + CaCO_3\downarrow$$

硫黄经土壤中硫化细菌氧化生成硫酸，硫酸中和土壤碱性物质达到改良的目的。除此之外，明矾（硫酸铝钾）、磷石膏、亚硫酸钙、硫酸亚铁等也能降低土壤碱性。

用化学改良法改良土壤时，依碱化程度的不同，可选择全层改良或局部施用。施用化学物质时要特别注意与土层混合均匀，避免局部酸碱度变化过大影响植物或土壤微生物生长。

2. 施用酸性肥料或有机肥改良

通过酸性肥料来缓解土壤碱性，比如优先施用化学酸性或生理酸性肥料。若碱性不强，可选用生理酸性肥料，如硫酸铵、氯化钾等，会有一定的治理效果。

增施有机肥。有机肥富含有机酸、腐殖酸、羟基等物质，能与许多金属元素如锰、铝、铁等螯合形成螯合物，具有很强的螯合能力和缓冲性，可中和土壤碱性物质。形成的有机-无机团聚体，可改善土壤物理性质，提高土壤抗逆性，形成良好的土壤生态环境。

3. **生物措施改良**

某些绿肥植物可吸收土壤碱性物质，又能分泌酸性物质，还田后产生的有机酸类酸性物质都能降低土壤碱性。可用作碱性土壤生物改良的绿肥有苜蓿、草木樨、百脉根、田菁、扁蓿豆、麦草、黑麦草、燕麦、绿豆等。

4. **农业措施改良**

土壤中的碱性物质主要是水溶性盐，用蓄洪—洗盐—脱碱的方法，降低土壤水溶性盐或碱性物质含量，可降低土壤碱性。另外，降低地下水位、翻沙压碱等农业工程措施也有一定的效果。

三、土壤酸碱性与植物生长

（一）对植物生长发育的影响

植物在长期自然选择过程中，对土壤酸碱性有特定的要求（表 2.8），大多数植物适宜 pH6～9 的酸碱范围。只是有些植物对酸碱反应迟钝，能在较宽的 pH 范围内生长，有些植物反应敏感，只适应特定酸碱范围，这类敏感的植物被称为指示植物，常见指标作物如表 2.9 所示。

表 2.8　主要栽培植物生长适宜 pH 范围

大田作物		园艺作物		林业作物	
名称	pH	名称	pH	名称	pH
水稻	6.0～7.0	豌豆	6.0～8.0	槐	6.0～7.0
小麦	6.0～7.0	甘蓝	6.0～7.0	松	5.0～6.0
大麦	6.0～7.0	胡萝卜	5.3～6.0	杨	6.0～8.0
大豆	6.0～7.0	番茄	6.0～7.0	洋槐	6.0～8.0
玉米	6.0～7.0	西瓜	6.0～7.0	白杨	6.0～8.0
棉花	6.0～8.0	南瓜	6.0～8.0	栎	5.0～8.0
马铃薯	4.8～5.4	黄瓜	6.0～8.0	柽柳	6.0～8.0
向日葵	6.0～8.0	柑橘	5.0～7.0	桦	5.0～6.0
甘蔗	6.0～8.0	杏	6.0～8.0	泡桐	6.0～8.0
甜菜	6.0～8.0	苹果	6.0～8.0	油桐	6.0～8.0
甘薯	5.0～6.0	桃、梨	6.0～8.0	榆	6.0～8.0
花生	5.0～6.0	栗	5.0～6.0		
烟草	5.0～6.0	核桃	6.0～8.0		
紫云英、苕子	6.0～7.0	茶	5.0～5.5		
紫花苜蓿	7.0～8.0	桑	6.0～8.0		

表 2.9　土壤酸碱性与指示植物

土壤酸碱性	指示植物类型
酸性	铁芒萁、地刷子、铺地蜈蚣、石松、山茶、映山红

续表2.9

土壤酸碱性	指示植物类型
盐土	海蓬子、盐爪爪
碱土	蜈蚣草、柏木、甘草、花椒、蒺藜
钙质土	鞭叶铁线蕨、铁线蕨、紫花苜蓿

（二）对土壤养分有效性的影响

酸碱性主要是通过改变胶体表面离子交换的种类与数量来影响溶液中养分离子的浓度和含量的，各养分有效性随 pH 变化而变化的趋势如图 2.4 所示。

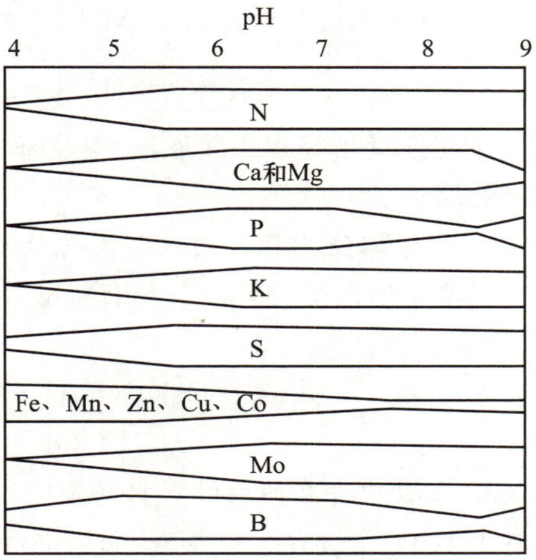

图 2.4　土壤酸碱性与土壤营养元素有效性的关系

从图 2.4 可以看出养分有效性的大体规律是：N、K、S 在微酸性、中性、碱性土壤中有效性较高；P 在中性土壤中有效性最高，当 pH<5 和 pH>7 时有效性降低；Ca 和 Mg 在 pH 6.5～8.5 有效性高，而强酸性和强碱性土壤中有效性较低；Fe、Mn、Cu、Zn 等微量元素有效性在酸性和强酸性时高；Mo 在酸性土壤中有效性较低，pH>6 时有效性逐渐增加。

此外，酸碱性与微生物活性也关系密切，如中性和微碱性环境更适合硝化细菌、固氮菌和纤维分解菌生长，强酸性土壤更适合真菌生长。

（三）影响植物病虫害的发生

地下害虫和病原菌各有适宜生存的 pH 范围，因此植物病虫害的发生也与土壤酸碱性有一定关系。如竹蝗喜酸，金龟子喜碱；猝倒病往往在碱性和中性土壤上发生；水稻苗床调酸；pH>7 时土豆疮痂病容易发生等。因此，可通过调节土壤酸碱性来降低病虫害发生概率。

（四）影响土壤理化性状

酸碱性影响次生矿物的形成类型，如原生矿物白云母在碱性条件下风化形成伊利石，在酸性条件下形成高岭石，而伊利石保肥性要好于高岭石。

碱性土壤交换性钠离子多，矿物结构易破坏，导致土粒分散，土壤板结；酸性土壤交换性氢离子多，盐基饱和度低，结构性差，也易板结；当土壤处于中性范围时，钙镁离子多，有利于结构体形成，通气性好，耕性也好。

四、土壤缓冲性

土壤缓冲性指酸性或碱性物质进入土壤时，土壤具有抵抗这些外来物质所引起的酸碱剧烈变化的能力，缓冲性强的土壤能较好地保持土壤酸碱的稳定。如施肥、根呼吸、微生物活动和有机质分解等均会引起土壤酸碱变化，而土壤缓冲性可缓解这种变化给植物生长带来的不良影响。缓冲性大小一般用缓冲量来表示，即土壤溶液改变一个单位 pH 所需要酸或碱的厘摩尔数（cmol）。

（一）土壤具有缓冲性的原因

1. 土壤胶体具有阳离子代换特性

土壤胶体表面吸附有 H^+、K^+、Ca^{2+}、Mg^{2+}、Al^{3+} 等多种阳离子，当土壤中 H^+（酸性物质）过多时，K^+、Ca^{2+}、Mg^{2+} 等盐基离子可通过离子交换吸附将 H^+ 交换至胶体表面，从而降低溶液中 H^+ 浓度，缓解酸性带来的不良影响。当土壤中 OH^-（碱性物质）过多时，胶体上吸附的致酸离子 H^+ 和 Al^{3+} 被交换至溶液中，缓解了碱性过强带来的不良影响。其化学反应如下所示：

$$\boxed{\text{土壤胶体}}{-}Ca^{2+}{-}Mg^{2+}+H_2SO_4 \rightleftharpoons \boxed{\text{土壤胶体}}{-}2H^+{-}Mg^{2+}+CaSO_4$$

$$\boxed{\text{土壤胶体}}{-}2H^+ +NaOH \rightleftharpoons \boxed{\text{土壤胶体}}{-}Na^+{-}H^+ +H_2O$$

在交换量相等的条件下，土壤盐基饱和度越高，对酸的缓冲能力越强，盐基饱和度越低，则对碱的缓冲能力越强。

2. 土壤溶液中存在的弱酸及其盐的缓冲体系

土壤中的碳酸、硅酸、各种有机酸等弱酸及其盐类构成了缓冲体系，具有缓冲酸碱变化的能力，例如：

$$CH_3COOH+NaOH \rightleftharpoons CH_3COONa+H_2O$$

$$CH_3COONa+HCl \rightleftharpoons CH_3COOH+NaCl$$

3. 土壤中存在的两性有机物质

土壤中有蛋白质、氨基酸、胡敏酸等有机物质，其中氨基酸是两性化合物，它的氨基可以中和酸，羧基可以中和碱，可起到缓冲土壤中酸性和碱性的作用。

4. 酸性土壤中大量的铝离子有缓冲作用

$$2Al(H_2O)_6^{3+}+2OH^- \longrightarrow [Al_2(OH)_2(H_2O)_8]^{4+}+4H_2O$$

当土壤溶液中 OH^- 不断增加时，Al^{3+} 周围的水分子将继续解离出 H^+ 以中和 OH^-，但当土壤 $pH>5$ 时，Al^{3+} 就会相互结合形成 $Al(OH)_3$ 沉淀，从而失去缓冲能力。

（二）土壤缓冲性的调节

缓冲性越强，越能维持一个稳定的酸碱范围，对植物生长越有利。

一般来说，土壤阳离子交换量越大，缓冲性越强。土壤质地越细，黏粒含量越多，缓冲性越强。土壤有机质含量越高，缓冲性越强。因此，在农业生产上，可通过增施有机肥、正确选用化肥、改良质地等措施调节土壤缓冲性能。

当然，缓冲性越强的土壤，若要改变其酸碱度也就越困难，所需使用的改良剂就越多。

技能训练5

土壤酸碱度测定(电位法)

一、技能目标

了解电位法测定土壤酸碱度的原理，掌握 pH 酸度计的使用方法，并进行准确测量，根据测得结果正确判断土壤酸碱性，为土壤利用与改良奠定基础。

二、方法原理

当复合电极浸入土壤悬浊液时构成一原电池，原电池的电动势与悬浊液 pH 有关，通过仪器测定原电池电动势即可测得土壤 pH。

三、实验材料

(一)主要仪器设备及用具

酸度计、pH 复合电极、磁力搅拌器或玻棒、烧杯、量筒、天平(感量 0.1 g)等。

(二)试剂

(1)1 mol/L 氯化钾溶液或 0.01 mol/L 氯化钙溶液　称取 74.6 g 氯化钾(化学纯)溶于 800 mL 水中,用稀氢氧化钾和稀盐酸调节溶液 pH 至 5.5～6.0,稀释至 1 L。

称取 1.47 g 氯化钙($CaCl_2 \cdot 2H_2O$)溶于水,并稀释至 1L。

(2)pH 4.01(25 ℃)标准缓冲溶液　称取经 110～120 ℃烘干 2～3 h 的邻苯二甲酸氢钾 10.21 g 溶于水,移入 1 L 容量瓶中,用水定容,贮于聚乙烯瓶中。

(3)pH 6.87(25 ℃)标准缓冲溶液　称取经 110～130 ℃烘干 2～3 h 的磷酸氢二钠 3.533 g 和磷酸二氢钾 3.388 g 溶于水,移入 1 L 容量瓶中,用水定容,贮于聚乙烯瓶中。配制好的标准缓冲液至少可稳定 1 个月。

(4)pH 9.18(25 ℃)标准缓冲溶液　称取经平衡处理的硼砂($Na_2B_4O_7 \cdot 10H_2O$)3.800 g 溶于无 CO_2 的水,移入 1 L 容量瓶中,用水定容,贮于聚乙烯瓶。配制好的标准缓冲液至少可稳定 1 个月。

标准缓冲液的配制也可通过成套的商品 pH 缓冲剂溶解定容制备而得。

(5)无 CO_2 蒸馏水　将符合 GB/T 6682 三级及以上规格的水注入烧瓶,煮沸 10 min,放置冷却,密封后待用。

四、操作规程

1. 仪器校准

用至少两种 pH 标准缓冲溶液进行仪器校正。

(1)温度补偿　将待测液与标准缓冲溶液调到同一温度,并将温度补偿器调到该温度值,有自动温度补偿功能的仪器可省略此步骤。

(2)用标准缓冲溶液校正仪器　先将电极插入与所测试样 pH 相差不超过 2 个 pH 单位的第一个标准缓冲溶液中,启动读数开关,调节定位器使读数刚好为标准液 pH,反复几次使读数稳定。取出电极,用蒸馏水冲洗干净,用滤纸条吸干水分,插入第二个标准缓冲溶液中,用斜率按键将仪器设定为标准值。

2. 土壤水浸提液 pH 的测定

(1)称量、搅拌、静置　称取过 2mm 孔径筛的风干试样 25 g(精确至 0.1 g)于 50 mL 烧杯中,加无 CO_2 蒸馏水 20 mL,以磁力搅拌器搅拌 1 min,使土粒充分分散,放置 30 min 后进行测定。或称取(10.0±0.1) g 试样,置于 50 mL 高型烧杯中,加入 25 mL 水(或氯化钾溶液或氯化钙溶液),剧烈搅拌 5min,静置 1～3 h 后测定。

(2)测定　将电极插入待测液中(注意玻璃电极球泡下部位于土液界面下,甘汞电极插入上部清液),轻轻摇动烧杯以除去电极上的水膜,促使其快速平衡,静置片刻,待读数稳定时记数,结果保留一位小数。注意标明浸提剂的种类。

(3)清洗电极,测定其他样品　取出电极,以水冲洗干净,吸干水分后测试下一个样品。

本法规定土壤 pH 所用水土比为 1∶2.5。水土比例对 pH 测定影响较大,尤其对于石灰性土壤,宜采取小水土比;酸性土壤除测定水浸土壤 pH 外,还应测定盐浸 pH,即以 1 mol/L 氯化钾溶液浸取土壤后进行测定。

氯化钾盐浸提液 pH 的测定：当土壤水浸 pH<7 时，用 1 mol/L 氯化钾盐溶液代替无 CO_2 水浸提样品，水土比调整为 1∶1，其他测定步骤与水浸 pH 相同。

结果精密度：此法测定应不少于 3 次重复，平行结果允许绝对相差（中性、酸性土壤≤0.1 pH 单位；碱性土壤≤0.2 pH 单位）。

五、注意事项

（1）长时间存放不用的玻璃电极需要在水中浸泡 24 h 活化后才能使用。

（2）电极暂时不用可浸泡在水中，长期不用时应保存于饱和氯化钾溶液中。

（3）使用前检查电极状态是否正常。正常的甘汞电极，腔内应充满饱和氯化钾溶液，在室温下应有少许氯化钾结晶存在，但不宜过多，以防堵塞电极与被测溶液之间的通路。正常的玻璃电极内电极与球泡之间、甘汞电极内电极和陶瓷芯之间不得有气泡。但现在仪器多为复合电极，确保电极内充满液体，使用前玻璃球电极经过活化即可正常使用。

（4）测量时电极在悬液中所处的位置对测定结果有影响，要求将甘汞电极插入上部清液中，尽量避免与泥浆接触。若是复合电极，保证玻璃球刚好接触泥浆即可。

（5）待测液静置时应避免空气中氨气或挥发性酸的污染。

（6）pH 读数时摇动烧杯会使读数偏低，应在摇动后稍加静置再读数。

（7）每测 5～6 个样品后需用标准液重新定位。

（8）标准溶液在室温下一般可保存 1～2 个月，在 4 ℃冰箱中可延长保存期限。用过的标准液不要倒回原液中混存，发现混浊、沉淀不得使用。

（9）温度影响电极电位和水的电离平衡，温度补偿器、标准缓冲液、待测液温度要一致。标准溶液 pH 随温度稍有变化，仪器校准时可参照表 2.10。

（10）测定批量样品时，最好按土壤类型等将 pH 相差大的样品分开测定，可避免因电极影响迟钝而造成的测定错误。

（11）如测定密度小的样品，可适度改变水土比，但必须注明。

二维码 2-13

微课：土壤 pH 测定（电位法）

表 2.10　缓冲溶液在不同温度下的 pH 变化

温度/℃	标准液		
	标准液 4.01	标准液 6.87	标准液 9.18
0	4.003	6.984	9.464
5	3.999	6.951	9.395
10	3.998	6.923	9.332
15	3.999	6.900	9.276
20	4.002	6.881	9.225
25	4.008	6.865	9.180
30	4.015	6.853	9.139
35	4.024	6.844	9.102
38	4.030	6.840	9.081
40	4.035	6.838	9.068
45	4.047	6.834	9.038

创新创业

基质与营养土的调制

我国基质产业起步晚，基质配方和调制技术水平与西方发达国家相比差距明显，面临原料来源受限、配方和工艺落后、专业设备短缺、行业标准有待加强、管理政策制约等问题。目前，我国基质市场年总需求量为 6 616 万 m^3，年产销量约为 1 000 万 m^3，有很大的创新空间，具有很好的创业前景。

基质是采用各种有机、无机物料按一定配方工艺调制生产出的，可为种子萌发和植物生长提供优良水、肥、气、热条件的人工土壤。基质产品可面向种苗生产、无土栽培、海绵城市建设、家庭种植等新兴科技绿色产业，具有知识技术密集、资源绿色安全、资金物流横跨境内外、成长潜力大、综合效益好等特点，对我国经济社会全局和长远发展具有重要引领带动作用。基质产业主要包含基质原辅料生产供应、基质设备制造安装、基质调制生产、基质标准检测、基质市场开发应用、基质行业管理等业态，基质产业在我国方兴未艾，潜力巨大。

基质原料多种多样，但使用最多、质量最好的当数泥炭和椰糠，配加少量的生物质发酵物以及蛭石、珍珠岩等无机物料。这些原料中，无机原料国内生产即可满足市场供应，对有机原料而言，我国 99% 的泥炭属于低位草本泥炭，高位藓类泥炭储量极小，故需要大量引进国外的藓类泥炭资源和椰糠资源。国产草本泥炭腐殖酸含量高，有利于植物根系生长，草本泥炭吸附吸收能力强，有利于一次性添加多元营养，节省育苗期间补充肥料用工。草本泥炭虽然结构稳定性不好，但种苗生产期一般只有 30 d 左右，结构稳定性对种苗生产影响不大，因此国产泥炭在种苗生产领域占比与进口藓类泥炭不相上下，而进口藓类泥炭因为分解度小、纤维含量高、结构稳定，更适于制备栽培基质、屋顶绿化、家庭园艺等使用时间较长的高档基质。

基质的配方和调制技术是制约基质质量和使用效果的关键因素。由于我国基质产业发展滞后，基质配方和调制技术起步较晚，技术水平只相当于西方发达国家基质发展的初期阶段。西方发达国家早在 1950 年前后就达到了复混多种原料生产配合基质的阶段；1980 年前后已经发展到按照特定配方制备生产标准化基质的阶段；2000 年前已经达到根据用户需求和使用环境差异生产定制基质的阶段；进入 21 世纪，基质生产已经可以在定制基质的基础上根据防病、防虫、抗干旱、抗分解等要求，加入特定成分生产功能性基质的阶段。

当前，我国需要重点发展基质配方和调制技术，筛选以进口藓类活性炭原料为主的无土栽培基质配方，推进以泥炭替代材料为主的生物基质配方筛选等。

我国有不少机构已经着手专用基质的研发，特别是一些价值较高或市场占有率较高的植物，有些配方已经推向市场并被广泛使用，如被列入农业行业推荐标准的蔬菜育苗基质、针对机插秧秧毯的水稻育秧专用基质、用火土灰配制的烟草育苗基质、欧洲月季扦插营养土配方研发、苗木的容器育苗等。在泥炭替代材料的选择上，已经有不少关于菌菇渣、酒糟渣、甘蔗渣等的研究与应用。

从基质产业各环节来看，无论是基质材料选择、配方、设备、标准等都有很多的创业机会。

阅读材料

土壤调理剂的研制与应用

一、土壤调理剂的历史

土壤调理剂的研究始于19世纪末期，距今已有百余年历史。研究初期主要是污泥、沸石、粉煤灰等单一调理剂的应用。20世纪50年代以前，西方国家研究人员开始利用多糖、淀粉共聚物、纤维素等材料进行土壤结构改良，由于这些天然有机物质分子量较小、降解快，在后期的生产活动中并没得到广泛应用。20世纪50年代以后，研发出多种合成改良剂，主要有水解聚丙烯腈HPAN、聚乙烯醇PVA、聚丙烯酰胺PAM、沥青乳剂ASP等，其中PAM至今仍应用较广。我国自20世纪80年代引入了PAM和ASP用于盐渍土改良、固持水土、旱地保墒增温，取得了较好的效果。土壤调理剂的生产原料包括天然矿物、天然活性物质、工农业废弃物、人工合成聚合物等，当前许多研究均利用工农业有机废弃物以及多种黏土矿物、贝类作为生产原料，实现了废弃物二次利用的同时也达到了较好的土壤调理效果。截至2021年，农业农村部种植业管理司登记备案的土壤调理剂产品已经高达197种。

二、土壤调理剂的定义

《GB/T 6274—2016 肥料和土壤调理剂术语》将土壤调理剂定义为可以单独或一起使用的，用于保持或改善植物营养和土壤物理化学性质以及生物活性的各种物料。

土壤调理剂可用于改良土壤结构、降低土壤盐碱危害，调节土壤酸碱度，改善土壤水分状况或修复污染土壤等。

三、土壤调理剂的分类

通常土壤调理剂产品由多种材料制成，成分较为繁杂，难以执行严格统一的分类标准。当前主流以功能用途或主要成分分类。按功能用途可分为结构改良剂、水分调节剂、酸性土壤改良剂、盐碱土壤改良剂、重金属污染修复剂五大类。按主要成分可分为天然材料改良剂、人工提取或合成改良剂、天然-合成共聚物改良剂、固体废弃物改良剂和生物改良剂5种(表2.11)。

表2.11　常见土壤改良剂类型

分类依据		常见土壤改良剂类型
按功能用途分类	结构改良剂	天然合成原料或人工合成原料
	水分调节剂	保水剂、增水剂
	酸性土壤改良剂	石灰、矿物及工矿废弃物、微生物肥料、有机物料、生物炭
	盐碱土壤改良剂	化学改良剂、微生物改良剂、烟气脱硫废弃们、有机肥、腐殖酸、沸石
	重金属污染修复剂	钝化修复剂(无机类、有机灰、生物类、新型纳米材料)复合材料)、淋洗修复剂(无机溶液清洗剂、螯合剂、表面活性剂)
按主要成分分类	天然材料改良剂	天然矿物：石灰石、膨润土、石膏、蛭石、珍珠岩、褐煤、风化煤、硫黄、沸石、磷矿粉、钾长石、白云石、蒙脱石、麦饭石、硅酸盐等 天然提取高分子化合物：多糖、纤维素、树脂胶、丹宁酸、腐殖酸、木质素等 天然有机物质：泥炭、炭等

续表 2.11

分类依据		常见土壤改良剂类型
按主要成分分类	人工提取或合成改良剂	壳聚糖、聚合氨基酸、水解聚丙烯腈、聚丙烯酰胺、聚乙烯醇、聚乙二醇、脲醛树脂等
	天然-合成共聚物改良剂	腐殖酸-聚丙烯酸、纤维素-丙烯酰胺、淀粉-丙烯酰胺/丙烯腈、沸石/凹凸棒石-丙烯酰胺、磺化木质素-醋酸乙烯等
	固体废弃物改良剂	无机：粉煤灰、磷石膏、高炉渣、碱渣、乳化沥青、脱硫废弃物 有机：城市污水污泥、城市生活垃圾、作物秸秆、木屑、豆科绿肥、畜禽粪便、酒糟、纸浆废液、味精厂发酵物、鱼产品下脚料等
	生物改良剂	微生物菌剂、菌根、好氧堆制茶、蚯蚓等

四、土壤调理剂的主要功能

目前，商品化土壤调理剂多为复合型制剂，一种调理剂同时具备多种特性和作用，以改良土壤障碍因子为主要功能，侧重土壤性质改良，兼具一定的土壤质地改良效果。如我国农业生产中普遍使用的石灰和石膏，通过少量添加肥料或微生物制剂，兼顾了土壤肥力和植物营养，甚至是微生物状况。

1. 改良土壤质地与结构

泥炭、褐煤和风化煤这类物质富含腐殖酸、有机质和氮磷钾养分，可改良土壤结构，培肥地力。沸石、蛭石、膨润土、珍珠岩这类天然矿石土壤调理剂多具有高吸附性、离子交换性、催化和耐酸耐热等性能，且富含 Na、Ca 及 Sr、Ba、K、Mg 等金属离子，可降低土壤容重和土壤水吸力，增加总孔隙度、毛管孔隙度和通气孔隙度，降低土壤 pH 和 EC 值。

人工合成高聚物改良剂可使分散的矿物质颗粒形成人工团粒，并使天然团粒的稳定性提高，进而使土壤的结构及其理化性质如孔隙度、通气性、透水性、坚实度、微生物活性、酸碱度等得到改善。

2. 提高土壤保水供水能力

农林保水剂又称土壤保墒剂、抗蒸腾剂、贮肥蓄药剂或微型水库，是一种具有三维网状结构的有机高分子聚合物，可有效改善农田土壤水分状况，提高水分利用率。在土壤中能将雨水或灌溉水迅速吸收并保持，变为固态水而不流动、不渗失，长久保持局部恒湿，天旱时缓慢释放供植物利用。农林保水剂特有的吸水、贮水、保水性能，在改善生态环境、防风固沙工程中起到决定性的作用，在土地荒漠化治理、农林作物种植、园林绿化等领域广泛应用。

3. 调节土壤酸碱度

我国南方红壤旱地，北方蔬菜大棚保护地的土壤酸化问题相当突出。酸性土施用石灰调节是过去常见的改良手段，而近来以碱渣、粉煤灰和脱硫废弃物等为主要原料的土壤调理剂也取得了较好的应用和推广效果。

4. 盐碱土改良

通常治理盐碱土的措施包括选择耐盐作物或培育耐盐作物品种以抗盐、采取深播浅盖等农业措施躲盐、采取开沟排水等水利措施洗盐。而近些年来，人工合成高分子聚合物或天然高分子类土壤调理剂，如聚丙烯酰胺等表现出较好的治理效果，这些人工合成高聚物含有代换能力强的高价离子，施用后将碱土吸附的交换性钠离子交换下来再被排洗掉，从而达到降低盐碱的目的。

二维码 2-14
视频：盐碱地快速改良技术

5. 改善土壤的养分供应状况

土壤调理剂通常使用多种基础原料制造而成，本身可能就含有一定量的氮磷钾养分，但是相对于肥料而言其数量有限。某些土壤调理剂具有调节土壤保水保肥的能力，调节或激活土壤固定态或缓效养分，起到间接改善土壤营养元素供应的作用。

6. 修复重金属污染土壤

目前修复重金属污染土壤的方法有微生物修复、植物修复、物理化学修复等，通过化学固化、土壤淋洗和电动修复措施也可实现污染修复，其中化学固化就包括加入石灰、磷灰石、沸石等土壤调理剂，通过对重金属离子的吸附或(共)沉淀作用改变其在土壤中的存在形态，降低其生物有效性和迁移性。

五、土壤调理剂的施用风险

土壤调理剂通常需要长期连续施用且建议大量施用。当下主流的推荐施用量为 900～1 500 kg/hm^2，按化肥 600 kg/hm^2 估算，其用量是化学肥料的 2 倍左右。若长期施用调理剂，对土壤生态系统的稳定性和安全性是否会有一定的潜在风险？不同功能用途的土壤调理剂在施用中的安全风险主要有以下几个方面。

人工合成的结构改良剂，多数研究认为对土壤无害，也有潜在风险，但如丙烯酰胺，虽然它能被微生物降解，通常不会在土壤中积累，但聚丙烯酰胺和聚乙烯醇不易被生物所降解，一旦过量，对人体是有一定毒害作用的。

施用保水剂的土壤灌溉后，保水剂膨胀导致土壤中气相和固相减少，可能引发植物缺氧和吸收养分不充分的问题。过量施用会导致土壤结构破坏甚至板结。因此，施用水分调节剂时，适宜用量尤为重要。

酸性土壤改良剂中的石灰类改良剂，长期施用石灰会在显著降低酸性的同时也会降低交换性钾、钠含量，导致土壤中钾、镁离子加速浸出，甚至出现更严重的复酸化现象。土壤中交换性铝含量较高时大量施用石灰会抑制磷的移动性，降低土壤水溶性磷含量。

矿物和工业废弃物可作为酸性土壤改良剂，但其同时也会携重金属甚至放射性物质进入土壤，引发新的环境问题。

二维码 2-15
肥料和土壤调理剂术语

微生物肥料的长期大量投入可能对原土壤中的微生物产生较明显的抑制作用，导致原有的生态平衡被破坏，甚至可能形成新环境中新的优势菌种，带来许多潜在的生态环境危害。

项目小结

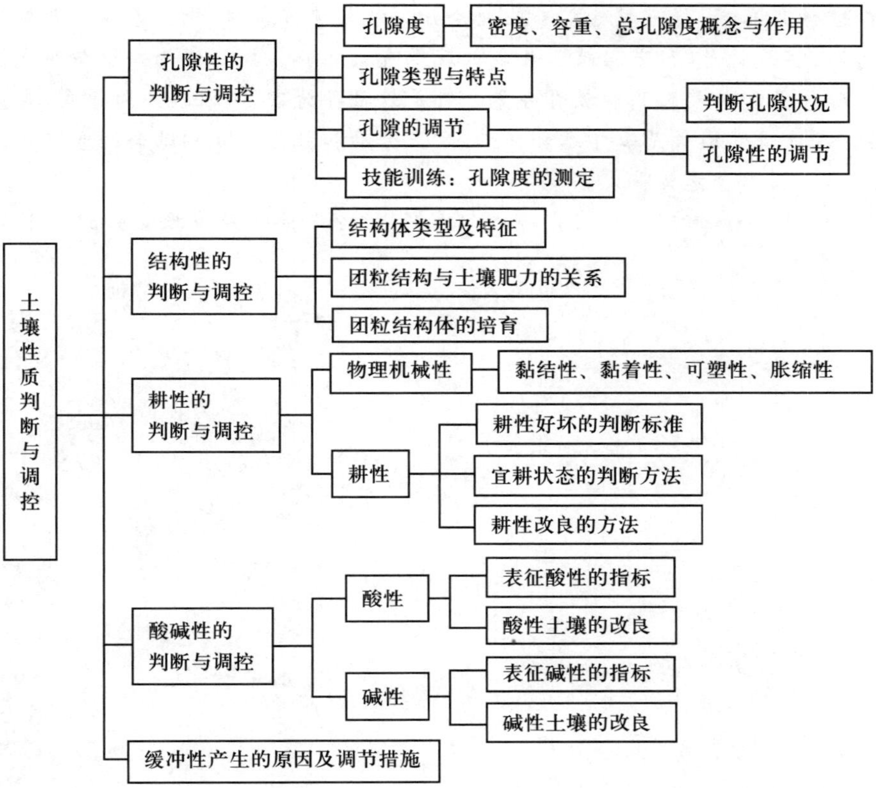

思考题

一、名词解释

土壤总孔隙度　活性酸度　总碱度　指示植物　宜耕期

二、填空题

1. 按土壤容重 1.15 t/m^3，耕层 20 cm 估算，每亩耕层土壤重量为________t。
2. 我国土壤酸碱性地理分布上具有________的规律。
3. 参与土壤结构体形成的胶结物质有________、________和________三种。
4. 土壤胶体所吸附的交换性致酸离子有________和________。
5. 酸性土壤的特征有________、________、________和________。

三、问答题

1. 如何判断土壤孔隙状况是否符合良好农业土壤的要求？
2. 判断土壤是否宜耕的方法有哪些？
3. 治理酸性土壤的方法及原理是什么？
4. 治理碱性土壤的方法及原理是什么？
5. 培育团粒结构的措施有哪些？

二维码 2-16
思考题参考答案

思政园地

我们常说“读万卷书，行万里路”，专业理论知识就是读万卷书，能引导我们开展技术应用和创新，少走弯路；实践就是“行万里路”，让我们获得直接经验。找到理论知识与实践技能间的联系，可提高工作质量和效率。高职教育办学方针是以服务为宗旨，以就业为导向，走产学研结合的发展道路。人才培养模式是工学结合，即与生产劳动和社会实践相结合的学习模式。作为高职学校的学生，理实结合意义重大。

结合以上材料，以如何判断土壤宜耕状态为例，讨论农业生产中理论知识与和实践技能应用间的重要联系。

项目三　土壤肥力因素与调控

学习目标

知识目标：

1. 了解土壤水分的类型及其有效性，掌握土壤水分的调控技术。

2. 了解土壤空气的组成特点、土壤热特性的基本概念、土壤中养分的存在形态和有效性；理解土壤温度变化的影响因素、土壤空气和温度与肥力及植物生长的关系。

3. 理解离子交换作用及其对土壤供肥性和保肥性的影响，掌握水、肥、气、热的调控措施。

技能目标：

1. 掌握土壤含水量、土壤速效养分测定的关键技能。

2. 具备判断土壤肥力高低的能力，能根据生产实际采取水、肥、气、热合适的调控措施。

素质目标：

1. 关注土壤健康，明白土壤退化是人类隐性饥饿产生的根本原因，提高对维护健康生态系统和人类福祉重要性的认识。

2. 树立节约用水，土壤用养结合，珍惜自然资源，人与自然和谐统一的可持续发展理念。

科学史话

聚焦《齐民要术》，传承农耕文化

国以农为本、民以食为天。广袤的中华大地孕育了悠久而厚重的农耕文化，众多农学家不断总结生产经验，留下卷帙浩繁的农学典籍。中国古代杰出农学家贾思勰所著的《齐民要术》是我国现存最早和最完整的一部农书，它系统记载和总结了魏晋以来400多年黄河流域的农业生产经验，内容以种植业为主，兼及蚕桑、林业、畜牧、养鱼、农副产品加工等各个方面，是世界上现存最早、最完整、最全面、最系统、最丰富、最有价值的古代农学名著，是中国农学发展史的里程碑，被称为“中国古代农业的百科全书”，居中国五大农书之首。

“齐民”指平民，也可以理解为现在的老百姓；“要术”是指重要的生产技术和谋生方法。中国农业博物馆研究员曹幸穗表示：“《齐民要术》记载了很多先进的农业思想，比如‘顺天时，量地利，则用力少而成功多’，体现了《齐民要术》在当时已经意识到农业要保护生态环境，这是目前全世界所提倡的可持续农业发展理念。另外，书里也记载了很多非常实用的生产技术，都是目前我们还在使用的。”

《齐民要术》是中国文化的骄傲，也是世界文化的宝贵财富。唐朝时期，它就传播到了日本及朝鲜半岛，约18世纪又传到欧洲，被翻译成多种文字，体现了中国特色的农业思想与理念长期代表世界农学发展的最高水平。这也说明了，农耕文化是中国从未间断的一种文化，勤劳的中国人民始终在书写着历史。“强国必先强农，农强方能国强。”我们要在继承中创新，为建设农业强国不断奋斗。农业构筑了我们的文化基础，也构筑了我们的安全底线，中国人的饭碗一定要端在中国人自己的手里。汲取古代先民的农业开拓智慧，并从中汲取农耕文化的宝贵财富，砥砺前行、继往开来。

《齐民要术》中体现的思想、方法和技术值得我们好好学习。

第一，学思想。《齐民要术》的重农思想延续至今，把农业生产提高到了“农为邦本”的高度，体现了深厚的“农本”思想，这与中央提出的“三农”问题是治国安邦重中之重，是相一致的。

第二，学方法。《齐民要术》的大农业观发人深省，书中章节按农、林、牧、渔、副排序，概括了“大农业”的全部，与现在所说的农林牧副渔“大农业”不谋而合，非常有先见之明。这也是一种讲究科学统筹抓农业生产的要领、方法。

第三，学技术。《齐民要术》中涉及季节、气候、土壤、水肥、光热等概念，包含了防旱保墒、选种育种、间混套种、生物鉴别和遗传变异、微生物利用等农技知识，是农业精耕细作优良传统的集中体现，其成熟技术影响深远。

岁月流逝，从《齐民要术》成书至今已过去了 1 500 多年。当前，正是全国上下实施乡村振兴战略、发展现代农业的大好机遇，我们再次打开这本凝聚着中国先民诸多心血和智慧的古著时，发现书上很多东西至今仍然是新的、实用的。这不禁让人惊叹，1 500 年前写出如此旷世奇书的中国先民是何等的睿智！

土壤的本质属性和特征是具有肥力，它是土壤作为自然资源和农业生产资料的物质基础。我国土壤工作者认为，土壤肥力是土壤具有在植物生长的各个时期及时为植物供给和协调所必需的水分、养分、空气、热量和其他生活条件的能力。

土壤水分、空气、热量和养分被称为土壤肥力的四大因素，是植物正常生长发育所必须的条件。土壤肥力的各要素不是孤立的，而是相互影响、相互制约的。肥沃的土壤能够充足、全面、持续地供给植物所需要的各种生活因素，而且能调节和抗拒各种不良自然条件的影响，协调各肥力因素之间的矛盾，达到适应和满足植物生长的要求。那么，如何调控土壤肥力，平衡作物与土壤之间的关系，为作物生产提供良好的环境，提高农业生产的生态效益经济效益社会效益呢？

任务一　土壤水分调控

水是万物之源。土壤水分是土壤的重要组成部分，但它并非纯水，而是溶解有一定浓度无机离子与有机分子的稀薄溶液，因此又称为土壤溶液。土壤水除能直接供植物吸收外，还对土壤养分、空气和热量状况等其他肥力因素有着深刻的影响，如矿质养分的溶解、有机质的分解与合成、土壤热特性、土壤的物理机械性与耕性等。土壤水分供应不足时，不仅影响农作物正常的生理活动，而且还影响土壤微生物的活动，阻滞土壤养分的释放、转化和移动，使农作物根系吸收困难，必然影响到产量和品质。但是土壤水分过多时，又导致土壤的空气不足，透气性下降，土温变化缓慢，影响根系发育。因此，土壤水分是土壤肥力诸因素中最重要、最活跃的因素，几乎制约着土壤的所有肥力因素。调节土壤水分状况，常使土壤的各种性质得到改善，水、肥、气、热能够协调发展，从而提高土壤肥力。

一、土壤水分形态及其有效性

土壤水分主要来源于大气降水和灌溉水，此外，还有地下水上升及大气中水汽的凝结。在土壤中，水分受到重力、毛管引力、水分子引力、土粒表面分子引力等各种力的作用，形成不同的水分类型，对植物的有效程度也各不同。

（一）土壤水分形态

根据水分在土壤中的物理状态、移动性、有效性和对植物以及对其他生物的作用，常把土壤水分分为吸湿水、膜状水、毛管水和重力水和气态水等不同类型。

1. 吸湿水

吸湿水是指固体土粒借助其表面的分子引力从大气中吸收的气态水并保持在土粒表面的水分。吸湿水受到的土粒吸引力极大，为 3.14～1013 MPa，因而不能流动，无溶解能力，不能被植物吸收（植物根系的吸水力一般为 1.52 MPa），属无效水分。

土壤吸湿水的多少，一方面取决于周围的物理条件，主要包括大气湿度和温度。大气湿度越高，温度越低，土壤吸湿水量越高。当土壤、空气中水蒸气达到饱和时，土壤吸湿水可达到最大值，这时的含水量为最大吸湿量，也称为吸湿系数。另一方面也取决于土壤质地和有机质的含量等。一般土壤质地越细，有机质含量越高，土壤吸湿水含量也越高，相反则少（表 3.1）。

表 3.1　土壤质地与吸湿水含量　%

土壤质地	沙土	轻壤土	中壤土	粉沙质黏壤土
吸湿水范围	0.5～1.5	1.5～3.0	2.5～4.0	6.0～8.0
吸湿系数	1.5～3.0	3.0～5.0	5.0～6.0	8.0～10.0

2. 膜状水

土壤水分达到最大吸湿量时，土粒表面还有剩余的吸附力，可以吸收一部分液态水，在吸湿水外层形成连续水膜，称为膜状水。膜状水所受的吸力在 0.63～3.14 Mpa，具液态水的性质，能由水膜厚的地方往水膜薄的地方缓慢移动，但不能及时补充到植物根系附近，有效性低。通常膜状水在没有完全被消耗之前，植物已呈凋萎状态。当植物因吸收不到水分而产生永久凋萎时的含水量称为萎蔫系数或凋萎系数，一般是吸湿系数的 1.5～2 倍，是可利用水的下限。

膜状水达到最大量时的土壤含水量称为最大分子持水量，它是土壤借分子吸附力能保持的最大土壤含水量，它包括吸附水汽所形成的全部吸湿水和膜状水，其值是吸湿系数的 2～4 倍（图 3.1）。

3. 毛管水

依靠土粒间孔隙的毛管力而保持在土壤孔隙中的水称为毛管水。

毛管水所受力为 0.008～0.63 MPa，比植物根的吸水力小得多，是植物吸水的主要来源。因土壤中毛管水数量多，分布广，全部是有效水，且移动速度快，并具有溶解养分的能力，所以可以源源不断地供给植物所需要的水分和输送营养物质。毛管水数量多、分布广、移动快、携带所溶解的养分完成营养物质的输送任务，是土壤中最宝贵的水分，在农业生产中意义重大。

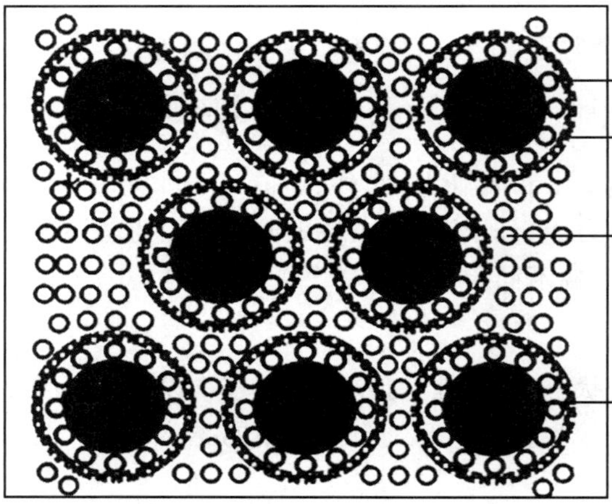

图 3.1 土壤水分形态模式示意图(邹良栋,2004,植物生长与环境)

根据毛管水与地下水的联系,可将它分为毛管悬着水和毛管上升水。

(1)毛管悬着水 在地下水位较深的区域,不与地下水直接相连的毛管水称为毛管悬着水,它反映了表层土壤的保水能力。毛管悬着水达到最大量时的土壤含水量称为田间持水量,它代表在良好的水分条件下灌溉后的土壤所能保持的最高含水量,是判断旱地土壤是否需要灌水及确定灌水量的重要依据。当土壤含水量降到田间持水量的70%左右时,毛管水多处于断裂不连续的状态,此时毛管水的运动缓慢,水量又少,难以满足植物的需要,植物会表现出缺水症状,此时的土壤含水量称为毛管断裂含水量。这时应及时灌水,而不能等到土壤含水量降到凋萎系数时才灌水,否则将严重影响植物的产量。

一般,田间持水量大,则土壤保水能力强,反之土壤保水能力弱。质地黏重,富含有机质的土壤田间持水量大。

(2)毛管上升水 在地形低洼地区,地下水借助于毛管力上升并保持在土壤中的水分称为毛管上升水。毛管上升水达最大量时的土壤含水量称为毛管持水量。当地下水位适当时,毛管上升水可达作物根系分布层,是植物所需水分的重要来源之一,但地下水位过浅,则容易发生渍害;当地下水中含可溶性盐分较多时,毛管上升水可引起土壤盐渍化,对此主要的防止办法就是开沟排水,把地下水位控制在临界深度以下。

有机质含量低的沙质土,毛管孔隙少,毛管水很少。在结构不良过于黏重的土壤中,孔隙细小,所吸附的悬着水几乎都是膜状水。当土壤沙黏适当,有机质含量丰富,具有良好团粒结构的土壤,其内部具有发达的毛管孔隙,可以吸收大量水分,毛管水量最大。

4. 重力水

当土壤中的水分超过田间持水量时则不能被毛管引力所保持,便在重力的作用下沿通气孔隙向下流动,这部分不被土壤保持而受重力支配向下运动的水,称为重力水。当土壤大小孔隙中全部充满水时,重力水达最高量,此时的土壤含水量称为饱和持水量或全持水量。全持水量包含了各种形态的水分,是计算稻田淹灌水量的依据。

(二)土壤水分的有效性

在各种形态的土壤水分中,可以被植物吸收利用的水分称为有效水;不能被植物吸收利用的水分称为无效水。土壤水分对植物是否有效，主要取决于土壤对水分的保持力与植物根系的吸水力的对比。当土壤水的保持力小于植物的吸水力时，土壤水分就能被植物吸收利用；反之，植物就不能从土壤中吸水。土壤水在不同保持力情况下的有效性如图 3.2 所示。

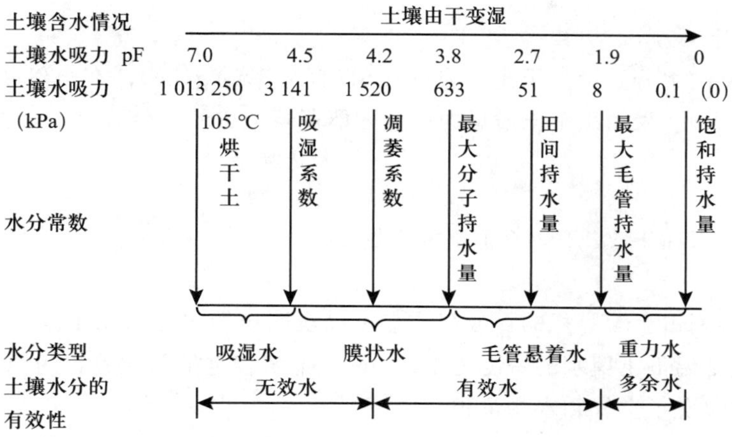

图 3.2　各阶段土壤水分有效性示意图

当土壤水分含量充分，土壤水吸力较小时，植物吸水容易。随着水分的蒸发和被植物吸收，根际土壤水分越来越少，土壤水吸力越来越大，植物吸水就会越来越困难。如果没有水从附近流向根际，最后土壤水吸力将趋向于和植物根部水吸力平衡，植物吸水就会停止，即土壤含水量已下降到凋萎系数，它是土壤有效水的下限。要使附近的水流向根部，不仅要它的水吸力低于植物根部，还要有足够速率流向根部，以补偿植物蒸腾的需要。如果流动速率不能满足植物的需要，植物就会萎蔫。

田间持水量是旱地土壤所能保存的毛管悬着水的最大含量，此时，土壤对水的保持力已经比植物根系的水吸力小得多，水分的有效性最高。超过田间持水量后，虽然水分的有效性仍然很高，但由于通气不良会产生渍害。因而把田间持水量作为旱地土壤中作物有效水的上限。

土壤有效水最大含量就是田间持水量和凋萎系数之间的差值。不同土壤的有效水最大含量差异很大（表 3.2）。此值与土壤质地、有机质含量、土壤结构等有关。但就质地而言，沙土的凋萎系数和田间持水量都低，有效水含量小；壤土的田间持水量较高，凋萎系数较低，有效水含量最大；二黏土的田间持水量虽高，但凋萎系数也高，故有效水的含量反而比壤土低，因此，在相同条件下，壤土的抗旱能力反而比黏土强。

表 3.2　土壤质地与有效水最大含量的关系　　%

土壤质地	沙土	沙壤土	轻壤土	中壤土	重壤土	黏土
田间持水量	12	18	22	24	26	30
萎蔫系数	3	5	6	9	11	15
有效水最大含量	9	13	16	15	15	15

二、土壤含水量的表示方法

自然条件下土壤保持的水分含量称为土壤含水量，常用的土壤含水量的表示方法有以下几种。

1. 质量含水量

指土壤中保持的水分质量占干土质量的比值(百分率或 g/kg)。在自然条件下，土壤含水量变化范围很大，因此，采用烘干土质量为基数才能反映土壤的水分状况，其计算公式如下：

$$土壤质量含水量=\frac{土壤水的质量}{烘干土质量}\times 100\%$$

烘干土质量是指在 105℃下烘至恒重的土壤质量。

2. 容积含水量

指土壤水分容积占土壤容积的百分数。它可以表明土壤水分占据土壤孔隙的程度和土壤水、气的比例。在常温下土壤水的密度为 1 g/cm³。土壤容重指单位容积的原状土壤中干土的质量，单位容积中包含了空气和水的体积。

$$土壤容积含水量=\frac{土壤水的体积}{烘干土体积}\times 100\%=\frac{(湿土质量-烘干土质量/1)}{烘干土质量/土壤容重}\times 100\%$$

$$土壤容积含水量=土壤质量含水量\times 土壤容重$$

例如，某土壤质量含水量为 25%，容重为 1.2 g/cm³，则该土壤的容积含水量为 30%。若该土壤的总孔隙度为 50%，则空气所占的容积为 20%，该土壤的固、液、气三相比为 50∶30∶22。

3. 相对含水量

指土壤质量含水量占该土壤田间持水量的百分数。

$$土壤相对含水量=\frac{土壤质量含水量}{土壤田间持水量}\times 100\%$$

相对含水量可以衡量各种土壤持水性能，能更好地反映土壤水分的有效性和土壤水气状况，通常旱地作物生长适宜的相对含水量是田间持水量的 70%～80%，而成熟期则宜保持在 60%左右。

4. 墒情表示法

在我国北方地区，群众习惯把农田土壤的湿度称为墒，把土壤湿度变化的状况称为墒情。我国北方各省群众在生产中根据土壤含水量的变化与土壤颜色及性状的关系，把墒情类型分为五级(表 3.3)。

表 3.3 土壤墒情类型和性状(轻壤土)

墒情	汪水	黑墒	黄墒	灰墒	干土面
土色	暗黑	黑～黑黄	黄	灰黄	灰～灰白
手感干湿程度	湿润，手捏有水滴出	湿润，手捏成团，落地不散，手有湿印	湿润，捏成团，落地散碎，手微有湿印和凉爽之感	潮干，半湿润，捏不成团，手无湿印，而有微温暖的感觉	干，无湿润感，捏散成面，风吹飞动
含水量(质量百分数)	＞23	23～20	20～10	10～8	＜8

续表3.3

墒情	汪水	黑墒	黄墒	灰墒	干土面
相对含水量/%		100～70	70～45	45～30	<30
性状和问题	水过多，空气少，氧气不足，不宜播种	水分相对稍多，氧气稍嫌不足，为适宜播种的墒情上限，能保苗	水分、空气都适宜，是播种最好的墒情，能保全苗	水分含量不足，是播种的临界墒情，由于昼夜墒情变化，只一部分种子出苗	水分含量过低，种子不能出苗
措施	排水，耕作散墒	适时播种，春播稍作散墒	适时播种，注意保墒	抗旱抢种，浇水补墒后再种	先浇后播

在田间验墒时，既要看表层又要看下层。先测量干土层厚度，再取下土层验墒。若干土层在 3 cm 左右，3 cm 以下墒情为黄墒，则可播种，并适宜植物生长；若干土层厚度达 6 cm 以上，且在其下墒情也差，则要尽早采取措施，缓解旱情。

三、土壤水分的调控

降雨或灌溉进入土壤的水分，一部分贮存在耕作层，一部分向下渗到底层，大部分耗于土壤蒸发和植物蒸腾，少量形成植物体的成分。土壤水分调节就是要尽可能地减少土壤水分的损失，增加植物对降雨、灌溉水及土壤水的有效利用，通常可采取以下几项措施。

（一）改变土壤状态，提高蓄水保墒能力

1. 农田工程建设

在丘陵山区以建设集雨蓄水工程为主，拦洪保土蓄水，以蓄调用。在地面坡度陡、地表径流量大、水土流失严重的地区可采取改造地形、平整土地、等高种植或建立水平梯田等方法，减少水土流失。河谷平原坝区要建立以引水为主和能灌能排的农田水利系统，旱涝兼治，实现“遇旱有水，遇涝排水”。

2. 合理耕作

增强土壤蓄水保墒的耕作措施关键在于深松或深翻，以及春季的顶凌耙地。深翻土壤能创造疏松深厚的耕作层，增加土壤水分入渗，减少地表径流损失。但深翻在较干旱的地区，容易造成水分蒸发损失，一般以深松为好，试验表明，采用“上翻下松”的深松耕作法，在一定深度内，土壤蓄水增加 20%，作物增产幅度为 20%～50%。

春耙最好在土壤开始解冻时(顶凌)进行，土表耙松后，切断毛管水的运行，对保存返浆期间的土壤水分有明显效果。适时镇压、中耕也具有保水作用。

（二）地面覆盖

采用地膜和秸秆覆盖技术，能减少水分无效蒸发。秸秆覆盖是一种资源丰富、效益明显的节水技术，在小麦或玉米行间覆盖秸秆能减少地表蒸发和降雨径流，提高耕层供水量。另外使用高分子树脂保水剂，也具有降低土壤水分损失的效果。

（三）节水灌溉

根据植物需水规律和土壤供水特点，进行适时适量的灌溉，并考虑土壤和植物种类选择适

宜的灌溉方法。地面平整、质地偏黏的土壤、大田作物和果园可采用畦灌;土壤质地偏沙、土层透水过强或丘陵旱地、菜园地等可选喷灌;设施栽培的植物采用滴灌。

对于旱地作物而言,土壤水分过多就会产生涝害、渍害。因此必须排除土壤多余的水分,主要包括排除地表积水、降低过高的地下水和除去土壤上层滞水。

(四)改土施肥

结构不良的黏质土,易形成地表径流,土壤水分的存贮量低;沙质土水分下渗快,蓄水量不多,采用掺沙掺黏与增施有机肥相结合的方法,可增加土壤毛管孔隙的数量,降低凋萎系数,提高田间持水量,扩大土壤有效水的范围,提高土壤蓄水量。

技能训练6

土壤含水量测定(酒精燃烧法)

一、技能目标

测定土壤含水量的方法有多种。常用的有烘干法和酒精燃烧法。本实验要求学生学会酒精燃烧法测定土壤含水量的基本方法,能较准确地测定出土壤的水分含量。

二、方法原理

利用酒精燃烧释放的热量使土壤的水分蒸发,根据燃烧前后土样的质量差计算土壤的水分含量。

二维码 3-1

视频:土壤含水量测定

三、实验材料

仪器:天平、铝盒、量筒、火柴、玻璃棒等。

试剂:无水酒精。

四、操作规程

(1)取洗净烘干后的铝盒,标号,称重,记为 W_1(g)。

(2)取湿土约 5.00 g(尽量避免混入根系和石砾等杂物)与铝盒一起称重,记为 W_2(g)。

(3)加酒精于铝盒中,至土面全部浸没即可,稍加振摇,使土样与酒精混合均匀,点燃酒精,待燃烧将尽,用小玻棒来回拨动土样,助其燃烧(但过早拨动土样会造成土样毛孔闭塞,降低水分蒸发速度),熄火后再加酒精燃烧,如此进行 2～3 次,直至土样烧干为止。

(4)冷却后称重为 W_3(g)。

$$土壤水分含量=\frac{水的质量}{干土质量}\times 100\%=\frac{W_2-W_3}{W_3-W_1}\times 100\%$$

记录表

土壤名称	深度/cm	重复	铝盒号码	铝盒重/g	铝盒+湿土重/g	铝盒+干土重/g	水重/g	干土重/g	含水量/%	平均
		1								
		2								
		1								
		2								

五、注意事项

(1)酒精在湿土中燃烧,使水分迅速蒸发干燥。酒精燃烧时火焰距土面2～3 cm,样品温度约70～80 ℃,当火焰将熄灭前几秒钟,火焰下降,土温迅速上升到180～200 ℃,然后很快下降至85～90 ℃,缓慢冷却,由于高温阶段时间很短,所以,样品中的有机质及盐类损失甚微(有机质含量高于5%的样品不适用本方法)。

(2)土壤分析一般以烘干土计重,但分析时又以湿土或风干土称重,故需进行换算,计算公式为:应称取的湿土或风干土样重＝所需烘干土样重×(1＋水分%)。

六、训练报告

报告内容:实验题目、时间地点、方法原理、操作程序、数据记录、结果计算,收获与体会。

技能训练7

田间持水量测定

一、技能目标

通过实训使学生进一步了解土壤水分状况,理解田间持水量的基本概念,能够掌握田间持水量的测定方法。

二、实验材料

天平、环刀、筛子(孔径1 mm)、烘箱、铝盒、干燥器、研钵。

三、操作规程

(1)用环刀在田间采集具有代表性土层的原状土(采样方法同土壤容重测定),盖上两端盖子,带回实验室内。

(2)将盖子有孔的一端向下放在倒置的垫有滤纸的培养皿上,然后一起放在瓷盘中,往瓷盘中加水,水面应低于培养皿,但要使皿上滤纸浸入水中。

(3)在毛管力的作用下,经过一定时间(沙土1 d,黏土2～3 d),环刀中的土样就充满了毛管水。然后将环刀放在另一无水的瓷盘中,放置2～3 d,排除重力水。

(4)测环刀中的土壤含水量:取环刀中土样15～20 g,放入铝盒中,立即称重,准确至0.01 g。烘干后称重,计算土壤含水量,此值即为田间持水量,它接近于该土壤实际田间持水量。

(5)用此方法再测定两次,取算术平均值。

四、结果计算

计算方法同土壤含水量。

五、训练报告

报告内容:实验题目、时间地点、方法原理、操作程序、数据记录、结果计算,收获与体会。

任务二　土壤空气调控

土壤空气是土壤的重要组成部分,对植物生长发育,土壤微生物活动,养分释放以及土壤化学和生物化学过程都有重要影响，是重要的肥力因素。土壤空气存在于未被土壤水占据的土壤孔隙中，气含量与土壤水分互为消长。凡是影响土壤孔隙和土壤水分的因素都影响土壤的空气状况。高肥力的土壤的空气数量及不同气体组成比例均应满足作物正常生长发育的要求。

一、土壤空气组成与特点

土壤空气主要来自大气，其组成基本与大气相似。但由于受土壤生物活动的影响，与大气相比，又有其自身的特点(表 3.4)。

表 3.4　土壤空气与近地面大气组成比较(体积)　　%

气体	近地面大气	土壤空气
O_2	20.94	18.00～20.03
CO_2	0.03	0.15～0.65
N_2	78.05	78.80～80.24
其他气体	0.98	0.98

与大气相比，土壤空气的组成特点如下：

(1)土壤空气中 CO_2 含量高于大气，而 O_2 含量低于大气。这是由于土壤中动植物和微生物的呼吸作用，消耗 O_2 而放出 CO_2，另外土壤中碳酸盐，如 $CaCO_3$ 与有机酸或无机酸作用也能释放 CO_2。

(2)土壤中水汽含量一般都高于大气。

在一般情况下，土壤含水量总是超过最大吸湿量，土壤水分的不断蒸发几乎使得土壤空气呈水汽饱和状态。充足的水汽有助于土壤微生物的生命活动和土壤中生化作用的进行。

(3)土壤空气中含有 CH_4、H_2S、H_2 等还原性气体。

当土壤通气受阻，土壤微生物活动就会产生还原性气体，危害植物生长。这种情况多出现在渍水、表土严重板结和有机质嫌气分解的土壤中。

(4)土壤空气各成分的浓度在不同季节和不同土壤深度内变化很大。

二、土壤空气与植物生长

1. 影响种子萌发

对于一般种子而言，土壤空气中氧气的含量高于 10%则可满足种子萌发需要，低于 5%时种子萌发将受到抑制。一般在植物种子萌发和苗期最容易遭受土壤缺氧危害。

2. 影响根系发育和吸收功能

氧气供应不足时，根系呼吸作用受到影响，进而大幅削弱根系吸收水肥的能力。同时，根系发育受到抑制，最终导致根系生长缓慢，根短而粗，色暗，根毛稀少。

缺氧时，植物的种类不同，对缺氧的抵抗能力大小不同，如水稻>玉米>番茄>豌豆；不同的作物对氧气的需求有差异。如油菜、大麦幼苗在土壤含氧量低于 9.5%时，生长就大受影响，而水稻幼苗在土壤含氧量为 3%时仍能正常生长。对花卉来说，杜鹃、兰花对土壤通气量要求高。

3. 影响土壤微生物活性和养分状况

土壤通气良好时，好气性微生物有效地分解土壤有机质，提供速效养分。如果通气不良，好气性微生物活动受到抑制，养分转化速率下降，释放的速效性养分有限，甚至产生一些有机酸、醛类及其他还原性物质，不利于植物生长。土壤通气状况对变价养分元素的存在状态和有效性也有很大影响。

4. 影响植物病害发生

土壤通气不良时，适合于致病的霉菌生长，同时植物的抗病力下降，导致植物发生病害。

三、土壤空气的交换与调控

（一）土壤空气交换的形式

土壤空气与大气的交换能力称为土壤通气性，它是指土壤空气与大气进行交换以及土体内部允许气体扩散和流通的性能。

土壤是个多孔体，土粒间、土团间有很多孔隙，因此大气中的气体能透过土壤与土壤空气进行气体交换，其交换方式主要有两种。

1. 气体扩散

它是指气体分子由浓度高（气压大）向浓度小（气压低）处移动。土壤空气中的氧气分压低于大气，而 CO_2 的分压高于大气，所以土壤中的 CO_2 不断向大气扩散，大气中的氧气则不断地扩散入土壤，通过气体扩散作用，土壤空气得到更新，此过程又称“土壤呼吸”。这是土壤空气更新的主要形式。

2. 整体交换

土壤空气在温度、气压、风、降雨或灌水等因素的作用下整体排出土壤，同时大气也整体进入，称为整体交换。整体交换能彻底更新土壤空气。例如，土温高于气温时，土内空气受热上升，扩散到近地表大气中，而大气则下沉，通过土壤孔隙渗入土壤中。整体交换速度较快，但要在温度、气压、灌溉等条件变化下发生，且仅对表层 10 cm 左右的土壤空气更新起到某些作用，因而它不是大气与土壤空气交换的主要方式。

在农业生产中，土壤空气整体交换的另一种方式翻耕或松土。如旋耕机破碎土壤时，可以使土壤空气比较彻底地与大气交换，所以翻耕土壤的重要目的之一是更新土壤空气。土壤中耕松土也能通过整体交换达到更新表层空气的目的。因此，整体交换方式虽不是土壤空气更新的主要方式，但在生产中对调节土壤的通气性仍有重要作用。

（二）土壤空气的调控

改善土壤孔隙状况是调节土壤空气组成的主要措施。

1. 调节土壤质地和结构，改善土壤孔隙状况

土壤质地是影响孔隙状况的主要因素。对于一般旱作土壤来说，通气不良主要发生在质地黏重、通气孔隙度不足10%、气体交换缓慢的黏质土壤上。对于此类土壤可采用客土掺沙、合理耕作结合增施有机肥料等方法，改善土壤质地和结构、增加土壤通气孔隙数量，提高土壤通气性。

2. 深耕结合施用有机肥

深耕结合施用有机肥可以消除土壤板结，促进土壤团粒结构的形成。具有团粒结构的土壤，总孔隙度大、大小孔隙比例适当，水、气协调，有利于通气作用的进行。对于水田，可通过增施有机肥、晒垡、烤田等措施促进微结构的形成，也可起到调节土壤空气的效果。

3. 合理排灌

合理排灌是解决水气矛盾的重要措施。排水提高土壤空气的含量，灌水促进土壤空气的更新，改善土壤通气状况效果显著。特别是在地势低洼的地区，采用开沟排水，降低地下水位，加强土壤通气尤为重要。

4. 适时中耕

中耕松土具有疏松土壤，增加土壤通气孔隙，改善土壤结构，促进土壤通气等多种作用。尤其是降雨和灌溉后及时中耕松土，破除地表结壳，可以显著改善土壤通气状况。

任务三　土壤热量调控

土壤中热量状况指土体中的热量分布及其动态变化。土壤热状况不仅影响土壤中许多物理、化学过程与土壤温度，还会影响土壤水分、空气变化和微生物活动及养分转化等，进而影响种子发芽、植物生长发育、根系伸展及种子和果实成熟。所以，土壤热状况也是肥力的一个重要因素。

一、土壤热量来源与热特性

（一）土壤热来源

土壤热量有三种来源，即太阳辐射热、生物热和地球内热。

1. 太阳辐射热

太阳是光和热的主要来源，地球约截取了太阳辐射能的45亿分之一。太阳辐射热是土壤热量的主要来源。

2. 生物热

土壤微生物在分解转化有机质时释放的热量称为生物热。释放的热量一部分被微生物自身利用，而大部分用来提高土温。农业生产春季育苗使用大量有机肥、酿热材料，就是利用有机物分解释放的热量来提高苗床土温。

3. 地球内热

地热是指由地球内部向地表传导的热量。在一些异常地区，如火山口附近、有温泉的地方，地热可对土壤温度产生局部影响，但一般情况下这部分热量对土壤温度影响甚微。

（二）土壤热特性

土壤的吸热和散热时刻都在进行。土壤温度主要取决于土壤热量的收支平衡和土壤的热特性。当土壤吸收的热量多于散失的热量时，土壤就增温，相反则降温，而土壤温度变化情况主要受热容量、导热率和导温率等土壤热特性的影响。

1. 土壤热容量

土壤热容量是指单位质量或单位容积的土壤，温度每升高1℃或降低1℃时所吸收或放出的热量，单位是J/(g·℃)或J/(cm^3·℃)。如以质量计算土壤热的数量则为质量热容量；如以体积计算土壤热的数量则为容积热容量。如果用C表示质量热容量，C_v表示容积热容量，二者的关系为：

$$C_v = C \cdot \rho$$

ρ 代表土壤容重。

土壤热容量的大小取决于土壤中固、液、气三相组成的比例，土壤三相物质的热容量差异很大（表 3.5）。

表 3.5　土壤各组成物质的热容量

土壤组成	质量热容量/[J/(g·℃)]	容积热容量/[J/(cm³·℃)]
土壤空气	1.00	0.0013
土壤水分	4.19	4.19
矿物质土粒	0.88	2.33
有机质	2.01	2.51

从表 3.5 可以看出，对于土壤三相物质的热容量而言，土壤水分的最大，空气最小，固相物质介于两者之间。一般来讲，土壤固相不易变动，而水分和空气互为消长，因此土壤热容量的大小主要取决于土壤水含量。热容量主要影响土壤温度的变化速率，土壤水分愈多，热容量愈大，土壤温度变化愈慢，水分愈少，热容量愈小，土温则易随环境温度的变化而变化，所以，含水量低的土壤的土温随气温的变化幅度大。通常黏质土壤水多气少，热容量大，温度变化小，反之亦然；沙质土则相反。在生产上常应用灌水和排水方法来增加或降低土壤热容量，达到调节土温的目的。

2. 土壤导热率

土壤吸收一定的热量后，除用于自身的升温外，还将热量传给邻近土层。土壤传导热量的特性称土壤导热性，即温度较高的土层向温度较低的土层传导热量的性质。土壤导热性的大小用导热率表示。

土壤导热率：指土层厚度为 1 cm，两端温度相差 1 ℃时，单位时间通过单位面积土壤断面的焦耳数（$J/cm^2 \cdot S \cdot ℃$）。

土壤热量的传导总是从温度高处向温度低处进行。土壤导热率反映了土壤传导热量的难易。导热率大的土壤能迅速将吸收的热量传导到低温土层，因此，其表层不易升温，也不易降温，温度变化平缓，昼夜变幅较小，土温稳定。

土壤不同组成成分的导热率相差很大。在固、液、气三相组成中，空气的导热率最小，矿物质的导热率最大，土壤水分的导热率居中。

土壤导热率的大小同样主要取决于土壤水分和土壤空气的相对含量。水分含量高，空气含量低，则土壤导热率高；反之，导热率低。导热率高的土壤很容易随环境温度变化而变化；反之，土壤温度相对稳定。

随含水量的提高，不仅因为水分数量上的增加更易于导热，而且水分增加后使土粒间彼此相连，增加了传热途经，所以湿土比干土导热快；土壤压紧后，土粒彼此接触紧密，易于导热，因此，冬季镇压既可防止寒风袭击植物根部，又利于土壤下层热量向上传导，可以保苗越冬。

3. 土壤导温率

无论是热容量还是导热率均不能直观反映土壤温度变化的特点，而导温率就能直观地说明土壤温度的变化速率。它是指标准状况下，在土层垂直方向上，单位厚度(1 cm)土层中温差为 1 ℃时，单位时间(1 S)进入单位面积($1\ cm^2$)土壤断面的热量使单位体积($1\ cm^3$)土壤所发生的温度变化值。土壤导温率与导热率成正比，与土壤容积热容量成反比，可用下式表示：

$$导温率\ D=导热率\ \lambda/C_v$$

式中：λ 为导热率；C_v 为土壤容积热容量

土壤导温率越高，则土温容易随环境温度的变化而变化；反之，土温变化慢。所以，含水量高的土壤，土温变化慢，即早春时土温不易提高，而在气温下降时，土温下降速率较慢，有一定的保温作用。

4. 土壤的吸热性和散热性

土壤吸收热性是指土壤吸收太阳辐射的性能，土壤吸收热的强弱受土壤颜色、湿度和地表状况等的影响。深色土壤比浅色土壤反射率低，故土温较高，干燥土壤的反射率比潮湿土壤大，耕地的粗糙表面对太阳辐射的反射率低于不耕的平坦地面。因此，土壤颜色愈深，湿度愈大、表面越粗糙，土壤的吸热性就越强。在生产实践中，春季育苗时施用草木灰加深土壤颜色，增加土壤吸热性，有利于提高地温，促进幼苗早生快发。

土壤散热性是指土壤向大气散失热量的性能。土壤散热性的强弱与土壤水分的蒸发、土壤的热辐射有关。土壤水分蒸发会散失大量热量，降低土温。因此，在寒潮来临时，常利用烟熏、盖草等措施，减少土壤热辐射，以预防冻害。

土壤吸热和散热随时都在进行。当土壤吸收的热量多于散失的热量时，土壤就增温，反之则降温。

二、土壤温度对土壤肥力和植物生长的影响

（一）土壤温度对土壤肥力的影响

1. 土温变化规律

受太阳辐射能变化的影响，土壤温度呈现出季节变化、昼夜变化及上下土层的差异。土表一般在冬季 1—2 月份温度最低，夏季 7—8 月份温度最高。1 d 内土壤最高温度出现在太阳辐射最强后的 1 h 内(13:00～14:00)，日出前土壤温度最低。土壤温度的变化幅度，以表层土壤最大，随土层深度增加土温变化幅度逐渐减小。

2. 土温与肥力的关系

大多数土壤微生物活动最适应的温度为 15～45 ℃，土温适合，微生物活动旺盛，土壤有机质分解迅速而彻底，可以释放更多的有效养分以供植物的吸收利用。

土壤中各种化学反应，如矿物质的风化、离子吸附与解吸等作用，养分离子扩散等，与土温密切相关，所以温度变化影响土壤养分供应。

（二）土壤温度对植物生长的影响

土壤温度状况对植物生长发育有着显著的影响。植物生长发育过程中的发芽、生根、开花和结果都是在一定的临界温度之上才能正常进行的。

1. 对植物种子发芽出苗的影响

植物种子只有在一定的温度下才能萌发，温度过高、过低都会降低发芽率，所以土温是确定作物播种期的决定性因素。植物种子萌发所需的最低的平均土壤温度是不同的。如大小麦为 1～2 ℃，玉米 10～12 ℃，棉花、水稻、高粱为 12～14 ℃。在一定温度范围内，种子萌发随平均

土温的提高而增加；反之，则随土温的降低而减慢。

2. 土壤温度与植物根系的生长发育

一般植物的根系在2～4 ℃时开始微弱生长，土温高于10 ℃时，根系生长比较活跃，超过30～35 ℃时则开始抑制根系的生长。各种植物根系生长最适宜的土温差异很大，如：小麦为12～16 ℃，水稻和棉花为25～30 ℃，茶树为10～25 ℃。土温过高或过低都会影响根系的代谢活动及对水分和养分的吸收。在冬季，土温过低时植物易产生冻害，夏季土温过高也会使根系组织加速退化，甚至发生"烧根"现象。

3. 土温影响植物的营养生长与生殖生长

春麦苗期地上部分生长最适宜的土壤温度为20～24 ℃，后期以12～16 ℃为宜。冬麦生长最适土温较春麦低4 ℃左右。各类作物营养生长最旺盛的土温是：春麦16～20 ℃，冬麦12～16 ℃，玉米24～28 ℃，棉花25～35 ℃。

三、土壤温度的调节

（一）耕作

适时中耕、深翻、镇压、培土等作业，可以改变土壤孔隙度与水气比例，达到调节土壤热量状况的目的，如早春苗期疏松土壤，可减小表土热容量和导热率，土温容易上升。

1. 垄作

垄作就是先起垄，在垄背上栽培植物，起垄高度可达到20 cm左右，垄面与地面成30°～40°角。起垄的目的是增大受光面积，增大阳光入射角，增加垄面对太阳辐射能的吸收量，进而提高土层温度，同时利于排水、通风透气。

2. 耕翻松土

耕翻松土的主要作用是疏松土壤、通气增温、调节水气和保肥保墒。

松土的增温效应表现在：松土使土壤表面粗糙，反射率低，增加对太阳能的吸收。同时，松土后土壤孔隙度增大，空气含量增多，土壤热容量和导热率降低。白天或暖季，热量积聚表层，温度比未耕地高，而其下层则比较低。相反，在夜间或冷季，由于土壤深层向表面传递的热量较少，因而翻耕地的表层温度低于未耕地，下层则较高。因此，松土的温度效应，不仅随昼夜、季节的不同而不同，还随土层的深浅产生差异。低温期间，表层是降温效应，深层是增温效应；高温时节，表层是增温效应，而深层则表现为降温效应。

中耕松土还可以切断土壤毛管联系，减少下层土壤水分向表土的供应，使得土表蒸发的水分减少，因而表层温度高，而下层的土壤湿度增大，温度降低，从而实现保墒的目的。

因此，在春季特别是早春，当低温成为影响作物的主要因素时，中耕松土可以提高土壤表层温度，保持深层土壤水分，有利于种子的萌发、幼苗生长及土壤有机养分的积累。

3. 镇压

镇压是一种利用镇压器具的冲力和重力对表土或幼苗进行磙压的栽培措施，目的是压紧土壤，破碎土块。

镇压后，土壤变得紧实，孔隙度减小，土壤容重和毛管持水量增加，尤其是在表层土壤中这些效果更明显。镇压后土壤的容积热容量和导热率增大。白天，热量下传较快，使表层在一天的高温期间有降温趋势；夜间，下层热量上传较多，故在一天的低温期间可提高温度，土表日温差变小。但在降温季节，特别是寒潮来临前后，镇压后的土壤温度要高于未镇压的。

镇压可以明显影响土壤的热交换，研究表明，镇压地在清晨和夜间有增温效应，在中午前后则有降温效应。

此外，镇压可以破碎土块，弥合土壤裂缝，受寒流袭击时可有效防止冷风渗入。同时，镇压还可以提墒。

（二）水分管理

灌溉和排水不仅能调节水气比例，而且也是调节土温的重要措施。

夏季土壤灌水可以使根系活动层的土温下降至适宜温度，有利于植物根系生长。在严寒来临前灌水，地面空气的湿度增加，能减少地面热量辐射散失，同时，由于水的热容量大，土温不易急剧下降，所以能减轻冻害。但是，春季灌水不利于土温回升，如进行植物扦插育苗时，早期灌水过多，会出现土温偏低以致产生不能发根的现象。此外，黏重土壤不宜灌水过多、过快，以免上层土壤滞水，通气不良。

排水可以改善土壤的通气状况，降低土壤热容量，使土温容易提高，促进植物生长。

（三）覆盖与遮阴

覆盖是调节土壤温度最常用的手段之一。秸秆覆盖既减少土壤对太阳辐射的吸收、又减少土壤辐射和蒸发，一般来说，早春和冬季覆盖秸秆提高土温；夏季则能减少到达地表的太阳辐射能，降低土壤温度。果园、森林苗圃播种后，常用枯草覆盖，以防止土温过高，灼伤幼苗。地膜覆盖可减少土壤辐射，具有增温、保墒、改善土壤理化性状的作用。对喜阴植物，如三七、茉莉、茶叶等，采取搭棚遮阳方法，可降低土温和近地表气温，有利于苗木生长。

覆盖主要有地膜覆盖、铺沙覆盖、秸秆覆盖以及近年快速发展的无纺布覆盖技术、遮阳网覆盖技术等。其主要作用也是增温或降温、保墒、抑制杂草等几个方面。

（四）应用物理化学抑制剂

1. 土面增温剂

土面增温剂是喷洒于土面，形成一层化学覆盖膜，起保蓄水分和提高土温作用的一种化学制剂。我国的土面增温剂有合成酸渣制剂、天然酸渣制剂、棉籽油脚制剂、沥青制剂等。使用时，先将平整的苗床润湿，然后用 8～10 倍水稀释增温剂，用喷壶或喷雾器喷在苗床面上，使其形成一层薄膜覆盖在土表，可以防止水分蒸发，提高土壤温度。

2. 降温剂

降温剂也称反光剂，它是一种白色反光物质，喷洒后，能增强植物叶面和土壤表面对太阳辐射的反射能力，从而降低植物叶面和土壤表面的温度。夏季晴天 14:00 左右，可使地面温度降低 10～14 ℃。喷洒一次，有效期可维持 20～30 d。因此，在夏季高温季节喷洒降温剂可有效地防止热害、旱害和高温逼熟现象的发生。

3. 有色物质

在地面上喷洒或施用草木灰、泥灰等黑色物质，可增加对太阳辐射的吸收而达到增温效果。相反，施用石灰、高岭土等浅色物质，可增加对太阳辐射的反射而降温。

（五）设置风障

寒冷多风地区设置风障能降低风速，减少土壤与冷空气的热交换，有效地防止土温下降，在蔬菜栽培上，利用风障较普遍。

任务四　土壤养分调控

研究表明，植物生长发育所必需的元素有 17 种，除碳、氢、氧主要来自大气和水，其余元素则主要由土壤提供，称之为土壤养分。土壤养分为作物生长提供营养，土壤养分的丰缺程度直接关系到农作物的生长状况和产量水平。在自然状态下，植物所需养分主要依靠土壤供给。施肥是提高土壤养分含量、培肥地力的重要手段。

一、土壤养分来源

除了在土壤形成过程中土壤矿物质风化所释放的养分外，耕作土壤中养分的来源主要有以下几个方面：

1. 施肥

施入的各种化学肥料和有机肥料是主要来源。

2. 根茬残体或秸秆还田

每季作物收获后将有相当一部分的根茬、根系和落叶遗留在土壤中。通过根茬残体或秸秆还田使得土壤有机质能够在一定程度上得到补充，有机质的分解可以释放出多种养分，直接或间接供作物吸收利用。

3. 土壤微生物的固氮作用

土壤中具有固氮作用的微生物种类很多，包括细菌、放线菌和蓝藻等，还有在生产上广泛应用的豆科作物根瘤的共生固氮，都是增加土壤氮素的重要途径之一。

4. 植物根系对养分的集聚作用

作物庞大的根系，可以将其所及土体内的养分富集于植物和根系之中。作物死亡后以残茬或残株形式留在表层，使土壤表层的养分不断富集。尤其是双子叶植物，如棉花、大豆等主根可达土层深处 3～5 m，对养分的富集有很大作用。

5. 大气降水给土壤加入的养分

降水中的氮素通常是 NH_4^+-N 和 NH_3-N。各地降水量随季节和地理位置而异。

二、土壤养分的形态

土壤养分由于其存在的形态不同，对植物的有效性差异很大。按其对植物的有效程度，土壤养分一般可分为 5 种类型。

1. 水溶态养分

水溶态养分是指能溶于水的养分。此类养分存在于土壤溶液中，极易被植物吸收利用，对植物有效性高。水溶态养分包括大部分无机盐类的离子（如 K^+、Ca^{2+}、NO_3^- 等）和少部分结构简单、分子量小的有机化合物（如氨基酸、酰胺、尿素、葡萄糖等）。

2. 交换态养分

交换态养分是指吸附于土壤胶体表面的交换性离子，如 NH_4^+、K^+、Ca^{2+}、$H_2PO_4^-$ 等。土壤溶液中的离子与土壤胶体上的离子可以进行交换，并保持动态平衡，二者没有严格的界限，对植物都是有效的。因此，水溶态养分和交换态养分合称速效养分。

3. 缓效态养分

缓效态养分是指某些矿物中较易释放的养分。如黏土矿物晶格中固定的钾、伊利石矿物以及部分黑云母中的钾。这部分养分对当季植物的有效性较差,但可作为速效养分的补给来源,在判断土壤潜在肥力时,其含量具有一定的意义。

4. 难溶态养分

难溶态养分是指存在于土壤原生矿物中且不易分解释放的养分。如氟磷灰石中的磷、正长石中的钾。它们只有在长期的风化过程中释放出来,才可被植物吸收利用。难溶态养分是植物养分的贮备。

5. 有机态养分

有机态养分是指存在于土壤有机质中的养分。它们多数不能被植物吸收利用,需经过分解转化后才能释放出有效养分。但它们的分解释放较矿物态养分容易得多。

土壤中各种形态的养分没有截然的界限。由于土壤条件和环境的变化,土壤中的养分能够发生相互的转化。

三、土壤保肥性与供肥性

土壤保肥供肥性是平衡土壤养分的重要因素。土壤保肥性是指土壤吸收和保存植物养分的能力。土壤供肥性是指土壤向植物提供有效养分的能力。土壤保肥性和供肥性相互矛盾,又是对立统一的。一般而言,供肥能力强的土壤,其保肥能力也强;但保肥能力强的土壤,其供肥能力不一定强。

(一)土壤保肥性

土壤之所以具有保肥性,主要是由于土壤中大量胶体的存在,尤其是有机胶体和有机无机复合胶体。

1. 土壤胶体

土壤胶体是土壤中最细微的固体颗粒,具有很高的活性,很多重要的土壤性质都发生在土壤胶体和土壤溶液的界面上,直接影响着土壤理化性质。

(1)土壤胶体的概念　通常胶粒直径一般在 1～100 nm。但土壤中有效粒径<1 000 nm 的黏粒都具有胶体的性质,所以直径为 1～1 000 nm 的土粒均属于土壤胶体的范围。

(2)土壤胶体的种类　土壤胶体按其成分和来源可分为无机(或矿质)胶体、有机胶体和有机无机复合体。无机胶体在数量上远比有机胶体要多,包括成分简单的 Si、Fe、Al 的氧化物及其含水氧化物类黏土矿物、成分复杂的层状硅酸盐类黏土矿物。

有机胶体主要是土壤中的腐殖质。有机胶体的稳定性低于无机胶体,容易被微生物所分解,要通过施用有机肥加以补充。

在农业土壤上,有机胶体很少单独存在,有 50%～90%与矿质胶体结合,形成有机无机复合胶体。有机无机复合胶体所占的比例越高,土壤越肥沃。

(3)土壤胶体的构造　土壤胶体分为以下几部分:

- 胶体微粒
  - 微粒核
  - 双电层
    - 决定电位离子层(双电层内层)
    - 补偿离子层(双电层外层)
      - 非活性补偿离子层
      - 扩散层

土壤胶体的双电层结构见图 3.3。

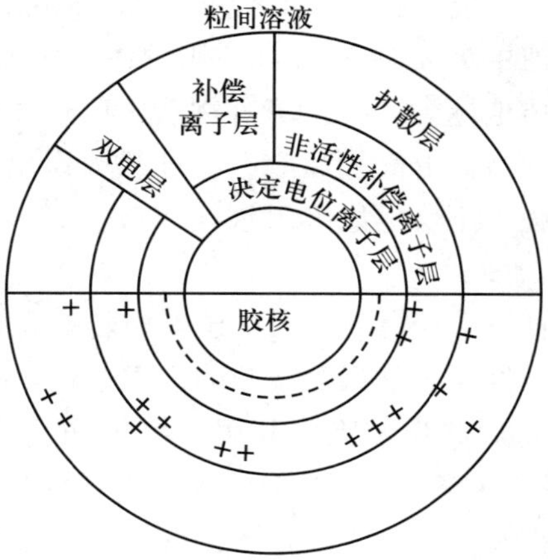

图 3.3　土壤胶体的双电层结构

(4)土壤胶体的基本性质

① 土壤胶体具有巨大的比表面和表面能　单位质量(或体积)物体的表面积称为比表面。定量物质,颗粒越细表面积越大。层状铝硅酸盐矿物和腐殖质不仅有巨大的外表面,还有很大的内表面,所以比表面很高,如腐殖质分子比表面可高达 1 000 m^2/g。

表面能是由于物质表面分子所处的条件特殊引起的。土壤胶体数量越多,表面能越高,吸附保肥能力也越强。

② 土壤胶体的带电性　从电性上说,土壤胶体既带正电荷又带负电荷,其所带负电荷的数量较正电荷大得多,对外表现出负电性,因此,通常我们又说土壤胶体带负电荷。

从电荷存在的环境上说,根据电性受土壤溶液酸碱(pH)的变化情况,又分为永久电荷和可变电荷。

胶体的带负电荷和有巨大表面能的特性能够吸附大量的异性离子,使养分离子得以保存在土壤中供植物的根系吸收,极大提高土壤的保肥性。

③ 土壤胶体的分散性和凝聚性　土壤胶体微粒均匀地分散在土壤溶液中,呈高度分散的溶胶态,受某些因素的影响,胶体微粒彼此凝集在一起呈絮状的凝胶状态。

胶体处于溶胶状态,土壤的黏结性、黏着性、可塑性增加,耕性差;土壤胶体处在凝胶状态时,有利于水稳性团粒的形成,对土壤理化性状有良好的作用,在农业生产上我们通常采用晒田和施用电解质(钙盐、石灰)的方法促进土壤胶体的凝聚。

2. 土壤吸附性能(土壤的吸附保肥作用)

土壤是一个多孔体,同时在土壤表面具有较大的表面能及电荷,使土壤颗粒表面具有吸附阴阳离子、气体、液体等物质的能力,称土壤的吸附性能。这对于植物营养、土壤肥力以及污染土壤的自净能力等方面起极其重要的作用。

按照土壤吸附性能产生的机制,分为以下 5 种类型。

(1)机械吸收性　指土壤对物体的阻留。如施有机肥时,其中大小不等的颗粒,均可被保留在土壤中;污水、洪淤灌溉时,其土粒及其他不溶物,也可因机械吸收性而被保留在土壤中。

这种吸收能力的大小主要决定于土壤的孔隙状况,孔隙过粗,阻留物少,过细又造成下渗困难,易于形成地面径流和土壤冲刷,故土壤机械吸收性能与土壤质地、结构、松紧度等状况紧密相关。阻留在土层中的物质可被土壤转化利用，起到保肥的作用，其保留的养分易被作物吸收。

(2)物理吸收性　这种吸收性能是指土壤对分子态物质的保持能力，它表现在某些养分聚集在胶体表面，其浓度比在溶液中为大，另一些物质则胶体表面吸附较少而溶液中浓度较大，前者为正吸附，后者为负吸附。质地越黏重的土壤其物理吸收性越明显，反之则弱。许多肥料中的有机分子，如氨基酸、碳水化合物、脲酸等都应有物理吸收作用而被保留在土壤中，这种性能能保持一部分养分，但能力不强。土壤也能吸附水气、CO_2、NH_3 等气体分子。此外，土壤吸附细菌也是一种物理吸附。

(3)化学吸收性　指水溶性养分(易溶性盐)在土壤中转变为难溶性化合物而沉淀保存在土壤中的过程，这种吸收作用是以纯化学作用为基础的。透过化学吸收保留的养分一般对当季作物无效，但可缓慢释放出来供以后的作物吸收利用。例如，可溶性的磷酸盐可被土壤中的铁、铝、钙等离子所固定，生成难溶性的磷酸铁、磷酸铝或磷酸钙沉淀，使磷失去有效性。生产中应尽量避免有效养分发生固定作用，但有时化学吸收也有益处，如嫌气条件下产生的 H_2S 与 Fe^{2+}，生成 FeS 沉淀，可消除或减轻 H_2S 的毒害。

(4)物理化学吸收性(离子交换吸收)　指土壤对可溶性物质中离子态养分的保持。由于土壤胶体带有正电荷和负电荷，能吸附带异号电荷的离子，这些被吸附的离子又可与土壤溶液中的同号电荷的离子发生交换而达到动态平衡。这一作用是以物理吸附为基础，而又呈现出与化学反应相似的特性，因此称为物理化学吸收或离子交换吸收。因土壤大多带负电，所以土壤主要吸收的是阳离子。土壤中胶体物质越多，电性越强，土壤的保肥性和供肥性越好。

(5)生物吸收性　指土壤中各种生物将速效养分吸收保存在其体内的过程，生物吸收的养分可以通过其残体重新回到土壤中，且经微生物的转化可被植物吸收利用，所以，这部分养分是缓效性的。生物吸收时具有选择性和创造性，并具有累积和集中养分的作用。

以上 5 种吸收方式并非孤立，而是相互联系相互影响的，同样都具有重要意义。

3. 土壤阳离子交换吸收

由于土壤胶体主要带负电，所以，阳离子交换吸收作用是土壤的主要保肥机理，对供给植物养分起着重要作用。阳离子交换作用就是各种阳离子在土壤胶体颗粒表面和土壤溶液之间不断地进行吸收和解吸的动态过程。在这一过程中，土壤胶体表面的负电荷能吸附土壤溶液中的阳离子，这一过程为阳离子吸附。被吸附的阳离子在一定的条件下也能被土壤溶液中其他的阳离子交换下来，称为阳离子交换作用(或阳离子的解吸)。比如土壤胶体上原来吸附有 Ca^{2+}，当施用 NH_4Cl 后，Ca^{2+} 就能被 NH_4^+ 交换下来而进入土壤溶液。

$$\boxed{胶粒}-Ca+2NH_4Cl \rightleftharpoons \boxed{胶粒}-2NH_4+CaCl_2$$

土壤阳离子交换具有可逆和等价交换的特点，同时，不同阳离子的交换能力不等，土壤中常见阳离子的交换能力大小顺序为：

$$Fe^{3+}>Al^{3+}>H^+>Ca^{2+}>Mg^{2+}>NH_4^+>K^+>Na^+$$

阳离子交换能力的强弱主要反映了各种阳离子与胶体颗粒的结合强度。交换能力越强，则该离子与胶粒的结合力越大；反之，结合越弱。

pH 为 7 时每千克干土所吸收的全部交换性阳离子的厘摩尔数称为土壤的阳离子交换量(CEC)，以 cmol(+)/kg 表示。CEC 代表了土壤能够吸附阳离子的数量，直接反映了土壤的保肥性、供肥性和缓冲能力。

土壤阳离子交换量的大小取决于土壤负电荷的数量，土壤质地越黏重、腐殖质含量越高、土壤 pH 越大，土壤负电荷的数量就越高，阳离子交换量也就越大。生产中增施有机肥，可以大幅度提高土壤保肥能力（表 3.6、表 3.7）。

表 3.6　不同类型土壤胶体的阳离子交换量　　cmol(+)/kg

土壤胶体类型	蒙脱石	水云母	高岭石	蛭石	水铝英石	腐殖质
阳离子交换量	80～120	15～60	3～15	120～150	10～150	100～300

表 3.7　不同质地土壤的阳离子交换量　　cmol(+)/kg

土壤质地	沙土	沙壤土	壤土	黏土
阳离子交换量	1～5	7～8	7～18	25～30

阳离子交换量和施肥的关系密切。施肥时我们不仅要了解作物的需要，同时还要考虑土壤交换量的大小：例如在沙土上施用化肥，土壤阳离子交换量、土壤保肥能力、施肥次数和施肥量要综合考虑。对于交换量小、保肥力差的土壤，可通过施用河塘泥、厩肥、泥炭或掺黏土，以增加土壤中的无机、有机胶体，以及通过施用石灰调节土壤 pH 等来提高土壤的阳离子交换量。

4. 土壤阴离子吸附

土壤中带正电荷胶体吸附的阴离子与土壤溶液中阴离子相互交换的作用，称为阴离子交换，与阳离子交换作用一样，一般也是可逆反应，很快达到平衡，并受质量作用定律支配。

由于阴离子吸附比较复杂，通常根据土壤胶体对阴离子的吸收力不同，将阴离子分为 3 种类型：

(1)易被土壤胶体吸附的阴离子　如 $H_2PO_4^-$、HPO_4^{2-}、PO_4^{3-}、$HSiO_3^-$、SiO_3^{2-} 及某些有机酸根。通常这些酸根离子是与阳离子反应生成不溶性化合物而沉淀在土粒表明，并不是真正的离子交换作用。

(2)很少被吸附甚至不能被吸收的阴离子　如 NO^{3-}、NO_2^{2-}、Cl^- 等。它们不能和溶液中的阳离子形成难溶性盐类，而且不被土壤带负电胶体所吸附，甚至出现负吸附，极容易随水流失，所以硝态氮肥一般不在水田施用，在旱地施用硝态氮肥应采用少量多次的施用方法，否则易造成氮素损失。

(3)介于上述两者之间的阴离子　如 SO_4^{2-}、CO_3^{2-}、HCO_3^- 以及某些有机酸根。土壤吸收它们的能力较弱。

（二）土壤供肥性

土壤的供肥性是指土壤供应作物所必需的各种速效养分的能力，它的强弱直接影响到作物的生长发育、产量和品质，土壤的供肥性用土壤供肥能力来衡量。

1. 土壤供肥能力及影响因素

土壤供肥能力表现的主要内容有：土壤供应速效养分的数量、各种缓效养分转变为速效养分的速率及各种速效养分持续供应的时间。

(1)土壤供应速效养分的数量　土壤中的速效养分是指土壤溶液中溶解态养分，包括土壤胶体表面容易被植物吸收利用的养分，又称有效养分。养分全量称土壤的供肥容量，反映出土壤供应某种养分潜在能力的大小。速效养分占全量养分的比值称为供应强度，表明养分转化和供应能力的强弱。如果养分的供应容量大，供应强度也大，表明在一段时间内养分供应充足而不至于脱肥；如果二者均小，表明土壤的供肥能力都很弱，必须考虑及时施肥。

(2)缓效养分转变为速效养分的速率　土壤中的缓效养分是指土壤中的固态(矿物态和有机态)养分必须经过各种化学和生物化学作用转化为溶解态或交换态后,才能被植物吸收利用。缓效养分转变为速效养分的速率是土壤供肥能力强弱的另一个重要指标。土壤养分转化速率快,说明速效养分供应及时,肥劲猛;反之则供应养分数量少,肥劲缓,要改善转化条件或及时供应速效肥料。

(3)速效养分持续供应的时间　土壤中速效养分持续供应时间的长短,是土壤肥劲大小的表现。养分持续供应时间长,说明土壤养分质量分数丰富,肥劲长而不易脱肥;反之则表明在作物生育的各个时期,特别是中后期,养分供应的数量不足,易产生脱肥现象。

(4)植物根系的作用　土壤供肥能力的强弱不但受土壤性质的影响,还与植物根系的活动密切相关。植物的根系不但从土壤中吸收各种养分,而且还向土壤中分泌一些有机化合物,对养分起到溶解、螯合等作用,这在根际范围内表现得尤为明显。如植物的根系向根际内分泌质子和有机酸,从而降低根际土壤的 pH,对土壤中的一些养分起到溶解的作用,增加了它们的有效性。也有一些植物的根系分泌一些激素类物质,通过促进微生物的活性,增加对有机养分的有效化。也有一些植物通过分泌一些特殊的有机化合物,促进某些离子的溶解和运输,如小麦、大麦等禾本科植物能分泌麦根酸类铁载体促进植物对铁的吸收。还有一些植物能够改变根系的构型,在缺磷胁迫下,白羽扇豆形成排根,增加对磷的吸收。

2. 土壤供肥性调节

土壤供肥性的调节包括增加速效养分的数量,加强供肥速度,延长供肥时间,使作物所需的各种养分能够全面、充分、持续地供应,以保证作物的高产、优质,具体措施如下:

(1)合理施肥,提高供肥性能　建立有机肥料为基础,有机无机相结合,并配合各种肥料的施肥体系,对土壤供肥性和保肥性的调节具有重要作用。

(2)合理耕作和灌排,促进养分的转化供应　在各种农业技术措施中,以耕作和灌排对土壤养分转化的影响最突出。深耕是精耕细作的主体,可以全面改善土壤水、气、热状况,促进微生物的活性,加速土壤矿物质养分的风化释放和有机物质的分解转化,提高土壤有效养分质量分数。

合理灌排,保持适宜的土壤水分,可以加速矿质养分释放及有机质的矿化作用,从而提高土壤肥力。一般要求控制土壤含水量如田间持水量的 60%～80%,水、气、热状况较好,对养分的释放和根系吸收养分有利。

(3)用养结合,进行合理的轮、间、套作　不同的作物由于其生物学特性有较大差异,对于营养物质的种类和数量的需求也不相同。长期连种一种作物,必然会引起土壤中某种养分的过度消耗。

(4)消除有害物质,改善养分的供应状况　土壤中有害物质(酸害和碱害、盐害、还原性物质毒害、污染毒害),会降低土壤微生物的活性并影响到土壤养分的转化及作物对养分的吸收。消除有害物质,能改善养分的供应状况。

四、土壤肥力调控

水、肥、气、热是植物在生长发育过程中不可缺少的因素,它们各自对植物生长发育起着特定的作用。每个因素都同等重要、不可替代,但是,在一定的具体条件下,由于植物不同生育阶段对各个肥力因素的需要程度不同,以及这些因素在土壤中的存在状况不同,因此在某一阶段可能是某一种因素起主要作用。

（一）土壤肥力因素之间的关系

1. 土壤水分与空气的关系

土壤水分与空气都是流体，它们共同存在于土壤孔隙中。在一定的孔隙状况下，水、气互相消长，水多气少，水少则气多，所以土壤水分与空气在数量上是有矛盾的。只有在土壤结构良好、总孔隙度高、大小孔隙比例适当的条件下，水气才能协调供应，满足作物的需求。

2. 土壤水分与温度的关系

土壤水、气比例影响土壤的热容量和导热率，因此也影响着土壤温度的变化。湿土温度上升慢，下降也慢；反之，干土温度上升快，下降也快，且不同土层深度的温度梯度变化不一样。同时，土壤温度也影响毛管水运动的速度和方向，土壤水分蒸发的速度和水分状态的转化。当土温较高时，土壤的蒸发量也大，土壤易失水干燥，同时也易通气。土壤不同层次中的温度梯度也可引起土壤水分的运动，即从热处向冷处运动，特别是土壤冻结时，可导致土层滞水，通气不良。

土温影响土壤中微生物的活性，从而影响土壤空气的组成以及土壤空气与大气之间的气体的交换强度。

3. 土壤水、气、热与土壤养分的关系

(1)土壤水气状况与土壤养分的关系　土壤中有机质的转化、矿物质的风化、有效养分向根系吸收面的移动以及植物对养分的吸收，在很大程度上取决于土壤的水、气、热的状况。

土壤养分状况也影响着植物对水分的吸收和水分的利用效率。

(2)土壤热状况与土壤养分的关系　土壤中热状况对土壤养分的影响主要表现在：①养分的有效化；②营养离子被胶体的吸附与解吸情况；③土壤中营养离子向根系移动。

所谓的肥沃的土壤，不仅表现在土壤水、肥、气、热的绝对含量上，更重要的是取决于它们在这些错综复杂变化中所表现出来的相互协调性。这种协调性是土壤肥力发展的重要标志，也是培肥土壤的先决条件。

（二）土壤肥力与作物生长

肥力是土壤的基本属性和质的特征，是土壤从营养条件和环境条件方面供应和协调作物生长的能力。土壤肥力是土壤的物理、化学、生物等性质的综合反映。

作物通过根系与土壤接触，土壤的各种性质主要通过根系影响作物的生长，作物生长的土壤环境条件包括物理环境、化学环境和生物环境。

1. 土壤物理环境

结构性好的土壤适于根系伸展，同时土壤的通气状况和气体组成影响根系与土壤之间的气体交换，土壤温度也可通过热传导影响根系的生理活性，土壤水分也是一个重要的环境条件。

2. 土壤化学环境

主要是以离子态与作物发生直接关系，有些离子可作为营养因素，有些（如 H^+、Al^+）可影响根系的生理活性，有些（如盐土中的 Na^+、Cl^+）可阻碍作物对水分和养分离子的吸收，有些（如过量的重金属）甚至影响作物地上部分的生理功能。各种元素以不同的方式结合成各种矿物和有机物质，组成土壤固相部分，也是重要的土壤环境条件。此外，某些土壤物理化学性质如酸碱性、氧化还原状况等，还与土壤微生物活动密切相关。

3. 土壤生物环境

主要通过参与土壤中物质的转化影响作物生长。包括动植物有机残体的分解和腐殖质的合成及其更新、无机元素的转化，微生物的代谢产物对不溶性磷等盐类的溶解。

（三）影响土壤肥力的主要因素

1. 养分因素

作物生长发育所需要的营养元素主要来自土壤，土壤养分有效性的高低直接决定了土壤为植物提供养分的能力。

2. 物理因素

指土壤的质地、结构状况、孔隙度、水分和温度状况等。比如壤质土，其土壤固体和有孔隙状况所决定的空气和水分的比例较适应，因而肥力较高；土壤颗粒物成分，比如含铁较多，可能会和化肥中的某些化学成分形成络合物，影响肥效。

3. 化学因素

指土壤的酸碱度、阳离子吸附及交换性能（如 Ca^{2+}、Mg^{2+}、Fe^{2+}、Mn^{2+}、Zn^{2+}、Cu^{2+} 等）、土壤还原性物质（SO_2、H_2S 等）、土壤含盐量以及其他有毒物质的含量等。它们直接影响植物的生长和土壤养分的转化、释放及有效性，通常在过酸、过碱环境、大量可溶性盐类以及其他有毒物质存在的情况下，绝大多数作物很难获得高产，有的甚至绝收。

4. 生物因素

指土壤中的微生物及其生理活性。微生物参与土壤中有机质的分解，将其转化为可被作物吸收利用的营养物质。

土壤肥力因素之间的关系十分复杂。在生产中，了解土壤肥力因素之间的关系，有助于提高土壤肥力和栽培管理措施的有效性。土壤中的水、肥、气、热状况相互联系，相互制约。其中某一因素的变化，都将会引起其他因素相应的变化，而这些变化又受土壤物理、化学、生物等基本性质的影响。

所谓的肥沃的土壤，不仅表现在土壤水、肥、气、热的绝对含量上，更重要的是取决于它们在这些错综复杂变化中所表现出来的相互协调性。这种协调性是土壤肥力发展的重要标志，也是培肥土壤的先决条件。

（四）土壤肥力因素调控措施

1. 合理施用化肥

根据土壤肥力和作物品种在当地自然条件下确定的产量结构，科学施用配方肥，推广平衡施肥技术，推广水肥一体化技术，确保各种营养元素的均衡高效供应，满足作物的需求，提高肥料利用率。

2. 合理使用有机肥

相对于化肥，有机肥可改善土壤理化性质，提高土壤酶活性，增加有机质的含量，提高作物抗虫害能力等多重效果。有机肥还能使肥力较弱的农田土壤具有更好地提高生产能力的作用。

3. 秸秆还田

秸秆是一种能直接利用的可再生有机资源。秸秆还田是增加土壤生产能力的有效措施。一是秸秆作物饲料，过腹还田；二是经过堆沤后施入土壤；三是在作物收获后，把秸秆切碎撒在地表，后用犁或旋耕耙翻压直接还田。以上 3 种秸秆还田方式均能够改善土壤的物理性质，促进土壤团粒结构的形成，增加透水、透气、保肥能力，从而提高土壤的肥力。

4. 合理轮作

合理轮作是用地养地的耕作方式。一是适当增加豆科作物种植面积，增加土壤氮素含量；二是种植耗地力作物要注意控制年限，比如豆类和瓜类作物不重茬、不迎茬，要五年以上轮作，这样有利于恢复地力和防治病害，减少土壤连作障碍的发生。

5. 种植绿肥

绿肥是指将绿色植物体的全部或部分作为肥料。绿肥在我国有着悠久的历史，其栽培面积、分布区域都堪称世界之最。中国农民把栽培绿肥作为重要的有机肥源，同时利用绿肥作为重要的养地措施和饲草来源。可种植的绿肥有紫花苜蓿、紫云英、毛叶苕子、紫穗槐等。

6. 合理调整农、林、牧用地比例

林业的发展与恢复是平衡生态，改善气候条件，变恶性循环为良性循环的有力措施。合理的畜牧业也可以为土壤提供大量的有机质，是培肥地力、提高产量的直接措施。

创新创业

如何创建现代农业产业园

现代农业产业园区是传统农业向现代农业转变的典型代表，是传统农业向高产、高效、优质的现代化农业发展的先行者，充分发挥了农业社会化服务体系优势，是深化农业供给侧结构性改革、推动乡村产业振兴的重要抓手。

现代农业产业园区以技术密集为主要特点，以科技开发、示范、辐射和推广为主要内容，以促进区域农业结构调整和产业升级为目标。不断拓宽园区建设的范围，打破形式上单一的工厂化、大棚栽培模式，把围绕农业科技在不同生产主体间能发挥作用的各种形式，以及围绕主导产业、优势区域促进农民增收的各种类型都纳入园区建设范围。

模式上，以“利益共享、风险共担”为原则，以产品、技术和服务为纽带，利用自身优势、有选择地介入农业生产、加工、流通和销售环节，有效促进农产品增值，积极推进农业产业化经营，促进农民增收。突出体现农业科技的作用，形成新品种新技术引进、标准化生产、农产品加工、营销、物流等各种形式的示范园网络。

一、现代农业产业园类型

(一)按投资主体划分

(1)政府主办　各级政府主办的园区，经济目标是着眼于区域经济发展，带动现代农业建设和农业结构调整。利益目标是建立园区和农户的利益共同体，实现产业化经营，不求园区本身利益最大化主要变化是将农业发展资金由分散使用转向集中使用，由主要投向农业基础设施建设转向投入农产品生产。

(2)企业主办　企业主办的园区围绕利益最大化进行设计和布局，与当地农业结构和主导产业有一定的联系，但没有必然联系。

(3)企业与政府(农民)联办　政府与企业联办的园区，由政府规划、招商和管理，企业投资自主经营，但产品生产要符合园区发展方向，使政府的经济目标和企业利益目标相结合。一般认为，这种类型更能体现园区的综合效益。

(二)按照土地利用状况划分

1. 种植类农业园区

包括花卉园区、苗木园区、种子园区、大棚蔬菜园区。这类农业园区用地基本上是租用农村集体土地，在种植区内一般没有固定的建构筑物，没有破坏耕地的耕作层，土地用途没有改变，仍属农用地。

这类农业园区引进高科技对传统种植业进行改造和调整。园区建设规模大、标准高，对当地农业起到了示范和辐射作用。

而且除种植基地外，建有与之配套的农产品集散地、花卉展示交易厅、蔬菜批发市场、农产品深加工工厂、科研所等建设项目，这些场所用地虽然占园区面积比例不大，但是标准高、投入大，是农业园区建设的重要组成部分。

2. 养殖类农业园区

包括养猪(牛、羊)场、养鸡(鸭)场、养鱼(虾、蟹)塘等。这类农业园区大部分租用农村集体土地，尤其是转包农民承包地居多。

各种养殖场按照标准化建设的要求，大多远离村庄，养殖场之间有 1 km 左右的间隔距离，场内的畜禽棚房之间也有一定距离的隔离带。

这类农业园区建有标准化的畜禽饲养棚房、饲料储备房和管理人员看护房，生产和配套设施多，园区占地面积大，场地硬化比例较高，建筑密度较大。

3. 旅游观光类农业园区

这类农业园区主要依托发展高科技农业种植、现代化养殖来吸引旅客观光休闲，固定建构筑物占园区总面积一半以上，除种植、养殖用地外，园区其他用地全部硬化。

这类农业园区的主要盈利是参观园区门票、住宿、餐饮等收入。旅游观光类农业园区主要包括农业观光园区、休闲农业园、采摘农业园、生态农业园、民俗观光园、保健农业园、教育农业园等。

(三)从批准和管理层面划分

(1)国家级农业高新技术开发区　如陕西杨凌国家级农业高新技术示范区。它由10个科研教育单位及其试验基地作为园区的主体，常年开展以小麦育种、旱作农业、节水灌溉、水土保持等多领域研究与开发。

(2)工厂化高效农业示范区　由国家科委正式立项启动，首批选在北京、上海、沈阳、杭州和广州5个城市实施，它们以现代设施农业为主体，集成国内外高新技术的组装配套，进行工厂化生产。

(3)持续高效农业示范区　由科技部1998年批准立项，第一批启动项目15个。示范区以先进实用的农业新技术为主体，以农业的持续高效发展为目标，为21世纪农业可持续发展起引导作用。

(4)国家农业综合开发高新科技示范区　示范区面积一般为1万亩以上，以突出农业高新科技成果的示范，促进科技成果的转化为主要目标，并将良种扩繁技术、节水灌溉、高效栽培、集约化种养技术、平衡施肥和信息技术等农业高新技术作为项目的优选内容。

(5)都市现代化农业示范园区　以高效、生态、特色、观光为特点，集生产、科研、推广、旅游于一体，突出高起点、高科技和高效益。

(6)民营农业科技园区　民营资本投资为主，如河南农民郭留成在中国农业科学院帮助下，投资1 200万元兴建的精品农业科技示范园。

许多人注意到，如今各类农业产业园区、科技园区、示范园区有很多。如果不能有效协调，就会产生资源争夺问题。

园区融合之外还要有服务的融合。很多园区发力把园区打造成综合服务的大平台。在园区内整合各种农业服务力量，为入园主体、周边农户提供种苗繁育、农情信息、技术指导、电子商务、仓储物流、农产品检测等农业全程服务。同时，有关市县也努力打破部门、行业分割，强化园区与政府部门、高等学校、科研院所等社会组织的协作配合，集聚涉农资金、科技等资源，提高农业社会化服务能力。

二、现代农业产业园运营思路

1. 技术的问题

大部分农业企业的技术管理处于粗放状态，在一块土地上选育什么作物，基本都是按照习惯法操作的，殊不知现代社会对农业的要求已经类似于工业品，需要不断有新的品种、新的方式呈现在大家面前。而缺乏专业的技术指导，创新就是空中楼阁。基于这个维度，园区运营之初，就需要对接专业的专家团队，根据当地的主要品种，匹配合适的专家资源，针对重点企业组成专家小组，定点支持，同时，在企业具备购买服务的能力时，由企业购买服务，反哺产业园的发展。这样，农业创新的战略才能落到实处。

2. 营销的问题

对于农业企业来讲，更多是依赖传统渠道销售农产品，而互联网的发展不但对商业、工业，也对农业产生了极大的冲击。基于这个维度，站在整个园区农业企业发展的高度，建立一支既熟悉农业、也熟悉互联网营销的专业农产品营销队伍是必须的。对企业的状况进行评估后，什么样的产品适合走什么样的渠道，由专业团队进行整体的互联网营销策划，部分企业还可以购买专业团队的打包营销服务。农产品的互联网营销，还需要尊重农业和互联网营销的一些常识。有些产品只适合走B2B的大宗交易，就不能生搬硬套走B2C。而有些产品不合适走电商，那就要探索适合产品本身的线下渠道。

3. 人才的问题

农业企业中的十家有九家，都会抱怨招不到人，招不到合适的人。长期以来，大学生对农业有偏见，认定了农牧企业没有发展前景，不愿意到农业企业就业，而现有企业内部的经营者、管理者基础薄弱，未能正确认识农业发展的一些基本特性。从这个维度出发，园区一方面提供企业内部技术人员、管理人员、营销人员的培训，另一方面培训大学生群体，引导他们去农业企业就业，最终通过园区完成人才的输出。这样才能使得大家的认识有所改变，同时能够充实新的知识，适应时代的发展需要。

4. 融资的问题

农业企业的回报周期长，让资本望而却步，但农业企业在发展的过程中需要不断的资金注入，很多农业企业由于资金链断裂匆匆收场，从这个角度出发，园区一方面向地方政府申请成立一支由政府领投、社会资本参与的农业产业发展基金，另一方面引导民间资本向农业投入；与此同时，地方政府也要出台政策引导当地金融机构提供适合优质农业企业发展的信贷产品。总之，需要政府、社会和农业企业的密切互动，产生新的机制来解决这个问题是非常有必要的。

以上四个维度，是本文对现代农业产业园发展的一些探讨，要实现园区的成功运营，以上四个问题的解决，缺一不可。现代农业产业园就是从产品到产业的聚焦和放大，是第一产业到第二、第三产业的融合贯通，是第六产业的表现形态。

阅读材料

水肥一体化技术详细全解(滴灌)

国家出台的化肥零增长给水肥一体化带来了巨大的机会，华南农业大学资源环境学院作物营养与施肥研究室张承林、廖圣辉就水肥一体化技术进行了详细的讲解。

1. 什么是水肥一体化技术?

狭义来讲，就是通过灌溉系统施肥，作物在吸收水分的同时吸收养分。通常与灌溉同时进行的施肥，是在压力作用下，将肥料溶液注入灌溉输水管道而实现的。溶有肥料的灌溉水，通过灌水器(喷头、微喷头和滴头等)，将肥液喷洒到作物上或滴入根区。广义讲，就是把肥料溶解后施用，包含淋施、浇施、喷施、管道施用等。

2. 水肥一体化技术的理论基础是什么?

植物有两张"嘴巴"，根系是它的大嘴巴，叶片是小嘴巴。大量的营养元素是通过根系吸收的。叶面喷肥只能起补充作用。我们施到土壤的肥料怎样才能到达植物的嘴边呢?通常有两个过程。一个过程叫扩散。肥料溶解后进入土壤溶液，靠近根表的养分被吸收，浓度降低，远离根表的土壤溶液浓度相对较高，结果产生扩散，养分向低浓度的根表移动，最后被吸收。另一个过程叫质流。植物在有阳光的情况下叶片气孔张开，进行蒸腾作用(这是植物的生理现象)，导致水分损失。根系必须源源不断地吸收水分供叶片蒸腾耗水。靠近根系的水分被吸收了，远处的水就会流向根表，溶解于水中的养分也跟着到达根表，从而被根系吸收。因此，肥料一定要溶解才能被吸收，不溶解的肥料植物"吃不到"，是无效的。在实践中就要求灌溉和施肥同时进行(或叫水肥一体化管理)，这样施入土壤的肥料被充分吸收，肥料利用率大幅度提高。

3. 常用的水肥一体化措施有哪些?

水肥一体化的前提条件就是把肥料先溶解。然后通过多种方式施用。如叶面喷施、挑担淋施和浇施、拖管淋施、喷灌施用、微喷灌施用(南方最普及水带喷施)、滴灌施用、树干注射施用等。其中滴灌施用由于延长了施肥时间，效果最好，最节省肥料。

4. 滴灌对水质有什么要求?

由于滴头为精密部件，对灌溉水中的杂质粒度有一定的要求，滴灌要求粒度不大于120目，才能保证滴头不堵塞。如果水源过滤措施和设备符合要求，井水、渠水、河水、山塘水等都可以用于滴灌。因此，水源过滤设备是滴灌系统的核心部件，大多数滴灌系统不能正常工作都是因过滤设备不符合要求或疏于清洗过滤器引起的。

5. 如何选择过滤器?

滴灌的关键是防堵塞。选择合适的过滤器是滴灌成功的先决条件。常用的过滤器有沙石分离器、介质过滤器、网式过滤器和叠片过滤器。前两者做初级过滤用，后两者做二级过滤用。过滤器有很多的规格，选择什么过滤器及其组合主要由水质决定。这是较专业的问题，最好由专业人士设计和选择。

项目小结

- 土壤肥力
  - 土壤水分
    - 水的形态：吸湿水、膜状水、毛管水和重力水。土壤有效水含量是田间持水量与萎蔫系数之间的差值
    - 水分含量：质量含水量、容积含水量、相对含水量表示方法
    - 水分调节：改变土壤状态，提高蓄水保墒能力；增加土壤覆盖，降低非生产性耗水；合理灌溉；改土施肥
  - 土壤空气
    - 土壤空气特点
    - 通过改善质地、结构，提高土壤通气性
  - 土壤热量：土壤热量变化影响土壤温度、水、气变化及微生物活动和养分转化。土壤温度变化情况与土壤热特性有关。通过调节土壤水分、松紧状况，使土壤温度适于植物生长
  - 土壤养分
    - 养分种类：大量元素；中量元素；微量元素
    - 养分形态：速效养分：缓效养分；迟效养分等
    - 保肥性：土壤胶体具有带电性、吸附性、凝聚性与分散性。能吸附离子，被吸附的离子可免于淋失
    - 供肥性：通过土壤养分的测定值，了解土壤供肥情况。采取合理施肥、耕作和灌排水的方式及用养结合等措施来提高土壤的供肥性
    - 土壤肥力调控：土壤肥力因素之间的关系；肥力与植物生长；影响肥力的主要因素及调控措施

思考题

一、名词解释

田间持水量　土壤热容量　土壤导热率　土壤肥力

二、填空题

1. 土壤四大肥力因素为________、________、________和________。

2. 土壤吸湿水达到最大值时的土壤含水量是__________、膜状水达到最大值是的土壤含水量称__________、毛管悬着水达到最大值时的土壤含水量称______________。

3. 土壤水分类型可以分为________、________、__________和__________四类。

4. 土壤吸收性能主要包括：____________、______________、______________、______________和______________五种类型。

三、问答题

1. 土壤水分各形态的有效性？

2. 如何提高土壤蓄水保墒能力？

3. 土壤空气与作物生长和肥力的关系是怎样的？

4. 简述土壤温度调节的措施及其基本原理。

5. 运用所学知识谈谈怎样才能提高土壤肥力。

二维码 3-2

思考题参考答案

思政园地

当前，人工智能技术正在成为改变农业生产方式、推进农业供给侧改革的强劲动力，在多种农业场景得到广泛应用。例如，耕作、播种和采摘等智能机器人，土壤分析、种子分析、病虫害分析等智能识别系统等。这些应用的广泛运用能有效提升农业产出及效率，同时减少农药和化肥的使用。

土壤成分及肥力分析是农业产前阶段最重要的工作之一，也是实现定量施肥、宜栽作物选择、经济效益分析等工作的重要前提。借助非侵入性的探地雷达成像技术对土壤进行探测，然后利用人工智能技术对土壤情况进行分析，可在土壤特征与宜栽作物品种间建立关联模型。例如，IntelinAir公司开发了一款无人机，通过类似核磁共振成像技术拍下土壤照片，通过智能分析，确定土壤肥力，精准判断适宜栽种的农作物。请想象一下大数字背景下未来农业的发展情形，谈谈你对农业现代化的认识。

项目四　土壤资源管理

学习目标

知识目标：

1. 了解我国土壤的分类、类型及特点；理解自然土壤剖面、剖面层次及特点。
2. 掌握农业土壤培肥方法和土壤改良技术。
3. 理解土壤污染的来源，掌握土壤修复的策略。

技能目标：

1. 能独立完成土壤剖面设置、挖掘和观察记载。
2. 能熟练掌握农业土壤培肥方法和土壤改良技术。
3. 能准确判断当地土壤退化现象，理解土壤退化的机理，并采取正确的土壤退化防治技术。

素质目标：

1. 坚定“农为国之本，土为农之本”的信念，厚植“三农”情怀。
2. 重视农业工作中理论联系实际的重要意义，学会因地制宜地运用科学方法分析并解决问题。

科学史话

农为国之本，土为农之本

人类自从告别渔猎和采集时代，农业就成为维系其自身生存和发展的基础。自原始农业开始，作物的驯化和种植就是农业的核心，这是人类有目的地将太阳能转化为驱动社会发展的能量的经典形式。正是在农业发展的过程中，人类不断累积了对作物和土壤之间关系的认识，而土壤作为农业成功与否的基础，受到高度关注。

农业对土壤的依赖和土壤对农业的制约是一个矛盾体的两面，在短短的一万年左右的农业历史中，既有因土壤管理不善造成农业失败乃至文明衰退的情况，如两河文明的式微、美国的黑风暴肆虐和中亚地区大规模不当灌溉导致的土壤盐渍化；也有类似数千年稻作历史得以延续的成功，这种成功构成了中华文明灿烂辉煌的基石。历史的经验和教训让我们不得不思考土壤与我们人类之间的关系。

可持续发展理念的提出是人类正视自身活动的理性思考的体现。自 20 世纪中叶，以化石能源消耗为重要特征的农业生产方式逐渐成为世界农业的主流和风尚。化石能源驱动的农业成就，为养活日益增长的地球人口做出了巨大的贡献。但是，化石能源驱动的农业带来的环境问题逐步显现，面对退化的环境以及由此带来的对人类的威胁，催生了新的土地伦理观，强调人要对土地的负责任。20 世纪 80—90 年代,在数十年农业产量持续提升之后,国际社会终于意识到以高投入为基础的农业最终会遇到产量难以提升的瓶颈,同时如果不能解决其带来的环境问题,这种农业模式也终将难以为继。以墨西哥湾严重富营养化、欧美各国地下水普遍硝酸盐超标、世界上诸多地区土壤酸化严重等为标志的农业污染和土壤退化等事实,促使人们开始思考新的农业模式。

随着现代工业的高速发展和人们生活水平的不断提高,人为活动大大加速了土壤退化的速率。就中国而言,由于人口不断增长和消费结构不断升级,农业水土资源利用面临的压力日益增加,“谁来养活中国”这样的声音在国际上开始出现。在这样的背景下,可持续农业作为可持续发展的重要组成部分这一理念的提出,立即受到包括中国在内的国际社会的普遍认同,因为只有可持续的发展才是正确的发展方式。可持续发展是平衡产出和环境的发展,是满足现代需求的同时不以牺牲未来世代利益为代价的发展,是具有道德的发展。

土壤是人类最重要的资源,对人类的生存和发展至关重要。它是生态系统的重要组成部分,是联系有机界和无机界的中心,也是物质和能量转化的枢纽。

我国土壤资源丰富多样,空间分异明显,但宜耕地面积小,总体质量不高;受人为活动强烈影响,土地垦殖率高,耕地后备资源有限。总体上,土壤资源数量和质量均属严重制约型,人地、人粮矛盾突出,特别是近 20 多年来,由于利用管理缺乏合理的布局和规划,随着利用程度不断强化,我国优质耕地急剧减少、基础地力持续下降、水土流失、土壤酸化、土壤污染等问题十分突出,土壤污染有加剧趋势,生态脆弱带土地退化势头没有遏止,土壤安全形势日趋严峻。土壤安全问题已经严重制约着国家粮食安全、食品安全、水安全和生态环境安全,进而影响到国家安全和国际履约能力。

我国土壤资源基础调查工作基础薄弱,土壤资源现状不清,缺乏科学有效的土地资源评价方法和标准,土壤资源管理相对粗放。需要加强土壤资源科学的基础研究,深化土壤功能与安全的内涵,更新我国土壤资源清单,为多目标土地利用提供基础数据、模型和决策。2022 年 2 月,《国务院关于开展第三次全国土壤普查的通知》(国发〔2022〕4 号)明确指出要全面查明查清我国土壤类型及分布规律、土壤资源现状及变化趋势,真实准确掌握土壤质量、性状和利用状况等基础数据,提升土壤资源保护和利用水平,为守住耕地红线、优化农业生产布局、确保国家粮食安全奠定坚实基础,为加快农业农村现代化、全面推进乡村振兴、促进生态文明建设提供有力支撑。全国第三次土壤普查于 2022 年开始,到 2025 年结束。目前,按照“一年试点、两年铺开、一年收尾”的时间安排进度有序开展各项工作。到 2025 年将实现对全国耕地、园地、林地、草地等土壤的“全面体检”,摸清土壤质量家底,为守住耕地红线、保护生态环境、优化农业生产布局、推进农业高质量发展奠定坚实基础。

任务一　我国土壤资源概述

土壤资源是指散布于地球表面的有生长能力的,可供植物存活的表层。土壤是我们农业生产基地一个不可或缺的自然地理环境,也是陆地生态系统的基础。

土壤作为资源，不同于其他不能再生资源，如煤、石油、矿藏等，而是和水资源、大气资源一样被称之为可再生资源。土壤资源是一种可以重复使用的自然资源。假如我们能够合理地开发，是能够做到使其取之不尽、用之不竭的。马克思曾经说过，“土壤是人类世代相继承的，不能随意出售的生活的条件以及再生产的条件。”

但从土壤的数量来看又是不可再生的，是有限的自然资源。我国的土壤资源由于受海陆分布、地形地势、气候、水分配和人口增长，城镇化、工业化扩展的影响，耕地土壤资源短缺，后备耕地土壤资源不足，人均耕地继续下降还将进一步加剧。土壤资源的有限性已成为制约经济、社会发展的重要因素，有限的土壤资源供应能力与人类对土壤总需求之间的矛盾日趋尖锐。

一、我国土壤资源的特点

（一）土壤资源丰富，类型多样

我国地域辽阔，气候类型从热带到寒温带，由湿润到干旱区，受自然条件的制约和人为因素的影响，土壤质量参差不齐。我国的土壤资源极为丰富，类型多样，共计有13个土纲49个土类，不但具有世界上主要的森林土壤，而且具有肥沃的黑土、黑钙土以及其他草原土壤，同时还具有世界上特有的青藏高原土壤，因此对发展农、林、牧业生产具有广泛的应用价值。

（二）山地面积多，平原面积少

我国是一个多山的国家，平原面积少，平原盆地只占国土面积的26%，丘陵占10%，山地面积占64%，而且许多海拔在2 000 m以上。寒漠、冰川有2万 km^2；沙漠、戈壁约110万 km^2；石质山面积约43万 km^2。我国土地面积中有20%开发利用上是有困难的，但从另一个角度来看，广阔的丘陵、山地，复杂而多变的山地气候，也为我国发展多种林业、药材等经济林木以及开发牧场提供了场所。

（三）耕地面积少，分布不平衡

据统计，全国耕地面积约100万 km^2，只占全国总土地面积的10.41%，而印度、丹麦、法国等国的耕地占总土地面积的比重都在30%以上，有的甚至超过了50%，我国耕地面积的绝对数量约100万 km^2，只占世界同类耕地的7%，耕地面积居世界第四位。同时分布上又很不平衡，大部分分布在温带、暖温带和亚热带的湿润半湿润地区。总的来说，我国人均耕地不仅少，而且分布过于集中。

二、土壤剖面与土壤剖面构造

（一）土壤剖面

土壤剖面是指从土表向下至母质的垂直切面或纵断面。土壤剖面一般都表现出一定程度的水平层状构造，在野外以其颜色、质地、结构及松紧度、新生体等区分。层状结构为其最重要特征，是土壤形成及其物质迁移、转化和累积的表现。

不同类型的土壤，具有不同形态的土壤剖面。土壤剖面可以表示土壤的外部特征，包括土壤的若干发生层次、颜色、质地、结构、新生体等。在土壤形成过程中，由于物质的迁移和转化，土壤分化成一系列组成、性质和形态各不相同的层次，称为发生层。发生层的顺序及变化情况，反映了土壤的形成过程及土壤性质。

土壤剖面发生层一般分为：表土层（A层）、心土层（B层）和底土层（C层）。底土层中，还包括潜育层(G 层)。表土层也叫腐殖质—淋溶层,是熟化土壤的耕作层;在森林覆盖地区有枯枝落叶层。心土层也叫淀积层,是由物质淀积作用而造成的,本层的淀积物主要来自土体的上部,也可以来自土体下部及地下水上升带来的物质积淀。

底土层也叫母质层,是土壤中不受耕作影响,保持母质特点的一层。潜育层也叫"灰黏层",是在潜水长期浸渍下经潜育化作用形成的土层,土色蓝绿或青灰色,质地黏重,通气不良,养分转化慢。观察和了解土壤剖面是认识土壤、分析鉴定土壤肥力,制定耕作措施的最重要方法之一。

(二)土壤剖面构造

土壤剖面的构造(或土体构型),是指从上到下不同土层的排列方式。一般情况下,这些土层在颜色、结构、紧实度和其他形态特征上是不同的。各个土层的特征与该层的组成和性质是一致的,是土壤内在性状的外部表现,是在土壤长期发育过程中形成的。土壤剖面一般可分为自然土壤剖面和耕作土壤剖面两种类型。

1. 自然土壤剖面

自然土壤剖面是在生物、气候、母质(或岩石)、地形和时间五个主要成土因素的共同影响下形成的。自然土壤剖面各发生层次的形成是在成土过程中,原生矿物不断风化,产生各种易溶性盐类,含水氧化铁和含水氧化铝以及硅酸等,并在一定条件下合成不同的黏土矿物。同时通过土壤有机质的分解和腐殖质的形成,产生各种有机酸和无机酸。在降雨的淋洗作用下引起土壤中的这些物质的淋溶作用和淀积作用,从而形成了土壤剖面的各种发生层次。

一般将土壤剖面的上层称为淋溶层或简称 A 层。淀积作用是指下渗水到达剖面下层沉淀其中某些溶解物或悬浮物的作用,土壤剖面的下层一般称为淀积层或简称 B 层。B 层之下一般是未受淋溶或淀积作用的土壤母质层,简称 C 层。土壤母质下面,如果是未风化的基岩,称为基岩层或简称 D 层。

淋溶作用和淀积作用关系密切,它们是物质转移过程所导致的两种结果。土壤水携带着溶解或悬浮的物质产生的移动,称为物质的转移作用。这种转移作用又分为物理性转移和化学性转移。矿物质与有机物质胶粒以及其他微粒,从 A 层到 B 层而沉淀下来,使 B 层质地相对变黏,干燥时亦可发生裂隙。这种物质转移作用称为物理性转移。

矿物在风化过程中产生的可溶性盐类等,从 A 层随着下渗水下移,或停积在 B 层或到达地下水层而流失。草原区域因易溶性盐的聚积常生成石灰质和石膏质硬盘。温带森林区域含铁铝的有机和无机胶体可悬浮在渗漏水和毛管水中,从 A 层移动到 B 层,亦可形成铁质硬盘。这种物质转移作用称为化学性转移。但是在地下水位高而排水不良的地方,矿物在风化过程中产生的可溶性盐类往往由剖面的下层,随着毛管水的上升到达地面,形成盐结皮,这种物质转移的方向和一般情形相反。由于通气不良,特别是在地下水位很高的情况下,B 层的下段或 C 层的一部分,将因还原作用变为蓝灰色或绿灰色,称为潜育层或灰黏层,或简称 G 层。

图 4.1 为理论的自然土壤剖面,显示了可以存在的主要土层。任何特有的剖面可能只出现这些土层中的一部分,而有时也可能出现比图 4.1 所示更为详细的亚层。土体主要包括 A 层与 B 层,加上 C 层的母质层和基岩。图 4.2 为土壤分层示意图。

2. 耕作土壤剖面

耕作土壤剖面的形成是人类生产活动和自然因素的综合作用结果。

(1)旱地土壤的土体构型

典型的旱地耕作土壤剖面层次,从上到下大体可以分为 4 层:耕作层(表土层)、犁底层(亚表土层）、心土层和底土层（图 4.3）。

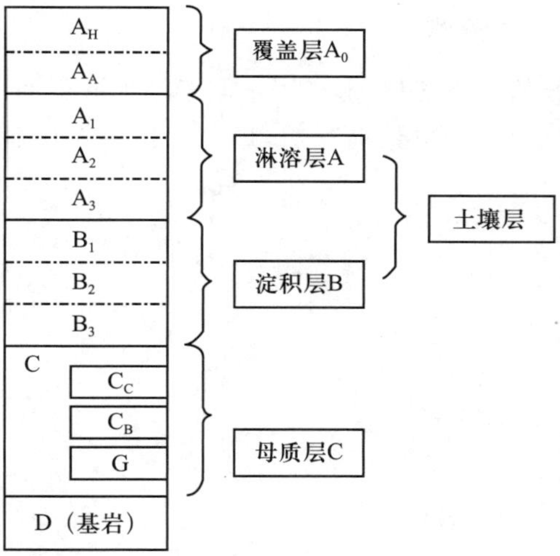

图 4.1　自然土壤剖面

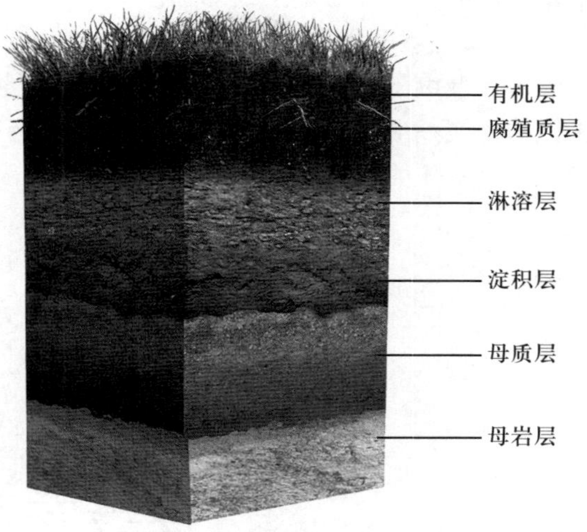

图 4.2　土壤分层示意图

二维码 4-1
耕作土壤剖面构造

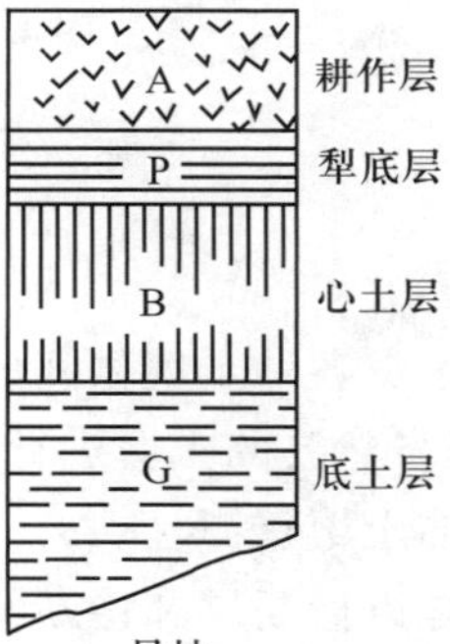

旱地

图 4.3　旱地土壤的土体构型

耕作层是受耕作、施肥与灌溉影响最强烈的土壤层，厚度一般为 15～20 cm。耕作层易受生产活动、地表生物以及气候条件的影响，一般疏松多孔，干湿交替频繁，温度变化大，通透性良好，物质转化快，含有效态养分多。根系主要集中分布于这一层中，一般占全部根系总量的 60%以上，常为粒状、团粒状或碎块状结构。农作物想要获得高产，必须注重保护与肥育耕作层。犁底层位于耕作层之下，厚度为 6～8 cm。典型的犁底层很紧实，孔隙度小，非毛管孔隙（大孔隙）少，毛管孔隙（小孔隙）多，所以通气性差，透水性不良，结构常呈片状，甚至有明显可见的水平层理。这是经常受耕畜和犁的压力以及通过降水、灌溉使黏粒沉积而形成的。

心土层又称"生土层"，是土壤剖面的中层，距表土层 50 cm 深度，位于犁底层以下，厚度为 20～30 cm。在耕作土壤中，心土层的结构一般较差，养分含量较低，植物根系少。旱作土壤的心土层，一般保持着开垦种植前自然土壤淀积层的形态和性状，耕种引起的变化小；水稻土的心土层，在正常情况下多发育为具有棱块或棱柱状结构的斑纹层。该层也受到一定的犁、畜压力的影响而较为紧实，但又不像犁底层那样紧实。在耕作土壤中，心土层是起保水保肥作用的重要层次，是生长后期供应水肥的主要层次。在这一层中根系的数量占根系总量的 20%～30%。

底土层位于心土层以下，一般位于土体表面 50～60 cm 及以下的深度。此层受地表气候的影响很少，同时也比较紧实，物质转化较为缓慢，可供利用的营养物质较少，根系分布较少。一般常把此层的土壤称为生土或死土。

(2)水田土壤的土体构型

水田土壤由于长期种稻，受水浸渍，并经历频繁的水旱交替，形成了不同于旱地的剖面形态和土体构型。一般水田土壤可分为：耕作层(淹育层)、犁底层、潴育层(斑纹层)、青泥层(潜育层)等土层(图 4.4)。

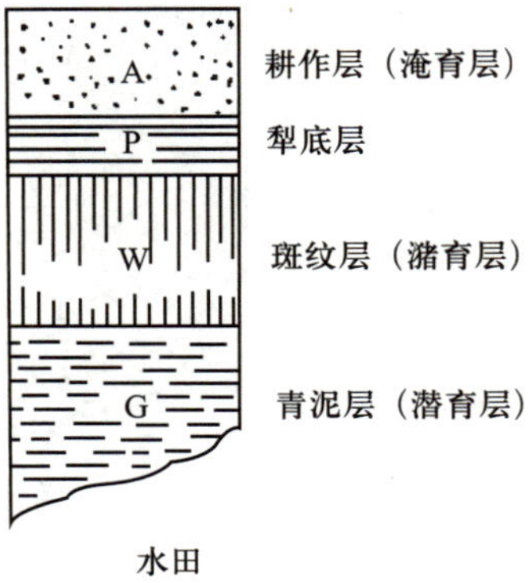

图 4.4 水田土壤的土体构型

三、土壤分类

(一)土壤分类

土壤分类就是根据各种土壤之间成土条件、成土过程、土壤属性的差异和内在联系，通过科学的归纳和划分，把自然界的土壤进行系统排列，建立土壤分类系统，使人们能更好地认识、利用、改良、保护现有的土壤资源。

土壤系统分类是以诊断层和诊断特性为基础的谱系式的定量土壤分类。美国农业部 1975 年正式出版的《土壤系统分类》一书，建立了诊断层和诊断特性系统，增加了土壤温度、湿度等分类指标，引用了单个土体和集合土体的概念，确定了各级分类单元的明确指标，有一个明确的检索系统。中国从 20 世纪 80 年代中期正式开始研究土壤系统分类，以诊断层和诊断特性为基础，根据实际情况提出了“中国土壤系统分类”，这一分类突出了我国特有的人为土、干旱土、高山土壤和季风亚热带土壤。目前世界土壤分类的趋势是以诊断层和诊断特性为基础，着力于定量化、标准化和国际化。

诊断层是在土壤分类中用于鉴定土壤类别，在性质上有一定定量规定的土层。如石膏层是富含石膏的未胶结或未硬结的土层，具有以下条件：a. 厚度≥5 cm；b. 石膏含量为 50～500 g/kg，而且肉眼可见的次生石膏按体积计≥1%；c. 厚度与石膏含量沉积≥1 500。中国土壤分类系统中，共设立了 11 个诊断表层(有机质层、草毡表层、暗沃表层、暗瘠表层、淡薄表层、灌淤表层、堆垫表层、肥熟表层、水耕表层、干旱表层、盐结壳)，20 个诊断表下层(漂白层、舌状层、雏形层、铁铝层、低活性富铁层、聚铁网纹层、灰化淀积层、耕作淀积层、水耕氧化还原层、黏化层、黏磐、碱积层、超盐积层、盐磐、石膏层、超石膏层、钙积层、超钙积层、钙磐、磷磐)，2 个其他诊断层(盐积层、含硫层)。

诊断特性在土壤分类中用于鉴定土壤类别，有一系列定量规定的土壤性质(形态的、物理的、化学的)。我国的土壤分类中一共设立了 25 个诊断特征(有机土壤物质、岩性特征、石质接触面、准石质接触面、人为淤积物质、变性特征、人为扰动层次、土壤水分状况、潜育特征、氧化还原特征、土壤温度状况、永冻层次、冻融特征、n 值、均腐殖质特性、腐殖质特性、火山灰特征、铁质特性、富铝特性、铝质特性、富磷特性、钠质特性、石灰性盐基饱和度、硫化物质)。

中国土壤资源丰富、类型繁多,世界罕见。中国主要土壤发生类型可概括为红壤、棕壤、褐土、黑土、栗钙土、漠土、潮土(包括砂姜黑土)、灌淤土、水稻土、湿土(草甸、沼泽土)、盐碱土、岩性土和高山土等 13 系列。

(二)土壤分类系统

土壤分类系统是以土壤发生学为指导,土壤属性为依据的一种分类系统。中国在 20 世纪三四十年代,曾采用美国马伯特制订的土壤分类;50 年代初期开始,采用苏联的地理发生学土壤分类。1958—1960 年全国第一次土壤普查时,总结农民群众鉴别土壤农业性状的经验,提出了第一个农业土壤分类系统。1978 年中国土壤学会提出了《全国土壤分类暂行草案》。在此基础上,全国第二次土壤普查开始时,于 1979 年 7 月提出《暂拟土壤工作分类系统》(修改稿);在此次土壤普查的野外工作接近完成时,于 1987 年 12 月在太原召开土壤分类会议拟订出《中国土壤分类系统》,经过修改,于 1992 年定稿,确立了 12 个土纲、28 个亚纲、61 个土类和 233 个亚类的高级分类单元。

在现行的我国土壤分类级别上,大都采用土纲、亚纲、土类、亚类、土属、土种和变种七级分类系统。其中土纲、亚纲、土类、亚类称为高级分类单元,土类是高级分类单元中的基本单元,主要供小比例尺土壤图确定制图单元用。基层分类单元为土属、土种和变种,而以土种为基本单元。土纲是最高土壤分类级别,根据主要成土过程产生的性质划分。亚纲是土纲的辅助级别,主要根据影响现代成土过程控制因素所反映的性质划分(如水分状况、温度状况或岩石特性等)。土类是分类级别中的基本单元,是亚纲的续分,根据反映成土过程的强度或次要控制因素的性质划分。亚类是土类的辅助级别,主要根据是否偏离中心概念,是否具有附加过程的特性和是否具有母质残留的特性划分。代表中心概念的亚类为普通亚类,具有附加过程的亚类为过渡亚类,具有母质残留特性的亚类为继承亚类。土属具有承上启下的特点,是土壤在地方性因素的影响下所表现出的区域性变异,根据某些重要的成土条件而划分的。土种是根据土壤物理化学性质在量上的差异来划分的,但这种差异影响了土壤利用。变种是土种范围内的细分,划分的依据是土种在某些性状上的差异,例如土壤耕层、土壤厚度、土壤质地、表层养分含量等。

(三)土壤命名法

我国现行的土壤命名法有连续命名法和分段命名法。

连续命名法在土壤地理发生分类制中土壤命名以土类为基本名称,将亚类、土属、土种乃至变种名称作为逐级"形容词"进行连续命名。如沙质厚层花岗岩暗黄棕壤,就是黄棕壤土类,暗黄棕壤亚类,花岗岩暗黄棕壤土属,厚层花岗岩暗黄棕壤土种,沙质厚层花岗岩暗黄棕壤亚种。

土壤分段命名法是分段命名土壤的方法。例如,在土壤系统分类中,从亚类至土纲为一分段,土系命名为独立的分段。例如,土纲、亚纲连成一段,以土纲为基本词根。如湿热铁铝土、土质初育土。土类与亚类连成一段,以土类为基本词根。如草甸盐土、黄红壤、棕壤性土、钙质粗骨土。土属名称不能自成一段,多与土类、亚类连用。如泥质岩黄色砖红壤。土种可以单独命名,也可以与土类、亚类、土属连用;亚种可与土种连用,也可单独命名。

四、我国土壤分布规律

土壤是各种成土因素综合作用的产物。成土因素学说即"土壤形成因素学说",是关于各种外在条件在土壤形成过程中所起作用的学说。它研究土壤与外在条件之间的发生学联系，揭示土壤与环境的辩证统一关系。我国地域辽阔，地形复杂，条件多变，在不同的水、气、热、母质等作用下，形成不同的土壤类型，因此土壤分布也随这些条件的不同而有规律地分布。

土壤分布规律指土壤类型及其组合于陆地表面呈有规律变化的地理现象。我国土壤分布主要取决于温度和水分条件，并与气候、生物带的地理分布规律基本一致，通常把与一定的生物气候条件相适应的土壤类型称为地带性土壤。受纬度、海陆位置和地形等影响，存在着土壤的水平地带分布规律、垂直地带分布规律和垂直与水平复合分布规律等，总称为土壤地带性规律（或显域性规律）。土壤还和地方性的母质、地形、水文、成土年龄以及人为活动相关，表现为地域性分布。

按照土壤地理发生分类系统，一定的植物气候地带内存在一种地带性土壤，如热带分布砖红壤，亚热带分布红壤，暖温带分布黄壤、黄棕壤等。土壤系统按诊断层和诊断特性分类，所以在一定的生物气候带内可有多种主要土壤。

（一）水平地带性分布

水平地带性分布是指土壤类型的分布与演替同地理位置（纬度、经度）的变化相一致的现象。因纬度和距海远近不同，引起热量和湿润度差异，形成不同的土壤带（或土被带）。

土壤分布规律水平地带性包括纬度地带性和经度地带性。纬度地带性指随着纬度的变化，土壤类型呈现有规律更替的现象。中国位于欧亚大陆的东南部，生物气候带深受东南季风的影响，土壤的水平分布既有沿纬度方向变化，也有沿经度方向变化的特点。我国东南部受湿润海洋性气候影响，由南到北依次分布着砖红壤→赤红壤→红壤、黄壤→黄棕壤→棕壤→暗棕壤→漂灰土，土壤纬度地带性明显。经度地带性是指随着地理经度的变化，土壤类型呈现有规律更替的现象。我国西北部受干旱内陆性气候影响，形成干旱内陆性土壤地带谱。由东向西分布着黑土→灰褐土→栗钙土→棕钙土→灰钙土→灰漠土，因此土壤具有经度地带性分布规律。

（二）垂直地带性分布

土壤分布规律也具有垂直地带性。土壤垂直地带性是指随着山体高度的增加，土壤类型呈现有规律更替的现象。山地土壤类型随地形海拔的升高（或降低），生物、气候的变化也呈现有规律的变化。或土壤随地形高低自基带面向上（或向下）作依次更迭的现象，并由此而形成不同的土壤垂直带谱（或土壤垂直带结构）。垂直带谱中，位于山地基部，与当地地带性土壤相一致的土壤带称为基带。除基带外，垂直带谱中的主要土壤带称建谱土带，其土类叫建谱土类。土壤自基带随海拔高度向上依次更迭的现象，叫正向垂直地带性；反之，称负向垂直地带性。

土壤垂直带谱因基带生物、气候条件（或地理位置）、山体的大小、走向和高低、坡度的陡缓、坡向、形态的不同而有很大差异。如热带湿润区山地，其垂直带谱为山地砖红壤（或山地赤红壤、红壤）、山地黄壤、山地漂灰黄壤、山地灌丛草甸土（中国五指土）；温带干旱区的土壤垂直带谱则为山地栗钙土、山地黑钙土、山地灰黑土、山地漂灰土和高山寒漠土（中国阿尔泰山西北坡）；而欧洲阿尔卑斯山的土壤垂直带谱为山地棕壤、腐殖质碳酸盐土、山地灰化土和高山草甸土；南美洲安第斯山北坡为山地砖红壤、山地红壤和山地棕壤。

（三）水平与垂直复合结合分布

水平与垂直复合结合分布是高原土壤地理分布的重要特点，在中国西藏高原表现得最为明显，在辽阔的高原面上，由东南向西北，随着气候干旱程度的增强，土壤随之呈现水平分布，依次为草毡土、莎嘎土和高山漠土。在高原上屹立的高大山体，具有正向垂直带谱；而随高原面河流下切形成的深谷，则具有负向垂直带谱。以雅鲁藏布江中游谷地为例，土壤负向垂直带谱为高山黑毡土和高山棕毡土、山地灰化土、山地暗棕壤和山地棕壤(林芝附近)。

(四)区域性分布

土壤也存在区域性分布规律。土壤在水平地带性和垂直地带性分布规律的基础上,在中小地形上,土壤因为要受局部地形、母质、水文、地质、人为活动等因素的影响,使土壤类型的分布在局部范围内产生了差异,称土壤的区域性分布或土壤隐域性分布。

区域性分布包括土壤中域分布和微域分布。土壤中域分布是指中地形范围地带性土壤与非地带性土壤按其发生演变方向呈有规律地更替的现象。微域分布则主要是因小地形的变化以及母质、水文地质等条件的差异,而呈现的土壤分类基层单元的分布。如华北平原,土壤地域性分布在不同土壤地带呈现不同的特征。

在地带性土壤带范围内,由于地形、母质、水文、成土年龄以及人为活动影响,使土壤发生相应变异,形成非地带性土壤(或称隐域性土和泛域性土),出现地带性和非地带性土壤的镶嵌或交错分布现象。在红壤地带的丘陵、河谷平原中,可见到红壤和水稻土、潮土交错分布;若母质为石灰岩,则形成红壤和石灰(岩)土、水稻土等相应的土壤组合。在栗钙土地带湖泊洼地周围,由水体向外依次为沼泽土、盐土、草甸土、草甸栗钙土和栗钙土呈环状、半环状分布。在中国黄淮海平原中,由于微地形影响,尚有盐渍土与非盐渍土组成复区分布。由于人为改造自然的结果,在中国南方可见到阶梯式、棋盘式和框垛式土壤复域。

五、我国主要土壤类型

我国主要土壤类型有铁铝土土纲、淋溶土土纲、雏形土土纲、均腐土土纲、人为土土纲和盐成土土纲。

(一)铁铝土

铁铝土又称富铝土,是我国热带、亚热带湿润地区具有明显脱硅富铝化特征的土壤系列,包括红壤、黄壤、砖红壤和赤红壤 4 个土类。铁铝土共性是都含有不同程度的氧化铁、铝,是不同程度富铝风化的产物;主导成土过程是脱硅富铝化。大多数具有多元发生,即形成于古老富铝风化壳。

红壤在我国主要分布在北纬 25°～31°的中亚热带广大丘陵地区。包括江西、湖南两地的大部分,云南、广东、广西、福建等地北部,贵州、四川、湖北、陕西、浙江、安徽等地的南部。红壤的基本性质是黏粒多而品质差;养分贫乏,酸度高(pH 5.0～6.0);土层厚而耕层浅。红壤的植被为亚热带常绿阔叶林。

砖红壤是我国南端热带雨林或季雨林地区的地带性土壤。水平分布在北纬 22°以南琼雷台地及滇南低丘谷地西双版纳热带区。砖红壤的基本性质是土层深厚;质地黏重;砖红壤盐基高度不饱和,土壤呈现强酸性。

二维码 4-2　红壤　　　二维码 4-3　南方山丘果园砖红壤

黄壤是热带、亚热带山地土壤的主要类型,广泛分布于我国北纬 30°附近亚热带、热带山地和高原,以贵州高原、四川盆地的盆边山地以及云南的东北部居多。黄壤形成的热量条件比红壤略差，而水湿条件较好。有机质来源丰富，但分解快，流失多，故土壤中腐殖质少，土性较黏，因淋溶作用较强，故钾、钠、钙、镁积存少，而含铁铝多，土呈均匀的红色。因黄壤中的氧化铁水化，土层呈黄色。黄壤的基本性质是土质黏重，品质较好；土壤呈酸性，土体湿润；土层浅薄，但耕层较厚。

（二）淋溶土

淋溶土的共同特点是与南方铁铝土相比，风化程度明显减弱，黏土矿物以 2∶1 型占主导地位；土壤中石灰充分淋溶，呈酸性反应，有明显的黏粒淀积。包括黄棕壤、黄褐土、棕壤以及褐土。

二维码 4-4　黄棕壤

黄棕壤在我国有广泛的分布，主要分布于江苏、安徽及浙江北部的丘陵，主要分布在海拔 1 000～2 700 m 的中山区。黄棕壤有机质的累积变化比较大；黏化淀积作用明显；土壤盐基不饱和，土壤呈酸性；矿物的风化有比较弱的富铝化作用。黄棕壤是黄红壤与棕壤之间的过渡型土类，分布于亚热带季风区北缘。夏季高温，冬季较冷，年平均气温为 15～18℃，年降水量为 750～1 000 mm。植被是落叶阔叶林，但杂生有常绿阔叶树种。

黄褐土主要分布于江苏和安徽中部，江西、浙江和湖北北部及河南南部的低丘岗地。母质主要为晚更新世黄土状沉积物，土层深厚，可达数米。黄褐土表层呈灰棕、棕或黄棕色，B 层多形成紧实的黏盘层，C 层中有灰、白相间的树枝状网纹，有的含石灰结核。黄褐土与黄棕壤相比，盐基饱和度较高而酸性较弱，pH 5.5～7.5，硅铝率为 2.6～3.3。黄褐土质地偏黏，中下层具有黏盘，对土壤的通气排水与根系穿插，都有很大阻碍。雨季易形成上层滞水，导致旱作物烂根。保水能力差，土壤有机质含量低，缺磷少氮。黄褐土在利用改良上可采取以下措施：科学灌溉，注意水土保持，逐年加深耕层，增施有机肥料，种植绿肥，掺沙或施细煤灰渣、砻糠酒糟等。黄褐土可辟作农田，发展桑园、桃园，种植木本绿肥紫穗槐或造林。

二维码 4-5　棕壤

棕壤主要分布于暖温带湿润的低山丘陵区，以辽东半岛、山东半岛、河北东部较为集中。现大部分已垦殖农用或栽果木。棕壤有明显的黏化层，全剖面没有石灰反应，pH 5.0～7.0，硅铝率为 2.9～3.4。棕壤多适宜发展林业，农田与果园土层多尚深厚，质地偏黏，土壤保持水、肥能力强，适宜种植多种旱作物和果树。在利用上应注意发展灌溉，保持水土，培养地力。

褐土主要分布于陕西关中、山西东南部、河北东北部、山东泰山、沂山西北部山前地区、河南西部，属暖温带半湿润半干旱气候区。自然植被以中生和旱生森林灌木为主，如榆树、柏树等，母质多属各种含碳酸盐物质，有石灰反应。淋溶程度不很强烈，有少量碳酸钙淀积。土壤呈中性、微碱性反应，矿物质、有机质积累较多，腐殖质层较厚，肥力较高。地形为低山丘陵。褐土的剖面通常由腐殖质层、残积和淀积黏化层、钙积层和母质层组成，表层灰棕色，黏化层块状结构，质地较黏，有胶膜淀积，钙积层中有白色石灰斑、假菌丝体和石灰结核。土壤呈中性至微碱性反应，pH 6.5～8.0。褐土带以林业用地为主，农田比例小，在林业利用上应注意适地适树，防止水蚀和风蚀，耕地褐土含钾丰富，有机质含量低，有效磷易遭土壤固定，速效氮、磷比较缺乏，加上水土流失普遍，并常遭干旱威胁，应加强农田基本建设，发展灌溉，增施有机肥料与氮、磷化肥。

二维码 4-6　潮土

（三）雏形土

雏形土的诊断层为雏形层，在风化和成土过程中基本上没有物质淀积，没有明显的黏化层。土壤剖面分化不明显，仅在 B 层有土壤结构的发育。相当于部分潮土、砂姜黑土、水成土、灌淤土、紫色土等土类。

（四）均腐土

均腐土的诊断层为暗沃表层，诊断特征为均腐殖特征，土壤有机质含量高，有结构良好的暗色腐殖质表层，腐殖质层厚达 30～70 cm 以上，底土常出现轻度潜育特征。主要为黑土和黑钙土。

黑土集中分布在东北黑龙江、吉林中部的松嫩平原和三江平原，黄土性母质积累了大量腐殖质，成为深厚肥沃的黑土。黑土有明显的淋溶过程和腐殖质积累过程。黑土是我国最肥沃的土壤之一，是东北地区成为最重要的商品粮基地的基础。

二维码 4-7　**黑土壤**

黑钙土主要分布在黑龙江和吉林西部，并延伸到河北燕山北麓，在内蒙古阴山的垂直带上也有分布，属温带半湿润大陆性气候区。植被为产草量最高的温带草原和草甸草原。黑钙土具有腐殖质积累过程和碳酸盐的淋溶聚积过程。土壤剖面上部形成了深厚的黑色土层，土壤养分丰富，盐基饱和度高，阳离子代换量高，保肥性能好。黑钙土潜在肥力很高，适于农林牧全面发展。

（五）人为土

人为土是在自然因素影响下，主要是在人为因素作用下形成的土壤。这类土壤相当于部分水稻土、肥熟土、灌淤土、堆垫土等。水稻土在我国分布广泛，几乎遍及全国，但主要分布在秦岭—淮河一线以南广大河湖平原、波状平原及山丘沟谷地区。水稻土是人类长期淹水耕作的产物，它可起源于各种土壤。在长期水耕条件下，通过灌溉、排水、水旱轮作，氧化还原作用使剖面发生明显分异，土壤进行着有机质的合成与分解，复盐基与盐基淋溶，以及黏粒聚积、淋淀或漂洗等作用，促进了土壤性状的改变，从而形成了水稻土特有的形态、理化性质。

（六）盐成土

盐成土的诊断层是盐积层和碱积层。盐土零星分布于黄淮海平原、松嫩平原、辽河平原、内蒙古高原东部，以及沿海诸省的滨海地带。气候为半湿润半干旱，降水量少，蒸发量大，地势低平，地下水位高，地下水矿化度大，植被覆盖度很小，仅能生长些盐生植物或耐盐性强的植物。盐土常与盐化、碱化草甸土或潮土以及碱土形成复区分布。碱土主要分布在东北松辽平原、内蒙古东部、甘肃、宁夏和新疆境内。地形特点与盐土相似。

任务二　农田土壤培肥与改良技术

农田土壤主要指旱田土壤和水田土壤等非设施农业土壤。农田土壤由于长期受人为耕作因素的影响，其土壤形成规律已被打破，特别是水田土壤已发育为水稻土或接近水稻土，生产性状和肥力的发展在很大程度上受到人为活动的制约，因此，农田土壤肥力的提高便取决于人们的合理利用和有效的培肥与改良。针对不同地区不同农田的土壤特点，更应有所侧重，有主有次。

为了实现旱地的可持续耕作，确保旱地作物持续高产，在旱地常年耕作过程中，应坚持用地养地相结合的原则，不断进行改良和培肥，使旱地保持地力充裕，常种常新。

旱地改良培肥的主要目标：一是保持一定的耕层深度和较高的土壤熟化程度，一般要求熟化耕作层厚 20～30 cm，防止旱地越种越贫瘠现象发生；二是经常保持耕层土质疏松多孔，土体构型良好，防止返生、板结等现象发生；三是土壤有效养分均衡充足，土壤肥力高，保肥、供肥、释肥能力强，防止掠夺和透支地力现象发生；四是土壤环境好，酸碱度适宜，pH 一般在 6.0～7.5，防止土壤盐碱化或酸化现象发生。

旱地改良培肥的关键措施有以下几点。要达到旱地改良培肥目标，生产中应注意抓好以下几个方面的工作：一是坚持合理深耕，不断熟化旱地耕层。通过冬季或夏季深耕，并结合其他物理措施，如冻坯、晒垡等，能有效地改善土壤物理结构，使僵土变活土，生土变熟土，提高保水保肥能力，即土壤对水分和养分的吸收能力，有利于作物根系生长发育，使作物生长健壮。深耕的深度应根据作物种类而定，一年生旱地作物根系分布较浅，可深耕 30 cm 左右，多年生经济果木根系分布深，应深耕 60～80 cm。深耕时间以秋冬季较好。二是增施有机肥料，提高旱地肥力水平。旱地可通过多种途径如秸秆还田、施用农家肥和间种、套种多种绿肥等增施有机肥料，不断提高土壤有机质含量和土壤中的微生物活性。三是种植制度的安排既要考虑到土壤的适宜性，又要有利提高土壤肥力，如在茬口安排上，要实行"甜茬""苦茬""肥茬""瘦茬"相互搭配，力求实现因土种植、用养结合的预期。四是采取综合措施，创造良好的土壤环境。改良土壤必须与改造自然生产条件、推广先进农艺措施相结合，如推广旱地立体栽培模式，实行合理轮作换茬，科学施用化学肥料，做好土壤水分管理，加强旱地生态环境建设，保护旱地四周植被，合理经营山地坡地等，最大限度地防止旱地的盐碱化、板结、酸化和生物活性下降等现象的发生，最大限度地减少旱地的水土流失。只有做到了旱地科学利用，才能真正达到不断增加土壤肥力和提高土壤生产力的目的。

一、旱田土壤培肥与改良

旱田是相对于水田而言的，是发展旱作农业的土地总称。人们充分利用土地本身的生长肥力，利用天然降水等自然条件发展各种农作物生产活动。一般而言，人们对旱田的认识有以下几种：第一，指土地表面不蓄水的田地，如种小麦、杂粮、棉花、花生等的田地；第二，浇不上水的耕地；第三，相对气候干旱并缺少人工水源的地区，多采取这种因地制宜的耕作模式。

旱田主要优点是可以种植大量的耐干旱的作物，所以其适应性很强。由于作物生长的季节性很明显，人们为了获得高产，除考虑旱田的种植属性外，还要配合作物的生长季节性和作物需要水分的关键期。而大多数作物生长一般在高温多雨期。这是庄稼生长的重要条件。在热带多降水地区，人们一般不需考虑水源问题，但在温带地区和亚寒带等作物可以生长的地区，则首先要考虑的是作物适应气候的问题。因此，在不同的地区，人们发展了不同的旱田利用方式。例如，中国的长城以北地区，不仅是典型的旱田区，而且庄稼的熟制基本上是一年一熟。人们对其的适应做法是春季播种，夏秋时节开始收获。其余时期为休田期。而到了长城以南，积温有所提高，熟制也发生变化，可以实现两年三熟到一年两熟。

中国的旱田分布在很大程度上与气候分布直接相关。在北方温带季风气候地区和西北温带大陆性气候地区，人们普遍种植的是旱田农业。这种格局大致以秦岭—淮河线为界。而南方主要以水田为主。总体看来，旱田土壤培肥技术体系主要由生物途径、化学途径、物理途径和防护途径 4 个方面组成。

（一）生物途径

生物途径借助于植物光合作用合成的有机物质，生物固氮作用增加的氮素营养，连同家畜粪便含有的营养物质投入农田，能显著增加土壤有机质和氮素等营养物质，这种生物培肥的方式是地力培肥的基本途径。将作物残体(如绿肥和作物秸秆等)还田是维持土壤有机质含量，提高生物多样性，改善土壤理化性状，增强土壤的保水、保肥性能和增加土壤养分有效性的有效方式。

绿肥指所有能够翻耕到土壤里当作肥料用的绿色植物，是一种优质的有机肥料，对改良和培肥地力具有良好的作用，尤其是豆科绿肥，还能够固定大气中的氮素。绿肥在我国的使用已有数千年的历史，曾为我国培肥地力和粮食增产等方面发挥过举足轻重的作用。但随着化肥工业的快速发展，绿肥生产日益减少，当前，化肥的不合理施用给人类健康和生态环境造成了巨大危害，因此，绿肥作为有机肥的研究和应用又重新得到了政府和科学工作者的重视。种植豆科作物、绿肥牧草，合理轮作，施用厩肥、堆肥、菌肥，秸秆还田，造林种草。生物养地的主要作用表现为：①生物固氮；②增加有机质；③添加土壤营养物质；④固土保水；⑤改良土壤理化性状；⑥生物排水和消除盐碱等。

（二）化学途径

化学途径通过施用化学肥料、土壤改良剂，强化农田物质循环，增进地力，是现代农业扩大再生产的基础，也是现代农业培肥地力的重要标志。化肥施用水平与产量水平密切相关，据估计，世界粮食增产额中约有50%靠的是化肥。在增产的同时，化肥还能有效地保持土壤中的氮、磷、钾、钙等的平衡，促进碳循环。

值得注意的是肥料的使用必须符合作物的生长规律及土壤性质，科学合理地施用肥料，以保持或增加土壤肥力及土壤生物活性，同时应防止病原微生物的带入。应选择能够维护和改善土壤理化性状、尽量减少水土流失的耕作与栽培措施。土壤培肥和改良物质，应来源明确，制作工艺、生产原料和产品质量稳定，并严格规范使用方法和使用量。应该指出：

① 化肥的施用量应服从施肥的经济原则，避免出现“报酬递减”现象；

② 化肥的施用必须体现因土壤、因作物制宜，氮、磷、钾配合施用原则；

③ 在强化无机养分投入的同时，应注重有机培肥，坚持有机与无机相结合。化肥的肥效快，但后效短、养分单一；有机肥的肥效慢，但后效长、养分全面，含有微量元素。有机肥与化肥配合施用，可以相互取长补短，能够持续均衡地全面满足作物对养分的需求。

增施有机肥料，提高旱地肥力水平。旱地可通过多种途径如秸秆还田、施用农家肥和间种、套种多种绿肥等增施有机肥料，不断提高土壤有机质含量和土壤中的微生物活性。

（三）物理途径

物理途径借助于土壤耕作、灌溉与排水、农田基本建设等农业措施，改善耕层构造，协调耕层土壤水分、空气和养分的矛盾，改善肥力条件，促进肥力因素有效化，控制地力非目标性消耗，为农田作物生长发育创造良好的土壤环境条件。

坚持合理深耕，不断熟化旱地耕层。通过冬季或夏季深耕，并结合其他物理措施，如冻垡、晒垡等，能有效地改善土壤物理结构，使僵土变活土，生土变熟土，提高保水保肥能力即土壤对水分和养分的吸收能力，有利于作物根系生长发育，使作物生长健壮。深耕的深度应根据作物种类而定，一年生旱地作物根系分布较浅，可深耕30 cm左右，多年生经济果木根系分布深，应深耕60～80 cm。深耕时间以秋冬季较好。

土壤种植制度的安排既要考虑到土壤的适宜性，又要有利提高土壤肥力，如在茬口安排上，要实行“甜茬”“苦茬”“肥茬”“瘦茬”相互搭配，力求实现因土种植、用养结合的预期。

（四）防护途径

防护途径建立综合的农田防护体系，控制因水蚀、风蚀和草害导致农田肥力因素的非目标性输出。对此，通过基本农田建设，营造农田防护林带，实施保护耕作、保护种植等措施，将能改善农田生态环境条件，维护农田地力不致损耗。

采取综合措施，创造良好的土壤环境。改良土壤必须与改造自然生产条件、推广先进农艺措施相结合，如推广旱地立体栽培模式，实行合理轮作换茬，科学施用化学肥料，做好土壤水分管理，加强旱地生态环境建设，保护旱地四周植被，合理经营山地坡地等，最大限度地防止旱地的盐碱化、板结、酸化和生物活性下降等现象的发生，最大限度地减少旱地的水土流失。只有做到了旱地科学利用，才能真正达到不断增加土壤肥力和提高土壤生产力的目的。

旱田是我国最主要的耕作模式，因此旱田的培肥与改良对于我国农业的可持续发展至关重要。我们应大力开展地力监测，这是人们认识土壤、利用土壤、培肥土壤的窗口。开展地力监测是改良土壤、强化耕地质量管理不可或缺的重要手段，可以为合理利用土地，保护和提高地力，为当前农业生产提供科学依据。在此基础上通过生物途径、化学途径、物理途径和防护途径等科学环保的措施来进行旱田的培肥与改良，也是确保粮食生产能力，促进循环经济和生态农业建设的必要手段。

培肥改土有很多新技术、新方法，我们在实际工作中应多举措并举，快速培肥土壤。

案例1

江西丘陵茶园土壤问题的解决

江西省红壤研究所通过调查分析和大田试验，提出了有机肥替代化肥减施、适宜耕作深度、土壤酸化改良和绿色高效除草等技术，搭建了“茶园养分专家系统”数据库平台，构建了江西丘陵茶园“减肥增效、调酸提质、改土培肥”技术模式，取得了重要科技突破和一批创新性科研成果。成果在江西茶叶主产区建立核心示范基地4个，面积365亩，实现化肥减施30%以上，肥料利用率提高20%以上，土壤容重降低6.28%～8.61%，土壤有机质含量提高9.48%～21.26%，茶叶产量提高8.74%～41.73%，茶叶内含物氨基酸含量提高10.82%～29.30%。成果为政府部门宏观决策提供了科学依据，为江西茶产业健康持续发展提供了技术支撑，为茶企、茶农增收提供了可复制的样板。

案例2

西北黄土高原丘陵沟壑区旱作农田问题的解决

西北黄土高原丘陵沟壑区旱作农田均处于水土流失严重的黄土区和土山区，耕地绝大部分为坡耕地，跑水、跑土、跑肥、生态环境脆弱是该区农田的主要特征，修建梯田是保持水土、提高土地生产力的一项战略措施。近年来各地为了解决农业生产中水土流失严重的问题，大力推进新修梯田建设工程，仅甘肃省每年新修梯田就达到150万亩左右；另外，许多农户的零散农田通过土地置换的方式集中起来，然后进行机械平整，成为大块的农田。经过机械修建梯田和整理后，改变了农田原有的地貌形态，破坏了农田原有的土壤结构，原先低洼的地方被大量的生土填平，原先较高地方的熟化耕层土壤被完全推走，露出农田的犁底层，甚至底土层。这种新开垦的农田，土壤肥力严重下降，表现在土壤的透气性、透水性差、土壤肥力低下、有机质含量低、土壤微生物少，土壤的农业生态环境恶劣，导致作物生长发育状况差，产量低而不稳定，农田的生产能力遭到严重破坏。因此，需要采取有效的方法进行培肥改良，以有效促进耕地质量提升和为开发区域提高粮食生产潜力提供科技支撑，从而促进区域农业可持续发展。

针对西北黄土高原新垦农田土壤肥力差、土壤结构不良、作物产量和水分利用效率低等问题，甘肃省农业科学院旱地农业研究所提供了一种新垦农田土壤快速培肥改良方法。通过添加适宜的土壤改良材料，并施加适量的钾盐型交联聚丙烯酰胺作为保水剂，添加适宜的土壤熟化剂以及有机肥和无机肥，并且各组分的配比合理，从而实现了对西北黄土高原地区新垦农田土壤的快速培肥改良。这种以机械、生物、物理化学技术为措施的新垦农田土壤快速培肥改良技术，其能够在短时间内增加土壤有机质、氮磷钾养分含量，改善土壤物理性状，增强土壤保水能力，达到快速培肥农田土壤，提高作物产量及其水分利用效率，且见效快、易推广。

二、水田土壤培肥与改良

（一）水田土壤养分变化特点及原因分析

水田是耕地的另一种类型。水田是分布于城、镇、村庄、独立工矿区内筑有田埂（坎），可以经常蓄水，用于种植水稻等水生作物的土地。水田按水源情况分为灌溉水田和望天田两类。

灌溉水田指有水源保证和灌溉设施，在一般年景能正常灌溉，用于种植水生作物的耕地，包括灌溉的水旱轮作地。

望天田指无灌溉工程设施，主要依靠天然降雨，用以种植水稻、莲藕、席草等水生作物的耕地，包括无灌溉设施的水旱轮作地。

南方的水田中的土壤称为水稻土。水稻土是在一定的自然环境及人们种植水稻后，采用各种栽培措施的影响下形成的。它由于长期灌溉和干湿交替，形成了不同于旱地的土壤性状。水稻土在种稻灌水期间，耕作层水分所饱和，呈还原状态；在排水、晾田、秋冬干田季节，耕作层呈氧化状态。这种周期性的干湿交替过程，形成了水稻土特有的物理、化学和生物性状。水稻土在淹水缺氧的情况下，有机质分解比较缓慢，腐殖质程度高，肥效比较稳长，养分损失较少。但如果土壤还原性较强，有机质进行嫌气分解，则产生多种有机酸，阻碍稻根的泌氧能力。还原性更强时，还会产生甲烷、硫化氢等有毒物质毒害稻根，严重时稻根发黑、腐烂、死亡。据研究，水田一定的还原环境，对水稻生长还是有利的，在还原状态下，无机氮几乎全部以氨态氮存在，这适于水稻的吸收利用，同时，氨态氮是阳离子，容易被土壤胶体吸附，不易流失。水稻土的另一个特点是稻田淹水以后，pH 往往升高，氧化还原电位降低，从而促进磷酸铁的水解加强，高价铁的磷酸盐还原为低价铁的磷酸盐，铁、硅复合体也被还原。因而，土壤中的有效磷和二氧化硅含量增加，有利于水稻吸收。但渗漏性强的沙质稻田和活性铁、铝多以及含磷酸钙盐为主的稻田（土壤中残留大量的有机质的例外），有效磷则减少。对这类稻田则要在增施有机肥的同时，增施磷肥，才能满足水稻生长对磷素的需要。水田淹水以后，三价铁被还原为能溶于水的亚铁，锰也发生类似的变化，钾也有部分被铁、锰、铵等离子置换而释放出来，供水稻生长需要，而且亚铁和硫化氢结合生成硫化亚铁沉淀，减轻硫化氢的危害。这些都是水田在淹水以后适当的还原环境形成对水稻生长有利的一面，但还原程度太强或还原状态时间太久时，则对水稻生长不利。因此，要利用排灌技术、晾田、耕作等措施，使土壤对水分具有适当的渗漏性能，以调节土壤中氧化还原状态和 pH，不断更新土壤营养环境，满足水稻生长发育对养分的需要。水稻土在中国分布很广，占全国耕地面积的 1/5，主要分布在秦岭—淮河一线以南的平原、河谷之中，尤以长江中下游平原最为集中。水稻土以种植水稻为主，也可种植小麦、棉花、油菜等。

（二）水田培肥与改良的措施

土壤生态环境条件好坏对土壤培肥效果影响明显，改善土壤生态环境是创造高产土壤的先决条件。可实行以下措施：

1. 逐年深耕晒垡

深耕可以打破犁底层、加厚耕作层、提高土壤保肥供肥和透水透气能力、促进土壤微生物活动、加速土壤熟化，应坚持逐年进行。

2. 加强水利和农田基本设施建设

完善田间排灌系统，以改土治水为中心，实行山、水、林、田、湖综合治理。

3. 施用石灰，改良酸性土壤

因为过酸土壤往往不利于农作物的正常生长。具体可采取以下措施来改良土壤的酸性。

石灰改良法：施用石灰不仅可以中和过强的酸性，还可以增加土壤的钙素，有利于土壤微生物的活动，促进有机物质的分解，减少磷素被土壤中的铁、铝化学固定，增加磷的速效成分。施用石灰还可改良土壤结构，促进土壤熟化。尽量减少酸性肥料的使用，选用碱性或中性肥料。

4. 增施有机肥，推广秸秆还田

有机肥料含有大量有机质和钾素营养，应大力推广秸秆还田，大力发展经济绿肥，如种植紫云英、蚕豆等。秸秆还田能改善土壤理化性状，培肥地力，确保土壤有机质含量不断提升，土壤养分含量不断增加，土壤理化性状持续改善，达到改土培肥、用地和养地相结合的目的，增强农业生产后劲。随着农业可持续发展，人们对秸秆还田的研究也越来越广泛。近年来，秸秆还田正在成为研究的热点之一。

水田是我国重要的耕作模式，约占土地耕种面积的 1/5，因此水田的培肥与改良对于我国农业的可持续发展至关重要。水田的培肥和改良应做好测土配方施肥，平衡养分供给。根据不同作物、不同区域，土壤肥力高低、营养元素丰缺、作物吸肥规律，选择最佳的培肥方式，将有机培肥与化肥培肥相结合使用，确定化肥的施用量及比例，做到施肥科学化、合理化、定量化，提高肥料利用率。合理调控氮、磷，钾肥，从而在提高土壤有效养分含量的同时，实现土壤养分的均衡供给，为提高农作物的产量和品质提供有力的基础保障。

技能训练8

土壤剖面观察与肥力性状调查

一、技能目标

通过土壤剖面观察，学会用简单的方法认识土壤的基本特性，从而认识土壤，并联系土壤生成环境，分析土壤形成的原因。

通过肥力性状调查，学会用简单的常规方法分析土壤养分的参数指标，从而了解肥力的判定以及与生产作物生长的关联，为选择适宜生产作物，提高农业生产产量，利用和改良土壤方面提供科学依据。

二、实验材料

铁锹、土铲、锄头、剖面刀、放大镜、卷尺、白瓷比色盘、铅笔、小刀、橡皮、土壤剖面记录表、10%稀盐酸、赤血盐、pH 试纸。

三、操作规程

1. 地点选取

剖面位置的选择应具有代表性。只有在地形、母质、植被等成土因素一致的地段上设置剖面点，才能较好地观察到土壤的各种层次与性状。

2. 剖面的挖掘

应先画好剖面轮廓，再行挖土。挖开长约 2 m，宽 1 m，深 1～1.5 m 的土坑(如地下水水位较高，挖到有地下水时即可），将朝阳的一面挖成垂直的坑壁，而与之相对坑壁挖成每阶为 30～50 cm 的阶梯状，以便观察时上下操作。

3. 剖面层次划分

自然土壤剖面：枯枝落叶层、腐殖层、淋溶层、淀积层、底土层。

耕作土壤剖面：耕作层、犁底层、心土层、底土层、母岩层。

水稻土壤剖面：耕作层、犁底层、潴育层、潜育层。

4. 剖面观察结果记录

(1)颜色　先确定主色，再确定次色，主色在前，次色在后。

(2)质地　通过手触测试，分为干测法和湿测法。

(3)结构　被挖的土块自然散碎或者手轻捏碎后，观察个体形态、大小、硬度、内外颜色、有无胶膜、绣纹、锈斑。

(4)松紧度　通过小刀插入的难易和阻力大小确定。

(5)干湿度　即自然含水量。

(6)新生体　土壤形成过程中的新物质，如铁锰结核、石灰结核等。

(7)侵入体　外界侵入土壤中的新物质，如瓦片、炭渣等。

(8)根系　植物根系分布图谱。

(9)石灰性反应　10%稀盐酸滴在土壤上，看有无气泡产生。

(10)亚铁反应　赤血盐直接滴定。

(11)土壤酸碱度　可以用 pH 试纸测定。

四、注意事项

(1)挖剖面时要注意观察朝阳面。

(2)观察面上端不准堆土。

(3)观察面上端不许站人踩踏，以保持土壤的田间自然状况。

(4)挖出的土抛在土坑长边的两旁，表土与心土分别堆放，观察与记录结束后，必须将土坑先心土后表土进行填平。

五、训练报告

技能训练后，请完成土壤剖面观察与肥力性状调查的报告（表 4.1），并画出所观察的土壤剖面示意图。

表 4.1　土壤剖面观察与肥力性状调查报告表

剖面野外编号：__________

调查地点：__________

调查时间：__________

土壤名称			剖面环境							
当地土壤名称	最后定名	代表面积	地形	海拔	母质	植被	利用形式	灌溉方式	地下水位	侵蚀状况

续表4.1

土壤名称			剖面环境							
当地土壤名称	最后定名	代表面积	地形	海拔	母质	植被	利用形式	灌溉方式	地下水位	侵蚀状况
剖面	层次代号	深度/cm	质地	新生体			紧实度	植物根系	侵入体	孔隙度
				类别	形态	数量				
化学反应			肥力性状					生产性状		
亚铁反应	石灰反应	pH	全氮/%	碱解氮/(mg/kg)	速效磷/(mg/kg)	速效钾/(mg/kg)	有机质/(g/kg)	耕作品种	年产量	障碍因素

任务三　设施农业土壤培肥与改良技术

设施农业的发展是农业现代化的重要标志，也是现代化农业发展的重要建设任务。设施农业土壤统称保护地土壤，系指温室、塑料大棚、中棚、小棚、地膜覆盖条件下的农田。利用保护地种植时，土壤状况与露地不同，因而土壤的培肥与管理也就有所不同。以高技术、高投入、高产出为特征的高度集约化的设施农业迅猛发展，代表了我国现代农业的发展方向。从2018年起，我国设施园艺面积就已突破410万 hm^2，仅设施蔬菜年产量就达1.68亿t，年产值超过4 000亿元，成为世界上设施栽培面积最大的国家。

设施土壤是设施农业赖以发展的物质基础。但随着设施栽培面积的迅速扩大以及栽培年限的不断增加，长期覆盖栽培、高度集约经营、设施环境内水、热失衡等原因，使其内部的微生态环境发生显著变化，设施土壤普遍出现次生盐渍化、酸化、养分失调、微生物区系破坏、土传病害加重等一系列质量退化及连作障碍问题，并已成为制约设施农业可持续发展的瓶颈。因此，深刻认识设施土壤质量退化状况，充分了解设施土壤质量退化成因与特征，对提高设施土壤的生产力，保证设施土壤的高效产值，确保设施农业持续健康发展具有重要的指导意义。

一、设施农业土壤的特性

1. 土壤热量状况

土壤由于受到覆盖，受到了保护，土壤温度得以提高。这种增温效果在冬季和早春非常明显，也就是保护地栽培的一个主要优点。

2. 土壤水分状况

在保护条件下，土壤水分的主要来源是畦沟渗透或深层地下水随毛细管上升。水分的损失主要是作物的蒸腾，土壤蒸发损失很少。因此，能在较长时间内保持一定的土壤含水量，而且还可以避免短时间的雨涝灾害。但是，在作物生长的后期，往往土壤下层水不能满足作物生长需要。

3. 土壤养分

地面覆盖能够促进土壤养分的转化，提高土壤肥力。土壤湿度升高，有利于土壤微生物的活动，加快了有机质的分解，便于作物的吸收。另外，地面覆盖阻止了土壤养分随土壤水分蒸发而损失掉和因雨水或灌溉水而淋溶流失。

4. 土壤物理状况

保护地栽培一般采用沟灌水，通过横向渗透作用而浸润土壤，避免了灌水或雨水冲击而使土壤板结，保持土壤疏松状态，因而透气性能好。尤其是塑料薄膜地面覆盖，能使土壤团粒显著增加。

二、设施农业土壤存在的问题

采用温室大棚等设施进行设施农业开发，可有效控制温度，实现常年生产，可提早或延迟农产品的供应期，调节农产品周年均衡供应，满足人们的生活需求。然而，由于特殊的建造结构、高集约化生产程度、高复种指数、高温高湿、高蒸发量及肥料施用量大、气体流动性差、光照较弱、无雨水淋洗等特点，致使设施土壤质量下降，出现明显的连作障碍。也使得近年来设施农产品产量及品质下降。目前，我国设施农业土壤正面临土壤板结、次生盐渍化、酸化、土传病害突出、微生物区系破坏、有害物质积累、微量元素缺乏等方面的严峻问题。

1. 土壤板结

设施土壤与露地土壤相比，耕作层结构性好，持水性强，有益于农作物生长。但随着种植年限的增加，活性孔隙比例相对降低，耕作层浅，土壤通透性差，物理性状不良；同时，设施内气温、地温较高，形成较为干燥的环境，导致地面蒸发作用强烈，使设施土壤的水分在耕作层内的运行方向发生变化，沿着毛管孔隙由下至上向土表运动，导致土壤板结。

2. 土壤次生盐渍化

设施土壤内水分和盐分移动方向与露地不同。由于设施是封闭或半封闭的空间，土壤受自然降水自上而下的淋溶作用几乎没有，使土壤中积累的盐分不能被淋溶到地下水中。同时，由于设施内温度高，作物生长旺盛，土壤水分自下而上的蒸发和作物的蒸腾作用比露地强，根据“盐随水走”的规律，也就加速了土壤表层积聚较多的盐分。同时，设施生产多在冬、春寒冷季节进行，土壤温度较低，施入的肥料不易被分解和被作物吸收，也易造成土壤内养分的残留，使得次生盐渍化发生早且盐害严重。当盐分含量达到一定程度时，土壤的渗透压就高于植物细胞，植物根细胞会因大量失水而枯死，即出现“烧根”现象。土壤盐类积累，造成土壤溶液浓度增加，使土壤渗透性加大，蔬菜根系的吸水、吸肥能力减弱，生长发育不良。同时，还会造成元素之间的拮抗作用,影响作物对某些元素的吸收。

3. 土壤酸化

设施土壤有高温、高湿、高蒸发、高复种指数、无雨水淋洗及肥料施用量大等特点。高温、高湿条件使有机质分解得更快,产生更多的有机酸和腐殖酸。在高复种指数条件下,为了保证作物的质量和产量,偏施或过量施用化肥,特别是氮肥施用量过高,残留量大而引起土壤酸化。高蒸发和无雨水淋洗易使养分在土壤表层积累,造成设施土壤表层酸化更严重。土壤酸化除直接危害作物外,还抑制作物对磷、钙、镁等元素的吸收。

4. 土传病害突出

由于设施内的环境比较温暖湿润,为一些病虫害提供了越冬场所,土传病虫害严重。同时受利益驱动、种植习惯和技能等条件限制,种植模式单一,连年种植同一作物,重茬现象普遍,为根结线虫侵染提供了条件,客观上促进了线虫的发生与危害。并且多年重茬会造成土壤中营养元素平衡被破坏,导致土壤性能变化,寄生虫卵、病原在土壤中越积越多,使得枯萎病、青枯病、颈基腐病、根腐病、根线虫等土传病虫害逐年加重,产量逐年降低,损失严重,使设施农业的发展受到了严重的制约。

5. 土壤微生物区系破坏

土壤中的生物菌有一部分是有益的,在土壤中起比较好的作用,能改良根系生长的环境;还有一部分菌属于有害菌,会造成死苗、死株。因大棚种植乱用、滥用和无效使用农药,在杀死有害菌的同时,大量的有益菌也被灭杀。随着种植时间的延长,土壤中有害菌的数量越来越多,而有益菌又得不到补充,导致土壤菌群失调,严重的会造成整个土壤生态环境发生改变。

6. 土壤有害物质积累

在设施条件下,由于土壤自身结构、高集约化种植、肥料的大量投入,使设施土壤重金属元素积累远高于露地农业土壤。设施土壤中重金属元素铅、汞、镉、铜、铬等的含量与露地土壤相比,除一年棚龄的设施土壤外,多数设施土壤重金属含量随使用年限的延长都显著增加。

7. 微量元素缺乏

农作物生长不但要吸收大量氮、磷、钾,对钙、镁、硫、锌、钼、硼等中微量元素吸收也较多。由于农户对此认识不足,基本上不单施中、微量元素,仅靠有机肥和化肥来补充,而大棚种植复种指数又高,随着一茬一茬的采收,会带走大量的中微量元素。钙、铁、锌、钼、硼等中微量元素的缺乏又会导致生理性病害加重,影响农作物生长发育,产量降低,品质下降。而近年来的设施农业,土壤有机质含量也多数偏低,多在3%以下,离适宜的有机质含量4%~5%还有不小的差距。有机质是土壤肥力的基础,提高有机质含量是设施农业可持续生产的重要保障。

三、设施土壤培肥与改良技术

设施土壤改良主要有物理改良、化学改良、生物改良、穴土置换和依托高科技等方法。设施土壤改良应针对不同的情况,综合运用各种改良方法,配套各种先进科学的农艺管理措施,才能持续发展。

1. 整地

保护地栽培首要问题是整地。整地一般要在充分施用有机肥的前提下,提早并连续进行翻耕、灌溉、耕地、起垄、镇压等项作业,有条件的最好进行秋季深耕。整地做畦最好能做到"圆头形",也就是畦或垄的中央略高,两边呈缓坡状而忌呈直角,这样有利于地膜覆盖栽培。畦或垄以南北方向延长为宜。当畦或垄做好后,不要随意踩踏。畦或垄的高度一般条件下为10~

15 cm，过高影响灌水，水分横向渗透。在较干旱的大面积地块中，应该在畦或垄沟分段打埂，以便降雨时蓄水保墒。整地时土壤一定要细碎疏松，表里一致。畦或垄做好后，要进行 1～2 次轻度镇压，使表面平整，有利于土壤毛细管水分和养分上升。

2. 板结及盐渍化改良技术

土壤结构性与土壤质地、有机质含量、农事耕作有很大关系。①通过增施腐熟的农家肥、腐殖质等有机肥，增加土壤有机质和腐殖质含量，有机肥主要以底肥为主，每亩用量 3 000～5 000 kg 为宜，最好不超过 5 000 kg。②适时通风换气，改善光照条件。③大水漫灌，冲淡盐分。对土壤中盐分含量超过 0.2%的田地，可按此方法进行。漫灌时间 2～3 h 为宜。④调整土壤 pH。通过物理或化学方法将土壤 pH 调整为中性或微酸性。⑤理沟排湿，降低地下水位。水位降低，土壤通透性得到改善，有利于农作物根系生长。⑥使用化学改良剂。目前解决土壤板结和盐渍化的改良剂有很多种，使用改良剂掺杂适量配比的细土，撒施到农作物的根部附近，然后浇透水，能较好地促使土壤形成团粒结构。

3. 土传病害严重土壤的改良措施

(1)合理轮作，起土换土，土壤科学消毒　建立科学的轮作倒茬制度，避免同类蔬菜轮作。上茬收获后，接茬可种植蒜苗、玉米等作物，大蒜根系能分泌大蒜素，杀灭土壤中部分残留的有害菌。有条件的地方可水旱轮作，如种植空心菜、莲藕等。也可创新种植方式，如农民与农民之间互换大棚，种植不同的蔬菜进行轮作。也可将表土起出或利用下部新土或换新土。

(2)使用化学药剂进行土壤消毒　用甲醛溶液在定植前 2 周进行地面喷雾；用 80%露速净、60%地旺或蜡质芽孢杆菌生物杀菌剂，随耕地施入土中，能有效控制或减轻土传病害发生。

(3)生物酿热发酵土壤消毒　在夏秋季气温高时，大棚土壤消毒可采用该方法，如在大棚土表均匀覆盖 20 cm 左右厚的稻草或谷壳，撒生石灰 1 kg/m^3，再盖土 3 cm，浇透水后，用薄膜覆盖严实，关上大棚，闷棚 10～15 d 即可。此方法对杀灭土传病害效果很好，特别适宜于连作育苗大棚。

4. 土壤菌群失调的改良

单靠使用杀菌剂杀死土壤病菌的方法是行不通的，补充土壤有益菌的数量和科学合理使用农药，或依托先进的科技手段，使用生物农药，达到以菌治菌，使土壤中有益菌和有害菌重新达到一个平衡。目前，补充土壤有益菌可每 667 m^2 使用 500 g 家园益微生物菌＋50 g 助剂(助剂的作用是养菌)，掺土 30～40 kg，根据地块情况，一个生长季节使用 1～2 次；或使用蜡质芽孢杆菌生物杀菌剂。

5. 重金属污染的设施土壤改良

对于已经发生重金属污染的设施土壤，可以采用物理修复、化学修复和生物修复等措施加以治理。

(1)污染土壤的物理修复　包括翻土、客土、热处理、淋洗、固化、填埋等，这些工程措施治理效果彻底、稳定，但工程量大，投资大，易引起土壤肥力减弱，仅适用于小面积的污染区。

(2)污染土壤的化学修复　化学修复的机制包括沉淀、吸附、氧化还原、催化氧化、质子传递、脱氯、聚合、水解和 pH 调节等。化学修复剂施用方式有灌溉、人工撒施、注入、填埋等。可以施用石灰性物质等无机钝化剂降低镉、铅、铜在土壤中的活性和施用腐殖酸类肥料等有机钝剂增加土壤对重金属的吸附能力，减少蔬菜的吸收。

(3)污染土壤的微生物修复　利用微生物修复受重金属污染的土壤，主要是依靠微生物降低土壤中重金属的毒性，或者通过微生物促进植物对重金属的吸收等其他修复过程。修复技术包括生物吸附和生物氧化、还原。前者是重金属被活的或死的生物体所吸附的过程；后者则是利用微生物改变重金属离子的氧化、还原状态来降低环境和水体中的重金属水平。

(4)污染土壤的植物修复　利用农作物根系吸收水分和养分的过程来吸收、转化土壤中的污染物，达到清污、修复或治理的目的。可以通过栽培上间作或套种富集植物降低和消除特定重金属，因此，根据土壤污染的情况，将几种具有不同修复功能的超富集植物搭配种植，可以达到较好的修复效果。

6. 微量元素缺乏，有机质偏低的土壤改良措施

(1)禁止使用硝态氮肥　施用硝酸铵、硝酸钾等硝态氮肥后，容易使农作物积累硝酸盐。不宜施用含氯化肥如氯化钾、氯化铵等，因氯离子能降低农作物，特别是蔬菜的淀粉及糖含量，引起土壤板结。禁止使用碳酸氢铵，因其易挥发产生大量氨气，易引起氨害。

(2)适当控制氮肥用量　氮肥的施用量应根据不同农作物需肥量而定。氮肥要深施，并与磷钾肥配合施用，施后及时盖土。一般以 150～180 kg/hm^2 纯氮为宜，收获前 20 d 停止追肥。

(3)平衡配施氮、磷、钾及中微量元素　积极推行平衡施肥技术，坚持做到有机肥与化肥配合施用，做到氮、磷钾养分之间的平衡，大量元素与中微量元素之间的平衡，灵活运用种肥、基肥、追肥 3 种施肥方式。补充微量元素一要选对产品；二要选好使用时间；三要掌握好用量。无论是果菜类，还是叶菜类，微量元素补充有 3 种方法：底施，在整地施肥时，把选好的产品结合其他肥料共同施入；冲施，选好产品后，配合冲施肥一同施；叶面喷施，此方法适合于缺素症较轻的生理病害，按照产品说明书用量进行喷施。

二维码 4-8
视频：设施土壤酸化、盐渍化问题及其改良

作为人多地少的农业大国，发展设施农业仍然是缓解我国人地矛盾的必然选择。现阶段对于多数设施农业土壤而言，多种形式(盐渍化、酸化、污染、土传病害)的退化往往同时发生，解决设施农业发展过程中出现的一系列土壤质量退化与连作障碍问题必将由地方需求上升为国家战略。制定统一规范的设施农业土壤质量的评价指标体系和研究方法，构建适于南方和北方不同的设施栽培特点的设施土壤质量标准体系；深入开展设施土壤质量退化成因分析和演变机理探索，在此基础上拓展新的调控与改良技术与方法，并加大对技术物化为产品的研发；分区域建立设施土壤质量演变长期定位站点，系统研究不同退化形式之间的互相作用关系；拓展包括生物技术、信息技术等新技术、新方法在设施农业土壤研究中的应用，这些手段都将成为未来设施农业发展的必然趋势。

四、设施农业案例及发展趋势

我国设施农业发展道路：一是引进国外具有自动化、智能化、机械化并具备人工升温、光照、通风和喷灌设施，可进行立体种植，属于现代化大型温室。但是因为高成本没有普及开来。二是我国农技推广部门推动农膜生产企业和农民联手，从塑料大棚和拱棚开始，逐渐发展为日光温室和连栋温室，总面积已达到其他国家总和的 5 倍以上。

我国设施农业发展的四个趋势：

1. 现代化发展机遇

设施农业是农业现代化的重要表现。设施农业将会借着农业现代化的大机遇高速发展，推动农业供给侧改革。

2. 商业资本落地

农业PPP项目着重提到，鼓励商业资本进入农业。设施农业是一个系统的工程，因此需要大量的资金投入。如果商业资本快速落地之后，设施农业的资金难题将会被有效地解决。

3. 国家鼓励返乡创业

设施农业、光伏农业、有机农业等都是农业的新业态。国家推动及鼓励农民工返乡创业，设施农业项目必将会让创业者大显身手。

4. 绿色农业

设施农业提倡光合作用和绿色种植技术，因此在绿色农业的发展大背景下，绿色农业、有机农业将会在设施农业领域得到长足发展。

案例1

江宁区谷里设施农业

农业农村部农业机械化总站公布2021年设施种植机械化典型案例名单，位于江宁区谷里现代农业示范区内的南京牛首农副产品专业合作社荣获“社会化服务典型案例”称号，也标志着谷里农业示范区设施农业机械化水平得到提升。

作为典型丘陵地带，谷里街道不适合水稻等传统农作物生长。2007年起，街道大力发展设施农业、现代农业，转向蔬菜、果蔬等农业种植。2017年，街道积极推进设施农业“机器换人”工程和市级蔬菜生产农机装备示范推广基地建设，推动谷里迅速崛起为南京重要的“菜篮子”基地。目前，园区共有设施农业1万亩，蔬菜年产量4.6万t。去年，谷里蔬菜、园艺作物总产值已达7.9亿元。谷里街道相关负责人表示，乘着政策的东风，他们通过加快农业机械化转型，不仅提高了蔬菜生产的质量标准，让广大农户直接受益，更缓解了劳动力资源紧缺的难题。下一步，谷里农业示范区还将持续推进蔬菜种植机械化提档升级，加快蔬菜生产“机器换人”步伐，推动全区蔬菜产业向更高质量发展。

案例2

内黄县发展蔬果大棚，拓宽农民增收渠道

入冬以来，河南内黄县许多农民开始搭建蔬菜大棚，改变过去传统种植模式，提高经济效益。目前，该县已发展蔬菜大棚17万多亩，设施农业成为当地农民脱贫致富的重要途径。

初夏时节，张龙乡600多亩温棚套种瓜菜开始上市。在高标准温室大棚产业基地里，从早春西瓜到夏季豆角、茄子，秋季小米椒的立体交叉种植新模式，不仅提高了土地利用率、增加了土地附加值，也鼓起了当地瓜菜种植户的钱袋子。

近年来，冯庄村按照“民办、民管、民收益”的原则，以“党支部＋合作社＋农户”的发展模式，建立了权属清晰、权责明确的产权关系，使农民变股民，资金变股金、资产变股权，目前781人广泛参与进来，1 400亩土地全部流转，建设有温室大棚200亩、高标准钢架棚150亩、简单钢架棚350亩等700余亩，总体净收益1 200万元，村集体收益25万元。新的发展模式有效帮助农户解决了建设资金短缺和资金周转困难问题。同时，在不改变村内土地集体所有制的前提下，村集体与村民股份合作、联合经营、统一管理，以合作社＋基地＋农户的带动模式和科学合理的高

中低立体搭配种植新模式，把产业帮带扶延伸到户，伸展到产前、产中、产后的全链式服务，增强农产业的凝聚力，农产品的购销力，增加农产品的附加值，既发展壮大了村内经济，也带领大家走上了共同富裕道路。

案例3

河北保定望都县十里铺村温室草莓种植成致富新途径

河北保定望都县赵庄乡十里铺草莓种植基地里，农民们在采摘草莓。近年来，该县积极发展现代设施农业，主打生态环保的“绿色经济牌”，并采用农民专业合作社对接农超和基地模式，提升草莓附加值。目前，温室草莓种植成为当地农民增收的新产业。

近年来，望都的农业产业化龙头企业、公司、农民合作社组织和家庭农场以土地流转模式，大力发展蔬菜、林果特色产业。同时，通过阳光工程、农技校等方式，切实提高农民的专业理论和技术水平，实现标准化生产、产业化运作，推动设施蔬菜产业提质增效、上档升级。目前，望都县蔬菜全年种植面积近 12.3 万亩，其中设施蔬菜面积 4.4 万亩，年产量 67 万余 t，实现年产值 6 亿多元。

案例4

内蒙古万亩现代设施农业开发项目落户察右前旗

2016 年，内蒙古察右前旗签约内蒙古裕盛源农业旅游有限公司，引进总投资额 1 亿元以上的错季节鲜葡萄生产基地和观光采摘、休闲农业、葡萄深加工一体循环经济现代化农业项目。项目规划建设设施农业使用面积 4 000 亩，其中建设温室净使用面积 600 亩、智能化温室净使用面积 10 000 m^2、果蔬配套管理、仓储、加工 8 000 m^2。

技能训练9

设施农业土壤改良现场参观实训

一、技能目标

了解我国土壤资源的特点以及存在的问题，熟悉旱地农业土壤类型及其特点。能熟练进行旱地农田、果园、菜园等土壤的利用与管理。

二、实验材料

分别在 3 个试验地区，选择种类相同的蔬菜大棚 3 个；在每一个地区各选择一个种类不同的蔬菜大棚。

三、操作规程

(1)对当地设施土壤环境进行评估，并进行以下调查：①当地设施土壤类型；②培肥管理中存在哪些问题；③有何改良之策。

(2)总结当地设施土壤培肥管理经验，制定其培肥管理措施。

①施足有机底肥。

②整地起垄，提早进行灌溉、翻耕、耙地、镇压，最好在秋季进行。

③适时覆盖地膜，提高地温。

④地膜下适量浇水。

⑤控制化肥追施量，适当控制氮肥使用量，增施磷肥、钾肥。

⑥多年设施栽培，连茬种植前最好用福尔马林进行土壤消毒。

四、注意事项

(1)选择使用年限久，具有代表性的蔬菜大棚。

(2)注意记录其使用年限。

(3)注意记录年连作次数、农作物生产产量等数据，为实验结果的分析做参考。

五、训练报告

技能训练后，撰写设施农业土壤改良实训报告，并提出合理的具有针对性的改良建议。实训报告可参考表4.2。

表4.2　设施农业土壤观察报告

土壤名称	环境状况						土壤利用情况			
	气候	地势	地形	地下水	污染情况	社会环境	种植制度	植物种类	年产量	管理方式
土壤名称	肥力性状				有机质	盐分含量	管理状况			
	质地	结构	孔隙度	酸碱度			种植年限	有无监测	有无轮作	有无改良

改良建议：

任务四　山丘果园土壤培肥与改良技术

中国作为世界上最大的果类生产国和消费国，果业已成为果农增收的重要支柱产业。但随着种植规模的不断扩大，种植年限的增加，果农对化肥投入量越来越大。与此同时，部分地区降水量有限，土壤管理措施不合理，果园土壤生态系统出现干燥化加剧、亚硝态氮深层累积，生态系统调控能力下降等问题，进而导致了果业生产波动性大，果树抗性下降，病虫害加剧，果实产量和品质难以持续提高，果园生态系统的健康与持续发展受到影响。因此，应及时对果园的土壤现状进行评价，对其现有施肥技术进行调控，以达到优质、高产、高效、可持续的目的。

一、丰产果园对土壤的要求

建立优质、高产、稳产果园，是果品生产发展的需要。优良果园一般应具备以下土壤条件。

1. 土层要深厚

土层深厚保水和保肥性能好，才能为果树提供充足的水分和养分，果树根系才能正常生长发育。一般乔木果树要求土壤深度不低于 60～120 cm。

2. 土壤固、液、气相比例要适当

一般土壤中固相为 40%～50%，液相为 20%～40%，气相为 15%～37%。栽培苹果、梨的土壤固相可稍高些。

3. 土壤质地要疏松

果园土壤的质地关系到土壤的温度、通气性、透水性以及保水保肥性。质地过松的土壤通气性和透水性好，但保水保肥性差，土壤升温快，土温高。相反，质地太黏的土壤，通气透水性差，而保水保肥性好，土壤升温慢，土温低。因此，质地疏松的土壤，土壤透气保水性和土壤温度都适中，最适合果树根系生长和正常发育。

4. 土壤酸碱度要适中

不同果树对土壤酸碱度要求不同，如枣、梨、山楂、苹果等适宜在微碱性土壤，而柑橘等南方果树因有较强的耐酸性，在酸性土壤上均能良好生长。

5. 土壤有效养分含量较高

土壤有机质含量应不低于 1.5%～2.0%。这种土壤有效养分含量也高，有利于果树根系对养分的吸收利用，可以为果树的生长和丰产创造一个良好的营养条件。

6. 良好的土壤结构

果树生长的好坏、果品的产量高低、质量的优劣都与土壤结构有着密切关系。团粒结构土壤的水汽、养分供应与积累协调，耕性良好，根系生长良好的特性。团粒结构是果园土壤最理想的结构。但近年来，由于土壤缺乏有机肥补充，以及不合理的耕作、灌溉以及化肥的大量施用，使土壤团粒结构被破坏，导致土壤板结越来越严重，直接影响果园土壤的理化性质和自我调节能力。

二、果园土壤配肥与改良

土壤是果树生长发育的基础，是无机、有机、生物复合体，它具有物质代谢、能量转化和信息传导功能，是活的有生命的机体。果园土壤管理的目的就是要使土壤矿质元素充足、结构良好、生物活性高。果园土壤管理包括园地建设、施肥、灌溉、生草、除草、耕作、污染治理、土壤修复等，还包括山、水、林、田、土、路综合规划整治。通过科学管理创造出适合果树生长、具有良好结构和最佳肥力的土壤小环境。

我国果园多是在山地丘陵区、河道沙荒地或盐碱地上建立起来的，由于成土母质、环境因素及耕作制度的影响，这些果园常常具备“先天不足”的土壤障碍因素，严重影响了果品生产的数量和质量；要想在这类果园实现果品提质增效，必须进行改良消障，否则，其产量和品质都难以提高。

我国水果质量实际上还难以与发达国家相抗衡。果实个小、色差、味淡影响出口外销，经济效益降低。我国果园主要分布在山地丘陵、半丘陵与旱塬、河道沙荒地或盐碱地等土壤瘠薄地带，土壤肥力较低，严重影响了果品生产的数量和质量。由于有机肥源不足，大多数果农主要靠施用化肥满足果树对矿质营养的需要。又加之管理粗放，栽培水平普遍较低，果农缺乏对果园土壤培肥与改良的认识，因此为了实现我国水果品质提质增效，提高水果的产量和品质，提高果农的收益，果园必须进行科学有效的管理，否则水果的产量和品质都难以提高。

（一）低产果园存在的主要问题

(1)在山地、丘陵、河流故道上建立的果园，土层浅薄，土层一般不超过 50 cm，土壤供养能力极弱，影响果树根系的生长。

(2)沙荒地上建立的果园质地偏沙，土壤质地过沙或过黏，漏水漏肥；低洼黏重区的果园通气性差，根系生长不良。

(3)土壤养分差，有机质含量低，果树必需的氮磷钾不足，不能提供足够的养分。

(4)有的果园盐离子浓度高，盐碱危害重，对根系形成毒害，抑制根系的生长发育。

(5)管理粗放，存在水土流失、风蚀沙化现象，影响产量和品质的提高。

土壤改良培肥的主要目的就是确保土壤对果树所需的养分、水分的合理供应，为果树高产、优质打下坚实的基础。有障碍因素的果园土壤，要想提高土壤肥力，必须通过改良培肥来消除土壤障碍因素；无障碍因素的果园土壤，通过改良培肥，可以协调土壤的水、肥、气、热状况，建立深厚肥沃的土壤耕作层。因此，大力推广科学的果园培肥与改良方式，提高肥料利用率，提高果农的养护技能非常重要。

（二）果园土壤培肥与改良技术

1. 深翻改土

适时适度的深翻，能熟化土壤，增强土壤的通气透水性能，提高土壤的需水需肥能力，对于果树根系，有利于其向深度和广度生长，扩大根系吸收面积，提高根系吸收能力。深翻改土适用所有的果园。在新建果园挖深坑大穴或定植沟的基础上，在果树生长期间，继续完成果园全面的深翻改良。

(1)深翻时期

秋翻。此时深翻可切断一些根系，有利于伤口愈合、促发新根，从而增进对养分的吸收，增加树体养分贮存，充实花芽，为来年树枝抽梢、丰产提供足够的营养物质。秋季深翻一般在果实采收前后结合秋施基肥进行，有利于土壤熟化、土肥相融，并利于积雪保墒。所以，秋季深翻是果园深翻最好的时期；但干旱无水浇条件或土壤过沙的果园，秋季深翻容易使果树根系受旱或被冻伤，故不宜进行秋季深翻。

春翻。宜在土壤解冻后及早进行，春季化冻后，土质疏松，可节省人力，降低深翻成本。北方早春多风少雨，土壤失水快，在深翻过程中要注意覆盖根系，翻后及时浇水。此时，根系刚开始活动，地上部尚处在休眠状态，深翻后伤根易愈合和再生。干旱缺水及寒冷地区，不宜春季深翻。

夏翻。最好在根系前期生长高峰过后，雨季来临前后进行；深翻后的降水不易流失，容易保蓄，且能使土粒与根系密切接触，不致发生吊根或失水现象。夏季深翻不宜伤根过多，否则易导致落果。结果期的成龄大树不宜夏季深翻，以防出现落果。

(2)深翻深度

果树深翻深度以比果树根系集中分布层稍深为宜，还要考虑土体构造、质地、树龄、劳动力等条件；通常成树深翻的深度在 60 cm 左右，土层薄、土质黏重或有障碍土层的土壤，为活化土层可适当深一些，一般可达 80～100 cm，但最好不要一次翻得过深，可采取逐年加大深度的方法或隔行加大深度的方法。土层深厚或土壤质地较沙的土壤，深度可浅一些，浅根系果树可浅一些，深根系果树可适当深一些。

(3)深翻方式

扩穴深翻　结合施秋肥，对栽后 2～3 年的幼龄果树，每年或隔年从定植穴边缘或冠幅以外逐步向外深挖扩大栽植穴，直至全果园深翻一遍为止。每次深翻可扩挖 0.5～1.0 m，深度 0.6 m，并施入有机肥。

隔行(株)深翻　为节省劳力或避免一次伤根过多，可采取隔行或隔株深翻的方式进行；相对平整的地块也可以采取机械作业的方式进行。

对边深翻　从果树定植穴边缘开始，以相对两面轮流向外扩展深度，几年后全园深翻一遍。这种方式伤根少，省工省力。

全园深翻　将定植穴以外的土壤一次性深翻。范围大，耗费人力，更适合机械化作业；这种方式深翻后有利于果园平整和后期耕作。

(4)深翻注意事项

尽量少伤根、断根。若深翻造成伤根、断根过多，不利于果树生长，在深翻过程中应尽量避免铲断根系；如有伤断，应剪平断口，使切头平滑，以利于愈合。如发现根部带病，可切掉部分病情严重的根系，并涂抹杀菌剂消毒。

深翻需配施有机肥，以保障土壤的熟化作用稳定、持久。有机肥可采用畜禽粪便、秸秆或秸秆堆肥、野生杂草、屠宰场的废弃物等。还可采用人工种植的绿肥和野生绿肥。果树单纯深翻效果并不理想，必须加施有机肥，以改良土壤结构，促进团粒结构的形成，提高土壤肥力。深翻与施肥相结合，能充分发挥两者的作用，对提高果树产量和质量有显著作用。深翻后注意灌水。深翻容易使土壤失水较多，若墒情不足应及时浇水。长期干旱时不能深翻。湿黏土壤深翻后应注意破碎土垡，防止失水后土壤干硬，起坷垃，跑风干吊，伤及根系。深翻时应打破障碍层。有黏土层或沙土层的土壤，深翻时要注意把沙土、黏土混匀或与有机肥掺混后回填。深翻时最好将表土、底土单放，回填时将表土填在根系集中分布层，底土填在表层，有利于土壤全层熟化。

2. 果园生草

生草是模拟农业土壤形成过程中天然植被的生长发育而对土壤进行的培肥。人工生草培肥地力过程比天然植被的自然培肥要快得多，果园生草具有明显的培肥土壤和节水作用。果园生草可采用自然生草，也可人工种植生草。要严格规范生草范围和刈割高度，生草适宜的刈割高度应以 50 cm 为限，适时刈割。人工种草 1 年可割 2～3 次，自然生草 1 年可割 3～4 次。不管是人工种草还是自然生草，对幼龄园，行内至少保留 1 m 宽的清耕带或覆草带；随着树龄的增长和逐渐进入结果期，行内清耕带或覆草带逐渐增至 1.5～2 m。人工种植的生草品种以豆科植物如白三叶和白花草木樨较为适宜。白三叶具有多年生、覆盖性好、对杂草抑制性强的特点，可以不刈割。白花草木樨为 2 年生，春天 4 月播种，到翌年 8 月种子成熟即完成其生命周期。然后将草木樨的秸秆刈割下来，结合秋施肥埋入地下。一般果园生草 3～5 年即应耕翻或旋耕 1 次。

3. 果园覆盖

覆草通过向土壤施入大量有机物料，改善土壤温度、水分、光照、通气等，进而改善土壤生物因子的生活环境，从而可加快土壤原有养分的循环过程，提高土壤肥力。这一点在丘陵山地、土层较浅薄的地块尤为明显。随着覆草时间的延长，有机物料降解后形成的有机质和释放出来的矿质养分融入土壤体系中，才真正意义上培肥了土壤。覆盖物可根据当地材料采用杂草、玉米秸或稻草等。覆盖方式有树盘覆盖、行内覆盖和全园覆盖，覆盖厚度 10～20 cm。以后每年需续加覆盖物，保证覆盖厚度。一般连续覆盖 3 年后，全部覆盖物以有机质施入土壤，第 4 年再重新覆盖。覆盖时间可在 5 月末至 6 月上旬。

4. 调控土壤 pH

果园土壤 pH 应控制在 6.0～7.5。土壤 pH＜6.0 的区域为土壤酸化改良区，应通过使用石灰、硅钙肥等生理碱性肥料及生物有机肥、果园生草等措施调节土壤酸碱性，并在果树生长季节叶面喷施各种有钙肥；土壤 pH＞7.5 的区域为土壤碱改良区，应增施生理酸性肥料，必要时使用硫黄粉等进行改良。

5. 增加土壤有机质

增施有机肥不仅能为果树提供各种所需的养分，而且能增加土壤有机质含量，改善土壤理化性状，促进团粒结构的形成，使土壤的水、肥、气、热状况协调统一，为根系生长创造最适宜的土壤环境条件。

有机肥料种类很多，施用时要注意肥料和土壤特点。有机肥以畜禽粪便为主，要加大作物秸秆的利用，可采用厩肥、堆腐或沤制、直接施入土壤及用作果园的覆盖材料等方式。人粪尿和饼肥（特别是大豆饼和花生饼）施用时应注意同其他有机肥配合，或补充磷钾化肥。生活垃圾、草炭，一般供垫圈和制造有机复合肥使用。褐煤、风化煤等含有腐殖酸，一般用其制造腐殖酸类肥料施用。实际操作上，可根据树龄、树体、产量及土壤肥力状况进行；一般每株施用 100～200 kg 有机肥，连续 3～5 年，可使土壤肥力等级提高一个档次，提质增产效果明显。

6. 引入蚯蚓和微生物

果园土壤是有活性的，其活性主要体现在土壤中含有丰富的微生物和蚯蚓等小动物，因此，向果园土壤引入蚯蚓和微生物，可以提高土壤生物活性，还可促进养分循环，提高养分有效性。主要方法有：①培养和引入蚯蚓；②增施微生物肥料。

借助深翻改土，果园生草，果园覆盖，调控土壤 pH，增加土壤有机质，引入蚯蚓和微生物等物理、化学、生物调控方式，对果园生态系统进行修复与改良。通过制定合理施肥剂量与模式，保证土壤最优生产力，为进一步实现果树优质高产，果农经济收入稳步增长，果园生态环境和谐提供了科学的指导，对我国果业提质培优以及可持续发展具有战略意义。

任务五 土壤污染与修复

一、土壤污染的原因及危害

土壤环境是一个完整的系统。由土壤的内部环境、外部环境及其界面环境组成。这个活系统，存在着物质循环、能量交换和生命体代谢繁衍。当今，处于地球陆地表层的土壤环境系统不仅具有自然的特征，而且因深受人类活动的冲击而同时具有人为的烙印。自然作用和人为影响的结果产生了 3 类土壤环境系统问题：①与土俱来的，由土壤内源性物质引起，如铝毒、盐碱化等，可以产生土壤肥力障碍与粮食安全问题；②由于外源性物质进入土壤内部环境后造成的，包括物理性（如固体废弃物等侵入体）、化学性（如农药等合成化学品）、生物性（如病原菌）等外源性物质，可以引起土壤污染与安全健康问题；③土壤污染是在土壤内部环境的物理、化学、生物迁移转化过程中出现的，或是土壤外部环境水、大气等污染物迁入引起的，如连作障碍，温室气体、毒害中间产物、粉尘沉降等，可以带来与土壤质量相关的农业、生态、环境、气候变化方面的新问题。可见，土壤内部环境污染是土壤环境系统问题之一，但是可能伴随着对外部环境，如水、气、生物、人污染危害的风险，影响区域生态安全、国家环境安全和全球变化。

二维码 4-9
视频：土壤污染与风险防控

随着工业化、城市化、农业集约化的快速发展以及全球变化的日益加剧，我国土壤环境污染退化已表现出多源、复合、量大、面广、持久、毒害的现代环境污染特征，正从常量污染物转向微量持久性毒害污染物和新兴污染物，并与土壤肥力障碍、温室气体排放叠合共存，这在经济快速发展地区尤其如此。因此了解我国土壤环境污染态势及成因，提出土壤环境污染的预防、控制和修复策略，以推动我国土壤环境科学、技术和管理的系统研究，对我国土壤环境保护战略体系的构建具有重要意义。我国土壤的污染类型如下：

（一）耕地土壤污染

耕地土壤是生产粮食、蔬菜的自然资源，是农业的基本生产资料。据估计，目前全国约有1/10 的耕地面积受到不同程度的污染，导致每年有千万吨粮食的污染物含量超标。经济快速发展地区的一些耕地土壤中持久性毒害物质大量积累，城郊农田、菜地农药残留、重金属及持久性有机污染物（POPs）复合污染突出。20 世纪 80 年代停止使用的六六六、滴滴涕等传统持久性农药，虽然目前其在农田、菜地土壤中含量已经大幅度降低，但是仍然普遍被检出；在局域农田土壤中，还同时同地出现多环芳烃、肽酸酯、多氯联苯及二噁英类毒害物质，甚至与土壤酸化、重金属污染共存，造成土壤中动物、微生物数量减少甚至灭绝，导致农作物、蔬菜减产或绝产，农产品有害物质超标。有关耕地土壤与农产品污染的事件不断，农村环境安全和食物链污染引起的人的健康问题值得关注。

（二）工业搬迁场地土壤污染

在大规模的城市化进程中，出现了数以万计的化工、冶金、钢铁、轻工、机械制造等行业的企业搬迁而遗留的场地，成为城镇管理者和公众关注的焦点。城镇工业企业搬迁地土壤往往受到了挥发性有机污染物、重金属等多种污染物的污染，污染程度重、污染分布相对集中。特征污染物因地而异，通常有农药、苯系物、卤代烃、多环芳烃、石油、重金属等；污染土层深度可达数米至数十米，地下水同时受到污染。随着越来越多的城市工业用地转变为绿化、娱乐等公共用地或居住用地，潜在的土壤污染问题将逐渐暴露出来，影响了城市生活质量。如果对搬迁的污染场地的面积、数量、分布和危害程度缺乏了解，不进行风险评估，不加以治理修复，将对人居环境质量和居民健康造成显现或潜在的危害。

（三）有色金属矿区土壤污染

有色金属矿区土壤污染突出，破坏生态，危及饮用水源安全和人体健康。我国是世界第三大矿业大国，现有各类矿山 4 000 多个。矿产资源的开采、冶炼和加工对生态破坏和环境污染严重。据估计，我国受采矿污染的土壤面积至少有 200 万 hm^2。有的矿区由于采矿、冶炼及尾矿污染，造成了上百公里的河段严重污染、鱼虾绝迹、人畜无法饮用、粮食减产；有的矿区因污染使蔬菜叶子枯黄、卷缩，部分果树已死亡，羊齿脱落极为普遍，儿童龋齿率达 40%。在广东省韶关大宝山矿区附近上坝村，由于长期使用有毒废水灌溉，造成严重的土壤重金属污染，导致水稻植株内镉含量超过国家标准的 5 倍，蔬菜、水果镉也全部超标，其中香蕉镉超标高达 187 倍。更令人心痛的是，生存环境的严重污染使该村村民健康受到严重损害，除了土壤重金属污染外，还存在矿区土壤酸化、爆炸物污染等复合环境问题。

（四）油田区土壤污染

油田区土壤污染由来已久，长期威胁着环境安全和生态系统健康。油田区土壤长期受到原油、油泥和石油废水等污染。目前，我国油田区土壤污染面积约有480万 hm^2，占油田开采区面积的20%～30%，最高的土壤含油量超过环境背景值的1 000倍。有的油田区长期积存未经处理的含油污泥为主的石油固体废物，堆放量超过300万 t，已成为油田区土壤污染的主要来源。土壤中石油类污染物组分复杂，主要有C15～C36的烷烃、烯烃、苯系物、多环芳烃、酯类等，其中美国规定的优先控制污染物多达30余种。我国油田区广泛存在的石油污染土壤，引起土壤结构与性质改变、植被破坏、微生物群落变化、土壤酶活性降低、水体污染等，严重影响了土地的使用功能，带来环境风险和生态健康问题。

（五）放射性核素污染

土壤放射性核素污染显露，具有潜在的生态、健康和环境迁移的风险。铀矿区、核试验区、核废料处置及稀土废弃物堆放场地等放射性污染的环境风险已受到关注。我国自20世纪60年代以来，经历了铀矿开采、加工以及核武器发展的历程，核废料处置以及核试验场的环境风险可能存在。近年来，随着我国核电产业的发展，其矿山开采、选矿、水冶、尾矿、核材料加工、核燃料处置等场所给环境带来的放射性危害有所显露。随着我国核电装机容量的增加、核废料量的增多，安全处理处置日显迫切。我国是世界上拥有稀土资源最多的国家，安全处置过去积累、现在堆放和未来产生的稀土废弃物已成为现实需求。放射性污染物质的地面迁移可以污染附近土壤及地下水，随着沙尘飘移可能影响更大范围。

（六）生物性污染

土壤生物性污染凸显，存在生态安全和人体健康危害的隐患。病原菌、病毒、原虫和蠕虫类等致病性生物侵入土壤并大量繁殖，可以破坏土壤生态平衡，引起土壤质量下降，对地下水、饮用水源、动植物和人体健康造成不良影响。污水灌溉和垃圾、污泥、粪便的农用，可把大量细菌、病原体和寄生虫卵带入土壤；大气中携带病原体的飘浮物和生物气溶胶等也可以通过沉降进入土壤引起生物性污染；病畜尸体随意掩埋或处理不当，更易引起土壤生物污染并扩大疾病的传播。病原菌在条件适宜时可以土壤为媒介传播，引起人和动物传染病的发生。土壤一旦污染了这些病原菌，则可成为疫源地，随时都有可能使人和动物感染相应的传染病。需要研究土壤传染性细菌和病毒的污染过程与机制，发展污染治理修复技术。

（七）新兴污染物

新兴污染物可以是新出现的污染物（如药品和个人护理用品，简称PPCPs），也可以是一直存在但是现在受到全球关注的污染物（如锑、汞）。随着环境分析技术的提高和人们环保意识的增强，环境中新型微量污染物引起了广泛关注。近10年来，在不同国家和地区的水体、污水中检测到了不同水平的PPCPs。水环境中所检测出的药品种类超过80种，个别地方的饮用水中也检测到ng/L水平的药品剩余物。土壤中PPCPs来源于人群的使用和排泄、养殖场排放及PPCPs制造厂废弃物等。其中，畜禽养殖粪肥的农用和污水灌溉被认为是土壤PPCPs污染的重要途径。据报道，在某规模化养殖场周边菜地土壤中四环素类抗生素检出率高达80%以上，并且其含量比一般蔬菜基地、无公害蔬菜基地及绿色蔬菜基地土壤的更高。

（八）复合或混合污染

近年的区域土壤污染调查表明，长江三角洲地区存在一些高风险污染农田，不仅存在农田土壤重金属或 POPs 的单一和复合污染，而且存在农田土壤重金属与残留农药、多环芳烃和多氯联苯的混合污染。在一些矿区土壤受重金属、有机污染物、酸等复合污染。在设施农业发展过程中，过量化肥和农药的使用所带来的不仅是产量的增加，而且也导致了农产品质量下降；设施农业土壤中养分过剩、次生盐渍化、酸化问题已经与重金属、农药、酞酸酯、抗生素等有机物污染问题叠合共存，制约了设施农业的持续健康发展。多种污染源、污染途径和污染物的同时出现，造成土壤复合或混合污染面积扩大，污染类型多样化，污染危害加重，治理修复难度加大。

二、土壤污染的成因

1. 工业“三废”和交通废物排放进入土壤产生污染

高耗能、高物耗的粗放型经济增长方式产生、排放各种大量的废弃物，特别是工业“三废”，使毒害污染物通过多途径进入且积累于土壤。在 1981—2003 年，全国累计废水排放总量达到 8 367 亿 t，其中生活污水排放总量 3 097 亿 t，工业废水排放总量 5 214 亿 t，工业废水中含大量的铅、镉、铬、汞、砷、氰化物、石油类、酚等污染物；全国废气中二氧化硫排放总量 37 741 万 t，工业废气中烟尘排放总量 31 816 万 t，工业粉尘排放总量 20 758 万 t；全国固体废弃物产生量 144.6 亿 t，其中堆存量 39.3 亿 t，占用大量土地。在一些经济快速发展地区，污染负荷更是居高不下。随着我国经济快速发展，汽车保有量快速增长，交通废物排放带来的土壤污染问题不容乐观。含铅汽油、润滑油的燃烧，汽车轮胎、引擎、刹车里衬的机械磨损不仅排放铅、锌、铜、镉等重金属，同时汽车尾气中也含有苯并芘等有机污染物。机动车辆排放的污染物或直接沉积在路面灰尘中，或通过干湿沉降沉积在公路两侧土壤中，导致城市公路两侧土壤中出现不同程度的污染物积累。

2. 农用化学品大量使用，积累于耕地土壤中

除传统农药残留外，农用化学物质的高强度投入是造成农田和菜地土壤污染的重要原因。据统计，近年来我国化肥年施用总量约为 6 300 万 t，占世界总量的 22%，有 10 多个省（自治区）的平均施用量超过了国际公认的上限（225 kg/hm^2），有的高达 400 kg/hm^2；农药施用量高出发达国家 1 倍，农药年施用总量达 190 万 t，农用塑料薄膜年使用总量为 220 万 t。饲料中使用各类添加剂，致使畜禽有机肥含有较多的污染物质（如重金属、抗生素及动物生长激素等），导致耕地土壤污染。

3. 土地利用方式迅速改变，导致土壤污染面积扩大

随着城市化的发展，原有城市工业用地、仓储用地、生活垃圾用地及其他污染场地，未经治理修复而改变用地方式，成为威胁居民健康的城市污染场地。农业集约化过程中，不少地区将优质农田改为集约化畜禽、水产养殖场、蔬菜种植和大面积花木栽植基地，因土壤环境管理不善，造成土壤污染。我国生活垃圾产生量逐年增加并占用了大量土地，许多城市及城郊陷入垃圾重围之中。电子垃圾粗放式回收利用过程导致多种微量毒害污染物排放，通过多途径进入农田，造成土壤复合污染及酸化。城市化、农业集约化过程中不当的土地利用方式及污染物排放，扩大了土壤污染范围，对土壤环境安全构成了潜在威胁。

4. 土壤环境保护监管能力不足，科学研究重视不够，导致土壤环境污染加剧

相对于大气和水环境保护而言，人们对土壤环境的保护意识更为薄弱。土壤环境信息交流有限，公众对土壤污染多样性、严重性和危害性的认识不足。目前，缺少全国范围的各类场地土壤污染的详细调查研究工作，尚难以全面掌握我国土壤污染的清单、类型、来源、分布、范围、程度、成因与态势，因而也难以针对性地制定我国土壤污染防治政策和监管体系。土壤环境科学、技术和工程研究的投入严重不足，土壤污染评价指标与标准体系有待修订，土壤污染风险评估和控制修复技术体系有待形成，土壤污染防治法有待建立。土壤环境监管能力的薄弱，难以有效地防控修复土壤污染，致使土壤污染加剧。

全国土壤污染状况详查工作是落实国务院《土壤污染防治行动计划》的首要任务，是一项重要的国情调查，是贯彻习近平生态文明思想、全面推进生态文明建设、打好打胜净土保卫战的重要工作。

三、土壤污染修复技术及发展方向

我国的土壤污染具有区域性、场地性、多源性、复合性和复杂性。我国土壤环境质量状况总体上还是好的。土壤环境保护需要提倡以防为主，预防、控制和修复相结合的原则，预防土壤污染，控制土壤污染扩散，修复受污染土壤。预防、控制和修复应是我国在相当长时期内需要坚持的土壤环境保护策略。

受污染的土壤，当其生态、健康和环境风险达到不可接受水平时，即需要修复。我国的土壤污染修复技术，经过了“十五”“十一五”期间的研发，在受砷、铜、锌等重金属污染土壤的植物修复技术及其应用得到了长足发展；在受农药、POPs污染土壤的微生物修复、植物修复、微生物一植物联合修复及表面活性剂强化技术方面取得了显著的研究进展；在一些油田区还进行了中试规模的污染土壤生物修复工程示范试验；启动了工业企业搬迁场地的修复关键技术研究与综合示范；在污染土壤原位修复技术应用上积累了宝贵的经验。“十二五”期间重点研究了土地整治战略、模式及绩效评价，强调了重金属污染综合治理和加大科学技术研究投入缓解污染问题的燃眉之急。“十三五”期间完成国家土壤环境质量监测网络构建，逐步完善土壤环境监测与评价技术体系和标准规范，进一步完善农村环境质量评价技术方法。

常用的修复技术手段见表4.3。

表4.3　土壤污染常用修复手段

技术名称		技术要点
物理修复技术	换土法	把污染土壤取走，换入干净土壤，并妥善处理换出的土壤，以防止二次污染：包括换土、去表土、客土和翻土4种方法
	物理分离修复技术	利用土壤介质和污染物的粒径、摩擦、密度、磁性和表面特性等物理性差异，将污染颗粒从土壤胶体上分离出来；一般作为初步的分选手段，减少污染土壤的体积，最大限度地去除颗粒污染物
	固化修复技术	将污染土壤和一些固化剂（如水泥、沥青等）混合，混合物变硬、变干，转化为结构完整且稳定的固态体，从而将污染物封装在其中
	玻璃化技术	土壤加热，污染物热解或蒸发去除，熔化后污染土壤冷却形成惰性玻璃体
	电动修复技术	插入电极，施加低压直流电形成电场，污染物向电极区富集，进行回收处理
	电热修复技术	用蒸汽、无线电波、高频电压和红外辐射等对土壤加热，污染物从中解吸出来，收集回收处理
	土壤蒸汽抽提技术	清洁空气注入污染土壤，负压驱使空气解吸有机污染物，后收集再处理；包括原位和异味两种
	冷冻土壤修复技术	无害冷冻剂溶液输送管道使水分冻结，形成地下冻土层以容纳土壤或地下水中重金属、有机污染物和放射性污染物，防止扩散迁移
	高温处理技术	焚烧法（高温970～1 200 ℃）和等离子体高温（1 500～1 600 ℃）回收金属和有机气体

续表4.3

技术名称		技术要点
化学修复技术	化学淋洗技术	水力压头推动淋洗剂注入被污染土中，再将已经溶解的和迁移的污染物的液体抽提出来，进行分离和污水处理；包括原位和异位两种
	固定/稳定化修复技术	加入固定/稳定化剂，调节改变污染物在土壤中的物理化学性质，将污染转化为难溶、低毒的物质；包括原位和异位两种
	溶剂浸提技术	利用溶剂将有害化学物质从污染土壤中提取出来或去除，一般为异位处理
	原位化学氧化技术	向土壤注入化学氧化剂，发生氧化反应，使污染物还原成难溶态物质，降低其迁移性和可利用性
	原位化学还原技术	利用还原剂将土壤或地下水中的污染物还原成难溶物质，降低其迁移性和可利用性
	土壤性能改良技术	通过改良剂来降低重金属、有机污染物的水溶性、迁移性和生物有效性，从而降低它们进入植物体、微生物体和水体的能力，减轻危害
生物修复技术	微生物修复技术	通过为土著微生物或外源微生物提供最佳营养条件和必需化学物质，保持其代谢活性的良好状态，将污染物分解并最终去除
	植物修复技术	利用植物对土壤中的微生物吸收、富集、转移和降解作用来修复土壤；包括植物提取、植物稳定、植物挥发和植物降解等模式

总体上，我国未来的土壤修复技术发展策略应该是研发绿色与环境友好的生物修复、联合修复、原位修复、基于环境功能修复材料的修复、基于设备化的快速场地修复、土壤修复决策支持系统及修复后评估等技术，为解决农业土壤污染、工业搬迁场地土壤污染、矿区及周边土壤污染及土壤含水层污染等问题提供技术支撑。

二维码 4-10　**视频：土壤修复技术**　　二维码 4-11　**视频：土壤污染与修复技术**

针对受重金属、农药、石油、POPs 等中轻度污染的农业土壤，需要着力发展能大面积应用的、廉价的、环境友好的生物修复技术和物化稳定技术，实现边修复边生产，以保障农村生态环境、农业生产环境和农民居住环境安全，针对工业企业搬迁的化工、冶炼等各类重污染场地土壤，需要着力研究风险评估技术，发展场地针对性的原位或异位的物理、化学及其联合修复工程技术，开发具有自主知识产权的土壤—地下水一体化修复技术与设备，形成系统的场地土壤修复标准和技术规范，以保障人居环境安全和人群健康。针对各类矿区及尾矿污染土壤，现阶段需要着力研究能控制生态退化与污染物扩散的生物稳定化与生态修复技术，将矿区边际土壤开发利用为植物固碳和生物质能源生产的基地，以保障矿区及周边生态环境安全和饮用水源地安全。在土壤污染机制研究和实际修复案例集成分析的基础上，逐步形成重金属、农药、POPs、放射性核素、生物性污染物、新兴污染物及其复合污染土壤的修复技术体系，建立土壤修复技术规范、评价标准和管理政策，以推动土壤环境修复技术的市场化和产业化发展，提升我国这一新兴产业在国际环境修复市场中的竞争力。

2023 年，在全国两会上，国务院总理李克强在政府工作报告中提出，“今年持续改善生态环境，推动绿色低碳发展。加强污染治理和生态保护修复，处理好发展和减排关系，促进人与自然和谐共生。”推动发展方式绿色转型，深入推进环境污染防治，持续实施重要生态系统保护和修复重大工程。推动化肥农药减量增效和畜禽养殖废弃物资源化利用。持续推进生态保护修复重大工程，深入打好污染防治攻坚战。强化大气多污染物协同控制和区域协同治理，加大重要河湖、海湾污染整治力度，持续推进土壤污染防治。加强固体废物和新污染物治理，推行垃圾分类和减量化、资源化。

四、我国土壤污染防治立法

（一）土壤污染立法的紧迫性

自从改革开放以后，我国的经济经历了一个较快的发展过程，然而随之而来的环境问题也愈发严重。近几年，我国已经发展为全球经济增长速度较快的国家之一，与此同时也造就了一个自然环境污染相对比较严重的发展中国家。根据 2011 年我国发改委发布的数据，我国的单位国民增长总值的能耗几乎达到了世界平均水平的 3 倍。能源需求与能源利用水平之间的矛盾，必然会对自然生态产生很大的污染。自 2010 年以来，虽然我国已经对海洋、大气和水污染进行专项立法以达到预防和控制污染，但是土壤污染相对于以上环境破坏更具滞后和隐藏特征，我们不可以仅仅依靠自己的感觉器官就能够做出准确的辨识；而且土壤环境的污染相对于以上污染更加难以治理，有的污染物对土壤资源的破坏可以说是到了不可挽回的程度。

（二）土壤污染立法的必要性

土壤资源对于人类来说是至关重要的，人类所需要的绝大部分食物都离不开土壤。土壤资源是人类赖以生存的基础。因此，土壤资源一旦遭到破坏，会直接影响食品的安全以及人们的身体健康。长远来看，土壤资源也关系着经济的可持续发展。改革开放以来，我国的经济得到了较快的发展，但随之而来的环境污染问题也越发严重。这其中土壤污染的问题尤为凸显，目前我国并没有有效的措施来控制土壤污染的扩散，近年来造成土壤资源损害的污染源的种类也更加复杂化，进一步增加了整治土壤污染的困难，而这又反过来阻碍着我国经济的可持续发展。所以能否有效地整治土壤环境污染问题，直接关系着我国经济能否良好地发展以及公众的健康能否得到保障。土壤污染具有滞后性、不可逆性，对其的治理是一项艰巨的任务，这就需要我们将整治土壤环境污染纳入法律的轨道。

对于土壤环境污染的整治，我们不能走“先污染，后治理”的道路，因为土壤资源遭受破坏后的持续性是很强的，如果等到污染后再进行整治，效果甚微。所以，对于土壤污染的整治，应将重点放在预防上面，然而仅仅依靠道德的束缚是不可能取得很好的效果的，因此，我们需要法律规范的力量。

（三）完善我国土壤污染防治立法

土壤资源不同于其他的环境要素，其一旦遭到破坏，几乎不可能再恢复原状，并且整治土壤环境污染所消耗的人力物力也是其他环境要素所不能比拟的。土壤资源被损害后，不会随着时间而逐渐消除，危害甚至会越发严重。因此，健全我国土壤环境污染整治法律规范以及完善相关制度迫在眉睫。可以运用综合性立法，规定严格的法律责任，注重发挥政府管理部门的职能作用，健全公众参与机制，完善我国土壤污染防治立法。①制定土壤污染防治专项立法，健全我国土壤环境污染整治法律体系。②制定针对性的治理措施，包括行政管理、经济支持、科学技术、宣传教育等。③健全土壤环境污染整治相关的法律制度，包括土壤污染预防法律制度、土壤污染治理法律制度、土壤污染整治资金保障制度等。④明确法律责任，包括民事责任、行政责任、刑事责任等。

宁夏、菏泽、浙江等多地出台土壤污染防治条例，县级以上人民政府应当将土壤污染防治工作纳入国民经济和社会发展规划、生态环境保护规划，禁止将重金属或者其他有毒有害物质含量超标的工业固体废物、生活垃圾、污染土壤等用于土地复垦。凡篡改伪造监测数据等上限处罚 200 万元，建设用地用途变更须进行土壤污染调查。

创新创业

土壤污染治理

近年来，重金属污染事故频出，2011 年广西龙江镉浓度超标的事件说明重金属污染已经威胁到公众的生命安全，然而没有被暴露的长期化工污染的影响更深远，污染土层可达 5 m 以上，因此土壤污染的修复势在必行。在发达国家，土壤污染治理占整个环保行业市场份额的 30%～50%，这意味着现阶段或者未来，国内土壤污染治理行业发展空间巨大，仅北京一些化工厂搬迁后的土壤修复所需费用就高达 300 亿～500 亿元，随着土壤污染修复治理大面积推进，产业链也会愈加完善，以不同技术路线综合解决土壤污染的企业也会如雨后春笋般增加，因此土壤修复行业大有可为。

从土壤修复工程的角度看，土壤修复是一个非常复杂、非常专业的系统工程，包括污染的调查、监测、评估，风险评估，修复技术与材料，工程施工与装备，技术监理，工程监理、工程验收，后评估等系列工作，那么将业务进程拆分，土壤修复行业可以总结为三类企业，第一类土壤修复项目型企业，但这类企业实力雄厚，项目经验丰富，主要以工程总包的形式完成土壤修复项目，如北京建工环境修复有限责任公司。它是国内最早从事污染治理与修复的企业，成功完成了北京化工三厂土壤修复工程。第二类为调查、评估以及咨询类公司，非常专业，为企业提供完善的解决方案，不负责具体施工。此行业以一些外资企业为代表，如格林曼、美华等。第三类为地产开发类企业，如一些地产公司，规模庞大，涉及修复方案的设计，修复施工，修复后土地规划与建设等一系列工程，行业壁垒坚固，如美国的 AECOM。

三类企业中以第二类调查、评估以及咨询类公司的规模最小，成本最低，此类公司是以提供技术而盈利的，原被国外知名企业长期垄断。此领域依靠专业的技术手段分析样品，获取有效信息，提供正规有效调查报告，完成科学的评估，并给予有针对性的建议。在我国政府部门的大力扶持下，调查、评估以及咨询类公司的创业形势一片大好。同时工程施工与装备，技术监理，工程监理，工程验收，验收后评估等工作也需要专业化人才，土壤修复工程师虽然是新兴行业，然而市场需求十分旺盛，呈现出巨大的就业前景。

2016 年 5 月 28 日，国务院印发了《土壤污染防治行动计划》，简称“土十条”。“土十条”的出台表明了国家对土壤污染治理和保护的决心与政策导向。同时国家也出台了一系列鼓励政策，促进和规范土壤污染治理领域政府和社会资本合作，并逐步将土壤污染防治领域全面向社会资本开放。国家将细化对社会资本投资土壤污染治理领域的鼓励措施，包括财政、税收、贷款优惠等内容。当代大学生如能把握机遇，勇于探索创新，必定能在大形势下伸展自己的抱负，成就利国利民的大好事业。

阅读材料

全国土壤普查

人口普查，很多朋友并不陌生，我国第一次人口普查时间是1953年，到2023年刚好70年，而第七次全国人口普查也刚结束没多久，所以大约就是10年一次。但对于土壤普查，大家可能就比较陌生了。我国分别于1958年和1979年开展过两次全国土壤普查，为什么时隔40年土壤普查再次开展？在这40多年里，中国的农业发生了很大的变化，中国的土壤也发生了很大的变化，土壤到底怎么样了？是变好了？还是变坏了？开展全国第三次土壤普查就尤为重要。第三次土壤普查可能关系到未来几十年中国农业能不能继续增产、稳产，也关系到我们的土壤资源能不能得到保护，地力逐步得到提升。

土壤普查指在一定区域内，对土壤的成因、类型和性状、肥力、分布、改造利用途径所进行的一项全面调查。它的内容包括：土壤类型的确定、土壤物理和化学状况的测定、土壤评价和低产土壤改良规划等。土壤普查是清查土壤资源，测定土壤养分状况，因地制宜地改良利用土壤的重要基础工作，对发展农林牧业生产，促进农业现代化实现有重大作用。新中国成立后，开展过两次全国土壤普查。新中国成立初期，我们粮食亩产在200 kg左右，到了20世纪70年代，也只有四五百千克。而现在，亩产远超500 kg，亩产大幅增长，除了使用良种之外，化肥、农药、除草剂的使用有很大关系，我们虽然解决了饿肚子的问题，但过量不合理施用化肥、农药残留等破坏了土壤结构。耕地是粮食生产的命根子，而土壤是农业生产最基本的依托、最基础的资料。而我国的国土面积广阔，想要摸清楚土壤的底细，这是一项非常巨大的工程。

全国第三次土壤普查将历时4年，2022年开始，2025年结束。

一、普查目的

查明土壤类型及分布规律，查清土壤资源数量和质量等，普查结果可为土壤的科学分类、规划利用、改良培肥、保护管理等提供科学支撑，也可为经济社会生态建设重大政策的制定提供决策依据。开展土壤三普是守牢耕地红线确保国家粮食安全的重要基础，是落实高质量发展要求加快农业农村现代化的重要支撑，是保护环境促进生态文明建设的重要举措，是优化农业生产布局助力乡村产业振兴的有效途径。

二、普查目标

遵循土壤普查的全面性、科学性、专业性原则，衔接已有成果，借鉴以往经验做法，按照“统一领导、部门协作、分级负责、各方参与”的组织实施方式，到2025年实现对全国耕地、园地、林地、草地等土壤的“全面体检”，摸清土壤质量家底，为守住耕地红线、保护生态环境、优化农业生产布局、推进农业高质量发展奠定坚实基础。

三、普查对象与内容

普查对象为全国耕地、园地、林地、草地等农用地和部分未利用地的土壤。其中，林地、草地重点调查与食物生产相关的土地，未利用地重点调查与可开垦耕地资源相关的土地，如盐碱地等。

普查内容包括土壤性状普查（土壤颜色、质地、有机质、养分情况、孔隙度、重金属等土壤物理、化学指标)、土壤类型普查、土壤立地条件普查、土壤利用情况普查(基础设施条件、种植制度、耕作方式、灌排设施情况等基础信息,肥料、农药、农膜等投入品使用情况等)、土壤数据库和土壤样品库构建、土壤质量状况分析、普查成果汇交汇总等。以完善土壤分类系统与校核补充土壤类型为基础,以土壤理化性状普查为重点,更新和完善全国土壤基础数据,构建土壤数据库和样品库,开展数据整理审核、分析和成果汇总。全面查清农用地土壤质量家底。

四、普查主要成果

1. 数据成果

形成全国土壤类型、土壤理化和典型区域生物性状指标数据清单,形成土壤退化与障碍数据,特色农产品区域、盐碱地调查等专题调查土壤数据,适宜于不同土地利用类型的土壤面积数据等。

2. 数字化图件成果

形成分类普查成果图件,主要包括全国土壤类型图,土壤养分图,土壤质量图,耕地盐碱、酸化等退化土壤分布图,土壤利用适宜性分布图,特色农产品生产区域土壤专题调查图等。

3. 文字成果

形成各类文字报告,主要包括土壤三普工作报告、技术报告,全国土壤利用适宜性(适宜于耕地、园地、林地和草地利用)评价报告,全国耕地、园地、林地、草地质量报告,东北黑土地、盐碱地、酸化耕地等改良利用、特色农产品区域土壤特征等专项报告。

4. 数据库成果

形成集土壤普查数据、图件和文字等国家级、省级土壤三普数据库,主要包括土壤性状数据库、土壤退化与障碍数据库、土壤利用等专题数据库。

5. 样品库成果

形成标准化、智能化的国家级和省级土壤样品库、典型土壤剖面标本库。

项目小结

- 土壤资源管理
  - 我国土壤资源概述
    - 我国土壤资源的特点：土壤资源丰富、类型多样；山地面积多，平原面积少；耕地面积少，分布不平衡
    - 土壤剖面与土壤分类：自然土壤剖面；耕地土壤剖面。分类：土纲、亚纲、土类、亚类、土属、土种、亚种
    - 我国土壤的分布规律：土壤水平地带性、垂直地带性和地域性划分
    - 我国主要土壤类型：铁铝土土纲、淋溶土土纲、雏形土土纲、均腐土土纲、人为土土纲和盐成土土纲
  - 农田土壤培肥与改良技
    - 旱田土壤：生物途径；物理途径；化学途径；防护途径
    - 水田土壤：逐年深耕晒垡；加强水利农田设施建设；施用石灰改良酸性土壤；增加有机肥；稻秆还田
  - 设施农田土壤培肥与改良技术
    - 特点：土壤板结；盐渍化；酸化；土传病害；重金属富集；微量元素缺乏
    - 培肥与改良技术：整地；施用有机肥；大水淋洗；调节pH；合理轮作；翻土、客土、填埋；微生物修复；合理配比化肥施用
  - 山丘果园土壤培肥与改良技术
    - 丰产果园对土壤的要求：有机质；氮、磷、钾；Fe、B、Mn、Cu、Zn
    - 果园土壤培肥与改良：深翻改土；果园种草；果园覆盖；调节土壤pH；增施有机质；引入蚯蚓和微生物
  - 土壤污染与修复
    - 污染来源、特点及危害：耕地污染；工业搬迁场所地污染；有色金属矿区土壤污染；油田区土壤污染；放射性核素污染；生物性污染；新兴污染物；复合或混合污染
    - 土壤污染修复技术及发展方向：物理修复技术；化学修复技术；生物修复技术

思考题

一、名称解释

土壤剖面　土壤改良　土壤污染　土壤修复　土壤的植物修复技术

二、填空题

1. 土壤剖面的种类有________和________。

2. 我国主要的土壤类型有________、________、________、均腐土土纲、人为土土纲和盐成土土纲。

3. 我国农田土壤主要有________和________。

三、简答题

1. 我国土壤资源的分布规律和特点是什么？

二维码 4-12
思考题参考答案

2. 我国农田土壤是特点是什么？农田土壤常用的培肥方式有哪些？

3. 设施农业土壤主要的培肥方式有哪些？

4. 土壤改良的措施有哪些？山丘果园土壤培肥与改良的措施有哪些？

5. 土壤污染的来源和成因是什么？如何保护好我们赖以生存的国土不被污染？

思政园地

绿水青山就是金山银山

“绿水青山就是金山银山”，开展生态文明建设与土壤密不可分。党的二十大提出推进美丽中国建设，坚持山水林田湖草沙一体化保护和系统治理。合理利用土壤资源，加强土壤污染防控，强化农业面源污染防治，增强农业固体废弃物资源化利用，推进水土流失以及土壤酸化、荒漠化、石漠化综合治理，扩大耕地轮作休耕和保护性耕作试点，加快土壤保护立法等重要举措，应该成为生态文明建设的“抓手”“钥匙”。请结合中央一号文件，谈谈土壤污染治理的重要性，土壤安全、土壤可持续发展理念与生态文明建设的关系。

项目五　植物营养原理解读

学习目标

知识目标：

1. 认识植物必需的营养元素及其主要功能。
2. 了解植物根系和根外组织吸收养分的方式，掌握植物营养症状诊断的基本方法。
3. 掌握植物吸收养分的特性。

技能目标：

能结合生产实际对植物营养元素失调症状进行诊断，并提出合理的施肥建议。

素质目标：

1. 正确认识植物营养对农业发展和人类社会的贡献。
2. 培养学生生态可持续的环保理念，探索农业现代化中精准施肥的技术内涵。

科学史话

植物营养发展进程

从植物需求入手探索植物生长机理，最早是从西欧开始的。当时，科学家研究植物主要围绕着植物生长发育究竟需要什么物质，所需的物质是矿物质养分还是有机物质养分开展。

早在15世纪，尼古拉斯就开始从事植物营养的研究，他认为植物从土壤中吸收养分与吸收水分的某些过程有关。1640年，海尔蒙特在布鲁塞尔进行了著名的柳条试验，得出柳条增重所需物质来自水而不是大气和土壤的错误结论。1804年，索秀尔证明植物体内的碳来自大气CO_2，是植物同化作用的结果；植物的灰分则来自土壤。

19世纪初期，欧洲十分流行德国学者泰伊尔的腐殖质营养学说。他认为，土壤肥力取决于腐殖质含量，腐殖质是土壤中唯一的植物营养物质，矿物质只起间接作用，它可加速腐殖质的转化和溶解，使其变成易被植物吸收的物质。

1834年，法国农业化学家布森高第一次采用田间试验方法研究植物营养，首先把化学测定方法从实验室运用到田间试验中，确认豆科作物可利用空气中的氮素，并能提高土壤含氮量；谷类作物不能利用空气中的氮素，只能吸收土壤中的氮素，并使之不断减少。随后，不少科学家开始用溶液培养的方法研究植物营养机理。

1840年，德国化学家李比希（国际公认的植物营养学奠基人）提出了植物矿质营养学说，并否定了当时流行的腐殖质营养学说。矿质营养学说是植物营养学新旧时代的分界线和转折点，给予了植物营养学一个崭新的面孔。

20世纪初，苏联农业化学家普良尼什尼柯夫根据生物与环境统一的观点，主张把植物、土壤、肥料三者联系起来，研究它们的相互关系，进而以施肥为手段来调节营养物质在植物体内和土壤中的状况，改善植物生长发育的内在和外界环境条件，最终达到提高产量和改善品质的目的。

1922—1935 年间，通过营养液试验，一批新的植物必需营养元素被发现。

百余年来，在研究植物的过程中，科学家们从零散的经验和现象描述到揭示机理，建立起了完整的研究体系，探讨了营养元素的形态和转化规律，提出了有效施用这些元素的土壤农化指标和农业技术措施，确定了定量施肥的方法。随着科技的进步，植物营养学的研究已逐步深入微观分子水平，如利用植物营养遗传基因型差异，发掘植物潜力，不断提高作物对养分的吸收和利用效率。

随着理论研究的不断深入，施肥方法和技术也在不断变革。植物营养从氮肥时代，到磷肥时代，到复合肥时代、全营养肥时代，再到特肥时代，植物生产能力持续提高，总之，人们一直为农业的可持续发展努力着。

植物生产是农业生产的基础。植物从土壤或大气中吸收的营养物质大部分为矿物质，少部分是简单的可溶性有机物。这些物质以不同方式被植物根系或叶片吸收，通过不同的运输过程被植物转运和利用。植物体从外界环境中吸取其生长发育所需要的物质并用于维持其生命活动的过程称为植物营养，这些为植物生长所必需的元素则称为必需营养元素。植物营养的原理是施肥的理论基础，根据植物需肥特性，结合土壤、气候和农业生产条件等因素才能确定合理的施肥方案。

任务一　认识植物生长发育必需的营养元素

植物是一个天然化工厂，体内发生着复杂微妙的生理生化反应，以无机物质为原料合成各种复杂的有机物质。参与这些反应的元素组成非常复杂，多达七十多种，但为植物生长所必需的元素只有十几种。

一、植物体内化学元素的组成

植物体由水和干物质两部分组成。新鲜植物体含 75%～95%的水分和 5%～25%的干物质，植物体内水分含量的多少，常因植物种类、年龄、部位和组织器官的不同而有所差异。植物体干物质组成十分复杂，可分为有机物和无机物两大类。用化学方法检测发现，其化学组成元素有 70 余种，几乎包括自然界存在的所有元素。其中，占干物质总质量 90%～95%的有机物质主要由碳(C)、氢(H)、氧(O)和氮(N)等元素组成，而占 5%～10%的灰分则包括磷(P)、钾(K)、钙(Ca)、镁(Mg)、硫(S)、铁(Fe)、锰(Mn)、硼(B)、锌(Zn)、铜(Cu)、钼(Mo)、氯(Cl)、镍(Ni)、硅(Si)、钠(Na)、钴(Co)、铝(Al)、钒(V)、硒(Se)等元素。

不同植物体内各元素含量差异很大，植物对元素的吸收和利用，除了自身的营养特征，还受环境因素制约。这也就决定了植物的生长发育过程，除吸收必需的营养元素外，还可能吸收非必需营养元素。

二、判断植物必需营养元素的标准

经生物试验证实，植物体内的化学元素并非全部为植物生长发育所必需，有些只是机械或偶然进入植物体内，有些甚至属于过度积累的。因此，不能仅仅依据元素在植物体内的有无和含量多少来判断其是否为植物生长所必需。根据严格的水培试验，阿诺(Arnon)和斯托德(Stout)于1939年提出了确定必需营养元素的3个标准：

(1)对植物生长发育来说是必不可少的，缺乏该元素时，植物生命周期不能完成(不可缺少性)；

(2)缺少该元素时植物会表现出特定的症状，而且其他任何一种元素均不能完全替代其作用，只有补充这种元素后，症状才能减轻或消失(不可替代性)；

(3)该元素对植物起直接的营养作用，而不是因改善生活环境所产生的间接作用(直接营养性)。

根据以上标准，到目前为止，已确定为植物必需的营养元素共有17种，即碳(C)、氢(H)、氧(O)、氮(N)、磷(P)、钾(K)、钙(Ca)、镁(Mg)、硫(S)、铁(Fe)、锰(Mn)、硼(B)、锌(Zn)、铜(Cu)、钼(Mo)、氯(Cl)和镍(Ni)。

在17种必需营养元素中，除碳、氢、氧外，植物对氮、磷、钾的需求量较大，收获时从土壤中带走比例较高，而以残茬形式归还到土壤的数量较少，作物连作时常导致土壤中这些元素含量偏低，需要通过施肥补充才能满足植物生长发育需求，因此人们称氮、磷、钾为“肥料三要素”或“植物营养三要素”。

除必需营养元素之外，有些元素针对某些植物会表现出一定的刺激作用或促进作用；有些元素只为某些植物生长所必需；有些元素可以简单替代必需营养元素的某些功能，这些元素称为有益元素。例如，水稻需要硅，豆科植物需要钴，藜科需要钠，等等。

三、植物体内必需营养元素的分组和来源

植物对17种必需营养元素的需求量并不相同，在植物体内含量差异很大。根据植物体内含量多少可将其划分为大量营养元素、中量营养元素和微量营养元素(表5.1)。

表5.1　高等植物必需营养元素的种类、利用形态及适合含量(以干重计)

类别	营养元素	利用形态	含量 %	类别	营养元素	利用形态	含量 %	含量 $mg \cdot kg^{-1}$
大量营养元素	碳(C)	CO_2	45	微量营养元素	氯(Cl)	Cl^-	0.01	100
	氧(O)	O_2、H_2O	45		铁(Fe)	Fe^{3+}、Fe^{2+}	0.01	100
	氢(H)	H_2O	6		锰(Mn)	Mn^{2+}	0.005	50
	氮(N)	NO_3^-、NH_4^+	1.5		硼(B)	$H_2BO_3^-$、$B_4O_7^{2-}$	0.002	20
	磷(P)	$H_2PO_4^-$、HPO_4^{2-}	0.2					
	钾(K)	K^+	1.0		锌(Zn)	Zn^{2+}	0.002	20
中量营养元素	钙(Ca)	Ca^{2+}	0.5	微量营养元素	铜(Cu)	Cu^{2+}、Cu^+	0.000 6	6
	镁(Mg)	Mg^{2+}	0.2		钼(Mo)	MoO_4^{2-}	0.000 01	0.1
	硫(S)	SO_4^{2-}	0.1		镍(Ni)	Ni^{2+}	0.000 01	0.1

以C元素为例，含量为45%，即在100g干物质中，C占45%。

（1）大量营养元素　平均含量约占植株干物质重量的百分之几十到百分之几，它们是碳、氢、氧、氮、磷、钾6种。

（2）中量营养元素　平均含量约占植株干物质重量的百分之几到千分之几，它们是钙、镁、硫3种。

（3）微量营养元素　平均含量约占植株干物质重量的千分之几到十万分之几，它们是铁、锰、硼、锌、铜、钼、氯、镍8种。

上述植物必需营养元素中，碳和氧主要来自空气中的二氧化碳，氢来源于水。虽然豆科植物可以借助根瘤菌固定空气中一定数量的氮素，但大多数植物吸收的氮来自土壤。其他灰分元素大部分也是从土壤中吸取的。由此可见，土壤不仅支撑植物生长，也是植物所需养分的最主要供应者。因此，土壤养分状况与植物生长密切相关，尤其是土壤中有效态养分的含量对产量的影响更为显著。

四、植物必需营养元素的主要功能

营养元素的种类不同，在植物体内的生理功能也不同，其主要功能概述如下：

1. 构成植物体的结构、生活和贮藏物质

植物体的结构物质包括纤维素、半纤维素、木质素及果胶质等物质；生活物质包括氨基酸、蛋白质、核酸、叶绿素、酶及辅酶等；贮藏物质包括脂肪、淀粉、植素等。构成这些物质的营养元素主要有碳、氢、氧、氮、磷、钙、镁、硫等。

2. 在植物新陈代谢中起催化作用

酶是植物生理生化反应和代谢过程的生物催化剂。酶的催化过程需要某些元素作为活化剂，使之活化，如钾、镁和部分微量元素；也有不少必需营养元素本身就是酶的组分，如磷是氮代谢过程中硝酸还原酶等一些重要酶的组成成分。

3. 其他特殊功能

在植物体内参与物质的转化运输、信号传递、渗透调节等。如钾参与植物体内碳水化合物的转化和运输、植物细胞水势的调节，硼参与糖的长距离运输等有重要作用。

五、必需营养元素的相互关系

在植物体内，不论必需营养元素数量多少，对植物生长发育来说都是同等重要的，任何一种营养元素的特殊功能都不能完全被其他元素所代替，这就是营养元素的同等重要律和不可代替律。

首先，各种营养元素的重要性不因植物对其需要量的多少而有差别，植物体内各种营养元素的含量差别可达十倍、千倍甚至十万倍，但它们在植物营养中的作用并没有重要和不重要之分。缺少大量营养元素固然会影响植物的生长发育，最终影响产量；缺少微量营养元素也同样会影响植物的生长发育，也必然影响产量。例如，植物体氮素不足时，老叶会表现出黄化现象。而缺硫时叶片也会出现失绿现象，严重时呈白色。氮是叶绿素的主要成分，叶绿素的成分中虽不含硫，但它对叶绿素的形成有一定的影响，缺硫会使叶绿素含量降低。所以，对于植物生长来说，硫和氮都是同等重要的。

其次，尽管植物体内各种营养元素的含量差异很大，但它们各自担负的生理功能却是独特的，相互之间是不可代替的。即磷不能代替氮，钾不能代替磷。如磷素供应不足时，植物生长受到抑制，首先下部叶片叶色发暗呈紫红色，开花迟，花也小，除施用磷肥外，施用其他任何肥料都不能减轻这种症状。因此,在实际施肥中,必须根据植物营养的要求,结合土壤养分供应状况,考虑不同种类肥料的配合,以免导致某些营养元素的供应失调。

技能训练10

植物营养缺素症的观察与诊断

一、技能目标

通过观察视频资料、图谱以及实物,学生对当地作物缺素典型症状有所认识,并能利用实物观察,初步掌握识别缺素症状的方法。

二、方法原理

在作物生长发育过程中,需要 17 种必需营养元素,而且各种营养元素间按一定的比例保持相对的平衡,当某种营养元素相对缺乏或过剩时,作物正常生长会受到影响,并可能在外形上出现异常症状。由于各种营养元素参与的生理过程,当其缺乏时就会出现不同的外观症状。有些缺素症状比较典型,通过植物外观症状就能判断出来,有些缺素症状表现不典型,还需要借助其他诊断方法。常见的诊断方法有以下几种:

1. 外观诊断

一般是根据植物的形态、颜色,植物的长相、长势等情况,与正常生长发育的植物进行比对,从而判断植物营养的丰缺状况。

2. 施肥诊断

如果通过外观诊断不能确认缺少某种元素,可采用根外营养的方法进行诊断。其做法是分别配制 0.1%～0.2%浓度的含有怀疑缺乏的系列营养元素的溶液,分别喷到或涂抹到做好标记的疑似病株叶部,或浸泡病叶 1～2 h,隔 7～10 d 看施肥前后叶色、长相、长势等的变化再确认缺乏元素。

3. 化学诊断

通常是对土壤和植物进行营养元素含量测定,再对照各种营养元素缺少的临界值加以判断,或对照参考标准确定植株所处的营养水平。部分元素的诊断还可通过生化指标进行判断,如酶活性和代谢产物浓度变化等。

4. 指示植物诊断法

在诊断区域内种植指示植物,这些植物往往对某种元素更敏感,如果养分缺乏时,这类植物会最先表现出症状,可用于指标土壤中某种元素的丰缺状况。

5. 无损测试技术

在不破坏植物组织结构的基础上,利用各种手段对作物的生长状况进行监测。目前多用于氮营养诊断,这种方法迅速、准确,并能及时提供追肥所需要的信息。如叶绿素计读数法(SPAD)和叶色卡片法。近年来,随着相关领域测试水平不断提高,氮素营养诊断的无损测试技术正在从定性或半定量向精确定量方向发展,由人工测试向智能化测试方向发展。其中便携式叶绿素仪法和新型遥感测试法是 20 世纪 90 年代以来最新发展的方法。而现代农业中运用卫星遥感拍摄植物影像,再用于评估植物长势就属于无损测试技术的一种。

本实验以外观诊断为例,施肥诊断和化学诊断可根据需要查阅相关资料。

三、实验材料

有缺素症状的植株标本、出现缺素症状的试验田、常见作物缺素症图谱、植物缺素症状图库。

四、操作规程

1. 看图像

首先采用多媒体教学手段，观看植物缺素症的图像，并与健康植株进行比较分析。

二维码 5-1 作物缺素症状检索图

二维码 5-2 作物缺素症状示意图

二维码 5-3 氮磷钾缺素诊断图库

二维码 5-4 钙镁微量元素缺素诊断图库

2. 实地观察

在试验田中选择有明显缺素症的植物，最好选择当地几种主要植物的不同时期的缺素症，进行多次观察，进行营养诊断。

3. 分析诊断

根据形态观察的初步结果，查对作物营养元素缺乏症状检索简图 5.1，再参考表 5.2 几种主要作物缺乏氮、磷、钾的症状，进行综合诊断。

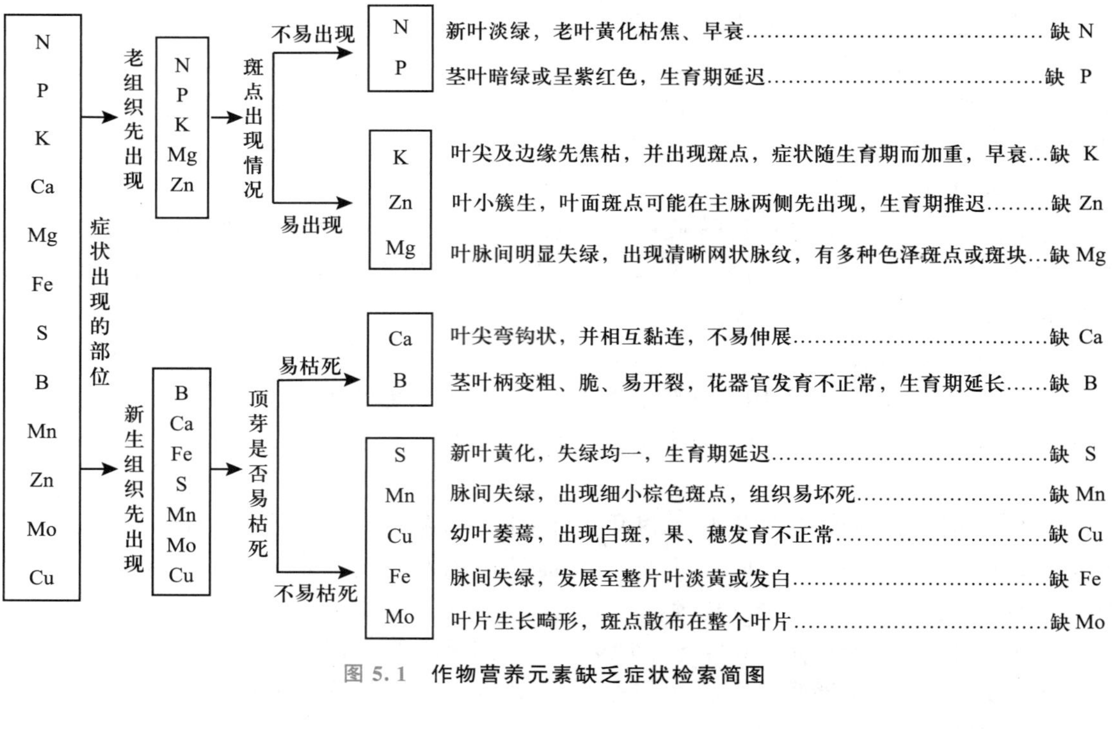

图 5.1 作物营养元素缺乏症状检索简图

表 5.2　几种主要作物缺乏氮、磷、钾的症状

作物	缺氮	缺磷	缺钾
水稻	植株矮小分蘖少，叶片小呈黄绿色，结穗短小	叶片细弱呈浓绿色，严重时有赤褐色斑点，根系发育不良，分蘖少，生育期延长	叶色蓝绿，软弱下垂，叶面有赤褐色斑点，直至枯黄，易倒伏
小麦	叶片稀少，叶色发黄，植株细长，分蘖少，穗短小	叶片紫褐色，植株细小，分蘖少，抽穗成熟延迟	老叶尖及边缘黄焦，茎秆细，叶柄短而软弱，易倒伏
棉花	叶色发黄，植株矮小，分枝少，结铃、坐铃率低	叶色暗绿，植株矮小，结铃成熟期延迟，棉籽不饱	叶片有黄白色斑块，叶尖及叶缘有棕色斑点，向下卷曲，棉铃小，吐絮差
大豆	叶片出现青铜色斑块，渐渐变黄而干枯，植株矮小，分枝少	叶色浓绿，叶片尖窄直立，植株矮小生长缓慢，开花后叶有棕色斑点，根瘤发育不良	叶片黄绿，叶面皱缩，叶尖及叶缘黄色部分最后呈棕色而干枯
花生	叶片淡黄，基部发红，根瘤很少，植株生长不良	老叶蓝绿色，基部发红，根瘤发育不良	叶色淡绿。边缘枯焦，生长受抑制
甜菜	叶片形成迟缓并显著减少，先老叶由淡绿变黄绿色，继而全株呈黄绿色，老叶枯死	叶片暗绿，叶丛矮小，比正常植株直立，以后叶缘出现红色或红褐色病斑，并逐渐扩大，直至枯落	老叶尖和叶缘开始变黄，继而呈枯焦状，逐渐蔓延至中部；叶面皱曲，叶柄不易折断，或呈棕色斑点或条纹
番茄	生长缓慢，从老叶开始失绿，渐渐发黄，果实小，色淡	生长迟缓，茎叶呈紫红色，叶片小，株形矮小似发僵，果实小，易开裂	先从老叶叶脉间开始发黄，逐渐扩展加深变褐色，叶脉绿色清晰，最后枯萎，果实小，呈浅褐色
黄瓜	生长缓慢，从老叶开始失绿，渐渐发黄，果实色浅白绿，靠果柄前一段很细，果实端部靠花蒂一段突然膨大成畸形果	叶色深绿，发育不良，果实畸形，呈镰刀形，色深	先从老叶叶脉间开始发黄，逐渐扩展加深变褐色，最后枯萎，果实小，花蒂部分稍弯，呈黄绿相间色
大白菜	生长缓慢，叶片从下向上渐渐发黄，株形小	生长缓慢，老叶发黄，中间叶色深绿色	下部叶子变黄，出现浅黄褐色斑块，逐渐枯焦
苹果	叶小，淡绿色，老叶橙色、红色或紫色，提早脱落。叶柄和小枝夹角变小，枝条褐红色，短而细，果芽和花稀少，果小色深	叶小，深绿带铜色，分枝减少，叶稀疏，果小	开始叶尖失绿，随后坏死或呈烧伤状，这些症状首先出现在基部枝条或果枝叶片上，之后逐渐向嫩叶发展

续表5.2

作物	缺氮	缺磷	缺钾
梨	下部老叶发黄，新叶变小，严重时全树叶片淡黄至黄色，老叶红色，提前脱落，幼树发育受阻形成“小老树”，成年树衰老快，花芽减少，果小，果肉中石细胞增多，成熟提早	无明显形态症状，主要是生长受阻，花、果少，开花成熟期延迟，早期落叶	由于纤维素、木质素降低，枝长细弱，叶色变黄，逐渐坏死，有的叶片叶缘生长缓慢，但中部生长较快，形成杯状卷曲或皱缩
柑橘	新叶发黄，小而稀，叶落早，花小且落花落果多，严重时小枝枯死，果小，缺氮初期叶子出现黄斑，继而全叶变黄	症状多在花芽和果实形成期出现，叶片失去光泽，暗绿色，老叶有褐斑，严重时呈紫红色，花少，果皮厚而粗糙，味酸，叶片稀少，树冠矮小	老叶叶尖叶缘黄化，叶小，沿主脉皱缩，呈畸形，果小，皮厚而光滑，落果多，抗寒抗旱能力下降

五、注意事项

(1)植物的长势及形态表现不仅与营养有关，还要考虑生长习性和光、温、水等环境条件，避免诊断错误。

(2)同时缺乏各种营养的症状不多见，一般是先表现出最易缺乏的营养症状。

(3)不要和其他病害症状相混淆。

(4)营养元素不能横向移动，所以有时可以看到植株的一侧或叶片的一半出现更典型的症状。

六、训练报告

报告内容：实验题目、时间地点、方法原理、操作程序、数据记录、结果计算，收获与体会。

任务二　认识植物对养分的吸收

植物主要依靠根系吸收养分，但也可以通过叶、茎等吸收部分养分，作为根系营养的补充。其中，通过根系吸收养分的过程称为根部营养，通过叶、茎等根外器官吸收养分的过程则称为根外营养。

一、植物的根部营养

（一）植物根系吸收养分的部位

根系是植物吸收养分和水分的重要器官。有活力的根尖大致可以分为四个区，即根冠区、分生区、伸长区、根毛区。通常，根毛区是根尖吸收养分最活跃的区域，吸收的养分可以被快速运输到其他部位。分生区没有输导组织，吸收的养分不能迅速转移而大量的积累，是根尖吸收养分最多的部位。植物的种类不同，根系类型不同，因此，土壤中吸收养分的效率也不同。

（二）植物根系吸收养分的形态

植物根系吸收养分的形态有离子态、分子态、气态，一般以离子态养分为主，其次为分子态养分。土壤中离子态的养分主要有一、二、三价阳离子和阴离子，如 K^+、Na^+、NH_4^+、Ca^{2+}、Mg^{2+}、Cu^{2+}、NO_3^-、$H_2PO_4^-$、SO_4^{2-}、MoO_4^{2-} 等离子。分子态养分主要是一些小分子的有机化合物，如尿素、氨基酸、磷脂、生长素等。而大部分有机态养分都需要先被微生物分解，转变为离子态养分后，才能被植物吸收利用。

（三）养分向根系迁移的途径

土壤养分只有到达根系表面，与根系接触后才能被植物吸收。分散在土壤的养分到达根系附近或根表的过程称为土壤养分的迁移，有截获、质流和扩散 3 种。

1. 截获

截获是指植物根系在生长与伸长过程中直接与土壤中的养分接触而获得养分的方式。在这种方式中，养分被伸展的根系直接获取，因此，植物根系愈发达，根毛越多，截获的养分数量也越多。一般根系截获的养分占植物吸收养分总量的 0.2%～10%，远远不能满足植物生长需要，所以，截获并不是养分迁移的主要方式（表 5.3）。

表 5.3　小麦根部的养分供应　%

养分	供应比例		
	质流	扩散	截获
N	82	11	7
P_2O_5	20	56	24
K_2O	30	63	7

2. 质流

质流是指由于植物的蒸腾作用，植物根系吸收水分时带动养分由土体向根际土壤流动的过程。因为蒸腾作用和根系吸水，造成土体与根际土壤之间出现水势差，水分由土体向根际土壤流动，使得土壤溶液中的养分也随之迁移到植物根系的表面供植物吸收利用。在土壤中容易移动的养分，如 NO_3^-、Cl^-、$SO_4{}^{2-}$、Ca^{2+}、Mg^{2+} 等主要通过质流到达根系表面。影响质流的因素主要是植物的蒸腾作用和土壤溶液中养分的浓度。一般来说，当气温高、植物蒸腾作用强、土壤溶液中养分浓度高时，通过质流作用到达植物根系表面的养分量越多，反之则少。

3. 扩散

扩散是指由于植物根系吸收养分使得土体与根际土壤间出现养分浓度差而引起的土壤中养分迁移的现象。由于植物根系不断地从土壤中吸收养分，使得根际土壤出现养分亏缺区，养分沿着浓度梯度由土体向根际土壤迁移。这种迁移常受多种因素的影响，主要有土壤含水量、养分扩散系数、土壤质地和温度等。NO_3^-、K^+、Cl^- 等在土壤中的扩散系数大，容易扩散；$H_2PO_4^-$ 扩散系数小，在土壤中的扩散较慢，但几乎全部的磷都是以扩散形式到达根表的。

扩散和质流是土体养分迁移至植物根系表面的主要方式。但在不同的情况下，这两个因素对养分的迁移所起的作用并不完全相同。一般认为，在长距离时，质流是补充根系养分的主要形式；在短距离时，扩散补充养分的作用较大。

（四）根系对离子态养分的吸收

迁移至根系表面的养分，还要经过一系列复杂的过程才能进入植物根细胞内被吸收利用。

养分种类不同，进入根细胞的部位不同，机制也不同。目前普遍认为，植物对离子态养分的吸收方式有被动吸收和主动吸收两种。

1. 被动吸收

被动吸收是指离子态养分通过扩散等方式经细胞膜进入细胞质的过程。这一过程不需要消耗能量，是一种顺电化学梯度的吸收过程，又称非代谢吸收，属于物理或物理化学作用。解释被动吸收的机理主要有杜南平衡学说、扩散学说和离子交换学说。

离子态养分通过截获、扩散或质流都可以进入根细胞，但一般不进入细胞膜，对整个组织来说，一般不能通过内皮层。

此外，植物吸收离子态养分还可以通过离子交换的方式进行。离子交换分两种情况，一种是根系表面与土壤溶液之间的离子交换(图 5.2)；另一种是根系表面与土壤黏粒之间的离子交换，也称为接触交换(图 5.3)。两种离子交换形式有一个共同的特点，就是养分由高浓度向低浓度扩散或是离子间的交换，其推动力是物理化学的，与植物的代谢作用关系较小，同时这种吸收交换反应是可逆的。因此，被动吸收是植物吸收养分的简单形式。

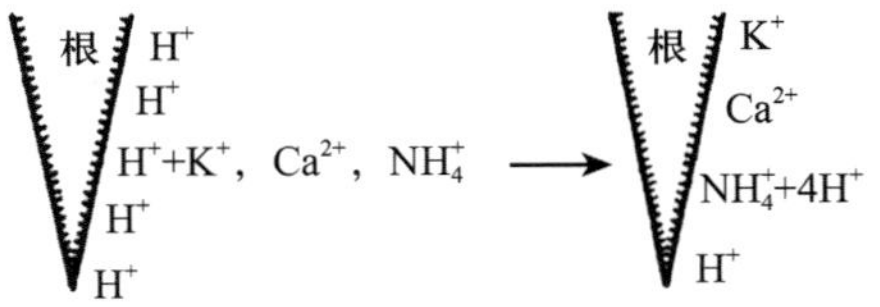

图 5.2 根系上的 H^+ 与土壤中的阳离子的离子交换

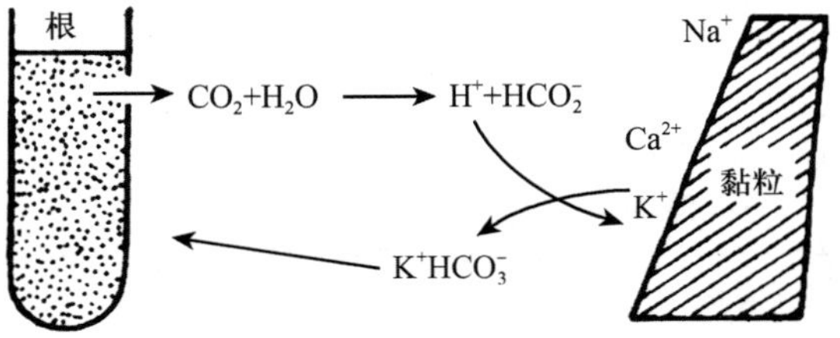

图 5.3 根系分泌的碳酸与黏粒吸附的离子进行离子交换

2. 主动吸收

主动吸收又称为代谢吸收，是指在消耗能量的前提下离子逆电化学势梯度有选择性地吸收养分的过程。之所以提出植物吸收养分的主动吸收机制，是因为有很多现象用被动吸收难以或不能解释。例如，第一，植物体内某种离子态养分的浓度常比土壤溶液中高出很多倍，植物根系仍不断地吸收这种养分，并不见养分外溢的现象。第二，为什么植物吸收养分有高度的选择性，而不是外界环境中有什么养分就吸收什么养分。第三，植物对养分的吸收强度并不决定于外界土壤养分的浓度，而与其代谢作用密切相关，常表现出植物生长越旺盛，吸收强度越大；生长越衰竭，吸收强度越小。

养分究竟是如何进入植物细胞膜内，到目前为止还不十分清楚。很多学者通过研究提出不少假说。解释植物主动吸收离子态养分的机理主要有载体学说、离子泵学说等。这里仅简单介绍载体学说。

载体学说是指生物膜上的某些分子载体可以选择性地与某种离子相结合，并可载运该离子通过生物膜，将离子释放到细胞质内的过程。

根据载体性质，载体运输离子的过程及机理可以归纳为四步(图 5.4)，即载体在吸收过程中获得能量；磷酸化载体与某种选择性离子结合向质膜内转移；磷酸化载体一离子在磷酸酯酶作用下解离，于质膜内侧释放离子进入细胞内；在细胞内的线粒体或叶绿体作用下，形成 ATP。

载体学说能比较完善地从理论上解释关于离子主动吸收中的三个基本过程，即离子的选择

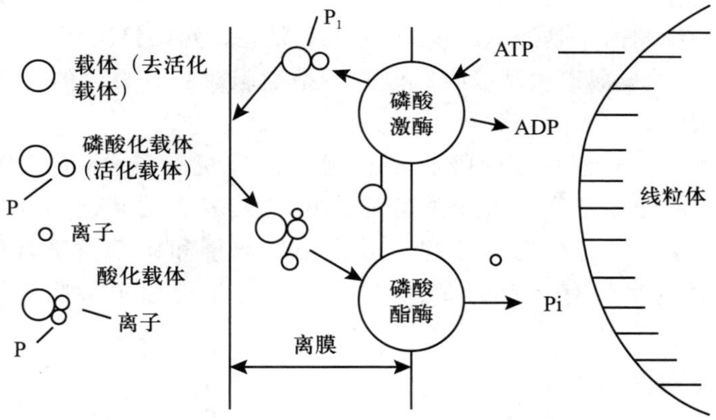

图 5.4　载体运载离子通过质膜示意图（金为民，2001，《土壤肥料》）

性吸收、离子通过质膜以及在质膜中转移和离子吸收与代谢作用的密切关系，这一学说能为多数人所接受。

（五）根对有机养分的吸收

许多试验表明，植物根系不仅能够吸收无机养分，也能吸收有机养分。植物根系吸的有机养分主要是一些分子结构较为简单的有机化合物，如大麦吸收赖氨酸，玉米吸收甘氨酸，水稻幼苗能直接吸收各种氨基酸、核苷酸或核酸。有机养分究竟以什么方式进入根细胞，目前尚不完全清楚。

一般认为，有机养料的吸收可能是由膜上通过酶作为载体运入细胞的，这个过程需消耗能量属于主动吸收。也有人用"胞饮"现象解释有机物的吸收。所谓胞饮作用是指吸收附在质膜上含大分子物质的液体微滴或微粒，通过质膜内陷形成小囊泡，逐渐向细胞内移动的主动转运过程（图 5.5）。

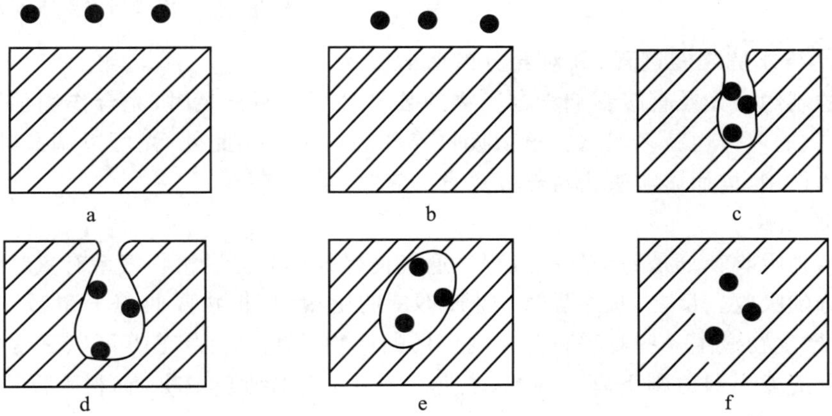

图 5.5　胞饮示意图

其过程是首先被吸进的有机物质黏附在质膜上（图 5.5a、b），而后原生质膜先内陷（图 5.5c、d），把许多大分子有机化合物连同水分、无机盐一起包围起来，形成胞饮体的小囊（图 5.5e）。泡囊逐渐向细胞内部转移，在转移过程中，体积逐渐变小。胞饮体囊泡的膜，在细胞内可通过溶酶体的作用被消化或是破坏(图 5.5f),这样便释放出其内含物。

胞饮现象在植物细胞内不是经常出现的,可能只是在特殊的情况下才会发生。胞饮现象是一种需要能量的过程,故也属于主动吸收。但它不是细胞对养分吸收的主要途径,同时也不是逆浓度梯度的主动吸收。

总的说来,植物对离子态养分的吸收量远远多于有机态养分,而且吸收速率也要快得多。目前普遍认为,有机态养分对植物的营养作用绝大多数是通过其分解为无机态养分后再被植物吸收利用,直接以有机态养分起营养作用的数量和比例微乎其微。但也不排除某些有机态养分对于植物生长有一定的促进作用,或者对于土壤中某些有机态养分有效性的提高有促进作用。

(六)影响植物吸收养分的环境因素

除了植物本身的遗传特性外,土壤和其他环境因子对养分的吸收都有显著的影响。影响养分吸收的环境因素主要包括:

1. 土壤温度

大多数植物根系吸收养分要求适宜的土温,一般为 15~25 ℃。温度过高、过低都不利于植物对养分的吸收。图 5.6 表明,温度在 6~12 ℃和 24~30 ℃时,大麦吸收 K^+ 的数量比 12~24 ℃低很多。温度较低时,植物呼吸作用强度减弱,各种代谢活动减慢,养分吸收量减少。当土温低于 2 ℃时,植物只能被动吸收。温度过高(超过 40 ℃)时,植物体内的酶钝化,植物吸收养分的速率急剧下降。同时,高温下细胞膜的透性增加,常有养分外渗现象。只有在适当的温度范围内,植物才能正常地、较多地吸收养分,且随着温度升高,吸收养分的能力增加。

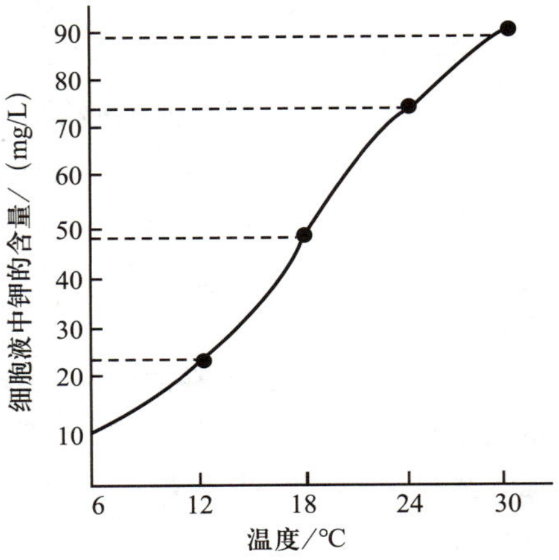

图 5.6 温度对大麦吸收钾离子的影响

2. 光照

植物吸收养分是耗能过程,其对养分的吸收量受到能量供给的制约。光照直接影响光合产物的数量。当光照充足时,光合作用强度大,吸收能量多,植物吸收的养分也就多;反之,植物吸收养分的数量少。此外,光可以调节叶片气孔的开闭而影响蒸腾作用,进而影响植物对养分离子的吸收。

3. 土壤通气性

大多数植物吸收养分是一个好氧过程。通气良好的环境促进植物根系有氧呼吸,从而有利于植物对养分的吸收。反之,板结紧实、通气不良的土壤中,植物吸收养分量减少。淹水条件下,由于嫌气微生物滋生一些对呼吸有抑制作用的产物,除水稻、芦苇等可以正常生长外,多数植物吸收养分的能力则急剧下降。因此,农业生产中,施肥结合中耕,有利于促进植物养分吸收,提高肥料利用率。

4. 土壤酸碱性

土壤酸碱度直接影响植物的生长和代谢。土壤反应对植物根系吸收离子的影响很大。研究表明,在酸性条件下,植物吸收阴离子多于阳离子,而在碱性条件下,植物吸收阳离子多于阴离子。此外,酸碱度对各种养分的有效性有明显的影响。一般而言,大多数养分在 pH5~7 时有效性比较高。pH 较高时,微量元素有效性大多很低,植物吸收比较困难。

5. **养分浓度**

植物对土壤溶液中某养分的吸收速率随该养分浓度的改变而变化。起初，吸收速率会随浓度的提高而迅速增加。如果溶液中的浓度继续提高，吸收速率增加变慢，然后稳定在一定数值。一般来说，土壤中养分含量高，土体与根际土壤间离子浓度梯度大，扩散速率增加，根系接触离子的机会增多，有利于植物对养分的吸收。

6. **离子之间的相互作用**

植物吸收的离子间有拮抗作用，也有协助作用。离子拮抗作用是指某一种离子的存在，能抑制植物对另一种离子的吸收和运转。离子协助作用指某一种离子的存在能促进植物对另一种离子的吸收和运转。

离子拮抗作用主要表现在阳离子与阳离子或阴离子与阴离子之间。据试验证明，K^+ 与 Cs^+，Ca^{2+} 和 Mg^{2+} 之间有拮抗作用；NO_3^- 与 Cl^-，NO_3^- 和 $H_2PO_4^-$ 之间也存在拮抗作用。因此施用硝态氮肥时，应适当增施磷肥。

离子协助作用主要表现在阴离子与阳离子之间或阳离子与阳离子之间。阴离子对阳离子的吸收一般都有协助作用，如 NO_3^-、$H_2PO_4^-$ 和 $SO_4{}^{2-}$ 均能促进阳离子吸收。阳离子之间的协助作用最典型的是维茨效应。研究表明，溶液中的 Ca^{2+}、Mg^{2+}、Al^{3+} 等二、三价阳离子，特别是 Ca^{2+}，能促进 NH_4^+、K^+、Rb^+、Na^+ 等一价阳离子的吸收。

以上两种作用都是对一定植物和一定离子浓度而言的，是相对的，不是绝对的。在某一浓度时，离子之间存在拮抗；在另一浓度时，离子之间可能是协同作用(表 5.4)。

表 5.4　植物体中元素之间的相互关系

元素	拮抗元素	协同元素
Ca	B、Cu、Fe、Mn、Zn、Co、Al、Cd、Cr、Ni、Pb	Cu、Mn、Zn
Mg	Mn、Zn、Cu、Fe、Co、Al、Cr、Ni、F	Al、Zn
P	B、Cu、Fe、Mo、Mn、Zn、Al、As、Cd、Cr、F、Hg、Ni、Pb、Si	Al、B、Cu、Fe、Mo、Mn、Zn
K	B、Mo、Mn、Al、Hg、Cd、Cr、F、Rb	
S	Fe、Mo、Se、As、Pb	F、Fe
N	Cu、B、F	B、Cu、Fe、Mo
Cl	Br、I	B、Cu、Fe、Mo

二、植物的根外营养

植物除可通过根系吸收养分外，还可通过叶片、茎等吸收养分，这种营养方式称为根外营养。在根部营养受阻的情况下，可及时通过叶片、茎部等施肥进行补救。因此，根外营养是补充根部营养的一种辅助方式。

（一）根外营养的特点

1. **直接供给养分，防止养分在土壤中被转化固定(防固定)**

通过叶面喷施能直接供给植物养分，减少土壤固定。某些微量元素，如铁、锰、锌、铜等易被土壤固定，采取叶面喷施，可以提高肥料利用率。在寒冷或干旱地区，土壤施肥养分难以发挥作用，采取根外追肥可及时供给植物所需养分。此外，还有一些生理活性物质，如赤霉素等施入土壤易发生分解，效果欠佳，可以与肥料一起进行叶面喷施。

2. 养分吸收转化速率快，能及时满足植物需要（起效快）

将^{32}P涂在棉花叶部，5 min后发现各个器官内均含有^{32}P，尤以根尖和幼叶含量最高。10 d以后，各器官中的含磷量达到最高值。而根部施肥15 d后，植物吸收^{32}P的量仅接近于叶面施肥5 min时的吸收量。向土壤中施入尿素，一般4～5 d才见效果；但叶面喷施2 d后就能观察到明显效果（表5.5）。由于叶部施肥的吸收和转化速度快，可作为消除某种缺素症、补救植物因遭受自然灾害而造成的损失及解决植物生长后期需要及时供给养分的问题。

表5.5 植物叶片吸收养分的速度

养分	植物	吸收养分50%所需的时间	养分	植物	吸收养分50%所需的时间
N（尿素）	柑橘	12 h	K	甘蔗	1～4 d
	苹果、菠萝	1～4 h	Zn	扁豆	1 d
	黄瓜、玉米	1～46 h	Mn	扁豆	1～2 d
	烟草	24～36 h	Fe	扁豆	1 d（吸收8%）
P	苹果	1～11 d	Mo	扁豆	1 d（吸收2%）
	甘蔗	15 d			

3. 直接促进植物体内的代谢作用，作用效果明显

采用叶面施肥，各种养分可直接从叶片进入植物体，参与植物的新陈代谢过程。试验证明，叶面施肥能显著提高酶的活性，增加光合作用和呼吸作用强度，促进植物体内各种生理反应，促进有机物的合成、转化和运输，从而有利于干物质的积累，提高产量，改善品质。

4. 降低成本，提高肥效

采用土壤施肥，由于肥料固定、挥发、渗漏、流失等原因，肥料损失严重。若达到相同的养分吸收效果，叶面施肥与根部施肥相比，肥料用量仅为根部施肥的1/10～1/5。根外施肥不仅用肥量少，效率高，还可与植物生长调节剂、农药配合施用，从而节省劳动成本，提高生产效益。

（二）影响根外营养的因素

1. 溶液组成

植物叶片对不同养分吸收的效率是不同的。就钾肥而言，叶片吸收速率$KCl>KNO_3>KH_2PO_4$；对氮肥来说，叶片吸收速率尿素＞硝酸盐＞铵盐。在喷施生理活性物质和微量元素肥料时，可以加入尿素促进吸收，防止叶片出现暂时黄化。

2. 溶液浓度和溶液pH

在一定浓度范围内，植物叶片吸收养分的速度和数量随浓度提高而增加。所以，在叶片不受肥害的情况下，应适当提高喷施肥料的浓度，促进吸收。但如果浓度过高，叶片会出现灼烧症状。尤其高浓度的铵态氮肥对叶片的损伤最为严重，可添加少量蔗糖抑制这种损伤作用。

一般而言，肥料溶液呈酸性，有利于阴离子吸收；肥料溶液呈碱性，有利于阳离子吸收。所以，如果要供给阳离子，溶液的pH应调至微碱性；如果要供给阴离子，溶液的pH应调至微酸性。

3. 溶液湿润叶片的时间

溶液湿润叶片的时间与叶片施肥的效果密切相关。试验证明，如果能使营养液湿润叶片的时间为0.5～1 h及以上，叶片吸收养分数量就多。因此，叶面施肥最好选择在下午或傍晚无风的天气进行。雨天或雨前不宜进行叶面追肥。此外，喷施时加入湿润剂以降低溶液的表面张力，增加溶液与叶片的接触面积，可明显促进叶片对养分的吸收。

4. 植物叶片的类型

双子叶植物如棉花、油菜、豆类、薯类等叶面积大，叶片角质层较薄，溶液中的养分易被吸收。单子叶植物如水稻、小麦、玉米等叶面积较小，叶片角质层较厚，营养液易随平行脉流失，溶液中养分不易被吸收，因此对单子叶植物施肥时应将溶液浓度加大或增加喷施次数。

5. 喷施次数和部位

各种营养元素进入植物体后，其移动性是不同的。据研究，移动性很强的元素为N和K，其中N＞K；移动性较强的元素有P、Cl、S，其中P＞Cl＞S；部分移动的元素为Zn、Cu、Mn、Mo等元素，其中Zn＞Cu＞Mn＞Mo；不移动的元素有B和Ca等。在喷施不易移动的元素时，必须增加喷施次数，同时注意喷施部位，如铁肥只有喷施在新叶上效果才好。通常每隔一定时间连续喷施的效果，比一次喷施的效果好。但也不宜喷施次数过多，以免增加劳力，增大成本。因此在生产实践中应掌握在2～3次为宜。

此外，植物叶片表面的表皮组织是栅栏组织，比较致密；叶片背面是海绵组织，比较疏松，细胞间隙大，故叶片背面吸收养分的速率快。所以喷施溶液时，叶的正反两面都要喷，尽量喷施均匀、细致。

（三）常用根外肥（叶面肥）的配制（表5.6）

表5.6　常用根外肥（叶面肥）的配制

叶面肥类型	常用浓度/%	配制方法	适用范围	注意事项
尿素水溶液	1～2	0.5～1.0 kg尿素兑水50 kg	所有作物	
过磷酸钙浸出液	1～3	过磷酸钙过筛后1份加水10份，搅拌放置1 d，取上部清夜即可	多数作物	所用过磷酸钙必须是优质品
硫酸钾或氯化钾水溶液	1～1.5	0.5～0.75 kg钾肥兑水50 kg	硫酸钾适合多数作物，氯化钾忌氯作物除外	氯化钾因含有氯离子，喷施浓度不宜过大
磷酸二氢钾水溶液	0.2～0.5	100 kg水中加入磷酸二氢钾200～500 kg（可加100 g洗衣粉增强叶面吸附力）	多数作物	可用于浸种
锌肥水溶液	0.1～0.2	100 kg水中加入100～200 g硫酸锌	多数作物	
硼肥水溶液	0.2～0.3	100 kg水中加入200～300 g硼砂或硼酸	棉花、油菜等十字花科作物	

续表5.6

叶面肥类型	常用浓度/%	配制方法	适用范围	注意事项
钼肥水溶液	0.05～0.1	100 kg 水中加入 50～100 g 钼酸铵	豆类	
锰肥水溶液	0.05～0.1	100 kg 水中加入 50～100 g 硫酸锰	棉花、豆类、果树	
铁肥水溶液	0.1～0.5	100 kg 水中加入 100～500 g 硫酸亚铁	多用于果树类	

任务三　掌握植物营养的特性

掌握植物的营养特性是实现合理施肥的最重要依据之一。不同的植物种类其营养特性是不同的。即便是同一种植物在不同的生育时期其营养特性也是有差异的，只有了解植物在不同生育期营养条件的需求特点，才能采取有效的施肥措施，从而达到提高产量、改善品质和保护环境的目的。

一、植物营养的共性与个性

植物营养的共性，是指不同植物在营养方面的需求多数是相同的。如高等植物生长发育都需要 17 种必需营养元素，缺少某一种元素就无法完成正常的生长活动，这种特性就属于植物营养的共性。

植物营养的个性，是指不同植物或同一种植物不同生育期对养分需求有其特殊性。植物营养的个性主要有以下几种表现：

1. 不同植物需要的养分不同

普遍认为，叶类蔬菜需要较多的氮；豆科植物需要较多的磷；块茎、块根类植物如红薯、土豆等需要较多的钾；油菜、甜菜、苹果需较多的硼；玉米、菠菜需要较多的锌；花生、甘蓝需要较多的铁等。

2. 不同植物或同种植物不同类型吸收养分的能力不同

豆科植物能很好地利用难溶性磷肥中的磷，而玉米只有中等利用能力；粳稻比籼稻需要更多的养分，杂交水稻比常规水稻需肥量更大。

3. 不同植物对不同肥料的适应性不同

不同植物对不同肥料的适应性不同，不同植物需要的养分形态也有差别，如北方大田农作物施磷适宜使用过磷酸钙，而南方则适用钙镁磷肥；水稻适宜施用铵态氮肥，棉花则适宜施用硝态氮肥；葱、蒜喜欢硫素，烟草则忌氯；番茄生长发育前期宜施铵态氮肥，后期宜施硝态氮肥。

二、植物营养的连续性和阶段性

植物从种子萌发到形成新种子的整个生命周期中，除前期种子营养和后期根停止吸收营养外，都要从土壤中吸收养分，植物通过根从土壤中吸收养分的整个时期叫植物的营养期，营养期具有连续性。同时，营养期又有不同的阶段性。每一营养阶段的营养特点不同，一般规律是植物生长前期吸收养分数量少，随着时间的推移，到营养生长和生殖生长并进阶段，吸收养分数量逐渐增加，到生长后期又趋于减少。不同植物对养分吸收高峰和各生长期对氮、磷、钾需要的数量不同。

一般植物营养有两个关键时期，即植物营养临界期和植物营养最大效率期。在这两个关键时期，如能根据植物自身的营养特点，及时供应植物所需养分，就能显著提高产量。

1. 植物营养临界期

植物在生长发育过程中，有一时期对某种养分的要求绝对数量不多，但很敏感，需求迫切，此时这种养分缺少或过多，对植物生长发育和产量都会造成很大影响，即使以后补施也很难挽回，这个时期叫作植物营养临界期。植物营养临界期多发生在植物生长发育的转折时期，但不同养分，临界期出现的时间不完全相同。多数植物磷的营养临界期出现在幼苗期，即由种子营养到土壤营养的转折时期。植物氮的营养临界期一般发生在营养生长向生殖生长过渡时期，稍晚于磷。

2. 植物营养最大效率期

植物营养最大效率期是指植物在生长发育中，对某种养分需要量最多，吸收速率最快且施肥产生的肥效最大，增产效率最高的时期，此时期往往是植物生长最旺盛期。在植物营养最大效率期及时施肥补充养分，可为后期高产打下良好基础。

一般而言，植物营养最大效率期出现在生长最旺盛和形成产量最高的时期，即植物生长中、后期。此时植物生长量大，需肥量多，对施肥反应最为明显。就氮而言，稻、麦最大效率期在分蘖期，玉米在喇叭口和抽雄初期；棉花的氮、磷最大效率期在花铃期；甘薯的磷、钾最大效率期在块根膨胀期。

植物吸收养分既具有连续性又具有阶段性，各个营养阶段彼此联系，互相影响。在生产中，既要注意两个关键时期施肥，又要考虑各个营养阶段的特点，采用基肥、种肥和追肥相结合的方法，充分满足植物对养分的需要，以达到高产、优质、低成本、高效益的目的。

创新创业

叶面肥的种类及发展趋势

由于植物具有根外吸收功能，在实践中常施用叶面肥作为土壤施肥的补充形式。1844年，法国植物营养学家 Gris 把硫酸亚铁涂抹在发黄的葡萄叶片上，矫正了因缺铁引起的“黄叶病”。20 世纪 30 年代起，一些农业先进国家已把叶面施肥作为一个重要的农技推广项目。第一代叶面肥以配比简单、可溶性好的固态无机盐肥料为主；70 年代初期的第二代叶面肥以螯合态微量元素的高浓度复合型为主，还添加了促进作物吸收和提高利用率的各种助剂；第三代叶面肥是多功能复合制剂，含有营养元素、生理活性物质、高效低毒农药等物质和各种延长效果的助剂，产品稳定性和效果更好。

叶面肥具有肥效快、养分利用率高、环境污染小等优点。从使用效率上看，一般土壤施肥产投比(2～4)∶1，叶面施肥可达 10∶1 以上，高的甚至达到(10～50)∶1；叶面肥的利用率可达 80%以上，是传统土壤施肥的 2～3 倍，叶面肥已成为现代农业肥料中的重要组成部分。

在一些发达国家,特别是机械化程度高的国家,普及率达 80%以上,而我国当前普及率为 20%左右。目前越来越多的农民认识到叶面肥的重要性。由于我国市场上,生产叶面肥的专业公司少,质量参差不齐,叶面肥成为农资市场新的增长点。

目前,叶面肥的种类较多,有不同营养元素的、不同养分形式的,也有不同功效的叶面肥。今后的发展方向是高效、速溶、专用、多功能和高效助剂,施用方法逐步对接农业生产机械化,与喷灌相结合。

1. 叶面肥的种类

叶面肥按其存在形态可分为固态和液态 2 种;按养分种类可分为单元叶面肥和多元叶面肥;按肥料类型可分为无机型、有机型、有机无机结合型、生长调节剂型、微生物型叶面肥等。最常见的是按功能划分,可分为营养型、调节型、生物型、肥药型和复合型等。

(1)营养型叶面肥　营养型叶面肥可分为 2 类。一类是以大量元素为主的叶面肥,该类叶面肥含有氮、磷、钾等大量元素,可以改善作物的营养状况,适用于作物生长后期营养元素的补充。尿素、磷酸二氢钾和过磷酸钙浸出液等都属于该类叶面肥。另一类是含有铁、锰、锌等微量元素的叶面肥,该类叶面肥可以减轻或消除作物由于微量元素不足而产生的生理病害、减产以及品质降低。

(2)调节型叶面肥　该类叶面肥含有植物生长调节剂,如生长素类、赤霉素类、细胞分裂素类或植物生长抑制剂等,其主要功能除提供营养外,还具有调控作物生长发育,加快作物体内的生化反应的作用。在作物的不同生长期,可配制不同类型。

(3)生物型叶面肥　生物型叶面肥含有生物体,如与作物共生或互生的微生物、海藻等,或包含其发酵或代谢产物,如氨基酸、核酸、核苷酸、腐殖酸、海藻酸等。其主要功能是对作物进行生理调节,如促进作物代谢、生长以及提高抗逆性能等,或预防病虫害的发生。常见的种类有氨基酸类、腐殖酸类、甲壳素类、海藻酸类、糖醇类等。

① 氨基酸类。氨基酸类生物型叶面肥中的氨基酸通常是动植物的下脚料或其他物质发酵或水解的产物,既能促进植物生长,又能防治病虫害,还可以与微量元素进行螯合,使养分充分利用,因此得到广泛应用。

② 腐殖酸类。该类生物型叶面肥利用腐殖酸和营养元素混配而制成。腐殖酸是一类提取自腐殖物质的具有生理活性的羟基芳香族羧酸,与金属离子有交换、吸附、配合、凝聚、胶溶等作用。按照在溶剂中的溶解性和颜色,腐殖酸可分为黄腐酸和褐腐酸。其中黄腐酸活性最高,它既是营养成分,又能提高作物的抗旱抗冻能力。腐殖酸可以调节植物的多种生理活动,如植物的生长、营养元素的吸收、蛋白质和核酸的合成、光合作用、呼吸作用等。

③ 甲壳素类。甲壳素主要来自节肢动物壳,其主要组成成分是寡聚糖。甲壳素具有广谱抗菌性,因此使用甲壳素类叶面肥可以减少病虫害的发生。施用甲壳素能提高作物的抗高温、抗寒冷、抗盐碱、抗旱涝、抗肥害等抗逆性。甲壳素及其衍生物还可以促进种子提前发芽,促进作物生长并提高作物产量。

④ 海藻酸类。海藻酸主要来自各种海洋生物,其成分较复杂,难以进行有效检测。海藻酸可以降低水的表面张力,在植物表面形成保护膜,增大接触面积,水溶性物质因此易于透过茎叶表面细胞进入植物体内,使植物可以快速充分地吸收该类肥料中的养分。海藻酸类叶面肥具有促进作物根系生长、提高作物产量、缓解药害、减轻病害等作用。

⑤ 糖醇类。糖醇与中微量元素螯合形成的螯合物分子量较低,作物易于吸收利用。喷施

糖醇类叶面肥后，糖醇溶液可以附着于叶片并迅速扩展，从而增加叶片的吸收面积，促进营养成分通过叶片角质层进入叶片内部，随后携带养分进入韧皮部进行养分运输网。

(4)肥药型叶面肥　该类叶面肥将一定成分的杀菌剂或植物抗病物质加入营养肥料中，既能促进作物生长发育，又能有效控制病虫害，增强作物的抗病性。

(5)复合型叶面肥　该类叶面肥种类繁多，复合形式多样。

该类叶面肥可以加入氮、磷、钾、硼、铁、锰、锌等营养元素，也可以加入氨基酸、腐殖酸、维生素等有机营养成分。其功能多种多样，可以为作物提供全面的营养，提高作物中酶的活性和光合作用效率，调节营养物质运输和分配，以及增强根系对土壤养分的吸收利用。一般农作物喷施叶面肥常用的浓度：尿素 0.2%～2%、磷酸二氢钾 2%、硝酸钙 1%、硫酸钾 0.5%～1%、硫酸镁 2%、硫酸锰 1%～2%、硫酸锌 0.5%、硫酸铜 0.5%、螯合态铁 0.1%～0.2%、硼砂 1%、铂盐 0.1%，腐殖酸钾 0.06%～0.1%。

2. 叶面肥发展趋势

从叶面肥产品类型上看，营养元素类最多(50%以上)，其次为氨基酸类(约 26%)，腐殖酸类(约 15%)，海藻氨基酸类(近 5%)，同时有少量有机可溶性肥料厂家(近 5%)，后两者多为近几年才开始出现。从国内外产品的发展趋势来看，主要有以下几方面的特点：

(1)复合多功能化成为今后可溶性叶面肥发展的主导方向。各种植物生理活性、营养物质广泛应用，同时还可根据防虫治病的实际需要加入不同种类的抗病抗虫药物，形成复合多功能型叶面肥。

(2)十分重视肥料本身的绿色、安全性。多采用从各种动植物体或矿物中提取的各种天然活性物质，如风化煤中的黄腐酸、海藻中的海藻酸、节肢动物壳中的甲壳素、麦饭石等中的活性液等作为重要组成成分。

(3)促进叶面肥有效成分的高效吸收。主要是微量元素的螯合和湿润剂、铺展剂及浸透剂的综合应用。在剂型和配方上强调有机和无机相结合，生物和非生物相结合。

(4)在强调叶面肥基本作用的同时，更注重突出该类产品的针对性，注重突出对作物某一特殊营养物质的补充作用，出现了部分突出特色营养元素(如钙、钾、铁等)产品。

(5)较强调叶面肥的定期施用性。

阅读材料

植物的有益元素

随着科学技术特别是分析化学技术的发展，在 17 种营养元素之外，还有一类营养元素，它们对某些植物的生长发育具有较高的作用，或为某些植物在特定条件下所必需，但限于目前的科技发展水平，还没有证实它们是高等植物所必需的，人们称之为有益元素，其中主要包括硅(Si)、钠(Na)、硒(Se)、钴(Co)、铝(Al)等。

有益元素与植物生长发育的关系可分为两种类型：第一种是该元素是某些植物种群中特定的生物反应所必需，例如钴是根瘤固氮所必需的；第二种是某些植物生长在该元素过剩的特定环境中，经过长期进化后，逐渐变成需要该元素，例如甜菜对钠、水稻对硅等。此外，钴、硒等元素是动物所必需的微量元素，为了满足动物的需求，首先应在植物体保持有一定的含量。

硅(Si):水稻为嗜硅植物,施用硅肥有显著的增产效果。硅在植物体中的确切生理功能还不清楚,但它有以下的作用:①硅参与细胞壁的组成,增强组织的机械强度和稳固性,加强植物抵御病虫入侵的能力。②影响光合作用和蒸腾作用。植物叶片的硅化细胞较之绿色细胞更易让散射光透过,能增加阳光的吸收。同时在田间条件下,如水稻吸收硅充足时,叶片直立,植株的受光姿态好。硅化物质淀积在叶片的细胞壁上,与角质层一道,能减弱蒸腾作用,使植物能更好利用水分。③硅与其他养分的相互作用。施用硅肥可以调节植物对氮、磷的过量吸收,例如,提高水稻的硅氮比可提高水稻的耐高氮能力,减轻由于偏施氮肥而引起的贪青、晚熟和倒伏。水稻淹水条件下施用硅肥能促进根系的氧化能力,抑制对铁、锰的过量吸收,减轻铁、锰毒害。据农民反映,水稻施用硅肥后茎秆粗壮,清秀挺拔,病虫害轻,谷黄粒饱。施用硅肥有改善农产品色、香、味的效果。

钠(Na):钠对甜菜、C4 植物有促进作用,尤其对棉花纤维的发育有良好的作用。通常植物体内钠的平均含量大约占干物重的 0.1%,不同种类的植物体内含钠量变化很大,高的可达 3%~4%。钠的作用如下:①对植物来说,适量使用钠肥没有坏处,反而对多数作物生长起到十分良好的效果,尤其是有增产的好处。②在缺钾地区,钠能代替部分钾的功能。钠肥的另一作用是可以减少一些作物对钾肥的需要量。严重缺钾土壤,施钠肥常有良好效果。③钠元素存在于土壤溶液中,可以将土壤胶体上带正电的钾离子、镁离子、铵离子等交换出来,供给植物吸收利用,达到增产效果。④氯化钠的存在可以抑制氮肥的硝化过程,提高氮肥的利用率;同时可以改善硫元素及其他微量元素的吸收利用条件。

此外,钠还能调节植物渗透压,在高盐条件下,钠可以优先在液泡中积累,增加液泡中的溶质势,产生膨压而促进细胞的伸长。此时,植物叶片面积、厚度、单位叶面积储水量和肉质性都有所增加,呈现出多汁性。

硒(Se):硒是人类和动物体内必需的微量元素。极少量的硒可以刺激硒积累植物的生长,但是同样浓度的硒则可抑制硒非积累植物的生长。硒在低浓度(0.001~0.050 μg/g)时能促进植物生长。硒能在一定程度上改善农作物的品质,提高氨基酸含量,增加叶片中叶绿素含量,降低硝酸盐含量,增强作物的抗逆性等。但过量硒会对植物造成伤害,出现硒中毒现象。

钴(Co):钴是维生素 B_{12} 的组成成分,是一种独特的营养物质,是人体必需的微量元素。人畜所需要的钴主要来源于植物,而植物需要的钴又主要来源于土壤。研究表明,一切固氮生物均需要钴,尤其在豆科植物共生固氮中起着重要作用。钴还是很多酶的活化剂,在有机物代谢及能量代谢中起着一定作用。

镍(Ni):镍是脲酶和其他含镍酶的组成成分。后来发现镍在植物体内主要参与种子萌发、氮代谢、铁吸收和衰老过程。缺乏脲酶活性的植物会在种子中累积大量尿素,或者在种子萌发时产生大量尿素,会严重影响种子出芽。所以,植物体内的氮代谢过程中,脲酶起到非常重要的作用。许多植物缺乏镍时,不能够完成生命周期,为此有些专家认为镍是植物生长必需的微量营养元素。

铝(Al):在南方酸性土壤上生长的茶树为喜铝植物。铝不仅对茶树的生长有良好的效应,而且能保持叶片有浓郁的绿色,可能对改善茶叶的品质有一定作用。此外,铝对甜菜、玉米以及一些热带的豆科植物的生长均有益。

对植物生长有益的元素被称为有益元素,但随着社会进步,当前使用肥料的目的已经超出了经典植物营养的范畴。2020年中国植物营养与肥料学会在北京召开的植物营养研究理论与方法创新学术研究会上，白由路理事长提出了“健康营养理论”的概念，他指出，随着公众对健康水平期望值的提高，人们开始注意到通过食用植物中富含某种元素的方法来补充人体所需，健康元素进入公众视野。施肥已经从传统的满足植物营养需求拓展到满足人体和动物特殊要求，这也预示着，未来富含某种健康元素的肥料会更有竞争力与发展空间。

项目小结

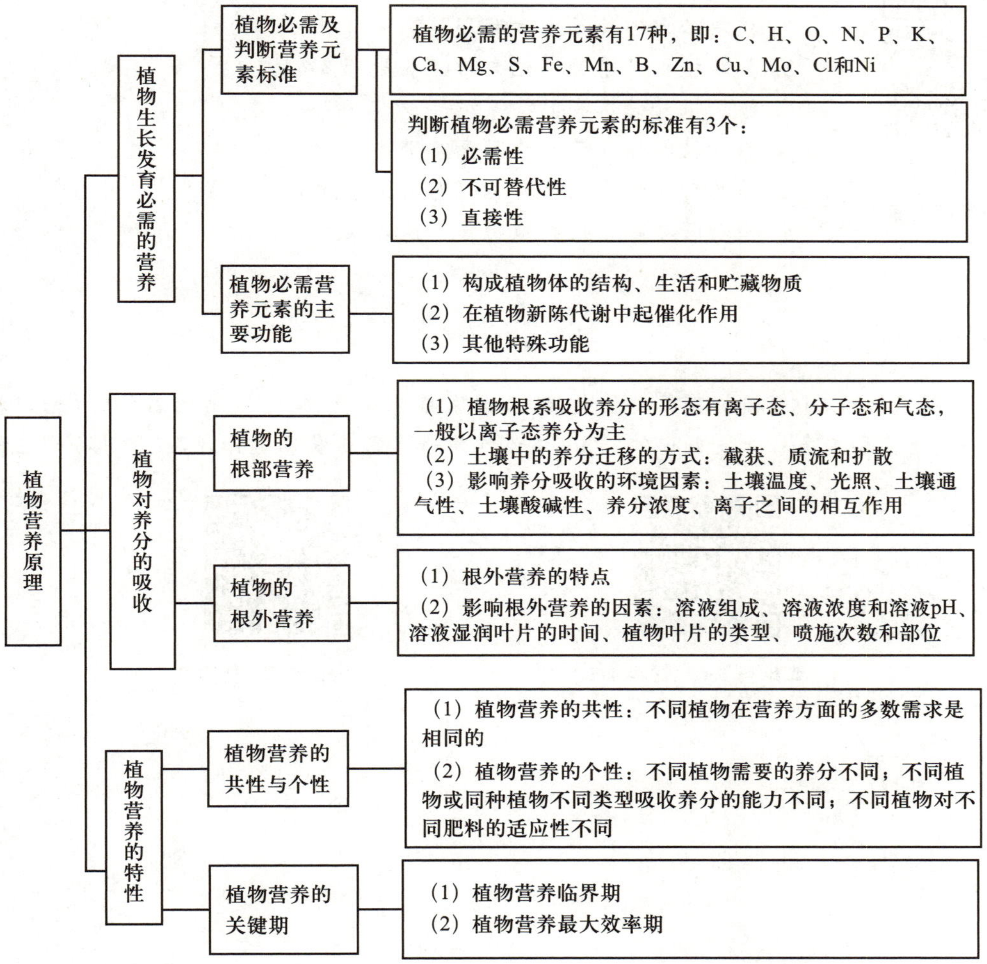

思考题

一、名称解释

植物必需营养元素　植物营养临界期　植物营养最大效率期

二、填空题

1. 目前已发现的植物必需营养元素共有________种，根据在体内的含量可分为________元素、________元素、________元素。

2. 土壤中养分迁移至根表的方式主要有________、________和________。

3. 植物吸收养分的方式主要有__________和__________。

4. 植物必需营养元素的相互关系主要表现为__________和__________。

5. 植物吸收养分的器官有__________、__________和__________等，根据吸收部位一般把植物营养分为__________营养和__________营养。

6. 植物对养分的需求有__________和__________两个关键时期。

7. 影响植物吸收养分的环境因素主要有：土壤温度、__________、__________、__________、养分浓度以及离子之间的相互作用等。

二维码 5-5
思考题参考答案

三、问答题

1. 植物必需的营养元素有哪些？
2. 判断植物必需营养元素的标准是什么？
3. 植物根外营养有何特点？
4. 影响植物根外营养的因素有哪些？
5. 植物营养的阶段性对施肥有何指导意义？
6. 植物营养临界期和植物营养最大效率期有什么不同？

思政园地

结合以下材料，了解植物营养发展史，结合国家粮食安全、绿色发展的目标，讨论植物营养学在过去、现在和未来农业发展中的作用，谈谈作为一名农业农化工作者，应该具备哪些素养。

二维码 5-6　材料 1

二维码 5-7　材料 2

项目六　土壤养分与化学肥料施用技术

学习目标

知识目标：

1. 了解土壤中各种养分的存在形态、转化规律和影响养分有效性的因素。
2. 了解化肥的种类、性质和各种化学肥料施入土壤后的转化过程及残留。
3. 掌握各种化肥的施用技术。

技能目标：

1. 具备分析土壤养分供应状况的能力。
2. 了解不同肥料的特性和施用注意事项。
3. 掌握科学合理的施肥方法。

素质目标：

1. 引导学生关注施肥与环境的关系，具有资源节约和环保意识。
2. 具有生态文明建设意识和绿色可持续健康发展理念。

科学史话

肥料的发展史

第一时期：有机粪肥时代

早在夏商时代，我国的农民就已经开始使用畜禽粪便、秸秆以及绿植，包括死去的动物等作为肥料，来提升地力，而这个就是我们通常说的农家肥。在20世纪50—60年代，有机肥料在农业生产中占主导地位，肥料使用主要以有机肥料为主。

第二时期：单质肥料时代

新中国成立以后，进入单质肥料时代，主要有尿素、硫酸铵、碳酸氢铵等。20世纪70年代，我国肥料产业发展很快，1971—1980年的10年间，化肥产量由299.4万t增加到1 232.1万t。有机肥的比重下降，占肥料投入总量的66.4%。20世纪80年代，化肥占肥料总投入量的比重大大增加，特别是N素养分的比重超过有机肥，但在P、K养分的供应上仍以有机肥为主，单质肥料主要依靠进口。单质肥料的使用大大提高了粮食的产量，人们开始大量使用尿素、碳铵等单质肥料。

第三时期：二元肥料时代

改革开放以后，进入二元复合肥料时代，开始使用磷酸二铵、磷酸一铵、过磷酸钙、重过磷酸钙等。此阶段的肥料有很多不足，比如磷酸二铵，由于磷含量高，用量大，过剩的磷和铁、钙等金属离子结合，造成土壤酸化板结。

第四时期:复合肥料时代

20世纪80年代,随着农业发展和肥料用量增加,复合肥工业得到快速发展。据统计,1980年我国复合肥产量(纯养分)只有120万t,到1998年提高到600万t,现在国内总产能约2亿t,实际产销量5 500万~6 500万t,占国内直接施肥总量的50%左右。复合肥料的发展也从简单的三元复合肥,发展到添加微量元素复合肥、缓控释肥、含有中量元素复合肥及添加生物刺激素的复合肥料等多种类型产品。

第五时期:水溶性肥料时代

20世纪60年代开始出现水溶性肥料,最早施用的为氨水。

20世纪80—90年代,我国叶面肥发展迅速,产品由单一无机盐的简单混溶体系到养分、助剂的复合体系。2005—2010年,我国水溶肥处于初步发展阶段,2009年农业部颁布了水溶性肥料登记标准,我国水溶性肥料开始进入快速发展时期。2010年至今,水溶性肥料,产品规范化程度日益增强,产品价格日益趋向于平民化,随着水肥一体化技术快速推进,我国水溶性肥料产业达到一个鼎盛时期。

第六时期:功能性肥料时代

功能性肥料是由无机营养元素(两种或两种以上)和生物活性物质或其他有机物质混配而成的,肥料产品具有既能为作物提供养分,又能改土促根调节作物生长发育等特点。

功能性肥料具有促进根系发育,优化根系结构;改善土壤物理、化学和生物性能;提高土壤水分与养分资源利用效率;提高作物抗盐、抗旱、抗寒等抗逆性;改善作物品质,提高作物产量等作用。高效、环保、节能、稳定、功能多元化将是肥料未来的发展趋势。传统肥料功能关注提供作物养分,新型肥料则赋予了肥料更多的新型功能。随着功能的不断增加和延伸,形成了水肥一体、药肥一体、种肥一体、肥机一体等发展趋势。

植物生长发育中所需要的氮、磷、钾、钙、镁、硫、铁、锰、铜、锌、硼、钼、氯、镍等营养元素,主要是从土壤中吸收,称为土壤养分。土壤养分的丰缺程度直接关系到农作物的生长状况和产量水平。耕作土壤养分主要来源于施肥、作物残体或秸秆还田、微生物的固氮作用、根系对养分的集聚作用、大气降水等。土壤养分由于其存在的形态不同,对植物的有效性差异很大。一般而言,水溶态养分极易被植物吸收利用,其有效性最高,其次是交换态,而土壤中的缓效态养分、难溶态养分和有机态养分的有效性很低。当然,土壤中各形态的养分并没有截然的界限。由于土壤环境复杂多变,各形态之间会相互转化。在农业生产中,通过采取各种农业措施,如改善土壤温度、水分、通气、酸碱度,可以加速土壤难溶性养分向速效易溶方向转化;还可通过施用肥料,调节土壤养分的贮存与供应,平衡速效养分的供应比例,满足植物营养的需求。

肥料根据其来源和性质,分为化学肥料、有机肥料和生物肥料(有机肥料和生物肥料将在下一项目中讲解)。化学肥料简称化肥,能直接供给植物某种营养元素,增产效果显著。联合国粮农组织(FAO)统计,化肥在对农作物增产的总份额中占40%~60%。

化学肥料种类繁多、性质各异,根据主要营养元素的种类及作用,一般分为氮肥、磷肥、钾肥、微肥(铁肥、硼肥、铜肥、钼肥、锌肥、锰肥)、复混肥等多种类型。每类肥料中还有许多性质不同的品种。但共同特点是:有效成分高,肥效作用快,便于贮存和施用,对提高植物产量,促进现代农业发展起到重要作用;不足之处是不含有机质,培肥作用差,长期大量单独使用同一品种,会对土壤造成不良的影响,导致肥力下降。因此,根据各种化学肥料的性质,科学合理施用,才能更好地发挥化学肥料的优势。

任务一　氮肥的合理施用

氮素是植物必需的三大营养元素之一，它是植物蛋白质的主要成分。氮肥对于植物的增产起着重要的作用，是目前施用最多的化肥，但过多或不合理施用氮肥其功效会适得其反。了解土壤氮素养分的含量、形态及转化可提高氮肥利用率，同时减轻对土壤、水体及大气等环境造成的污染。

一、土壤中的氮素及其转化

（一）土壤中氮素的来源与含量

土壤中的氮素属于非矿物质养分，来自大气分子氮的生物固定、动植物残体的归还、雨水和灌溉水带入、施用肥料，农耕土壤氮素的主要来源是施肥和生物固氮。

土壤中氮素养分的含量受气候、地形、土质、土地使用方式、耕作、施肥、灌水等因素的影响而差别很大。通常用土壤全氮含量来衡量土壤氮素含量的高低，我国主要耕地的全氮量在0.5～2.5 g/kg。不同地区土壤的氮含量存在差异，如东北地区的黑土含氮量最高，为1.5～3.5 g/kg；西北黄土高原和华北平原的含氮量较低，为0.5～1.0 g/kg；华中、华南地区含氮量变幅较大，为0.4～1.8g/kg。另外，我国耕地土壤的全氮量一般低于自然土壤，水田土壤低于旱地。

（二）土壤中氮素的存在形态

有机态氮和无机态氮是土壤氮素养分的两种主要形态，其中有机态氮占土壤全氮量的98%左右。土壤中有机态氮主要指土壤中动植物残体中所含的氮素，其含量与有机肥的施用量（如秸秆还田的秸秆肥、动物残体、人工施用的牲畜和人的排泄物等）和土壤有机质的含量密切相关。大多数有机态氮难以被植物直接吸收利用，必须经过分解转化成无机态氮后才有效。

无机态氮占土壤全氮量的1%～2%，主要包括铵态氮（NH_4^+）、硝态氮（NO_3^-）、少量亚硝酸态氮（NO_2^-）和部分游离氮（指土壤中的氨气，以分子形态存在）。土壤中的无机态氮都是速效养分，可直接被植物吸收利用。

还有极少数的被黏土矿物固定的氮，称为有机无机氮，难以被植物利用。

土壤中氮素的形态见图6.1。

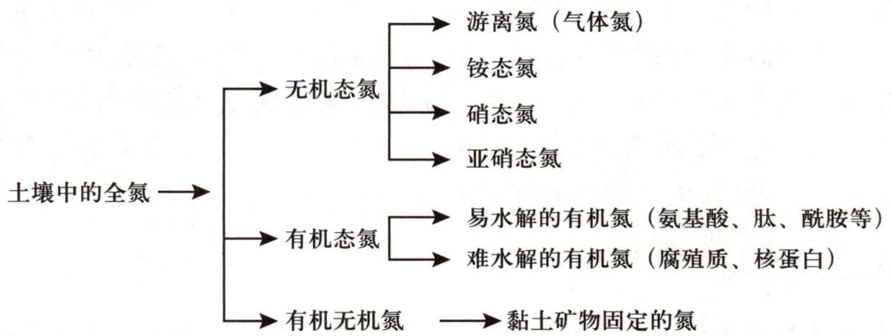

图6.1　土壤中氮素的形态

（三）土壤中氮素的转化

氮素在土壤中总是处于不断转化的状态，不同条件下氮素在土壤中转化的形式不同。微生物是土壤氮转化的主要参与者，凡是影响微生物活动的因素均会影响氮在土壤中的转化。在土壤中，有机氮经微生物矿化成铵态氮；一部分铵态氮可以被土壤胶体吸附固定；另一部分被微生物利用转化为有机氮，或经硝化作用氧化形成硝态氮；硝态氮经反硝化作用转变成 N_2、NO、N_2O，或经硝酸还原作用还原成氨或微生物利用形成有机氮（图 6.2）。氮素转化的一系列过程其实主要有两个方面：促进氮素释放的养分有效化过程和速效氮素的无效化过程。

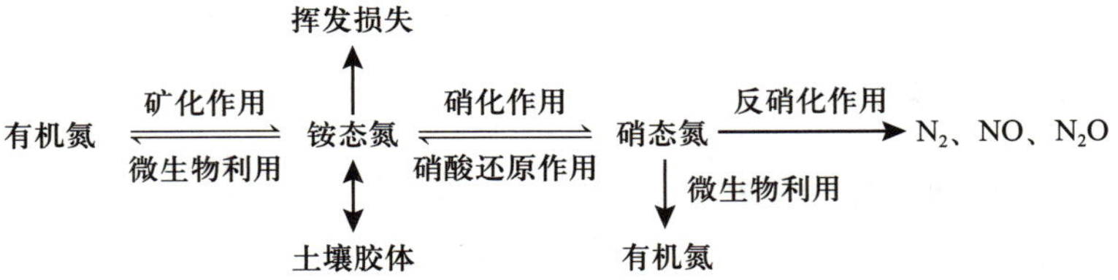

图 6.2　氮在土壤中的转化示意图

1. 土壤氮素的有效化过程

即土壤有机态氮的矿化过程，指土壤中的有机物经过矿化作用分解成无机氮素的过程。矿化过程需要在一定温度、水分、空气及各种酶的作用下才能进行。矿化过程主要分为两步：水解作用和氨化作用。在这个过程中释放的无机态氮可被植物或微生物吸收利用，所以称土壤氮素的有效化过程。

2. 土壤有效态氮素的无效化过程

（1）脱氮作用　在嫌气条件下，硝态氮在多种微生物的作用下，可以发生反硝化或生物脱氮作用，使硝酸盐被还原为氮（N_2）、氧化亚氮（N_2O）及一氧化氮（NO）而气化损失。反硝化作用引起的脱氮作用，在缺氧、硝态氮及有机物质较多、土壤 pH 为 5～8、温度为 30～35 ℃时最易发生。农业生产中水田淹水期间，反硝化作用进行得比较强烈，因此，在水田作物施肥时应注意反硝化作用的进行，尽可能不施用硝态氮肥，以避免发生反硝化作用而造成氮的损失。减少反硝化作用除使土壤有良好的通气性外，还可以施用硝化抑制剂。

（2）氨的挥发　土壤中氨化作用产生的氨很易溶于土壤溶液而成为铵离子，或被植物吸收利用，或被胶体吸附而成为交换态养分；还可以与土壤中的酸结合，以铵盐的形式存在土壤溶液中；在好气条件下也可以氧化成硝酸。

（3）淋溶或固定硝酸盐的淋失和铵离子被黏粒矿物晶格固定，也会造成有效氮的无效化。

土壤中氮素养分的转化过程可以为植物和微生物提供氮素营养，也可能造成一部分有效氮的损失。在农业生产实践中，根据氮素转化的规律正确施用氮肥，才能减少氮素的损失，充分发挥氮肥的增产作用。在我国不同种类的土壤中，土壤氮素的无效化途径是不同的，在北方碱性土壤中主要是铵态氮转化为氨而挥发损失；在南方酸性土壤中，则主要是硝态氮的淋失和反硝化造成的脱氮损失。因此，在施肥措施和管理上应有所不同。

二、氮肥主要种类、性质及其施用

土壤中氮素养分的不足是限制作物产量的主要因素。氮肥的种类虽然很多，但根据氮肥中氮素的形态可以分为三大类：铵态氮肥、硝态氮肥和酰胺态氮肥。各种形态的氮肥有其共性，又有其个性。只有正确认识和掌握氮肥的性质，才能科学合理施用，提高氮肥利用率和土壤肥力，避免不合理、过量施用氮肥对环境造成污染，达到作物稳产高产和可持续发展的目的。

（一）铵态氮肥

这类肥料是指含有铵离子（NH_4^+）或氨（NH_3）的氮素化肥。包括碳酸氢铵（NH_4HCO_3）、硫酸铵[$(NH_4)_2SO_4$]、氯化铵（NH_4Cl）、氨水（$NH_3 \cdot H_2O$）、液氨（NH_3）。

它们的共同特点是：

(1)易溶于水，是速效养分。植物能直接吸收利用，能迅速发挥肥效。

(2)易被土壤胶体吸附，不易淋失。

(3)与碱性物质混施，会造成氨的挥发损失。

(4)高浓度的 NH_4^+ 易对植物产生毒害，造成“氨的中毒”。

(5)植物吸收过量的铵会对 Ca^{2+}、Mg^{2+}、K^+ 的吸收产生抑制作用。

各种铵态氮肥的性质及施用技术如下：

1. 液氨（NH_3）

含 N 量 82.3%，是合成氨直接加压而成的一种高浓度液体肥料，呈碱性反应，常温常压下呈气态，比重 0.617，沸点 −33.3 ℃，冰点 −77.8 ℃；液氨通常用耐压钢瓶贮存，施用时需要特殊的施肥机械。

2. 氨水（$NH_3 \cdot H_2O$）

含 N 量 15%～17%，呈碱性反应，pH 10 左右，具有强烈腐蚀性，对眼和呼吸道等黏膜有强烈的刺激性，对容器有腐蚀性。氨水的挥发性较强，容易对施肥植物造成灼伤。在贮存、运输和施用过程中要用特殊的容器和机具，并注意安全。

氨水适用于各种土壤和植物，可作为基肥和追肥，但不宜做种肥，因为氨水挥发出的氨对种子和幼苗有毒害作用。氨水施用时要坚持“一不离土，二不离水”的原则。一般用量以 225～275 kg/hm^2 为宜。

3. 碳酸氢铵（NH_4HCO_3）

含 N 量 17%左右，易溶于水，速效性肥料，呈碱性反应，pH 8.2～8.4，化学性质不稳定，易分解挥发损失氨。其反应如下：

$$NH_4HCO_3 \xrightarrow{>30\ ℃} H_2O + CO_2 \uparrow + NH_3 \uparrow$$

碳铵对热的稳定性差，高温下易引起分解，温度越高，分解越快；含水量越高，分解越快。碳酸氢铵不仅怕“热”也怕“湿”，所以碳酸氢铵在生产过程中不能用常法加热干燥，而采用离心干燥，故碳酸氢铵产品中常含有吸湿水，一般在 3.5%左右，高的可达 5.0%。较高的水分含量导致碳酸氢铵潮解、结块，敞开时加速其挥发。一般来说，碳酸氢铵水分＜0.5%称为干燥碳酸氢铵，常温下不易分解；含水量＜2.5%时分解较慢；若含水量＞3.5%，分解明显加快。农用碳酸氢铵的含水量一般控制在 3.5%以下。

碳酸氢铵施入土壤后，少部分分解产生氨，呈分子态被土壤吸附，大部分通过解离生成 NH_4^+ 和 HCO_3^-，NH_4^+ 能被植物吸收和土壤吸附，HCO_3^- 能为植物提供碳源，两者均可被植物吸收，在土壤中无残留，故长期施用不会对土壤产生不良影响。只是碳铵在刚施入土壤时，有增加碱性的趋势，但随着植物的吸收和硝化作用的进行，土壤的 pH 会很快恢复到原来的状况。

碳酸氢铵可作为基肥和追肥施用，但不宜做种肥，因碳酸氢氨挥发出的氨气会熏伤种子，影响种子发芽与幼苗生长。碳酸氢铵无论做基肥还是追肥都要深施，以减少氨的挥发损失，获得较好的增产效果。一般用量控制在 750～900 kg/hm^2。施肥深度对碳酸氢铵挥发的影响见表 6.1。

表 6.1 施肥深度对碳酸氢铵挥发的影响

施肥深度	施肥不同天数后的氮损失率/%			
	0.5 d	1 d	5 d	15 d
表施	5.49	8.35	13.8	15.9
7 cm	0.3	0.48	0.88	1.33
10 cm	0.23	0.49	0.89	1.14

4. **硫酸铵**[$(NH_4)_2SO_4$]

硫酸铵简称硫铵，一般作为标准氮肥。含 N 量 20%～21%，易溶于水，肥料水溶液呈酸性反应。物理性状良好，不吸湿、不结块。化学性质稳定，常温常压下不挥发、不分解。碱性条件下，易发生氨的挥发而损失氮。因此，硫酸铵不能与碱性物质混合贮存和施用。

硫铵属于生理酸性肥料，即肥料施入土壤中，经植物选择吸收后残留的物质呈酸性的肥料。如硫铵在土壤溶液中解离为 $2NH_4^+$ 和 SO_4^{2-}，植物吸收的是 NH_4^+，同时从根胶体代换下来了 H^+，H^+ 与残留的 SO_4^{2-} 结合形成 H_2SO_4，所以，硫铵是生理酸性肥料，长期施用会使土壤酸度增强。酸性土壤施用硫铵，会使土壤酸性增强，应配施石灰，但注意石灰与硫铵应分开施用。

硫铵可做基肥、追肥和种肥施用。做种肥和追肥效果较好；若做拌种肥要干拌，且随拌随播。硫铵适宜各种植物，喜硫植物如葱、蒜、麻、马铃薯、油菜等施用效果更好。

水稻田不宜长期施用硫铵，因水稻田长期施用会使 SO_4^{2-} 在土壤中大量积累，嫌气条件下产生 FeS 和 H_2S，影响水稻根系的呼吸，发生水稻的黑根病。

一般施用量控制在 225～275 kg/hm^2。

5. **氯化铵**(NH_4Cl)

简称氯铵，含 N 量 24%～25%，是由合成氨工业与制碱工业联合制成的。易溶于水，肥料水溶液呈酸性反应。物理性状较好，吸湿性略大于硫酸铵。化学性质稳定，不易挥发和分解，也属于生理酸性肥料。

氯铵可做基肥、追肥，不宜做种肥。在水田中施用效果比硫铵好，在水田 Cl^- 易淋失，不会给土壤带来危害，而且土壤中 Cl^- 的存在能抑制亚硝化毛杆菌的活性，从而抑制土壤中 NH_4^+ 转化为 NO_3^- 的硝化作用，减少了 NO_3^- 的淋失。

对棉麻类植物施用氯铵效果较好。Cl^- 的存在有利于碳水化合物在植物地上部的积累，增加纤维的强度和长度。

但氯铵不适宜葡萄、柑橘、茶树、烟草、马铃薯等忌氯植物，以免影响这类植物产量和品质，尤其对品质影响明显。若要施用应在播种前早施，或在下雨前和灌溉前施用，使 Cl^- 淋失掉。

氯化铵施入土壤后对土壤的影响大于硫铵，长期施用会使土壤酸度增强和土壤 Ca^{2+} 的大量淋失，因 $CaCl_2$ 的溶解度大于 $CaSO_4$。在酸性土壤上施用氯铵应配施石灰和有机肥料。

（二）硝态氮肥（NO_3^-）

硝态氮肥是指含有硝酸根(NO_3^-)的化学氮肥。主要品种有硝酸钠、硝酸钾、硝酸铵等。硝态氮肥的共性：

(1)硝态氮肥是速效肥料，溶解度大，易溶于水，易被植物吸收。吸湿性强，易吸湿结块。

(2)硝态氮在土壤中移动性大,施入土壤后,不易被土壤胶体吸收保存而溶于土壤溶液中,随水分的运动而移动。当灌溉或降雨时会随水淋失至土壤深层,土壤水分蒸发时又随水向土壤上层移动,直至土壤表层聚集。因而,合理的水分管理有利于提高硝态氮肥的肥效。

(3)嫌气条件下,易发生反硝化作用,生成 N_2、N_2O 等造成挥发损失,这种现象在通气不良的旱地土壤或水田土壤经常发生,是施用硝态氮肥应注意避免的问题。

(4)吸湿性较大,物理性状较差。

(5)易爆、易燃,贮存和运输过程中应采取安全措施。

各种硝态氮肥的性质及施用技术如下:

1. 硝酸铵(NH_4NO_3)

简称硝铵,含有两种形态的氮,含 N 量 33%～34%,是当前世界上的主要氮肥品种。要注意它的易燃易爆和热不稳定性,在贮存和运输时不能与油脂、棉花或木柴等易燃物质放在一起。受潮结块时,不能用铁锤猛击,以免发生爆炸。

硝酸铵施入土壤后,解离为 NO_3^- 和 NH_4^+,两种离子均能被植物吸收,无副成分,属生理中性肥料。

硝酸铵适宜的土壤和植物范围广,但最适宜旱田和旱田植物,不宜在水田施用,以免硝态氮的淋失和反硝化损失氮。

硝铵可做追肥、种肥,一般不做基肥。追肥要少量多次;做种肥时注意用量,并尽量不使其与种子直接接触。

硝铵适用于一切植物,对烟草、棉花、果蔬等经济植物尤为适用。在用做棉花或蔬菜的提苗肥时,要防止浓度过高,不得超过 0.5%,大豆苗期施高浓度的硝铵会强烈抑制根瘤的着生与发育,对共生固氮不利,且经济效益低。

2. 硝酸钠($NaNO_3$)

简称智利硝石,含 N 量 14%～15%。硝酸钠属于生理碱性肥料,适宜施在酸性土壤上,不宜在盐碱土上施用。硝酸钠一般用于旱田做追肥施用,不适宜在水田和多雨地区施用。对烟草、果树、蔬菜、糖料等经济植物特别是喜 Na^+ 的萝卜、甜菜、十字花科等植物施用效果较好,但不宜在茶树及马铃薯等植物上施用。

3. 硝酸钙[$Ca(NO_3)_2$]

含 N 量 13%～16%,又称挪威硝石。易溶于水,水溶液呈碱性。具有强烈的吸湿性,在空气中易潮解自溶,在贮运过程中应注意密封。硝酸钙能改善土壤的理化性质,特别是对酸性土壤和盐渍化土壤的改良效果好。硝酸钙适宜于各种土壤,特别是在酸性土壤上或缺钙的盐渍土壤上效果更好。硝酸钙适宜做追肥,不能做种肥,而且不宜在水田或多雨地区施用。

(三)酰胺态氮肥

含有酰胺基($-CONH_2$)或分解过程中产生酰胺基的氮肥,称为酰胺态氮肥,主要有尿素和石灰氮肥料。石灰氮作为肥料在国内已极少使用,下面主要介绍尿素。

尿素[$CO(NH_2)_2$]含 N 量 46%,白色针状或棱柱状结晶,易溶于水,易吸湿,特别是在温度高于 20℃、相对湿度 80%时吸湿性更强,目前在制造工艺上常加入疏水物质,经过高温造粒制成颗粒状肥料,以降低其吸湿性。但在制造过程中,温度过高两个尿素分子会缩合形成少量缩二脲,缩二脲含量高时对植物有毒害作用,会抑制种子发芽和植物生长。大量试验表明,当尿素中缩二脲含量超过 2.0%时,对小麦、玉米、马铃薯、亚麻等植物的种子发芽和植株生长均有毒害作用，并能明显降低糖用甜菜的含糖量。

尿素施入土壤以后，初期以分子状态存在土壤溶液中，其中一少部分以分子状态进入植物体，另一少部分被土壤吸附，而大部分尿素在土壤中转变为碳酸铵，并进一步分解释放出氨，也可以被水解产生碳酸氢铵和一水合氨。由于它们都极不稳定，易分解释放出氨，所以，尿素应深施覆土。尿素转化后不含副成分，连年施用对土壤无不良影响。由于尿素只有经过脲酶转化后才能充分发挥肥效，因此，在施用时与其他氮肥相比较，应适当提前 3～5 d，尤其在气温较低的地区或气候寒冷的季节，更应提前 7～8 d 施用。

$$CO(NH_2)_2 + 2H_2O \longrightarrow (NH_4)_2HCO_3$$

$$(NH_4)_2HCO_3 \longrightarrow 2NH_2\uparrow + CO_2\uparrow + H_2O$$

尿素的转化速度与土壤温度、湿度及土壤酸碱度有关。土壤中性、温度较高、水分适宜时转化较快；温度为 7～10℃时需要 7～10 d，温度为 30℃时仅需 1 d。只有转化成铵态氮后，才可被植物大量吸收。转化生成的碳酸铵、碳酸氢铵和氢氧化铵性质都不稳定，易分解放出氨，因此尿素也应深施覆土。

尿素适用于各种植物和土壤。可做基肥、追肥和根外追肥，一般不做种肥。因为尿素含氮量高，在分解过程中，肥料颗粒附近铵的浓度剧增，可达几百 mg/kg；尿素具有一定的吸湿性，故会影响种子萌发和幼苗根系生长。若做种肥时，需与种子隔开，并应将用量控制在 37.5 kg/hm^2 左右。用时先将尿素与干细土混匀，施在种子下方 2 cm 处。

尿素在旱田做基肥时，粮食作物用量为 150～300 kg/hm^2，混匀撒施田面，随即耕耙。做水田基肥时，可先撒施后耕翻入土，5～7 d 后，再灌水耙田，用量 225 kg/hm^2 左右。做追肥时，旱田采用沟施或穴施，施肥深度 7～10 cm，施后覆土，防止氨的挥发损失。水稻追肥可采用"以水带氮"深施法，即施肥前先排水，将尿素撒施于土表随即灌水，尿素随水进入耕层中，可减少氮的损失。用量以 150 kg/hm^2 左右为宜。

尿素是根外追肥最好的肥料，因为尿素不含任何副成分，为中性有机小分子，电离度较小(1.5×10^{-4})，在一定浓度下对植物茎叶损伤小；尿素分子体积较小，易透过细胞膜，且具有一定的吸湿性，扩散性能好，易被植物吸收；尿素进入细胞中不易引进细胞的质壁分离，使用安全。做根外追肥，喷施浓度一般控制在 0.2%～2%，每 7～10 d 喷一次(表 6.2)。

表 6.2　各种植物喷施尿素的最适浓度

植物种类	尿素浓度/%
水稻、小麦	2
黄瓜	1.0～1.5
萝卜、白菜、甘蓝	1.0
甘薯、马铃薯、花生、西瓜、茄子、柑橘	0.4～0.8
桑、茶、苹果、梨、葡萄	0.5
柿子、番茄、葱	0.2～0.3

现将常用氮肥主要性质和施用要点汇总于表 6.3。

表 6.3　几种常用化学氮肥的理化性质和施用要点

肥料形态	肥料名称	化学成分	含氮量/%	酸碱性	主要性质和特点	施用技术要点
铵态	液氨	NH_3	82	碱性	沸点很低，极易挥发，在常温、常压下为气体，在 1 722.5 ～ 2 026.5 kPa（17～20 个大气压）时为液体	需用施肥机械施用，施用深度 20 cm 左右为宜
	氨水	$NH_3 \cdot H_2O$	12～17	碱性	液体肥料，呈强碱性，除挥发性强以外，有渗漏问题，有强烈的腐蚀性	旱田施用氨水无论做基肥或追肥都应开沟深施，水田可随水滴灌。贮运过程中应防挥发、防渗漏和防腐蚀
	碳酸氢氨	NH_4HCO_3	16.8～17.5	弱碱性	是化学性质不稳定的白色晶体，易吸湿分解，易挥发，有强烈的氨味。湿度越大，温度越高，分解越快，易溶于水	贮存时要防潮、低温、密闭。施用时应深施（10 cm 左右）覆土，做基肥、追肥均可，不可做种肥
	硫酸铵	$(NH_4)_2SO_4$	20～21	弱酸性	吸湿性小，是生理酸性肥料。易溶于水，作物易吸收	宜做种肥，做基肥、追肥亦可。施于石灰性土壤也应深施覆土，防止挥发。酸性土壤长期施用时，应配合施用有机肥或石灰
	氯化铵	NH_4Cl	24～35	弱酸性	吸湿性小，是生理酸性肥料。易溶于水，作物易吸收	做基肥、追肥均可，但不宜做种肥。盐碱地和忌氯作物上不宜施用。施于水田的效果比硫酸铵好
硝态	硝酸钠	$NaNO_3$	15～16	中性	吸湿性强，是生理碱性肥料。易溶于水，作物易吸收	适用于中性和酸性土，一般做追肥用，在干旱地区可做基肥。不宜做种肥，水田施用效果差，盐碱地不宜施用。贮存时应防潮
	硝酸钙	$Ca(NO_3)_2$	13～15	中性	为钙质肥料，有改善土壤结构的作用。吸湿性强，是生理碱性肥料	适用于各类土壤和各种作物，但不宜做种肥，不宜在水田施用，一般做追肥效果好。贮存时应防潮

续表6.3

肥料形态	肥料名称	化学成分	含氮量/%	酸碱性	主要性质和特点	施用技术要点
硝态	硝酸铵	NH_4NO_3	34～35	弱酸性	吸湿性强，易结块，是生理中性肥料，无副成分，易燃	适用于各类土壤和各种作物，但因吸湿性强不宜做种肥，施于水田效果差。贮存时除应注意防潮外，不要和易燃物同存一处，以免发生火灾
酰胺态	尿素	$CO(NH_2)_2$	45～46	中性	有一定的吸湿性，长期施用对土壤无不良影响。尿素在土中转化，与土壤酸碱度、湿度、温度等条件有关，温度高时转化快	适宜做基肥。适用于各类土壤和各种作物。做追肥应比一般肥料提前 4～5 d。不宜做种肥。尿素作为根外追肥最为理想，但含缩二脲多的尿素，不应做根外追肥

三、氮肥的合理施用

（一）氮肥的利用率及提高利用率的措施

氮肥利用率是指所施氮肥的有效成分被当季植物吸收利用的比例，即当季植物从所施用氮肥中吸收氮素的质量分数。

$$氮肥利用率=\frac{氮肥区收获物总氮量-无氮肥区收获物总氮量}{氮肥区所施氮肥中氮素的总量}\times 100\%$$

氮肥利用率越高，施入土壤中的氮素损失就越少，氮肥的经济效益就越高。我国氮肥的利用率 30%～50%，而日本、美国等发达国家在 50%～60%，欧盟国家的氮肥利用率高达 70%左右。由此可见，每年施入土壤的大量氮肥，有将近一半未被植物吸收利用。合理施用氮肥的基本出发点是减少氮素的损失，提高氮肥利用率，充分发挥氮素化肥的经济效益。为提高氮肥利用率，一般常采用以下措施：

1. 深施立即覆土

深施立即覆土可以增加土壤对铵态氮肥的吸附保持，减少氮素的挥发损失。对硝态氮肥也可以起到减少地面径流而引起的流失。

2. 铵态氮肥造粒深施

这是提高氮肥利用率、促进作物增产的一种科学施氮技术。例如，粉状碳酸氢铵在水稻上施用，其利用率只有 30%，而造粒深施后利用率可提高到 56%。据各地试验资料，一般每千克碳酸氢铵粒肥，可增产稻谷 2.1～3.4 kg、小麦 3.3 kg、玉米 3.2 kg。

3. 应用氮肥增效剂

氮肥增效剂如硝化抑制剂，是一种有机化学物质，与氮素化肥混合施用，可抑制土壤中的硝化作用，减少氮素化肥由于脱氮作用造成的损失，提高氮肥利用率。氮肥增效剂的效果，因施用条件不同而有较大差别，一般水田效果比较明显。

（二）氮肥合理施用技术

1. 根据植物特性合理施用氮肥

不同作物对氮素的需要量不同，如叶菜类、桑、茶叶等以叶为收获对象的作物，需氮肥量较多；而豆科植物需氮相对较少，仅生长初期可以施用氮肥。同种作物不同品种耐肥性不同，需氮量也不相同；同一作物不同生长发育时期，需氮量也不相同。因此，应根据作物种类和不同生长发育时期确定施肥量。

不同作物对各种形态氮肥的反应也不相同。一般水稻施铵态氮最为合适。马铃薯类含淀粉多的作物，也适宜用铵态氮肥。甜菜则宜施硝态氮肥。小麦、玉米等各类作物对铵态氮和硝态氮肥的反应差别不大。马铃薯、烟草、甘薯、茶等忌氯植物尽量不要施用含有 Cl^- 的肥料，如氯化铵会降低块根、块茎类作物的淀粉含量，影响烟草的燃烧性和气味，降低茶叶的品质等。

2. 根据土壤条件合理施用氮肥

氮肥施入土壤，既受土壤性质的影响，也会影响土壤性质，因此，应根据土壤条件选择氮肥的品种。

土壤有机质含量高，含氮也多，这样的土壤可以少施或不施氮肥；质地轻的土壤，保肥性差，要少量多次施用氮肥特别是硝态氮肥，以防止氮素的淋失。质地黏重的土壤可一次大量施用氮肥；碱性土壤施用生理酸性或化学酸性肥料；酸性土壤施用生理碱性和化学碱性肥料，以调节土壤酸度；在盐分高的土壤上尽量不要施用含 Cl^- 肥料和 Na^+ 肥料，避免土壤含盐量的增加。如我国南方高温多雨，土壤多呈酸性，应选用铵态氮肥和碱性、生理碱性肥料及富含钙质的肥料。石灰性土壤施用铵态氮肥时应注意深施覆土，防止氨的挥发。酸性土壤施用生理酸性肥料时，一定配合施用有机肥料和石灰，以增加缓冲能力和中和土壤酸性。土壤质地轻的沙性土壤，每次施氮肥量不宜太多，应少量多次。

在同一土壤类型上，土壤水分状况与土壤含氮量是决定氮肥肥效的两个重要因素。在氮肥分配上，应优先施用在增产效果较好的土壤上，有利于充分发挥氮肥肥效，提高单产和均衡增产。对高产田，应控制用氮量，以免过度施用，导致增产不增收，甚至增肥减产。旱田土壤或干旱区土壤施用硝态氮肥效果较好，水田或多雨季节施用铵态氮肥效果较好。

3. 氮肥与其他肥料配合施用

植物的高产、稳产、优质，需要多种养分的均衡供应。合理施用氮肥，应该以适宜比例的氮素肥料与一定量的磷、钾、微肥和有机肥配合使用，才能更好地发挥氮肥的增产效果。

（1）氮肥与磷、钾肥和微量元素肥料的配合　我国目前大部分土壤缺磷少氮，相当一部分土壤缺钾和微量元素。因此，通过测土摸清土壤养分状况，实行氮、磷、钾、微量元素肥料配合施用，是合理施用氮肥的重要组成部分。

（2）氮肥与有机肥配合施用　化学氮肥配合有机肥料施用，可以获得良好效果。有机肥含氮量偏低，氮的释放一般较慢，而化学氮肥含氮量高，又是速效肥，配合得当，缓急相济，互相补充，可以满足作物在生长发育过程中对氮的需要。有机肥的施用，既丰富了土壤中的各养分元素，还改善了土壤的理化性质，并对施用的化学氮肥，有一定的稳肥作用，为提高氮素化肥的利用率创造了条件。另外，氮肥与有机肥配合施用，还能降低生产成本，克服化肥的副作用。

4. 加强水肥结合管理，提高氮肥利用率

大量试验研究表明，水和氮素存在耦合关系，土壤中水分的存在可以促进植物对氮素的吸收。水肥一体化是当今世界公认的一项高效节水节肥农业新技术，利用物联网技术可实现对水肥的精准施入，极大提高灌水和肥料的利用效率。

5. **长效氮肥的应用**

施用长效氮肥(缓释肥、控释肥),符合植物养分吸收规律,有利于植物的缓慢吸收,减少氮素损失和生物固定,降低施用成本,提高劳动生产率。

技能训练11

土壤碱解氮含量测定(扩散法)

二维码 6-1
微课:土壤碱解氮的测定

一、技能目标

通过技能训练,学生理解碱解扩散法测定土壤碱解氮的原理,掌握其测定方法。

二、方法原理

土壤样品在扩散皿外室中,于碱性条件和硫酸亚铁存在下进行水解还原,使易水解态氮和硝酸态氮转化为氨气,并扩散逸出,被扩散皿内室中的硼酸溶液所吸收。硼酸溶液中所吸收的氨,用标准的强酸溶液滴定,根据标准酸消耗的体积计算碱解氮的含量。

三、实验材料

1. 仪器及设备

半微量滴定管(5 mL)、恒温箱、扩散皿、玻璃棒、橡皮筋、刻度移液管(10 mL、2 mL)。

2. 试剂

(1)氢氧化钠溶液 [$c(NaOH)=1$ mol/L]:40.0 g 氢氧化钠(NaOH,化学纯)溶于水,冷却后,稀释至 1 L。

(2)混合指示剂 称取 0.099 g 的溴甲酚绿和 0.066 g 甲基红,溶解于 100 mL 的乙醇[$\omega(CH_3CH_2OH)=95\%$]中。

(3)硼酸(H_3BO_3)—指示剂溶液 [$\rho(H_3BO_3)=20$ g/L]溶液:溶解 20 g 硼酸于 950 mL 的热蒸馏水中,冷却后,加入 20 mL 的混合指示剂,充分混匀后,小心滴加氢氧化钠溶液[$c(NaOH)=0.1$ mol/L],直至溶液呈红紫色(pH 约 4.5),稀释成 1 L。

(4)盐酸标准溶液 [$c(HCl)=0.01$ mol/L]:取密度为 1.19 kg/L 的浓盐酸 8.3 mL,注入盛有 150~200 mL 蒸馏水的烧杯中,冷却,然后用蒸馏水稀释至 1000 mL,用标准碱或硼砂标定其正确浓度。

(5)碱性胶液 40 g 阿拉伯胶和 50 mL 水在烧杯中,温热至 70~80 ℃,搅拌促溶,约冷却 1 h 后,加入 20 mL 甘油和 20mL 饱和 K_2CO_3 水溶液,搅匀,放冷。离心除去泡沫和不溶物,将清液贮于玻璃瓶中备用。

(6)硫酸亚铁粉末 将硫酸亚铁($FeSO_4\cdot7H_2O$,化学纯)磨细,装入密闭瓶中,存于阴凉处。

四、操作规程

1. 称取试样

称取风干土(过 1 mm 筛)2.00 g,置于扩散皿(图 6.3)外室,加入 0.2 g 硫酸亚铁粉末于外室,轻轻地旋转扩散皿,使土壤试样均匀地铺平。

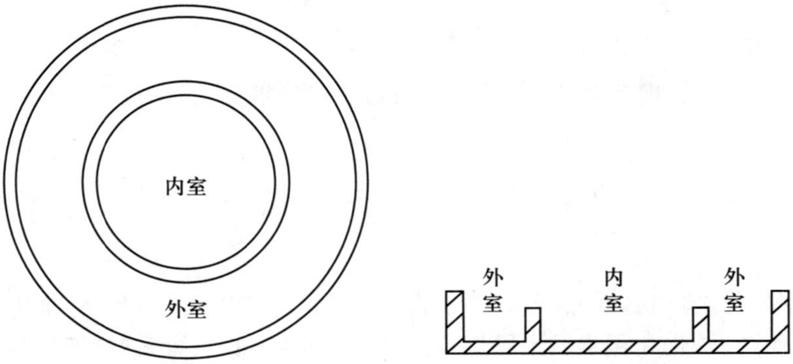

图 6.3　扩散皿横截面(左)和纵截面(右)

2. 样品处理

取 2 mL 硼酸—指示剂溶液，放于扩散皿内室，然后在扩散皿外室边缘涂上碱性胶液，盖上毛玻片，旋转数次，使皿边与毛玻片完全黏合。渐渐转开毛玻片一边，使扩散皿外室露出一条狭缝，迅速加入 10.0 mL 氢氧化钠溶液，立即盖严，再用橡皮筋圈紧，使毛玻片固定，水平地轻轻摇动扩散皿，使碱液与土壤充分混合。随后放入(40±1)℃恒温箱中，碱解扩散(24±0.5)h。

3. 滴定

取出扩散皿，取下毛玻片，用盐酸标准溶液滴定内室吸收液中的 NH_3。溶液由蓝色突变为微红色为滴定终点。

上述土样测定做 2 个平行。

在测定土壤样品的同时，必须做 2 个空白试验，取其平均值，校正试剂和滴定误差。空白试验不加土样，其余步骤与上述土样测定同步进行。

4. 结果计算

$$\omega(\mathrm{N})=\frac{(V-V_0)\times c\times 14}{m}\times 10^3$$

式中，$\omega(\mathrm{N})$—土壤碱解氮质量分数，mg/kg；

c—盐酸标准溶液的浓度，mol/L；

V—样品测定时消耗盐酸标准溶液的体积，mL；

V_0—空白试验时消耗盐酸标准溶液的体积，mL；

14—氮的摩尔质量，g/mol；

10^3—换算为 mg/kg 的系数；

m—称取的风干土样质量，g。

两次平行测定结果允许误差为 5 mg/kg。

五、注意事项

(1)扩散皿使用前必须彻底清洗。利用小毛刷去除残余后，冲洗，先后浸泡于软性清洁剂及盐酸中，然后以自来水充分冲洗，最后再用蒸馏水淋洗。

(2)在 NO_3^--N 还原为 NH_4^+-N 时，$FeSO_4$ 本身要消耗部分 NaOH，所以测定时所用 NaOH 溶液的浓度须提高或适当增加用量。例如，2 g 土加 11.5 mL NaOH 溶液。

(3)由于碱性胶液的碱性很强，在涂胶液时必须特别细心，慎防污染内室，以免造成错误。

(4)滴定时要用小玻璃棒小心搅动吸收液,切不可摇动扩散皿。

六、训练报告

报告内容:实验题目、时间地点、方法原理、操作程序、数据记录、计算结果、收获与体会。

任务二 磷肥的合理施用

磷素的作用是促进植物体细胞分裂和生长,促进光合作用和呼吸作用,加强植物体内糖分、脂肪、蛋白质的代谢、转化和积累。土壤供磷充足时,植株生长发育良好,产量高、品质优。但土壤缺磷或磷素供应过多,都会对植物产生不良影响。

一、土壤中的磷素及其转化

(一)土壤中磷素的来源与含量

土壤中磷的来源主要是地壳和含磷矿物,施肥是主要来源之一。土壤磷素养分的含量,常以全磷量和有效磷表示。全磷量是指土壤中磷的总量,它是反映土壤磷素总贮量的一个相对指标,是有效磷的基础。土壤有效磷是指作物能吸收利用的磷素,常用 0.5 mol/L $NaHCO_3$ 浸提法测定,是施肥量的依据。我国土壤全磷量(以 P_2O_5 计)一般在 0.2～3.0 g/kg,其变化趋势由南到北逐渐提高。南方的砖红壤全磷含量很低,北方的石灰性土壤全磷含量则比较高。由于磷在土壤中的移动性很小,加上耕作施肥制度的不同,在同一地区内不同地块之间全磷含量也有较大差异。

(二)土壤磷素养分的形态

土壤中的磷素可以分为有机态磷和无机态磷,两者可以互相转化(图 6.4)。

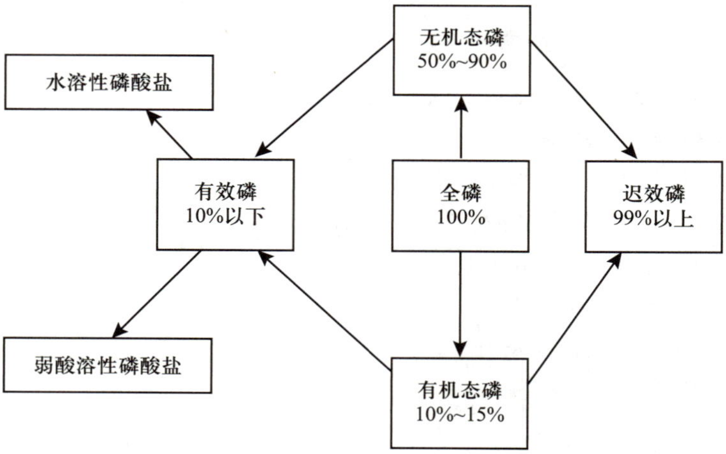

图 6.4 土壤中磷的形态

1. 土壤有机磷

土壤有机磷来源于动植物和微生物残体,以及有机肥料中的含磷有机化合物,如核蛋白、核酸、磷脂、植素等,这些含磷有机化合物只有极少部分(如核酸)可以被植物吸收,其余有机磷化合物需经微生物分解转化后,才能被植物吸收利用。

土壤中的有机磷占全磷的20%～50%,其含量随土壤有机质的增加而提高。

2. 土壤无机磷

土壤中的无机态磷主要以磷酸盐形态存在。无机态磷酸盐种类较多,成分也比较复杂,主要有磷酸钙盐、磷酸铝盐、磷酸铁盐,其溶解度取决于它们的组成成分。一般是磷酸二氢根($H_2PO_4^-$)的磷酸盐溶解度大于磷酸氢根(HPO_4^{2-})的;磷酸氢根的磷酸盐溶解度大于磷酸根(PO_4^{3-})的。在金属离子组成中,碱金属(钾、钠)的磷酸盐溶解度最大,碱土金属(钙、镁)和铁、铝的磷酸盐溶解度比较小。磷酸盐的溶解度也和土壤pH有关。一般磷酸钙盐均有随pH降低而逐渐增加其溶解度的趋势;而铁、铝磷酸盐,则在一定范围内随着pH上升而逐渐增大其溶解度。根据磷酸盐的溶解度,可将土壤中无机磷分为水溶性磷、弱酸溶性磷和难溶性磷。

(1)水溶性磷　水溶性磷包含那些能在常温下被水溶解的磷酸盐,如磷酸钾、磷酸钠、磷酸一钙等。它们易被植物直接吸收利用,肥效快,是速效磷。水溶性磷在土壤中很不稳定,容易受各种因素作用转化为溶解度低的磷酸盐而降低有效性。

(2)弱酸溶性磷　也称枸溶性磷。是指能够被弱酸溶解,但不溶于水的磷,如磷酸氢钙等。它们不能被植物直接吸收,只能为植物根系所分泌的弱酸或土壤中的其他弱酸溶解后供植物吸收利用。因此,这种形态的磷素也是有效磷。通常所说的土壤有效磷一般包括水溶性磷和弱酸溶性磷。

(3)难溶性磷　是指那些不能被水和弱酸溶解的磷。这种形态的磷素大多数植物不能直接吸收利用,在土壤中受环境条件的影响而发生变化,逐步转化成有效磷后,才能被植物吸收利用。当土壤pH高于7时,磷酸钙是主要形态;在酸性土壤中,磷酸铁和磷酸铝是主要的形态。难溶性磷的溶解度很小,很难被植物吸收利用,只有在长期的风化过程中,磷素才能释放出来。

水溶性磷和弱酸溶性磷统称为有效磷或速效磷,难溶性磷则称为迟效磷。这三种类型的磷素,在一定的条件下可以相互转化,随着磷酸盐的转化,其有效性也在发生变化。

(三)土壤磷素的转化

1. 土壤磷素的固定

土壤中的可溶性磷转变为难溶性磷,称为土壤中磷的固定。磷的固定使土壤中有效磷的数量减少,降低了磷肥的利用率,严重影响磷素效果的发挥。一般作物对磷肥的利用率不到30%。所以,了解土壤磷固定的原因,进而采取有效措施减少磷的固定,对提高磷肥的利用率有重要意义。

(1)化学固定　产生化学固定的原因,主要是土壤中存在着大量的钙、镁、铁、铝等阳离子,与可溶性磷酸盐作用,形成难溶性磷化合物。这种固定作用在不同的土壤中表现不同。在石灰性土壤中,水溶性磷酸盐与土壤中的钙结合,生成磷酸二钙;磷酸二钙与钙盐继续作用,逐渐形成溶解性很小的磷酸八钙,继而形成难溶性的磷酸十钙。这些含钙的磷酸盐统称钙磷(Ca-P)。在酸性土壤中,水溶性磷酸盐和弱酸溶性磷酸盐与土壤溶液中的活性铁、铝或土壤胶体颗粒上吸附的铁、铝离子作用,生成难溶性的磷酸铁、磷酸铝沉淀。这些磷酸铁、磷酸铝又称铁磷(Fe-P)、铝磷(Al-P)。上述钙磷、铁磷和铝磷的生成是导致磷有效性大大降低的主要原因,植物难以吸收利用。

(2)阴离子交换固定(吸附反应)　这种固定主要发生在酸性土壤中。因为在酸性土壤中,有一些黏土矿物,当土壤pH在5～6时,黏土矿物晶格的表层氢氧根离子(OH^-)群能部分解离,与磷酸根离子进行阴离子交换,使磷酸根固定在胶粒的表面。但当土壤条件发生改变时,如土壤 pH 升高，土壤酸性减小，被固定的磷酸根离子便能重新释放出来。因此，对酸性土壤增施适量石灰，调节土壤酸碱状况，有利于提高磷素的有效性。

(3)闭蓄固定　由于受土壤氧化还原交替变化的影响，在磷酸盐的外面，会形成一层氧化铁的包膜，将磷酸盐包蔽在其中，称为闭蓄固定，其中的磷难以被植物吸收利用，有效性低。闭蓄态磷在石灰性土壤中比较少，主要存在于强酸性土壤和酸性土壤中。

(4)生物吸收固定　这种固定是指土壤微生物吸收有效态磷酸盐，构成自己的躯体，使之变成有机态磷化合物。这种生物固定作用是暂时的，当微生物死亡后，经过分解，仍然能将磷素释放出来供植物吸收利用。

在不同土壤上，土壤磷的固定强度有较大差别。土壤酸碱反应在微酸性至中性(pH 在 6～7)范围内，或有机质含量较高的土壤中，磷素的固定较弱，有效性较高。酸性土壤和石灰性土壤，磷素的固定较强，有效性较低。

综上所述，土壤磷素的固定作用相当普遍，因此，如何提高磷的有效性，减少磷的固定，是我们需要研究解决的重要问题。生产上经常采用的磷肥集中施用，与有机肥配合施用，酸性土壤施石灰等措施，都可以减少磷肥的固定，提高磷的有效性。

2. 土壤磷素的释放

土壤磷素的释放是土壤磷素的有效化过程。

(1)难溶性磷酸盐的释放　难溶性磷酸盐经过物理、化学、生物化学的风化作用，会逐渐溶解转化为水溶性磷酸盐；另外，土壤淹水后，包蔽在磷酸盐外层的氧化铁胶膜也可能还原溶解，从而使闭蓄态磷转化非闭蓄态磷。

(2)有机磷的矿化　有机磷化物在磷酸酶作用下，逐渐分解释放出磷酸。土壤水分适宜、温度较高、通气良好的环境，微生物活动旺盛，有机磷矿化较快。

土壤有效磷与无效磷的转化，主要与土壤 pH、有机质的分解、氧化还原条件等因素有关。改良酸碱土，增施有机肥都可以提高磷的有效性。

二、磷肥种类、性质及其施用

生产磷肥的主要原料为磷灰石，磷灰石经过不同的加工方法，可制成不同性质的磷肥。目前我国生产磷肥的方法主要有机械法、酸制法和热制法 3 种。根据磷肥中磷酸盐的溶解性质，可将磷肥分为水溶性、弱酸溶性和难溶性磷肥 3 种类型。

（一）水溶性磷肥

肥料中的磷酸盐能溶于水的磷肥，称为水溶性磷肥。如过磷酸钙、重过磷酸钙等。

1. 过磷酸钙

过磷酸钙是我国主要的磷肥品种，是酸制法磷肥的一种，是用硫酸分解磷灰石粉末而制成的肥料，简称普钙。

过磷酸钙主要成分是水溶性磷酸一钙[$Ca(H_2PO_4)_2 \cdot 2H_2O$]，其含量占 30%～50%；还有难溶性硫酸钙[$CaSO_4 \cdot 2H_2O$]，占 40%；以及 3%～5%的游离磷酸和硫酸，此外还有铁、铝、钙盐等杂质。有效磷(P_2O_5)含量为 14%～20%。

过磷酸钙为灰白色粉末状，因含游离酸，故为化学酸性肥料。易吸湿结块，吸湿后导致水溶性的磷酸一钙转变为难溶性的磷酸盐，肥效降低，这一变化称为过磷酸钙的退化。过磷酸钙施入土壤后，会迅速吸收土壤中的水分，在施肥点及周围微域土壤溶液形成含有磷酸和磷酸二钙的饱和溶液，土壤溶液的 pH 有所下降。

$$Ca(H_2PO_4)_2 \cdot H_2O + H_2O \rightarrow CaHPO_4 \cdot 2H_2O + H_3PO_4$$

在酸性和中性土壤中，饱和溶液向外散时，易溶解土壤中的铁、铝、钙、镁，形成难溶性的磷酸铁、磷酸铝沉淀，从而使水溶性磷被“固定”；在石灰性土壤中，饱和溶液与钙生成磷酸二钙，可进一步转变为磷酸八钙，之后转化为稳定的磷酸十钙，从而降低磷的有效性。

过磷酸钙无论施入何种土壤，都易被固定，移动性较小。因此，合理施用过磷酸钙应以减少肥料与土壤的接触，增加肥料与植物根系的接触，以提高其利用率。具体措施如下：

(1)集中施用　过磷酸钙无论是做基肥、种肥或是追肥均以集中施用的效果为好。集中施肥既可以减少过磷酸钙与土壤的接触面积，减少固定，又可以提高局部土壤磷素的供给强度，有利于植物根系的吸收。过磷酸钙做基肥施用时，应根据种植方式和根系特点进行，总的原则应将磷肥施在根系密集层。条播作物和稀植作物可采用条施或穴施的方法，而密植作物或撒播作物，可在犁地时撒垡头，集中施于土壤耕层的中上层。

过磷酸钙做种肥也是有效的施用方法。但过磷酸钙做种肥必须注意检查游离酸含量，如果酸度太高，应事先加1%～2%的草木灰与之混合，以消除游离酸的不良影响。过磷酸钙拌种，应随拌随播种，不可拌后长期放置，以免影响种子的出苗率。

(2)与有机肥料混合施用　混合施用可减少过磷酸钙与土壤的接触，减少磷的固定；同时有机肥在分解过程中产生的有机酸能与铁、铝、钙等离子络合，对水溶性磷有保护作用；与有机肥堆沤后施用效果更佳。具体方法是将计算好用量的有机肥和过磷酸钙在施入土壤前均匀混合，然后再施用。

(3)分层施用　由于磷在土壤中移动性小，并且在移动中易被固定下来，因此，要分层集中地施在植物根系附近，一般是将2/3做基肥深施，以满足作物生育中、后期对磷的需要，另1/3做面肥或种肥施用。华北地区推广的一次性双层施肥，就是把磷肥的大部分在耕地时施于犁沟处，其余磷肥在耕后撒于地表，然后耙地与土壤混合。

(4)酸性土壤配施石灰　在南方酸性土壤上应先施用石灰调节土壤pH，然后再施用过磷酸钙，可提高利用率17%～18%。

(5)根外追肥　过磷酸钙做根外追肥，可以避免被固定，肥效能充分发挥。特别是在作物根部吸收能力减弱的情况下，根外追施过磷酸钙能及时补给作物对磷素营养的需要，有利于植物正常生长发育。将普钙溶于水中，充分搅拌10 min，放置澄清，取清液稀释后喷施。一般喷施浓度为：水稻、小麦、果树等1%～2%，棉花、油菜、蔬菜等0.5%～1%。喷施方法是将过磷酸钙按比例加水，充分搅拌并浸泡过夜，取澄清液喷施。若在作物开花期，喷施时不要喷在花上，以免影响授粉。

(6)制成颗粒肥料　过磷酸钙制成颗粒肥料后，由于表面积减少，也减少了与土壤的接触面积，从而减少过磷酸钙的固定，便于机械施肥，提高工作效率。但过磷酸钙的颗粒不宜过大，以粒径3～5 mm为宜，颗粒过大会使颗粒分布点过少，从而会过多减少与植物根系接触的机会，降低颗粒肥肥效。

2. 重过磷酸钙

简称重钙，是一种高浓度速效性磷肥，主要成分是磷酸一钙，有效磷(P_2O_5)含量为40%～50%。性质比过磷酸钙稳定，易溶于水，水溶液也呈酸性反应，吸湿性较强，易结块。由于不含铁、铝等杂质，吸湿后不产生磷酸退化现象。

施用方法与普钙相同，但用量应减少一半以上，并注意施用均匀。对喜硫的豆作植物、马铃薯及十字花科植物等肥效较普钙差。

（二）弱酸溶性磷肥

肥料中的含磷化合物不能溶于水，能溶解于2%的柠檬酸，所以称弱酸溶性磷肥，又称枸溶性磷肥，如钙镁磷肥、钢渣磷肥等。

钙镁磷肥是热制磷肥的一种，成分比较复杂，主要成分是 $Ca_3(PO_4)_2$，含有效磷 12%～20%，还含有 25%～30%的 CaO 和 15%～18%的 MgO。呈碱性反应，pH 8.0～8.5。不溶于水，但能溶于弱酸。无腐蚀性，不吸湿，不结块，物理性质良好，便于运输、贮存和施用。

钙镁磷肥的合理施用注意事项：

(1)做基肥和种肥，不做追肥　钙镁磷肥最适合做基肥。做基肥时注意两点：一是要早，使它在土壤中有较长时间的溶解和转化；二是要集中施用，减少土壤的吸附和固定。做种肥时，可将钙镁磷肥施入播种沟或穴内，用量不可过大，土壤水分要充足。还可用钙镁磷肥蘸秧根或拌稻种，做秧田面肥效果也很好。

(2)根据不同作物种类施用　由于钙镁磷肥富含钙素，应优先施用在喜钙的苕子、蚕豆、豌豆等豆科作物和油菜作物上。水稻是需硅较多的作物，施用钙镁磷肥也比较适宜。

(3)根据不同土壤类型施用　由于钙镁磷肥不溶于水而溶于弱酸，因此，在酸性土壤上施用效果较好。石灰性土壤溶解力弱，小一些的钙镁磷肥颗粒，可以增加与土壤的接触面，提高肥效。因此，以 80%～90%的肥料颗粒能通过 80 号筛(粒径为 0.177 mm)的细度为宜。

(4)与有机肥料混合或堆腐后施用　钙镁磷肥施用前，预先与有机肥料混合或堆腐后施用，可利用有机肥中产生的酸溶解钙镁磷肥中的磷素，能显著提高钙镁磷肥的肥效，又能减少土壤对磷的固定。

（三）难溶性磷肥

1. 磷矿粉

由磷矿石经机械粉碎磨细而成。既是各种磷肥的原料，也可以直接做磷肥施用。磷矿粉成分复杂，因磷矿来源不同成分差异较大，一般全磷量(P_2O_5)为 10%～40%，其中弱酸溶性磷5%，其他全是难溶性磷。

磷矿粉一般为褐灰色粉末，外观似土，成分复杂，主要含磷酸三钙，其次还含有钙、硅、镁、铁、铝等多种氧化物，其全磷含量因磷矿石的产地不同差异很大。

磷矿粉合理施用注意事项：

由于磷矿粉是难溶性迟效磷，要转化成有效磷才能被植物利用，所以，促进磷矿粉的溶解和转化，是提高磷矿粉肥效的关键。

(1)优先施用在吸磷能力较强的植物上　种植物吸收难溶性磷酸盐的能力有很大差异，一般豆科植物吸磷能力强，而禾本科则弱。因此，磷矿粉首先施在豆科绿肥植物上，充分利用其吸收难溶性磷的能力，把难溶性磷转变为有机体的磷，通过翻压绿肥腐解、提供给后茬植物利用。多年生的经济林木，如橡胶、茶、柑橘等，对难溶性磷矿粉的吸收能力也很强。

(2)优先施在缺磷的酸性土壤上　磷矿粉中磷酸盐的溶解度直接受土壤酸度的影响。土壤酸性越强，溶解磷矿粉的能力越大，肥效也越高，因此，磷矿粉在我国南方酸性土壤上施用肥效显著。但在强酸性(pH4.5～5.0)土壤上施用磷矿粉时，需先施用石灰调节酸度，消除因土壤酸度过强的不利影响，一周后再施磷矿粉。磷矿粉在北方石灰性土壤上施用效果差。

(3)与其他肥料配合施用　磷矿粉与 1～2 倍有机肥料混合堆沤后施用，可利用有机肥分解产生的酸溶解磷矿粉中的难溶性磷，提高肥效。另外，磷矿粉与化学酸性肥料如过磷酸钙，生理酸性肥料如硫铵、氯化铵等混合施用，也能提高肥效。

(4)合理的施用技术　磷矿粉是迟效肥，宜做基肥，早施，并采用撒施方法，以增加磷矿粉和土壤的接触面，有利于提高肥效。在一定条件下，磷矿粉的肥效通常与用量成正比，具体用量应根据磷矿粉的质量确定。一般用量每亩 50～100 kg。全磷量和弱酸溶性磷酸盐含量高的磷矿粉，用量可酌情减少；反之，则相应增加用量。

磷矿粉采用撒施做基肥效果较明显。磷矿粉颗粒愈细，与土壤及作物接触面愈大，肥效愈高。磷矿粉具有释放养分缓慢而后效较长的特点，每次用量不宜过少，一般用量 75～150 kg/hm^2，施用4～5 年后停止施用 2～3 年。

2. 骨粉

骨粉是我国农村较早使用的磷肥品种，由动物的骨骼加工制成。骨粉中含磷（P_2O_5）22％～33％，还有骨素和脂肪等。因含有较多的脂肪，不易粉碎，也不易分解，肥效迟缓。

为了提高骨粉肥效，一般与有机肥料堆积发酵后施用。在酸性土壤上和生长期长的植物基施效果较磷矿粉好。

常用磷肥的性质与施用技术要点，见表 6.4。

表 6.4　常用磷肥的成分、性质和施用技术要点

种类	肥料名称	主要成分	磷含量 (P_2O_5)/％	性质与特点	施用技术要点
水溶性磷肥	过磷酸钙	$Ca(H_2PO_4)_2 \cdot H_2O$ $CaSO_4$	12～18	粉状，灰白色，有吸湿性和腐蚀性，稍有酸味。所含磷酸大部分易溶于水，呈酸性反应。含有 40％～50％的硫酸钙。($CaSO_4 \cdot 2H_2O$)即石膏	可做基肥、种肥、追肥和根外追肥，尤其在苗期施用能促进根系发育。应施于根层，表施效果差。适用于中性或碱性土壤，在酸性土上应配合施用石灰或有机肥料
	重过磷酸钙	$Ca(H_2PO_4)_2 \cdot$ $CaHPO_4$	36～52	灰白色粉状或颗粒，有吸湿性，无副成分，易溶于水，呈酸性反应。重过磷酸钙中不含石膏，磷的含量相当于普通过磷酸钙的两倍或三倍，所以又称为双料或三料过磷酸钙	适用于各类土壤和各种作物。做基肥、种肥、追肥均可。施用量应比过磷酸钙减少一半以上
弱酸溶性磷肥	钙镁磷肥	$\alpha\text{-}Ca_3(PO_4)_2$ CaO、MgO、SiO_2 等	14～18	灰绿色粉末，不溶于水，不吸湿，不结块，便于贮藏，呈碱性反应，所含磷酸能溶于弱酸。在土壤中移动性小，不流失	适用于酸性土壤，一般做基肥用，施于根层。用于蘸秧根，拌稻种，效果明显。在石灰性缺镁土壤上施用，有明显效果

续表6.4

种类	肥料名称	主要成分	磷含量(P_2O_5)/%	性质与特点	施用技术要点
弱酸溶性磷肥	钢渣磷肥	$Ca_4P_2O_9 \cdot CaSiO_3$	5～14	黑褐色粉末，碱性，有吸湿性，物理性状好	适于在酸性土上做基肥，不宜做追肥或种肥。与有机肥料混合堆沤后施用，效果更好
	沉淀磷肥	$CaHPO_4 \cdot 2H_2O$	30～40	白色粉末，不吸湿，其性质与钙镁磷肥相似	适于在酸性土上做基肥
	脱氟磷肥	α-$Ca_3(PO_4)_2$ 及 $Ca_4P_2O_9$	20左右	深灰色粉末，不易吸湿结块，化学性质与钙镁磷肥相似 磷的含量随矿石质量而定	适于在酸性土上做基肥
难溶性磷肥	磷矿粉	$Ca_3(PO_4)_2$ 或 $Ca_5(PO_4)_3F$	14以上	呈灰、棕、褐等色，形状似土，不吸湿，不结块。有的磷矿粉有光泽	适于在酸性土上做基肥，在华北地区肥效不明显，但可以与有机肥料堆沤后施用，每次用量为每亩50 kg左右，后效长，可每隔3～5年施一次
	骨粉	$Ca_3(PO_4)_2$	22～33	灰白色粉末，不吸湿，含有1%～3%的氮素	适于在酸性土上做基肥施用，在华北地区也应与有机肥料堆沤后施用。肥效比磷矿粉高

三、磷肥的合理施用

磷肥与氮肥相比，其利用率更低，我国磷肥的利用率一般在10%～25%，如何提高磷肥的利用率显得尤为重要。

（一）土壤条件与磷肥施用

土壤条件既是一个地区范围内如何分配磷肥的前提，又是具体地块施磷措施的重要依据。在生产实践中，只有根据土壤条件施用磷肥，才能收到良好效果。

1. 土壤有效磷含量水平

磷在土壤中主要以扩散方式由土体迁移到植物根系表面，而大部分土壤对磷又有吸附固定作用，因此，土壤有效磷含量水平高低，对磷肥的有效施用非常重要。在缺磷土壤上增施磷肥，对绝大多数植物都有显著的增产效果。因此，应该把磷肥优先施在缺磷（有效磷含量低）的土壤上。土壤有机质的含量及土壤的熟化程度对施磷效果也有明显的影响，有机质含量低、熟化程度低的冷浸田、新垦田等土壤上施用磷肥的效果不如有机肥充足、熟化程度高的老耕地效果好。

对于土壤有效磷含量高低的判别，因测定方法不同和植物反应不同而异。常用的有效磷指标见表 6.5、表 6.6。

表 6.5　石灰性土壤有效磷含量丰缺参考指标

有效磷 P/(mg/kg)	<4	4～8	>8
含量指标	缺	中等	高

表 6.6　非石灰性土壤有效磷含量丰缺参考指标

有效磷 P/(mg·kg)	<2.5	2.5～5	>5
含量指标	缺	中	高

2. 土壤 pH

土壤 pH 对磷肥的肥效影响极大。大量试验研究证明，土壤 pH 在 5.5 左右时，磷的有效性很低；土壤 pH 在 6.0～7.5 范围内，磷的有效性较高；当土壤 pH 在 7.5 以上时，磷的有效性又下降。这显然与土壤对磷素的固定有关。因此，将钙镁磷肥施用在酸性土壤上，过磷酸钙施用在中性或石灰性土壤上较为合适。

3. 土壤有机质含量

土壤中有效磷与有机质含量有明显相关性，这是因为有机质中含有有机态磷，在微生物作用下，可逐渐释放出有效磷的缘故。因此，化学磷肥应优先施用在土壤有机质含量低的土壤上。

4. 土壤水分状况

土壤含水量的多少，对磷素的有效性影响很大。在干旱地区或干旱季节，土壤含水量低，磷素的扩散受阻，作物很容易缺乏磷素，应该注意磷肥的施用。在稻田淹水后，土壤中磷的有效性迅速增高，施磷的增产效果不如旱田。因此，磷肥应该优先施于旱地。

（二）磷肥的合理施用

1. 作物特性与磷肥施用

作物种类不同，对磷肥的反应不同。喜磷植物施用磷肥效果明显。主要表现在：

(1)需磷量大的作物，施用磷肥有良好效果，应该优先施用。如豆科作物、糖料作物、棉花、油菜、薯类作物、瓜类、果树、桑和茶等作物，施用磷肥有较好的肥效，既能增产，又能提高品质。

(2)作物种类不同，对难溶性磷的吸收利用不同。尤其是弱酸溶性磷肥和难溶性磷肥应优先施于绿肥植物，可起到以“以磷增氮”的效果。对难溶性磷利用能力强的作物有油菜、荞麦、大麻、苜蓿、肥田萝卜等；利用能力较强的作物有苕子、豌豆、大豆、饭豆、紫云英、花生、猪屎豆、田菁等；利用能力中等的有玉米、马铃薯、芝麻等；利用能力弱的有谷子、小麦、黑麦、燕麦、水稻等。对磷吸收利用能力强的作物，可以施用难溶性磷肥或弱酸溶性磷肥；对于吸收能力弱的作物，宜施用水溶性磷肥。

(3)作物磷素营养临界期，一般都在作物生育早期，如水稻、小麦在三叶期，玉米在五叶期，棉花和紫云英在二、三叶期。作物磷营养临界期必须注意磷肥施用，以免造成在磷营养临界期作物缺磷，影响作物正常生长发育。

2. 作物轮作换茬中磷肥的施用

在作物不同的轮作换茬制中，并不需要每茬作物都要施用磷肥，而应当根据作物特性和轮作换茬的特点，重点施在能明显发挥磷肥肥效的茬口上，使后茬作物能利用前茬施用磷肥的后效，达到协调土壤磷素营养，全年作物高产的目的。

(1)水旱轮作换茬中磷肥的施用　小麦(或油菜)—单季稻轮作：这种轮作方式中，磷肥应重点施在小麦或油菜上，水稻可以适当轻施，即遵循“旱重水轻”的施肥原则。

绿肥或其他旱作物—双季稻轮作：将磷肥重点施在绿肥或旱作物上。绿肥和旱作物施足磷肥，早稻少施，晚稻补施或不施，即遵循“一重、二少、三免”的施肥原则。

(2)旱地轮作倒茬中磷肥的施用　小麦—玉米或谷子等杂粮轮作：磷肥重施在小麦上，后作玉米和杂粮少施，即遵循“一重、二轻”的施肥原则。

小麦—豆科绿肥轮作：可将弱酸溶性磷肥和难溶性磷肥重点施在绿肥上，促进根瘤菌的生长繁殖，增强根瘤固氮作用，提高鲜草产量，即遵循“以磷增氮”的施肥原则。小麦可以用少量水溶性磷肥作种肥，每亩用过磷酸钙 5 kg 左右，进行拌种或施在播种沟内。

棉、麦、绿肥间套制：可采用磷肥重施在小麦和绿肥上，棉花可适当轻施，即遵循“先重后轻”的施肥原则。

(3)水田轮作中磷肥的施用　在稻与稻连作中，大部分磷肥应施在早稻上，晚稻少施。磷肥的分配比例一般以早、晚稻之比为 2∶1 左右较适宜，或全部施在早稻上，晚稻可以不施。

(三)氮磷肥配合施用

氮磷肥配合施用是提高磷肥肥效的重要措施，特别是氮磷营养不协调的地块，增产效果更显著。

(1)土壤氮磷都缺的情况下单施氮肥，会使作物根系发育不好，苗弱，叶色暗绿无光泽；单施磷肥，又会加速土壤中氮的消耗，引起土壤中氮磷比例更加失调。氮、磷肥配合施用，可以互相促进，加强作物对氮、磷养分的吸收，增产效果大于氮、磷分施的增产之和。

(2)作物种类不同对氮磷要求不同，对氮磷配合的比例要求也有差别。禾谷类作物如水稻、小麦、玉米等需氮较多的作物，施用磷肥时必须与氮肥配合施用，两者的配合比例大致为 N∶P_2O_5 为 1∶(0.5～1)，氮的用量大于磷或相当。豆科作物在氮、磷配合中以磷为主，只有在瘠薄缺氮的土壤上或幼苗有缺氮表现时，才施用少量氮肥。因此，根据土壤磷含量状况和作物需氮磷的比例确定最适宜的氮磷肥比例十分重要。

另外，磷肥的施用还要注意与钾肥、微量元素的配合施用，才能更好地发挥磷肥肥效，提高作物产量和改善作物品质。

技能训练12

土壤速效磷含量测定

二维码 6-2

微课：速效磷的测定

一、技能目标

通过技能训练，学生理解 0.5 mol/L $NaHCO_3$ 浸提——钼锑抗比色法测定土壤速效磷含量的原理，掌握其测定方法。

二、方法原理

用 $NaHCO_3$ 溶液(pH8.5)提取土壤速效磷，在石灰性土壤中提取溶液中的 HCO_3^- 可以和土壤溶液中的 Ca^{2+} 形成 $CaCO_3$ 沉淀，从而降低了

Ca^{2+}的活度而使某些活性较高的Ca-P被浸提出来。在酸性土壤中因pH提高而使Fe-P、Al-P水解而部分被提取。在浸提液中由于Ca、Fe、Al浓度较低,不会产生磷的再沉淀。溶液存在着OH^-、HCO_3^-、CO_3^{2-}等阴离子,也有利于吸附态磷的置换。浸出液中的磷,在一定的酸度条件下,用钼锑抗显色溶液还原显色成磷钼蓝,蓝色的深浅在一定浓度范围内与磷的含量成正比,因此,可用比色法测定其含量。

三、实验材料

1. 仪器设备

天平(感量0.01 g)、往复式振荡机、分光光度计、pH计、三角瓶(250 mL及配套瓶塞)、牛角勺、移液管(100 mL)、刻度移液管(10 mL、5 mL)、漏斗、容量瓶(50 mL)、方格坐标纸、无磷滤纸。

2. 试剂

(1)碳酸氢钠浸提剂　[$c(NaHCO_3)$=0.5 mol/L,pH8.5]:42.0 g碳酸氢钠($NaHCO_3$,分析纯)溶于约800 mL水中,稀释至约990 mL,用氢氧化钠溶液[$c(NaOH)$=4.0 mol/L]调节pH至8.5(用pH计测定)。最后稀释到1 L,保存于塑料瓶中,但保存不宜过久。

(2)无磷活性炭粉　将活性炭粉先用1∶1HCl(V/V)浸泡过夜,然后在平板漏斗上抽气过滤。用蒸馏水洗到无Cl^-为止。再用碳酸氢钠溶液浸泡过夜,在平板漏斗上抽气过滤,用蒸馏水洗去$NaHCO_3$,最后检查到无磷为止,烘干备用。

(3)钼锑贮存溶液　浓硫酸(H_2SO_4,分析纯)153 mL缓慢转入约400 mL蒸馏水中,同时搅拌。放置冷却。另外称取10g钼酸铵[$(NH_4)_6Mo_7O_{24}\cdot 4H_2O$,分析纯]溶于约60 ℃的300 mL蒸馏水中,冷却。将配好的硫酸溶液缓缓倒入钼酸铵溶液中,同时搅拌。随后加入酒石酸锑钾[$\rho(KSbOC_4H_4O_6\cdot 1/2H_2O)$=5 g/L,分析纯]溶液100mL,最后用蒸馏水稀释至1 000 mL。避光贮存。

(4)钼锑抗显色溶液　1.50g抗坏血酸($C_6H_8O_6$,左旋,旋光度+21°～+22°,分析纯)加入100 mL钼锑贮存溶液中。此溶液须随配随用,有效期1 d。

(5)二硝基酚指示剂溶液　0.2 g 2,6－二硝基酚或2,4－二硝基酚[$C_6H_3OH(NO_2)_2$]溶于100 mL水中。

(6)磷标准贮存溶液　[$\rho(P)$=100 mg/L]:0.4390g磷酸二氢钾(KH_2PO_4,分析纯,105 ℃烘2 h)溶于200 mL水中,加入5 mL浓硫酸,转入1 000 mL容量瓶中,用水定容。此溶液可以长期保存。

(7)磷标准溶液　[$\rho(P)$=5 mg/L]:取磷标准贮存溶液准确稀释20倍,即为磷标准溶液[$\rho(P)$=5 mg/L]。此溶液不宜久存。

(8)稀硫酸溶液　[$c(H_2SO_4)$=0.5 mol/L]。

(9)稀氢氧化钠溶液　[$c(NaOH)$=1 mol/L]。

四、操作规程

1. 待测液的制备

称取风干土样(过1 mm筛)5.00 g,置于250 mL三角瓶中,加入一小匙无磷活性炭粉,准确加入碳酸氢钠浸提剂100 mL,塞紧瓶塞,在20～25 ℃温度下振荡30 min,取出后用干燥漏斗和无磷滤纸过滤于三角瓶中。同时做试剂空白试验。

2. 定容显色

准确吸取浸出溶液2～10 mL(含5～25 μgP),移入50 mL容量瓶中,加入钼锑抗显色溶液

5 mL，摇动，将产生的 CO_2 气体排出。待 CO_2 充分放出后，用水定容，摇匀。在室温高于 15 ℃的条件下放置 30 min 显色。

3. 比色

在分光光度计上用波长 660 nm（光电比色计用红色滤光片）比色，以空白试验溶液为参比液调零点，读取吸收值，在工作曲线上查出显色液的 P mg/L 数。颜色在 8 h 内可保持稳定。

4. 工作曲线的绘制

分别吸取磷标准溶液 0.0 mL、1.0 mL、2.0 mL、3.0 mL、4.0 mL、5.0 mL、6.0 mL 放于 50 mL 容量瓶中，加入与试样测定吸取浸出液量等体积的碳酸氢钠浸提剂，加入钼锑抗显色溶液 5 mL，摇动，将产生的 CO_2 气体排出。待 CO_2 充分放出后，用水定容，摇匀，即得 0.0 mg/L、0.1 mg/L、0.2 mg/L、0.3 mg/L、0.4 mg/L、0.5 mg/L、0.6 mg/L 磷标准系列溶液，在室温高于 15 ℃的条件下放置 30min 显色。以磷标准溶液 0.0 mg/L 为参比液调零点，比色，分别读取吸收值。在方格坐标纸上以 P mg/L 数为横坐标，读取的吸收值为纵坐标，绘制成工作曲线。

5. 结果计算

$$\omega(P)=\frac{\rho\times V\times ts}{m}$$

式中：$\omega(P)$—土壤有效磷质量分数，mg/kg；

ρ—从工作曲线查得显色液中磷(P)的浓度，mg/L；

V—显色液体积，mL（本操作为 50 mL）；

ts—分取倍数，浸提液总体积/吸取浸出液体积[本操作为 100 mL/(2～10 mL)]；

m—称取的风干土样质量，g。

五、注意事项

(1)土样经风干和贮存后，测定的速效磷含量可能稍有改变，但一般无大影响。

(2)浸提温度对测定结果有影响，因此必须严格控制浸提时的温度条件在 20～25 ℃。

(3)浸提过滤后浸出液尚有颜色，将干扰比色结果。原因是活性炭粉用量不足，特别是对有机质含量较高的土壤，应特别注意活性炭粉的用量。

(4)测定时吸取的浸出溶液体积应根据土壤速效磷的含量范围而定，土壤速效磷低于 30 mg/kg 者，吸 10 mL；在 30～60 mg/kg 者，吸 5 mL；在 60～150 mg/kg 者，改吸 2 mL，并用碳酸氢钠浸提剂补足至 10 mL。

(5)加入钼锑抗显色溶液后必须充分摇动以赶净 CO_2，否则由于气泡的存在会影响比色结果。

六、训练报告

报告内容：实验题目、时间地点、方法原理、操作程序、数据记录、计算结果、收获与体会。

任务三　钾肥的合理施用

钾是植物必需的营养元素之一，它可以提高植物体内酶系统的活性，促进植物代谢和蛋白质的合成，增强植物的光合作用促进作物结果，同时提高作物的抗寒、抗病能力对作物产量和品质影响很大，被称为“品质元素”。农业生产中钾肥的重要性越来越受到重视。

一、土壤中的钾素及其转化

1. 土壤中的钾素含量

土壤中钾的含量因成土母质、矿物组成、气候条件、耕作管理措施等条件不同而有较大差异。一般土壤中全钾含量反映了土壤钾素的潜在供应能力。我国土壤的全钾含量总体上是南方较低，北方较高，如南方砖红壤地区的全钾含量低于 10 g/kg，而东北地区的黑土全钾含量可达 15～25 g/kg。

2. 土壤中钾素的存在形态

土壤中钾素的形态可分为水溶性钾、交换性钾、固定态钾和矿物态钾等四种形态。

(1)水溶性钾　指以离子形态存在于土壤中的钾，它的含量最小，变化也快，受到植物地上部吸收量、施肥、灌溉、降雨、土壤水分状况等因素的影响。水溶性的钾容易被植物所吸收。

(2)交换性钾　指吸附在胶体表面，可以用一定浓度的醋酸铵中的铵离子或硝酸钠中的钠离子交换下来的钾离子。交换性钾可以被植物吸收，但对植物的实际有效性还受到土壤吸收容量、盐基饱和度、胶体上互补离子和种类、植物根系的发达程度、土壤中养分含量等许多土壤条件所限制。水溶性钾和交换性钾合称为土壤速效性钾。

(3)固定态钾　也叫非交换性钾。指 2∶1 型次生黏土壤矿物，如蒙脱石、伊利石等的晶片之间固定的钾，以及水云母系和一部分黑云母中的钾，一般可占土壤全钾的 2%～8%，虽然很难直接被植物吸收利用，但可以在一定条件下逐渐释放出来，以供植物吸收利用，故一般称之为缓效性钾。

(4)矿物态钾　指存在于矿物晶格中或深受晶格束缚的钾，占土壤全钾的 90%～98%。土壤中的白云母、正长石、微斜长石等矿物都含有钾，这些矿物中的钾都被固定在土壤粗粒部分的固体架上，短期内不能被植物吸收利用，一般称之为无效钾。

在土壤钾的四种形态中，对当季植物有效的是水溶性钾和交换性钾，决定土壤钾素潜在供应水平的以缓效钾为主。土壤速效钾含量是当季土壤钾素供应水平的重要标志之一。详见表 6.7。

表 6.7　我国主要土壤类型中钾素含量情况(表土层)

土壤类型区	分布地区	全钾 (K_2O)/(g/kg)	缓效态钾 (K_2O)/(mg/kg)	速效态钾 (K_2O)/(mg/kg)
砖红壤区	雷州半岛、海南岛北部福建沿海	2.4	40～120	40～160
红壤区	江西、湖南、浙江西部及湖北低丘陵地	8.6	90	50～150
紫色土区	四川、湖南、江西、广东、浙江等丘陵地	24.4	500～700	80～300
水稻土区	珠江三角洲、闽南滨海 太湖地区	22.2 17.2	330 400	80～250 50～200
黄棕壤土区	江淮丘陵地、贵州	15.4	400	50～150
黄潮土区	河北、河南、苏北、皖北、次生黄土的冲积平原	21.8	900	120～250

续表6.7

土壤类型区	分布地区	全钾 $(K_2O)/(g/kg)$	缓效态钾 $(K_2O)/(mg/kg)$	速效态钾 $(K_2O)/(mg/kg)$
褐土区	甘肃、陕西、山西、山东、安徽、四川	20.6	1 100	100～350
黑土区	东北北部	21.2	600～1 100	150～450

3. 土壤中钾的转化

土壤中的钾存在固定、释放的循环过程,在整个变化过程中存在自由态向吸附态和固定态的转化,也存在着由固定态向自由态钾的转化。

(1)土壤中钾的释放　即土壤中非交换性钾变为交换性钾或水溶性钾的过程。

矿物态钾的风化:含钾矿物的风化是在一定条件下发生的缓慢分解过程,像其他矿物一样经过风蚀、水蚀、人为干扰逐渐由大颗粒变为小颗粒,矿物质由高分子态转化为化合物或离子化合物。由于分子不同的矿物的晶格结构不同,风化作用不同,释放能力也不同,钾的释放过程主要是缓效钾转化为速效钾的过程。

土壤交换性钾的释放:当土壤溶液中钾的浓度降到很低的水平时,被土壤胶体所吸附的钾可以释放出来,用以补偿土壤溶液中的钾;植物对土壤溶液中钾离子进行吸收时产生一定的动力能,这种动力能可以将被土壤胶体所吸附的钾释放出来为植物吸收。

有机物在土壤中的腐解释放出钾离子:各种植物的秸秆和土壤施用的各种有机肥都含有一定量的钾,这些钾在有机体中以有机物固定钾形式存在,当这些有机物被微生物分解后可以转变成为可溶性的钾离子。

(2)土壤中钾的固定　即速效钾转化成缓效钾的过程。水溶液中的速效钾进入黏土矿物的晶层间,转化为难于被植物吸收利用的缓效钾,称为土壤钾的晶格固定。钾的晶格固定与 2∶1 型黏土矿物种类有关,一般来讲,固钾能力:蛭石＞伊利石＞蒙脱石;也和土壤干湿交替的频繁程度有关,土壤干湿交替越频繁,土壤钾的固定量就越大,减少土壤干湿变化的幅度,可以减轻钾的晶格固定。

4. 土壤中的钾素平衡

土壤中的水溶性钾、交换性钾、固定态钾和矿物态钾间处于动态平衡之中。为了维持土壤中钾素对植物的有效供应,必须使土壤速效钾保持在一定的水平。土壤速效钾的补充主要有 4 个来源:即动物粪便与植物残茬等有机肥、化学钾肥、非交换性钾的转化、灌溉水及雨水。土壤速效钾的消耗及损失主要有三个方面:即植物吸收、淋失及黏土矿物的固定。农田土壤中钾素循环途径可用图 6.5 说明。

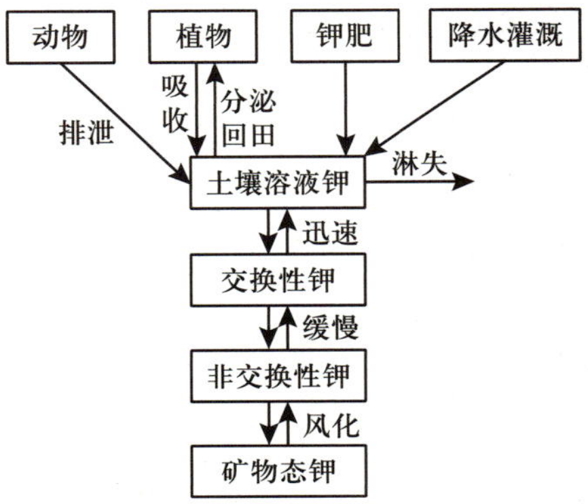

图 6.5　农田土壤钾素循环示意图

在低产条件下,依靠有机物质的再循环和土壤自身提供的钾,可维持较低的钾素平衡,并获得一定的产量。但在高产条件下,必须增施化学钾肥,才能保持土壤的钾素平衡。

二、钾肥种类、性质及其施用

钾肥是一种重要的化学肥料，能明显地提高植物产量和改善品质，还能提高植物的抗逆性能。植物对钾的需求量仅次于氮，科学施用钾肥尤为重要。

我国农业生产上普遍使用的钾肥，有氯化钾、硫酸钾、窑灰钾肥和草木灰。

（一）氯化钾

氯化钾（KCl）中含氧化钾 50%～60%，还含有氯化钠 1.8%、氯化镁 0.8%，并含有少量的钙、溴和硫等元素。氯化钾是我国农业生产中产量和用量最大的化学钾肥品种。

1. 性质

氯化钾一般呈白色或浅黄色结晶，有时含有铁盐而带红色；其物理性状良好，吸湿性小，但久贮存会结块。氯化钾易溶于水，为速效性钾肥，属于生理酸性肥料。

2. 在土壤中的转化

氯化钾施入酸性土壤后，K^+ 被土壤胶体吸附，很少移动，但由此而生成的盐酸，使土壤酸性增加，从而增加了土壤中铝、铁的溶解度，致使土壤中活性铁、活性铝的毒害作用加重。因此，在酸性土壤上施用氯化钾，应配施有机肥料和石灰等碱性肥料，以降低土壤酸度。氯化钾施用在中性土壤上做基肥施用宜与有机肥、磷矿粉配合或混合施用，能防止土壤酸化，并且能促进磷矿粉中磷的有效性。施用在石灰性土壤上，生成的氯化钙易溶于水，不会导致土壤酸化，而 Cl^- 则会随降雨、灌溉水淋失。

3. 施用

氯化钾可做基肥和追肥，不宜做种肥，因 Cl^- 对种子发芽有抑制作用。氯化钾做基肥与追肥的用量一般为 8～10 kg/亩。

氯化钾适用于麻类、棉花等纤维作物，因为氯对提高纤维含量和质量有良好作用。在低洼稻田施用，因不会产生硫化氢毒害水稻，效益较硫酸钾好。对于忌氯植物，如烟草、葡萄等，应根据土壤含氯量及气候条件控制施用。对于茶树、甘蔗、马铃薯、甜菜等也应少施或不施。

氯化钾在一般土壤上均可施用，但应提早施用，及时灌溉，以使 Cl^- 随水流失，减少对作物的影响。盐碱地由于施用氯化钾会使盐化加重，所以不宜施用。

（二）硫酸钾

硫酸钾（K_2SO_4）肥中含氧化钾 48%～52%，并含有 SO_4^{2-}。

1. 性质

硫酸钾为白色或淡黄色结晶，易溶于水，是速效性钾肥，属生理酸性肥料，吸湿性小，贮存时不易结块。

2. 在土壤中的转化

硫酸钾施入土壤，溶解成 K^+ 和 SO_4^{2-}，K^+ 一部分被植物吸收利用，另一部分被土壤胶体吸附保存。在中性和石灰性土壤中，SO_4^{2-} 与钙形成硫酸钙。硫酸钙溶解度较小，而沉积在土壤孔隙中，易使土壤板结。因此，如果长期大量施用硫酸钾，应注意增施有机肥改善土壤结构，防止土壤板结。在酸性土壤中施用硫酸钾，因 SO_4^{2-} 与土壤中的 H^+ 生成硫酸，故应增施石灰，以降低土壤酸度，每亩用量 40～50 kg，数年施一次即可。

3. 施用

硫酸钾适用于一般土壤和各种植物（水田除外），可做基肥、追肥、种肥和根外追肥。做基肥和追肥一般用量为每亩 10 kg 左右，应适当深施，集中施用，避免干湿交替，以减少钾的固定，提高钾的利用率。做种肥用量 30 kg/hm^2(K_2O)左右，根外追肥适宜浓度为 2%～3%。

硫酸钾尤其适宜烟草、马铃薯、甘蔗、葡萄及茶等喜钾忌氯作物，既可提高产量，又能改善产品品质，因此，硫酸钾应优先施用到喜钾作物上，以充分发挥硫酸钾的增产效果。

在水田施用时要防止硫化氢对水稻等的毒害。

（三）窑灰钾肥

窑灰钾肥为制造水泥的副产品，其氧化钾含量为 8%～20%，因水泥厂生产水泥的原料、燃料等的不同而有较大差别。窑灰钾肥除含钾外，还含有钙、镁、硅、硫、铁及其他多种微量元素，其中含氧化钙 30%左右，含氧化镁 1%左右。

1. 性质

窑灰钾肥是一种灰黄色或灰褐色颗粒极细的粉末状碱性肥料，质轻松散，施用时易飞扬。吸水性很强，易结块。水溶液 pH 8.9～11，呈强碱性。窑灰钾肥中，水溶性钾占总钾量的 90%以上，主要为硫酸钾和氯化钾，是一种速效性钾肥。由于窑灰钾肥吸湿性强、易结块，所以贮存运输过程中切忌露天淋雨，以免造成钾素的淋失和施用困难。

2. 施用

窑灰钾肥可做基肥和追肥，不宜做种肥。

窑灰钾肥做旱地基肥，一般耕地前撒施，然后耕翻入土中，也可用泥土拌和施入。追肥可随作物的栽培方式条施或穴施。施用宜早，以消除碱性，防止烧苗。

窑灰钾肥也可作为水稻秧田及本田的基肥或追肥施用。在秧田中，先把窑灰钾肥与土杂肥堆沤几天，然后施在已做好的秧板上，耙后耥平，把钾肥混入泥浆中，即可播种。在本田中做基肥施用时，先将田里水排干，再撒施窑灰钾肥，然后犁翻，使肥料均匀分布在土壤中，耙平插秧。追肥应结合第一次中耕进行，施肥前排干田水，再把窑灰钾肥直接撒施于田面，然后中耕耘田。为防止窑灰钾肥中水溶性钾肥的流失，在水田施用时，应特别注意合理排灌。

窑灰钾肥是强碱性肥料，吸水后会放出热量，在越冬作物、早稻秧田和旱地作物苗床上施用，具有保温、护苗和增强作物抗病能力等作用，但不宜做蘸秧根或直接拌种，以免“烧苗”。窑灰钾肥碱性强，富含钙，故最适于施入酸性土壤和喜钙植物上。

窑灰钾肥宜和氮、磷肥配合施用，但不能与铵态氮肥和水溶性磷肥混合施用，以免引起铵态氮的损失和降低磷肥的有效性。

（四）草木灰

在我国农村，草木灰是一种来源广、施用普遍的钾肥。我国农村多以稻草、麦秸、玉米秆、棉花柴、树枝、落叶等为燃料，所以，草木灰是农村经常积攒的一种重要钾肥。

由于草木灰是植物体燃烧后的产物，因此有机质和氮素大部分烧失，含有磷、钾、钙、镁和微量元素等各种灰分元素，其中含钙、钾较多而磷较少。由于燃料不同，其成分差别较大。一般木灰含钙、钾和磷较多，而草灰含硅较多，含磷、钾和钙较少，稻壳灰和煤灰养分含量最少。同一植物因组织部位不同，灰分组成也不同。幼嫩组织的灰分含钾和磷较多，衰老组织的灰分含钙和硅较多。另外，土壤、施肥和气候条件都影响到植物体的灰分组成，如盐碱地上植物的草木灰氯化钠较多而含钾较少。草木灰的灰分组成还与植物残体燃烧时的温度有关。燃烧温度低时，灰分中保留的碳酸钾较多，为灰黑色，肥效好；燃烧温度过高，钾与硅酸形成溶解度较低的硅酸钾，颜色呈灰白色，肥效差。

1. 性质

草木灰中含有各种钾盐，以碳酸钾为主，其次为硫酸钾、氯化钾。草木灰中的钾 90% 能溶于水，是速效性钾肥。草木灰中除含钾外，还含有磷。磷是以磷酸二钙和磷酸二镁的形态存在，是弱酸溶性的钙镁磷酸盐，有效性较高。草木灰中的碳酸钾是弱酸强碱盐，溶于水后呈碱性反应。

2. 施用

草木灰可做基肥、种肥和追肥，其水溶液可做根外追肥。

(1)做基肥　草木灰做基肥时，每亩用量 50～75 kg，可用湿土拌和，防止被风吹散，以顺犁沟条施和穴施效果较好。

(2)做种肥　棉籽浸种后用草木灰拌种，使种子分散，利于播种，还兼有供给棉苗营养的作用。水稻秧田用草木灰做盖种肥，除供给幼苗养分外，还可增加地温，疏松土壤，消除杂草，有效地防止水稻烂秧，对水稻有较好的增产效果。

(3)做追肥　草木灰做追肥以集中施用为宜，可开沟施用或挖穴施用，深度约 10 cm，施后覆土。施用前也应加 2～3 倍的湿土拌和，或喷撒少量的水分使之湿润，便于施用。

(4)根外追肥　在作物生长期，根外撒施草木灰，或用草木灰配成 10%～20% 的溶液叶面喷施。每亩撒施用量为 20～40 kg，掺湿土撒在作物行间。用草木灰水溶液喷施，可用草木灰 5～10 kg 加热水 50 kg，浸泡成灰汁，浸泡一天一夜后，滤去残渣作叶面喷施。

施用草木灰应注意以下问题：

(1)草木灰不宜施用在盐碱土壤上，而适宜施用在中性、石灰性土壤上，特别适宜施用在酸性土壤上。草木灰适宜各种植物，施用在喜钾植物上效果更显著。草木灰有一定后效作用，前茬作物施用后对后茬作物有一定效果。

(2)草木灰不能与铵态氮肥和人粪尿混合施用，以免引起氮的挥发损失。

(3)草木灰应单攒单放，避免风吹雨淋，更不能用草木灰垫圈和垫厕所，以避免 K^+ 的流失。

三、钾肥的有效施用原则

目前，我国南方土壤普遍缺钾，已成为提高作物产量的限制因素。我国北方不少地区某些类型土壤和作物也表现出缺钾现象，施用钾肥已收到良好效果。钾肥的有效施用应遵循以下原则：

1. 钾肥应优先施在缺钾的土壤上

速效钾含量低的土壤，施用钾肥能获得较大的效益，也就是说，土壤速效钾含量越低，当季施用钾肥效果越好；土壤速效钾含量越高，施用钾肥的效果就越差。

2. 钾肥应优先施在喜钾作物上

不同的作物种类，对钾素的需要量和吸收能力不同，因而增施钾肥的增产效果也不相同。对钾素敏感的植物有甘蔗、薯类、绿肥作物、甜菜、西瓜、苹果、麻类、烟草等。一般以生产糖、淀粉、油脂、纤维为主的植物需钾量大，增施钾肥不仅能增产，而且能改善产品品质。因此，钾肥应优先施用在喜钾作物上。但是缺钾严重的土壤，不论对什么植物施用钾肥都有良好效果。

3. 钾肥应优先施在高产土壤上

在农业生产中，低产田土壤一般钾素的供应问题不是很突出。但当产量水平较高的情况下，由于植物收获量的增加，每年从土壤中带走大量的钾素，如果不及时补充钾肥，土壤供钾不足就会明显影响产量，成为植物高产的限制因子，这已被不少地方的生产实践证实。因此，钾肥应施到高产土壤上，钾肥只有在充足供给氮磷养分的基础上才能更好地发挥作用。但对于有机肥施用量较大或秸秆还田数量多的土壤，钾肥施用量可减少或隔年施用，以减少肥料费用。

4. 掌握合理的钾肥施用方法

钾肥宜深施、早施和相对集中施。钾肥做基肥和追肥效果都很好，但由于钾在土壤中移动性小，应掌握重施基肥，看苗早施追肥的原则。钾肥宜施于根系密集的土层，如玉米、棉花、烟草、番茄等稀植作物应采用条施或穴施集中施用。而对于水稻、小麦、大豆等，应采用撒施的方法。由于钾是植物体内可以再利用的元素，缺钾症状表现出来较迟，因此，做追肥宜早，不能等到作物缺钾症状表现出来了再施用。

对一般植物来说，苗期对钾较为敏感。耐氯力弱、对氯敏感的植物尽量选用硫酸钾，耐氯力强的尽量选用氯化钾。轮作中，钾肥应施于最需要钾的植物中。需钾量较大的油料、薯类、糖料、棉麻类植物及烟草、果、茶、桑等施肥效果显著，和谷类植物及禾本科牧草等植物施钾肥效果不明显。

目前我国钾肥植物当季的利用率为50％～80％，比氮肥、磷肥的利用率高，有一定后效。因此，在一般情况下，若前茬已施过钾肥，后茬植物可不施或少施钾肥。

常用钾肥成分、性质和施用技术要点汇总于表6.8。

表6.8　常用钾肥的成分、性质和施用技术要点

肥料名称	化学成分	含钾量(K_2O)/%	性质和特点	施用技术要点
硫酸钾	K_2SO_4	48～52	白色或淡黄色晶体，易溶于水；作物易吸收利用；吸湿性弱，是生理酸性肥料	适用于各种作物，尤其是烟草、亚麻、葡萄、马铃薯及茶等忌氯作物，效果比氯化钾好。可做基肥或追肥，但应适当深施，集中施用。做基肥或早期追肥，效果比晚期追肥好。与磷矿粉混合施用，能提高磷的利用率
氯化钾	KCl	50～60	白色或粉红色晶体，易溶于水；作物易吸收利用；吸湿性弱，是生理酸性肥料	与硫酸钾基本相同，但对忌氯作物不宜施用
窑灰钾肥	K_2SO_4、KCl、K_2CO_3、K_2SiO_3、K_2AlO_3	8～12	灰黄色或灰褐色细粒，松散轻浮，吸湿性强，为强碱性肥料	只适于在酸性土壤上施用。颗粒细小轻浮，撒施前应与适量湿土拌匀
草木灰	主要为K_2CO_3、K_2SO_4、K_2SiO_3等	5～10	主要成分能溶于水，碱性反应，还含有磷及各种微量元素	适用于各种土壤和作物，可做基肥或追肥，但不可和人粪尿或铵态氮肥混用

技能训练13

土壤速效钾含量测定

二维码 6-3
微课：土壤速效钾的测定

一、技能目标

速效钾是最能直接反映土壤供钾能力的指标，尤其对当季植物而言，速效钾和植物吸钾量之间往往有比较好的相关性。测定土壤速效钾的含量，可为合理分配和施用钾肥提供理论依据。通过技能训练，学生理解火焰光度法测定土壤速效钾的原理，掌握其测定方法。

二、方法原理

当中性乙酸铵溶液与土壤样品混合后，溶液中的 NH_4^+ 与土壤颗粒表面的 K^+ 进行交换，取代下来的 K^+ 和水溶性 K^+ 一起进入溶液。提取液中的 K^+ 可直接用火焰光度计测定。火焰光度法的原理是当样品溶液喷成雾状以气－液溶胶形式进入火焰后，即有特定波长的光发射出来，成为被测元素的特征之一，用单色器或干涉滤光片把元素所发射的特定波长的光从其余辐射中分离出来，直接照射到光电池或光电管上，把光能变为光电流，再由检流计量出电流的强度。用火焰光度法进行定量分析时，若激发的条件保持一定，则光电流的强度与被测元素的浓度成正比，把测得的强度与一种标准或一系列标准溶液的强度比较，即可直接确定待测元素的浓度。

在一些没有火焰光度计的实验室，速效钾的测定可以用硝酸钠溶液[$c(NaNO_3)=1.0$ mol/L]提取，采用四苯硼钠比浊法测定。不同测定方法其所得速效钾含量的结果是不一样的。

三、实验材料

1. 仪器设备

天平（感量 0.01 g）、往复式振荡机、火焰光度计。三角瓶（250 mL 及配套瓶塞、100 mL）、牛角勺、移液管（50 mL）、漏斗、容量瓶（100 mL）、方格坐标纸、滤纸。

2. 试剂

（1）乙酸铵溶液　[$c(CH_3COONH_4)=1.0$ mol/L]：称取 77.08 g 乙酸铵（NH_3COONH_4，化学纯）溶于近 1 L 水中，用稀 CH_3COOH 或稀氨水调至 pH 7.0，然后定容至 1 000 mL。

（2）钾标准溶液　[$\rho(K)=100$ mg/L]：称取 0.1907 g 氯化钾（KCl，分析纯，在 110 ℃条件下烘 2 h）溶于乙酸铵溶液中，定容至 1 L，即为钾标准溶液。

（3）钾标准系列溶液　吸取 100 mg/L 钾标准溶液 0 mL 、2 mL、5 mL、10 mL、20 mL、40 mL，分别放入 100 mL 容量瓶中，用乙酸铵溶液定容，即得 0 mg/kg、2 mg/kg、5 mg/kg、10 mg/kg、20 mg/kg、40 mg/kg 的钾标准系列溶液。

四、操作规程

1. 待测液的制备

称取风干土样（过 1 mm 筛）5.00 g，置于 250 mL 三角瓶中，加入乙酸铵溶液 50.0 mL，用橡皮塞塞紧，在往复式振荡机上振荡 30 min，振荡时最好恒温，但对温度要求不太严格，一般在 20～25 ℃即可。然后将悬浮液立即用干滤纸过滤，滤液承接于 100 mL 三角瓶中。同时做空白。

2. 火焰光度计检测

将滤液直接用火焰光度计测定钾。检测时以钾标准系列溶液中浓度最大的一个设定火焰光度计上检流计的满度(90～100),以“0 mg/kg”调仪器的零点,测定滤液的检流计读数,并做好记录。

3. 工作曲线绘制

以钾标准系列溶液中浓度最大的一个定火焰光度计上检流计的满度(90～100),以“0 mg/kg”调仪器的零点。然后从稀到浓依次测定,记录检流计的读数。以溶液的钾浓度为横坐标,以检流计读数为纵坐标,绘制工作曲线。

4. 结果计算

$$\omega(K)=\frac{\rho\times V\times ts}{m}$$

式中,ω(K)—速效钾的质量分数,mg/kg;

ρ—仪器直接测得或从工作曲线上查得的测定液的 K 浓度,mg/kg;

V—测定液定容体积,mL,(本例为 50 mL);

ts—分取倍数,原待测液总体积和吸取的待测液体积之比,以滤液直接测定时,此值为 1;

m—称取的风干土样质量,g。

五、注意事项

(1)乙酸铵溶液必须是中性,加入乙酸铵溶液于土壤样品后,不宜放置过久,否则可能有一部分非交换态钾转入溶液中,使测定结果偏高。

(2)浸出液和含乙酸铵的钾系列标准溶液不能放置太久,以免长霉影响测定结果。

(3)若浸出液中钾的浓度超过测定范围,应该用乙酸铵溶液稀释后再测定。

六、训练报告

报告内容:实验题目、时间地点、方法原理、操作程序、数据记录、计算结果、收获与体会。

任务四　中量元素与微量元素肥料的合理施用

中量元素指钙、镁、硫三种元素,在作物体内含量低于碳、氢、氧、氮、钾,高于微量元素。微量元素指铁、锰、铜、锌、硼、钼、氯、镍八种元素。中量元素肥料指含有钙、镁、硫等营养元素的肥料;微量元素肥料简称微肥,是指含有铁、锌、铜、锰、钼、硼等营养元素的肥料。植物需要微量元素的量虽然很少,但它对植物正常生长发育却非常重要,不可缺少,也不能代替。若植物缺乏微量元素,生长发育会受到明显影响,会造成产量和品质下降,严重缺乏会导致植物死亡。但微量元素过多,也会使植物中毒,同样影响植物的产量和品质,甚至造成环境污染,危及人畜健康。随着植物产量的不断提高和化学肥料施用量的大量增加,农业生产对中量元素和微量元素的需要越来越迫切,合理施用中微肥已成为生产上一项简单易行、经济有效的增产措施。

一、中量元素肥料的性质与施用

（一）土壤中的钙、镁、硫

1. 土壤中的钙

矿物是土壤钙的主要来源。土壤中全钙的含量主要取决于成土母质、风化作用、淋溶程度、耕作利用方式等，不同的土壤差异很大。我国南方的红壤和黄壤含钙量很低，北方石灰性土壤一般不缺钙。

植物从土壤中吸收钙的形态是 Ca^{2+}，土壤钙有四种存在形态，即矿物态钙、有机物中的钙、交换性钙和水溶性钙。矿物态钙指存在于矿物晶格中的钙，占全钙的 40%～90%，是钙主要的存在形式，但不能被植物直接吸收利用。土壤中的有机物和有机肥料中都含有一定数量的钙，但是只有在分解后才能被植物吸收。土壤交换性钙指土壤胶体表面吸附的钙，可被植物利用，交换性钙含量从几十 mg/kg 到几百 mg/kg，占全钙的 20%～30%。土壤溶液中钙离子数量一般很少，与交换性钙处于交换平衡。二者合称土壤有效钙，是评价土壤钙素状况的重要指标。

钙在土壤中转化：矿物态钙风化后以离子形态进入土壤溶液，一部分被土壤胶体吸附成为交换性钙，而交换性钙与溶液中的钙处在动态平衡之中。

2. 土壤中的镁

土壤中全镁的含量主要受成土母质、风化条件的影响，不同的土壤差异很大。

我国土壤全镁的含量受气候条件和母质的影响差异较大，一般为 0.1%～0.4%，东部、南部地区全镁含量低于西部和北部。土壤中镁的形态与钙的情况相似，除 4 种形态外，另有半交换性镁——即能被稀酸提出的潜在镁，占全镁量的 5%～25%，可看作是植物有效镁的贮备和补充。土壤交换性镁与水溶性镁合称土壤有效镁，我国常把土壤有效镁低于 50 mg/kg 或低于 40 mg/kg 作为缺镁标准。我国长江以南地区土壤有效镁含量较低，缺镁较为常见。

3. 土壤中的硫

影响土壤含硫量的主要因素是成土母质、成土条件、植被、土壤通气条件与雨水中含硫量等。土壤中硫的总含量大致在 0.01%～0.50%，略高于地壳的平均含硫量 0.06%。除沿海酸性硫酸盐盐土、滨海盐土、沼泽地以及内陆的硫酸盐盐土的含硫量可达 0.5%～1%以外，其余土壤含硫量大多在 0.05%～1%。

土壤中的硫包括无机态硫和有机态硫两大类。在湿润地区，土壤硫以有机硫为主，据我国南方 10 省土壤分析统计资料，有机硫占全硫 86%～94%。但北方干旱、半干旱地区土壤则以无机硫（$CaSO_4$、$NaSO_4$）为主。SO_4^{2-} 是植物有效态，但 SO_4^{2-} 一般不被土壤胶体吸附，我国热带和亚热带地区，因高温多雨，土壤硫易分解淋失，缺硫的可能性较大。

（二）中量元素肥料种类、性质与施用

1. 中量元素肥料品种和性质

中量元素肥料的种类和主要品种、成分及性质见表 6.9。

表 6.9　中量元素肥料的种类和性质

中量元素肥料种类	主要成分	有效成分含量/%	性质
钙肥		Ca	
生石灰	CaO	60.3	强碱性，具杀虫、灭草、消毒功效
熟石灰	$Ca(OH)_2$	46.1	溶于水，呈碱性反应
石膏	$CaSO_4 \cdot 2H_2O$	22.5	灰色粉末，主要成分溶于水
镁肥		Mg	
硫酸镁	$MgSO_4 \cdot 7H_2O$	20.0	酸性，易溶于水
氯化镁	$MgCl_2 \cdot 6H_2O$	25.6	酸性，易溶于水
菱镁矿	$MgCO_3$	27.1	中性，易溶于水
钾镁肥	$MgCl_2 \cdot K_2SO_4$	12.0	碱性，易溶于水
钙镁磷肥	$\alpha\text{-}Ca_3(PO_4)_2 \cdot CaSiO_3 \cdot MgSiO_3$	9～11	微碱性，难溶于水
硫肥		S	
硫黄	S	95.0～99.0	难溶于水，迟效
石膏	$CaSO_4 \cdot 2H_2O$	18.6	微溶于水，缓效
硫酸铵	$(NH_4)_2SO_4$	24.2	溶于水，速效
硫酸钾	K_2SO_4	17.6	溶于水，速效
硫酸镁	$MgSO_4 \cdot 7H_2O$	13.0	溶于水，速效
过磷酸钙	$Ca(H_2PO_4)_2 \cdot H_2O+CaSO_4$	12.0	部分溶于水，溶液呈酸性

2. 中量元素肥料的科学施用

(1)钙肥的施用　钙肥不仅补充钙素养分，还可调节土壤酸度和改善土壤物理性状。酸性土壤施用石灰的量可根据中科院南京土壤所提出的简便方法确定(表 6.10)。

表 6.10　不同质地的酸性土壤第一年石灰施用量　　kg/hm^2

土壤酸度类型	黏土	壤土	沙土
强酸性(pH4.5～5.0)	2 250	1 500	750～1 125
酸性(pH5.0～6.0)	1 125～1 875	750～1 125	375～750
微酸性(pH6.0～7.0)	750	375～750	375

对分布于干旱、半干旱地区的碱性或碱化土壤，可用石膏来中和碱性，降低 Na^+ 毒害。当土壤交换性 Na^+ 比例达 20%以上时，施用石膏 375～450 kg/hm^2。

(2)镁肥的施用　对降雨多、风化淋溶强烈的土壤(如第四纪红色黏土)及喜镁的植物如大豆、花生、甜菜、马铃薯、烟草、果树等，应施用镁肥。一般以硫酸镁 150～200 kg/hm^2 基施，或用 1%～2%的硫酸镁溶液喷施，每隔 7 d 喷 1 次，连续 2～3 次。果树可按 0.2～0.3 kg/株的量进行穴施。

(3)硫肥的施用　一般做基肥，常在播种前结合土壤耕作施入以促进转化。水稻一般用石膏 150～225 kg/hm^2，硫黄 15～30 kg/hm^2，蘸根是经济施硫的有效方法。

二、微量元素肥料的性质与施用

（一）土壤中的微量元素

1. 土壤中微量元素含量

微量营养元素是植物需要量微小的元素，其含量占植物干物质的 0.1% 以下，一般为 0.02%～0.000 2%，包括 Fe、Mn、B、Zn、Cu、Mo、Cl 等元素。微量营养元素是对植物的需要量而言，它们在土壤中的含量差异很大，铁在土壤中的总量很高，占土壤重量的 1%～6%。钼的含量最低，一般低于 6μg/kg，其他微量营养元素每千克含量在几微克至几百微克。

土壤中微量元素主要来自岩石矿物，成土母质不同的土壤，微量元素的种类及含量不同，一般在基性岩发育的土壤，微量元素的含量高于酸性岩发育的土壤，但硼在沉积岩的土壤含量最高。除了母质，大气沉降和施肥（包括杀虫剂）是土壤微量元素的重要来源，如施用磷肥、有机肥、石灰等会将相当数量的微量元素带进土壤。

2. 土壤中微量元素形态

土壤中微量营养元素的形态大致有以下几种：①水溶态和交换态，这两种形态的微量元素的活性最强，对植物是有效的，但它们的含量较低，其占总含量比例不到 5%～10%。②螯合态，对植物也是有效的。③有机结合态，对植物部分有效。④矿质态，是指次生矿物和原生矿物中的微量营养元素，对植物是基本无效的。

各种形态的微量元素能够互相转换，在土壤中保持动态平衡。当植物由土壤溶液中吸收某一微量元素时，胶体表面有部分吸附性离子释放出来，使土壤溶液中这一元素保持原有水平；同时也会有矿物溶解，来补充土壤溶液和重新占有交换位置。微生物进行代谢活动会从土壤溶液吸收微量元素，而当有机物分解时，又会释放出微量元素到土壤溶液中。

3. 土壤中微量元素的有效性

土壤中微量元素供应不足有两种可能：一是含量过低；二是有效性过低。微量元素大多以植物不能吸收利用的形态存在。前者是由土壤类型和成土母质决定的，后者则是受土壤中许多因子如 pH、氧化还原电位、质地、通透性、水分状况以及有机质和微生物活动等的影响所致。

（1）土壤 pH　土壤的酸碱条件直接影响微量元素的溶解性及有效性，在酸性条件下铁、锰、锌、铜等元素溶解度较大，且随土壤 pH 下降而增加，因此，它们的有效性随之提高，在强酸条件下，含量很高可能对一些植物有毒害。当土壤 pH 升高时，上述微量元素将逐渐转化为氢氧化物或氧化物，溶解度降低，对植物的有效性也变小。钼在酸性条件下呈难溶性的 MoO_3 或 H_2MoO_4，有效性降低。硼在酸性条件下以 H_3BO_3 形态存在于土壤溶液中，有效性较高，而在碱性、石灰性土壤中形成难溶性的偏硼酸钙 $Ca(BO_2)_2$ 发生固定作用。

（2）土壤有机质　过渡金属离子能与有机化合物络合，简单的络合物可直接被植物吸收，但复杂的络合物一般不能被植物吸收，如泥炭土中的铜、锌络合物，所以在有机质含量很高的土壤上植物常发生缺铜现象。

（3）土壤质地　与黏粒的吸附作用有关，微量元素被带电胶粒吸附，仍具有效性，但如果进入晶格内部则失去有效性。

（4）氧化还原状况　土壤的氧化还原状况对变价元素铁、锰的有效性影响较大，在氧化条件下，铁形成 Fe^{3+}，而锰形成 MnO_2，有效性降低。还原条件（如淹水）铁、锰溶解度较高，有效性大大提高。在强还原条件下，Zn、Cu 可能因形成 ZnS、Cu_2S 而降低有效性。

农业措施不当也会造成土壤微量元素有效性降低，导致土壤微量元素的缺乏。酸性土壤施用石灰性物质可能造成诱发性缺锌、缺硼等症。

（二）微量元素肥料种类、性质与施用

1. 微量元素肥料种类和性质

微量元素肥料主要是一些含铁、锌、铜、锰、硼、钼等营养元素的无机盐类和氧化物。我国目前常用的微量元素肥料品种基本上是无机微肥，其养分含量高且价格便宜。常用微量元素肥料的种类、性质和施用技术要点见表 6.11。

表 6.11 常用微量元素肥料的种类、性质和施用技术要点

种类	肥料名称	主要成分	微量元素含量/%	主要性质	施用技术要点
硼肥	硼砂	$Na_2B_4O_7 \cdot 10H_2O$	11.3	白色结晶或粉末，在 40℃ 热水中易溶，不吸湿	做基肥、追肥施用，每亩用量为 0.25～1 kg
	硼酸	H_3BO_3	17.5	性质同硼砂	浸种时浓度为 0.05%，浸泡 4～5 h
	硼泥	含硼、钙、镁等元素	0.5～2	主要成分溶于水，是硼砂、硼酸工业废渣，呈碱性	根外追肥浓度为 0.1%～0.25% 硼砂溶液，硼酸用法与硼砂相似
	硼镁肥	$H_3BO_3 \cdot MgSO_4$	1.5	灰色粉末，主要成分溶于水，是制取硼酸的残渣，含 MgO 20%～30%	蘸秧根用 0.1%～0.2% 水溶液
锌肥	硫酸锌	$ZnSO_4 \cdot 7H_2O$ $ZnSO_4 \cdot H_2O$	23～24 35～40	白色或浅橘红色结晶，易溶于水，不吸湿 白色结晶，易溶于水	拌种，每千克种子用硫酸锌 4～6 g，浸种浓度为 0.02%～0.05% 硫酸锌溶液，根外追肥浓度一般为 0.05%～0.2%，氯化锌用法同上。氧化锌只做基肥
	氯化锌	$ZnCl_2$	40～48		
	氧化锌	ZnO	70～80	白色粉末，难溶于水，能溶于稀醋酸、氨或碳酸铵溶液中	
锰肥	硫酸锰	$MnSO_4 \cdot 3H_2O$	26～28	粉红色结晶，易溶于水	拌种每千克种子用 4～8 g。浸种浓度一般为 0.05%～0.1% 硫酸锰溶液，浸泡 12～24 h。根外追肥浓度为 0.05%～0.1% 硫酸锰溶液，基肥每亩 1～4 kg 硫酸锰。氯化锰用法同上
	氯化锰	$MnCl_2 \cdot 4H_2O$	27	粉红色结晶，易溶于水	

续表6.11

种类	肥料名称	主要成分	微量元素含量/%	主要性质	施用技术要点
铜肥	硫酸铜	$CuSO_4 \cdot 5H_2O$	24～26	蓝色结晶，易溶于水	基肥每亩用量 1.5～2 kg，每隔 3～5 年施一次。拌种每千克种子用 0.6～1.2 g，浸种浓度为 0.01%～0.05%，浸 12 h。根外追肥浓度为 0.02%～0.4% 硫酸铜溶液，也可在溶液中加少量熟石灰，以减免药害
	含铜矿渣		0.3～1	是炼铜废渣，难溶于水	只做基肥用
钼肥	钼酸铵	$(NH_4)6Mo_7O_{24} \cdot 4H_2O$	50～54	青白或黄白色结晶，易溶于水	浸种浓度 0.05%～0.1%，拌种每千克种子 2～6 g 根外追肥浓度为 0.02%～0.05% 钼酸铵溶液，钼酸钠用法与钼酸铵相似
	钼酸钠	$Na_2MoO_4 \cdot 2H_2O$	35～39	青白色晶体，易溶于水	
	钼　渣		5～15	白色粉末，难溶于水	做基肥 30～200 g/亩，也可做种肥
铁肥	硫酸亚铁	$FeSO_4 \cdot 7H_2O$	19～20	淡绿色结晶，易溶于水	根外喷施浓度为 0.2%～1% 果树缺铁，可用 0.3%～1.0% 硫酸亚铁溶液注射于果树树干，效果较好
	硫酸亚铁　铵	$(NH_4)_2 \cdot SO_4 \cdot FeSO_4 \cdot 6H_2O$	14	淡绿色结晶，易溶于水	硫酸亚铁铵用法与硫酸亚铁基本相同

2. 微量元素肥料的施用方法

微量元素肥料可做基肥、种肥或追肥施用，既可直接施入土壤中，也可用来处理种子、蘸根或叶面喷肥。

(1)土壤施肥　微量元素肥料可做基肥直接施入土壤中，一般采用条施或穴施。微量元素肥料后效较长，一般可隔年或 3～4 年施一次。由于微量元素肥料用量较小，施用时必须均匀，可与有机肥料或大量元素肥料混合均匀后施用，微量元素肥料的常用量见表 6.12。

表 6.12　常用微量元素肥料的施用方法

肥料种类	基肥	拌种	浸种	根外喷施
硼肥	硼砂 7.5～11.25 kg/hm^2，可持续 3～5 年		0.01%～0.1%，浸种 6～12h	0.1%～0.3%，7～10 d 一次，喷 2～3 次

续表6.12

肥料种类	基肥	拌种	浸种	根外喷施
锌肥	硫酸锌 15～30 kg/hm²,可持续 2～3 年	1～3 g 硫酸锌/kg 种子	0.02%～0.05%,水稻 0.1%	0.01%～0.1%,7～10 d 一次,喷 2～4 次
钼肥	钼酸铵 5～25 kg/hm²	2～5 g 钼酸铵/kg 种子	0.05%～0.1%	0.05%～0.1%,喷 1～2 次
锰肥	硫酸锰 15～60 kg/hm²	4～8 g 硫酸锰/kg 种子	0.05%～0.1%	0.05%～0.2%,7～10 d 一次,喷 2～3 次
铁肥	大田植物硫酸亚铁 30～75 kg/hm²,果树 75～150 kg/hm²			0.5%～3.0%,7～10 d 一次,喷 2～3 次
铜肥	硫酸铜 15～30 kg/hm²,3～8 年	4～8 g 硫酸铜/kg 种子	0.01%～0.05%	0.01%～0.05%,喷 1～2 次

(2)植物施肥　是微量元素肥料常用的施肥方法,包括种子处理、蘸根和根外喷施。

拌种:用少量水将微量元素肥料溶解,配成高浓度的溶液,喷洒在种子上,边喷边搅拌,阴干后播种,一般用量为每千克种子用 0.5 g～1.5 g。

浸种:把种子浸于浓度为 0.01%～0.1%的微量元素肥料溶液中 6～12 h,捞出晾干即可播种。

蘸根:将微量元素肥料与细土制成糊状,移栽前将幼根浸入液体中几分钟即可。

根外喷施:是微量元素肥料最经济有效的施肥方法,常用浓度 0.01%～0.1%,具体用量视植物种类、大小、气候条件而定。根外喷施微量元素肥料只相当于土壤施用量的 1/5～1/10。根外喷施常用的溶液浓度为 0.01%～0.1%。所用溶液量因植物种类、生育时期、植株大小等而有所不同,使叶片正面、背面都被溶液沾湿为宜,一般每亩溶液喷洒量 50～75 kg。喷洒时间应在无风的下午到黄昏前进行,以防止微量元素溶液很快变干,提高喷施效果。喷后两小时内若遇雨,应重新补喷。

注射施肥:在沿海城市绿化树或缺铁明显的果树上施用硫酸亚铁的一种常用方法,用 0.2%～0.75%的硫酸亚铁溶液,注入树皮下,可防止硫酸亚铁氧化失效。

3. 施用微量元素肥料的注意事项

(1)注意施用量和施用均匀　作物需要微量元素的数量很少,许多微量元素从植物缺乏到适量的浓度范围很窄。因此,施入土壤中的微量元素肥料要防止用量过大,以免引起作物中毒,而且有可能污染环境或进入食物链,有碍人畜健康。因此,应严格控制微量元素肥料的施用量,注意施用均匀,避免局部浓度过大。

(2)注意改善土壤环境条件　土壤中微量元素的不足,主要受土壤酸碱度影响,其次如土壤质地、土壤含水量等也影响土壤微量元素的有效状况。因此,在农业生产中施用有机肥料,适量施用石灰等,都可调节土壤酸度,改良土壤性状,促进微量元素的有效化。

(3)与大量元素肥料配合使用　微量元素和氮、磷、钾等大量元素,都是同等重要、不可替代的营养元素。只有满足了植物对大量元素的需要,施用微量元素肥料才能充分发挥肥效,两者配合使用十分必要。

(4)植物对微量元素的反应　植物种类不同，对微量元素的反应不同，敏感程度也不同，需要量也有差异。一定要把相应的微量元素施在反应最敏感的植物上，如玉米、水稻、棉花、甜菜，果林中如柑橘、桃、苹果等对锌敏感，施锌效果好；豆科和十字花科需钼量较多；小麦、玉米、谷子、马铃薯、甜菜、油菜、桃、葡萄对锰肥反应良好。果树是多年生植物，多年固定在一块地上，每年消耗大量养分，易出现微量元素缺乏症，必须优先考虑施用微量元素肥料。

(5)土壤供肥情况　施用微量元素肥料应有针对性。每个地区在施用微量元素肥料前，要先摸清土壤微量元素的丰缺状况，如查询当地土壤微量元素分布图或资料，有条件的可采集土壤样品送交农业研究部门分析化验，并进行必要的田间试验，以正确地指导微量元素肥料的施用。

全国第二次土壤普查地市级、省级汇总中，规定了微量元素丰缺指标，见表6.13。

表6.13　微量元素丰缺标准　mg/kg

元素	极低	低	中	丰	高	方　法
B	<0.1	0.1～0.5	0.5～1.0	1.0～2.0	>2.0	热水姜黄素法
Cu	<0.2	0.2～0.5	0.5～1.0	1.0～2.0	>2.0	DTPA浸提
Fe	<2.5	2.5～4.5	4.5～10	10～20	>20	DTPA浸提
Mn	<5.0	5～10	10～20	20～30	>30	DTPA浸提
Zn	<0.3	0.3～0.5	0.5～1.0	1.0～3.0	>3.0	DTPA浸提

表6.13中只是一般的标准，由于不同植物对不同微量元素敏感程度不同，所以具体标准也有一定差异。如棉花潜在缺硼的土壤临界值指标定为0.8 mg/kg；玉米、水稻缺锌的土壤临界值指标定为0.6 mg/kg。

技能训练14

常见化学肥料的定性鉴定

一、技能目标

一般化肥在出厂时，在包装上都标明该肥料的成分、种类、名称和产地，但在运输、贮存和使用过程中，常因包装不好或转换容器而使肥料混杂，因此就需要进行定性鉴定。通过实训学生能借助一些简单的器具和药品识别形态相似的化学肥料，又能进一步了解化学肥料的特性，为准确无误地施用化肥奠定基础。

二、方法原理

各种化学肥料都有其特殊的外表形态、理化性质，因此，可以通过观察形态、溶解性、灼烧反应和化学分析等方法，鉴定出化肥的种类、成分和名称。

三、实验材料

1. 仪器与用具

酒精灯、铝盒、试管、烧杯、白瓷板、广泛试纸等。

2. 化学肥料

碳酸氢铵、氨水、硫酸铵、氯化铵、尿素、硝酸铵、硝酸钠、硝酸钾、过磷酸钙、钙镁磷肥、氯化钾、硫酸钾等。

3. 化学试剂

(1)2.5%氯化钡溶液　称取 2.5 g 氯化钡(化学纯)溶解于蒸馏水中,然后稀释至 100 mL,摇匀备用。

(2)1%硝酸银溶液　将 1.0 g 硝酸银(化学纯)溶解于蒸馏水中,然后稀释至 100 mL,贮于棕色瓶中。

(3)钼酸铵-硝酸溶液　将 15 g 钼酸铵溶于 100 mL 蒸馏水中,再将此溶液缓慢倒入 100 mL 硝酸中($\rho=1.2$ g/mL),不断搅拌至白色钼沉淀溶解,放置 24 h 备用。

(4)0.5%硫酸铜溶液　将 0.5 g 硫酸铜溶于蒸馏水中,然后稀释至 100 mL。

(5)10%氢氧化钠溶液　将 10 g 氢氧化钠溶于蒸馏水中,冷却后稀释至 100 mL。

四、操作规程

1. 形态观察

氮、磷、钾化肥的区别:氮肥和钾肥大部分是结晶体,如碳酸氢铵、硝酸铵、氯化铵、硫酸铵、尿素、氯化钾、硫酸钾、钾镁肥、磷酸铵等;磷肥大多呈粉末状,如过磷酸钙、磷矿粉、钙镁磷肥、钢渣磷肥等。

2. 物理性状

在常温常压下,有氨味的晶体肥料是碳酸氢铵,液体肥料是氨水。

3. 加水溶解

形态观察之后可以用加水溶解的方法进一步确定化肥品种。方法是在小烧杯中放入半杯蒸馏水或凉开水,将 1 小匙化肥样品慢慢倒入杯中,并用玻璃棒充分搅拌,静止一会儿后观察,然后根据溶解情况,进行鉴别:

(1)全部溶解在水中的有硫酸铵、硝酸铵、氯化铵、尿素、硝酸钠、氯化钾、硫酸钾、磷酸铵、硝酸钾等。

(2)有部分溶解在水中的有过磷酸钙、重过磷酸钙和硝酸铵钙等。

(3)不溶解或绝大部分不溶解的有钙镁磷肥、沉淀磷肥、钢渣磷肥、脱氟磷肥和磷矿粉等。

4. 加碱反应

在肥料样品中加入石灰或其他碱性物质(如烧碱),如闻到氨臭味,则可确定其为铵态氮肥或含铵离子的复合肥料或混合肥料。

5. 灼烧反应

除了碳酸氢铵之外,将晶体状的肥料样品分别置于烧热的铝盒中灼烧,观察其燃烧、熔化、烟色、烟味与残烬等反应。

① 迅速或逐渐熔化,冒白烟,可闻到氨味,是尿素、硫酸铵、氯化铵。

② 无变化但有爆裂声,没有氨味,是硫酸钾或氯化钾。

③ 边熔化边燃烧,冒白烟,有氨味,是硝酸铵。

④ 燃烧并出现黄色火焰是硝酸钠,燃烧并出现带紫色火焰是硝酸钾。

6. 化学检验

(1)取少量灼烧反应①中的化肥样品,分别放在干净的试管中,将试管放在酒精灯上灼烧,管内留有残渣的是尿素。

验证：取肥料约 1 g 放在试管中，在酒精灯上加热熔化，稍冷却，加入蒸馏水 2 mL 及 10% 氢氧化钠 5 滴，溶解后，再加 0.5% 硫酸铜溶液 3 滴，如出现紫色，证明是尿素。

(2)将上述灼烧反应未能鉴别的硫酸铵和氯化铵、硫酸钾和氯化钾，分别取少量置于试管中，加水 5 mL，待其完全溶解后，用滴管加入 2.5% 氯化钡溶液 2 滴，产生白色沉淀的是硫酸铵和硫酸钾。

验证：另分别取少量肥料于试管中，加水 5 mL，待其完全溶解后，用滴管加入 1% 的 $AgNO_3$ 溶液 2 滴，产生白色沉淀的是氯化铵和氯化钾。

(3)取少量肥料，放在试管中，加水 5 mL 使其溶解，如果溶液混浊，则需过滤，取清液鉴定。在滤液中加入钼酸铵-硝酸溶液 2 mL，摇匀后，如果出现黄色沉淀，证明是水溶性磷肥。

对粉末状肥料再进行酸碱测试。将少量肥料放在白瓷板上，加几滴水，用玻璃棒搅拌，然后用广泛试纸测试，显酸性的是水溶性磷肥，显微碱性的是钙镁磷肥。图 6.6 为常用化学肥料定性鉴定系统图。

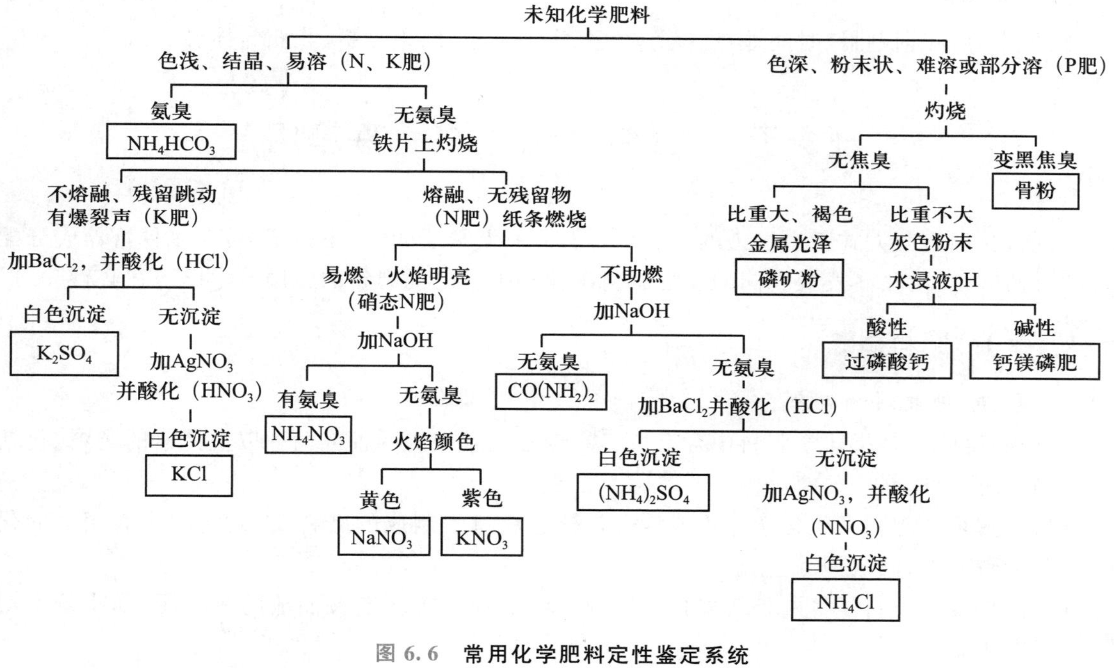

图 6.6　常用化学肥料定性鉴定系统

五、实训记录

根据实验结果认真填写肥料系统鉴定表(表 6.14)，并掌握主要内容，完成实训报告。

表 6.14　肥料系统鉴定表

肥料样品号	形态	气味	颜色	溶解情况	加碱反应	燃烧反应	化学检验			酸碱性	肥料名称
							NaOH 和 $CuSO_4$	$BaCl_2$	$AgNO_3$		
1											
2											
3											
4											

续表6.14

肥料 样品号	形态	气味	颜色	溶解情况	加碱反应	燃烧反应	化学检验			酸碱性	肥料名称
							NaOH 和 $CuSO_4$	$BaCl_2$	$AgNO_3$		
5											
6											
7											
8											
9											
10											

六、训练报告

报告内容:实训题目、时间地点、操作程序、实训记录、结果分析、收获与体会。

任务五 复(混)合肥料的合理施用

目前,我国施肥方式正由过去的克服单一营养元素缺乏的“矫正施肥”转入多种营养成分配合的“平衡施肥”阶段。发展我国的复混肥料工业和推广复混肥料的施用技术已势在必行。

一、复(混)合肥料概述

1. 复(混)合肥料的概念

复(混)合肥料是指化学肥料中含有氮、磷、钾三元素中的两种或两种以上元素的肥料,包括复合肥料和混合肥料。

(1)化成复合肥料　经化学作用或混合氨化造粒过程制成的肥料,工艺流程中有明显的化学反应,如磷酸铵、硝酸钾等。

(2)配成复合肥料　将两种或多种单质肥料经过加工重新造粒而成的复合肥,如小麦专用肥、玉米专用肥等。

(3)混成复合肥料　将几种单质化肥,或一种复合肥料与一两种单质化肥,通过机械混合制成的肥料。

含有氮、磷、钾三要素中两种要素的,称为二元复混肥料;含有三种要素的,称三元复混肥料;在复混肥料中添加一种或几种中量、微量元素的,称多元复混肥料;在复混肥料中添加植物生长调节剂、除草剂、抗病虫农药的,称多功能复混肥料。

目前生产上混合肥料的种类和用量较多。按照混合肥料的制造方法,可将其分为三种:粉状混合肥料,采用干粉掺和或干粉混合;粒状混合肥料,先粉状搅拌混合,再造粒、筛选、烘干;掺和肥料,也称 BB 肥,是将粒径和容重相近的几种粒状肥料按一定比例机械混合而成,产品可散装或袋装进入市场。

复混肥料中有效成分含量一般用 $N-P_2O_5-K_2O$ 的质量分数来表示。如 18-46-0 表示该复混肥含氮 18%,含磷 46%,不含钾,是氮、磷二元复合肥料。15-15-15,表示复混肥中氮、磷、钾各含 15%,是氮、磷、钾三元复混肥料。20-20-15-B2,则表示这种复混肥料中除含有不同数量的氮、磷、钾养分外，还含有2%的硼，是多元复混肥料。含其他微量元素表示成分时，与此相同。

复合肥料按其有效养分总量可分为高浓度复合肥料、中浓度复合肥料、低浓度复合肥料3种（表6.15）。

表6.15　复合肥料的技术指标（GB/T 15063—2020）

项目			指标		
			高浓度	中浓度	低浓度
总养分[a]（$N+P_2O_5+K_2O$）的质量分数/%		≥	40.0	30.0	25.0
水溶性磷占有效磷百分率[b]/%		≥	60	50	40
硝态氮[c]/%			1.5		
水分[d]（H_2O）/%		≤	2.0	2.5	5.0
粒度[e]（1.00～4.75 mm或3.35～5.60 mm）/%		≥	90		
氯离子[f]/%	未标“含氯”的产品	≤	3.0		
	标识“含氯（低氯）”的产品	≤	15.0		
	标识“含氯（中氯）”的产品	≤	30.0		
单一中量元素[g]（以单质计）/%	有效钙	≥	1.0		
	有效镁	≥	1.0		
	总硫	≥	2.0		
单一微量元[h]（以单质计）/%		≥	0.02		

a. 产品的单一养分含量不应小于4.0%，且单一养分测定值与标明值负偏差的绝对值不应大于1.5%。

b. 以钙镁磷肥等枸溶性磷肥为基础磷肥并在包装容器上注明为“枸溶性磷”时，“水溶性磷占有效磷百分率”项目不做检验和判定。若为氮、钾二元肥料，“水溶性磷占有效磷百分率”项目不做检验和判定。

c. 包装容器上标明“含硝态氮”时检测本项目。

d. 水分以生产企业为出厂检验数据为准。

e. 特殊形状或更大颗粒（粉状除外）产品的粒度可由供需双方协议确定。

f. 氯离子的质量分数大于30.0%的产品，应在包装袋上标明“含氯（高氯）”，标识“含氯（高氯）”的产品氯离子的质量分数可不做检验和判定。

g. 包装容器上标明含钙、镁、硫时检测本项目。

h. 包装容器上标明含铁、锰、铜、锌、硼、钼时检测本项目，钼元素的质量分数不高于0.5%。

2. 复合肥料的特点

（1）养分种类多、含量高　如磷酸铵含N12%～18%，含$P_2O_5$46%～52%。含有N、P两种主要养分，能比较均衡地、较长时间地同时供应植物所需的几种养分，并能充分发挥营养元素之间互相促进的作用。

（2）副成分少，对土壤无不良影响　多数单质化肥都含有大量副成分，如硫酸铵会给土壤残留大量SO_4^{2-}，会引起石灰性土壤的板结，在水田会产生还原性的硫化氢而毒害植物。而复合肥料中几乎全部或大部分成分能为植物吸收，如磷酸铵中的$H_2PO_4^-$和NH_4^+均可被植物吸收，对土壤不产生任何不良影响。

（3）物理性状好，便于贮存、运输和施用　复合肥料多为颗粒状、不吸湿、不结块，可节省包装、贮运、施用等费用，降低成本，提高生产率。

（4）降低生产成本，节约开支　复混肥料有效养分含量高，体积小，能节约包装材料和运输费用，减少施肥次数，从而降低生产成本，提高劳动生产率。

（5）养分比例固定，难以满足施肥技术要求　这也是复合肥料的不足之处，养分比例固定，不能适应不同土壤、不同植物及不同生育期对每种养分的不同要求；同时也难以满足施肥技术的要求。如氮肥的移动性比磷、钾肥大，但其后效却不如磷、钾肥长。因此，复合肥料中的各种养分施在同一时期、同样深度，很难适合植物对养分的需要，不能充分发挥各种营养元素的最佳施用效果。生产中应根据土壤的供肥特性及植物的需肥规律，配合适当的单质肥料。

二维码 6-4

微课：尿素的施用技术

二、复合肥料的种类、性质和施用

（一）复合肥料的种类和性质

复合肥料根据制造工艺不同可分为化成复合肥料、配成复合肥料、混成复合肥料三种。

1. 化成复合肥料

这类肥料是在一定工艺条件下，利用化学合成或化学提取分离等加工方法而制成的具有固定养分含量和配比的肥料。它们的养分含量和配比决定于生产过程中的化学反应及化合物的分子组成，具有养分含量高，分布均匀，杂质少，成分和含量固定不变的特点。

化成复合肥有很多品种，常见的有磷酸铵、硝酸磷肥、氨化过磷酸钙、磷酸二氢钾、硝酸钾、硝磷钾肥等。化成复混肥料成分、养分含量见表 6.16。

（1）磷酸铵　简称磷铵，是用氨中和浓缩的磷酸制成的高浓度化成复合肥，反应中可生成磷酸一铵（$NH_4H_2PO_4$）和磷酸二铵［$(NH_4)_2HPO_4$］，也有少量的磷酸三铵。磷酸一铵含N11％～13％、磷（P_2O_5）51％～53％，常作为生产复混肥的原料。磷酸二铵含 N 16％～18％，磷（P_2O_5）46％～48％。

目前生产上使用的磷酸铵肥料多为磷酸一铵和磷酸二铵的混合物。磷酸铵含 N14％～18％，磷（P_2O_5）46％～50％。灰白色颗粒，易溶于水，性质稳定，不易分解，不吸湿结块，是化学中性、生理中性肥料。适合于各种土壤和植物。主要用做基肥，也可做种肥。由于含磷多氮少，可直接用于豆科植物和豆科绿肥，用于其他植物应配合氮肥施用。

磷酸铵做基肥一般用量为 120～210 kg/hm^2，可采用撒施、沟施、穴施等方法。做种肥用量为45～75 kg/hm^2，注意磷酸铵不能与种子直接接触，否则会烧伤种子，一般应施于离种子 3～5 cm 处。

（2）磷酸二氢钾（KH_2PO_4）　是一种高浓度的磷、钾复合肥料，含 $P_2O_5$52％，K_2O 35％，白色结晶，易溶于水，化学酸性，物理性状良好，不易吸湿结块。

磷酸二氢钾由于生产成本高，成品价格昂贵，目前生产上多用于根外追肥和浸种。多数植物每公顷喷施浓度为 0.1％～0.2％的肥液 750～1 125kg，连续喷施 2～3 次，可获 10％左右的增产效果，但要注意喷施时间，水稻、小麦以在拔节—孕穗期，玉米在大喇叭期—灌浆期，棉花以花期喷施为宜。浸种是磷酸二氢钾的经济有效的施肥方法，用 0.2％浓度浸种 20 h 左右，晾干后播种，增产效果明显。

（3）氨化过磷酸钙　是用氨处理过磷酸钙而制成的一种物理性质较好的氮磷复合肥料，含N 2％～3％，$P_2O_5$13％～15％。由于氨能中和过磷酸钙中的游离酸，使过磷酸钙的吸湿性、结块性和腐蚀性大为降低，贮运和施用均较方便，同时又增加了氮素养分。由于氨化作用是放热反应，氨化时能蒸发掉一部分水分，有利于改善其物理性质。

氨化过磷酸钙对多数植物的肥效略优于等磷量的普钙，对豆科植物肥效较显著。由于氨化过磷酸钙的氮磷比约为1∶6，施用时应配合氮肥才能充分发挥肥效。这种肥料不宜与碱性物质混存混用，以免引起氨的挥发和物理性质变坏。

(4)硝磷钾肥　硝磷钾肥为三元复合肥料，其养分含量为10-10-10，主要成分有$CaHPO_4$、NH_4HPO_4、NH_4NO_3、KNO_3。其中的氮、钾都是水溶性的，而磷只有30%～50%为水溶性磷，50%～70%为弱酸溶性磷。

硝磷钾肥为淡褐色颗粒，有一定的吸湿性，贮存时应注意防潮。目前主要用于经济植物烟草上，做烟草的基肥和追肥，因其不含氯离子，可作为烟草的专用肥。化成复混肥料成分、养分含量见表6.16。

表6.16　化成复混肥料成分、养分含量

肥料名称	主要成分	养分含量
磷酸一铵	$NH_4H_2PO_4$	N(11%～13%)，P_2O_5(51%～53%)
磷酸二铵	$(NH_4)_2HPO_4$	N(16%～18%)，P_2O_5(46%～48%)
硝酸钾	KNO_3	N 13%，K_2O 46%
硝酸磷肥	$CaHPO_4$，$NH_4H_2PO_4$，NH_4NO_3，$Ca(NO_3)_2$	N 20%，P_2O_5 20%
氨化过磷酸钙	$NH_4H_2PO_4$，$(NH_4)_2SO_4$，$Ca(H_2PO_4)_2$，$CaHPO_4$ 等	N(2%～3%)，P_2O_5(13%～15%)
尿素磷铵	$CO(NH_2)_2$，$(NH_4)_2HPO_4$ 等复合物	可以按需要生产多种比例的氮磷二元复肥
硝磷钾肥	NH_4NO_3，NH_4Cl，$CaHPO_4$，$NH_4H_2PO_4$，$Ca(H_2PO_4)_2$，KNO_3 石膏及原料杂质等	可以按需要生产多种比例的氮磷钾三元复肥

2. 配成复合肥料

是采用两种或多种单质肥料经过加工重新造粒而成的含有多元素的复合肥。配成复合肥在加工过程中发生部分化学反应，其养分元素比例按照农艺配方的需求相对比较稳定，有固定的比例。也可根据农植物的需要配成氮、磷、钾比例不同的植物专用复合肥，如小麦专用肥、水稻专用肥等。从国外进口的复合肥大多数为配成复合肥，我国多年来大量进口的15-15-15复合肥，即是一种配成复合肥。

3. 混成复合肥料

是将已经加工成的两种或两种以上的颗粒肥料(单质肥料、化成复合肥、配成复合肥)，根据植物的需要和当地土壤情况，按一定的比例经过掺混(二次加工)而制成的复合肥料，生产上又称掺混肥料，简称BB肥。其中的养分含量和比例可做大幅调节，成为二元或多元型复合肥料，为了避免因化学反应而降低养分的有效性，一般随掺随用，不宜长期存放。

(二)复合肥料施用的注意事项

在农业生产上，复合肥料的应用越来越广泛。为了克服它的缺点，充分发挥其优点，提高复合肥料的肥效，在施用中必须注意以下几个问题。

1. 选择适宜的复合肥料品种

我国地域辽阔，植物种类繁多，土壤复杂，应根据不同地区土壤与植物对养分的需求，选择相适宜的复混肥料品种，才能充分发挥复混肥料的优越性(表 6.17)。例如供磷、钾水平低的土壤，对磷、钾又比较敏感的作物，宜选用 1∶2∶2 的氮磷复混肥料。供磷、钾水平中等的土壤，宜选用 1∶1∶1 的氮磷复混肥料。南方水田多选用铵态氮复混肥料。

表 6.17　土壤磷、钾供应水平与氮磷钾复混肥料中养分比例的关系

土壤供钾水平	土壤供磷水平		
	低	中	高
低	1∶2∶2	1∶1∶(1.5～2)	2∶1∶(3～4)
中	1∶(1.5～2.1)	1∶1∶1	2∶1∶3
高	1∶3∶1	2∶2∶(0.5～1)	2∶1∶(1～2)

2. 复混肥料与单质肥料配合使用

复合肥料不能完全适应各地土壤的特点与满足植物全生育期对养分的平衡供应，因此，复混肥料应配合单质肥料施用，以调节营养元素的比例，使之适合植物营养上的要求。复合肥料的用量，一般以养分含量高的元素计算，不足的养分以单质肥料补充。在施用方法上，常选用低氮、高磷钾的复合肥料做基肥，单质肥料做追肥施于植物需肥的关键时期，有利于充分发挥肥效，以夺取作物高产稳产优质。

3. 针对不同复混肥料的特点，采取相应的施肥方法

复合肥料各种养分比例和形态不同，价格差别也很大，因此施用时应注意采用相应的措施。凡含铵态氮的复合肥料，要深施覆土。含硝态氮素肥料不宜施于水田。对含磷钾养分的复混肥料，应集中施在根系附近，最好做基肥用。对价格昂贵的磷酸二氢钾，一般不做基肥而用于根外追肥或浸种。

目前，市场上复合肥料种类繁多，某些复合肥制造粗糙，养分混乱，有效成分低，质差价高，在选用时应注意鉴别。

技能训练15

掺混肥(BB 肥)的配制

一、技能目标

掺混肥的配制是农业生产中科学计量施肥的重要组成部分。通过训练，在了解和熟悉肥料互配性要求的前提下，根据所配肥料养分标量，提出掺混肥配制方案，学会掺混肥配制操作，增强对肥料性质的感性认识，增进对市场销售的复混肥的了解。

二、实验材料

平整的场地、木锨(有条件的可备搅拌机)、磅秤、包装袋、封口机、标签、准确标明量的氮磷钾单质肥料或二元复合肥料、填充料(一般为磷矿粉、石灰石、硅藻土、有机肥、钙镁磷肥、细土、灰渣、石膏或养分含量低的肥料)。

三、操作规程

(1)依据配方施肥技术,拟定所配掺混肥养分含量(或养分比例)和数量。

(2)根据肥料性质和适配性,确定使用单质或二元复合肥料种类,计算达到所配掺混肥养分含量和数量要求时,所需要的各单质或二元复合肥料的数量。根据需要,掺混肥的配制计算有两种方法:一是根据掺混肥的养分含量计算;二是根据掺混肥的养分的比例计算。分别举例如下:

① 需配制养分标明量为 16-10-4 的混合肥料 1 t,用尿素(46%)、普钙(20%)、氯化钾(60%)各多少 kg?

尿素用量=1000×16%/46%=347.8 kg,普钙用量=1000×10%/20%=500.0 kg,氯化钾用量=1 000×4%/60%=66.7 kg,三者相加为 914.5 kg,其余 85.5 kg 添加填充料

② 需配制果树专用肥 1 t,养分比例为 1∶1∶1,该用尿素(46%)、磷酸一铵(12%、52%)、硫酸钾(50%)各多少 kg?

设需要尿素 $x$kg,磷酸一铵 $y$kg,硫酸钾 $z$kg。

则:$(0.46x+0.12y)/0.52y=1$　　$(0.46x+0.12y)/0.5x=1$　　$x+y+z=1\,000$,

得:$x=298.9$ kg　　$y=343.7$ kg　　$z=357.4$ kg

(3)按计算结果,用磅秤称取选定的肥料,总量不足添加填充料(一般为磷矿粉、石灰石、硅藻土、有机肥、钙镁磷肥、细土、灰渣、石膏等非速效性肥料),用木掀或搅拌机迅速混合均匀。

(4)把混合均匀的肥料装入特定的袋中,封口,贴上标签,标明养分含量。

四、注意事项

混合肥料应选用可以混合或可暂时混合的肥料种类,关于各种肥料是否可以混合见表 6.18。肥料混合时易吸潮,混合后封口应及时,配成后不易久置,可进一步做肥效试验。

表 6.18　常用肥料混合施用

▽ 可以暂时混合但不宜久置

× 不可混合　　◎ 可以混合

		1 硫酸铵	2 硝酸铵	3 碳酸氢铵	4 尿素	5 氯化铵	6 过磷酸钙	7 钙镁磷肥	8 磷矿粉	9 硫酸钾	10 氯化钾	11 磷铵	12 硫酸磷肥
1	硫酸铵												
2	硝酸铵	▽											
3	碳酸氢铵	×	▽										
4	尿素	◎	▽	×									
5	氯化铵	◎	▽	×	◎								
6	过磷酸钙	◎	▽	×	◎	◎							
7	钙镁磷肥	▽	▽	×	◎	×	×						
8	磷矿粉	◎	▽	×	◎	◎	▽	◎					
9	硫酸钾	◎	▽	×	◎	◎	◎	◎	◎				
10	氯化钾	◎	▽	×	◎	◎	◎	◎	◎	◎			
11	磷铵	◎	▽	×	◎	◎	◎	×	×	◎	◎		
12	硫酸磷肥	▽	▽	×	▽	▽	▽	×	▽	▽	▽	▽	

五、训练报告

报告内容:实验题目、时间地点、操作程序、实训结果、收获与体会。

任务六　新型肥料的合理施用

随着人们对身体健康和生活质量的日益关注，对农产品产量和质量的要求也在不断提高，要求农业生产向着高产、低耗、优质、高效的方向发展，结合我国人地矛盾突出、资源利用率低等现状，肥料的革新成为关键。肥料是保障国家粮食安全的战略物资，是保持和提高地力、实现农业可持续发展的物质基础。因此，如何提高化肥利用率、减轻或免除肥料对环境的污染，生产出优质营养的农产品是当今农业可持续发展的迫切要求。于是，新型肥料的研制和开发应运而生，它的研发是推动肥料产业科技创新的原动力。

新型肥料有别于常规的、传统的肥料，要求具有缓/控释化、多功能化、环境友好化等。表现在功能拓展或功效提供、肥料形态更新、新型材料的应用、肥料运用方式的转变或更新等方面，能够直接或间接地为作物提供必需的营养成分；调节土壤酸碱度、改良土壤结构、改善土壤理化性质、生物化学性质；调节或改善作物的生长机制；改善肥料品质和性质或能提高肥料的利用率。高效性、专业化、简便化、多功能化是新型肥料发展的趋势，其中营养作物、培肥土壤、提高抗性、逆境生长、除草抗病等功能会成为功能肥料发展的方向。新型肥料主要有：水溶肥料、缓控释肥料、功能性肥料、商品有机肥和生物肥料等。

一、水溶肥料

水溶肥料是我国目前大量推广应用的一类新型肥料，它能迅速地溶解于水中，通过叶面喷施或随灌溉施入，更容易被植物吸收，而且其吸收利用率相对较高，可解决高产植物快速生长期的营养需求。尤其在设施农业上与微喷灌、滴灌等结合运用，以水带肥，实现水肥一体化，达到省水省肥省工的效能。在水资源日益短缺的今天，施用水溶肥成为农业增效、农民增收的措施之一。可分为营养型水溶肥料和功能型水溶肥料。

水溶肥料营养型水溶肥料包括微量元素水溶肥料、大量元素水溶肥料、中量元素水溶肥料等；功能型水溶肥料包括含氨基酸水溶肥料、含腐殖酸水溶肥料、有机水溶肥料等。

（一）水溶肥料种类

1. 微量元素水溶肥料

微量元素水溶肥料是由铜、铁、锰、锌、硼、钼等微量元素按照所需比例制成的或由单一微量元素制成的液体或固体水溶肥料。固体剂型要求微量元素含量≥10.0%，液体剂型要求微量元素含量≥100 g/L，其中应至少包含一种微量元素。

2. 大量元素水溶肥料

大量元素水溶肥料是以氮、磷、钾大量元素为主，按照适合植物生长所需比例，添加铜、铁、锰、锌、硼、钼等微量元素或钙、镁中量元素制成的液体或固体水溶肥料。

3. 中量元素水溶肥料

中量元素水溶肥料是以钙、镁中量元素为主，按照适合植物生长所需比例，或添加铜、铁、锰、锌、硼、钼等微量元素制成的液体或固体水溶肥料。分固体和液体两种剂型，固体剂型要求中量元素含量≥10.0%，液体剂型要求中量元素含量≥100 g/L，中量元素含量指钙含量、镁含量或钙镁含量之和。

4. 含氨基酸水溶肥料

含氨基酸水溶肥料是以游离氨基酸为主体，按适合植物生长所需比例，添加适量钙、镁中量元素或铜、铁、锰、锌、硼、钼微量元素而制成的液体或固体水溶肥料。分微量元素型和中量元素型两种类型。中量元素型又分为固体和液体两种剂型：固体剂型要求游离氨基酸含量≥10.0%、中量元素含量≥3%，液体剂型要求游离氨基酸含量≥100 g/L、中量元素含量≥30 g/L，中量元素含量指钙、镁元素含量之和，产品应至少包含一种中量元素。微量元素型也分为固体和液体两种剂型：固体剂型要求游离氨基酸含量≥10.0%、微元素含量≥2.0%，液体剂型要求游离氨基酸含量≥100 g/L、微量元素含量≥20 g/L。微量元素含量指铜、铁、锰、锌、硼、钼元素含量之和，产品应至少包含一种微量元素。

5. 含腐殖酸水溶肥料

含腐殖酸水溶肥料是含适合植物生长所需比例的腐殖酸，添加适量比例的氮、磷、钾大量元素或铜、铁、锰、锌、硼、钼微量元素而制成的液体或固体水溶肥料。分大量元素型和微量元素型两种类型。大量元素型分固体和液体两种剂型：固体剂型要求游离腐殖酸含量≥3.0%、大量元素含量≥20.0%，液体剂型要求游离腐殖酸含量≥30 g/L、大量元素含量≥200 g/L，大量元素含量指总 N、P_2O_5、K_2O 含量之和，产品应至少包含两种大量元素。微量元素型只有固体剂型，要求游离腐殖酸含量≥3.0%、微元素含量≥6.0%，微量元素含量指铜、铁、锰、锌、硼、钼元素含量之和，产品应至少包含一种微量元素。

6. 有机水溶肥料

有机水溶肥料是采用有机废弃物原料经过处理后提取有机水溶原料，再与氮、磷、钾大量元素以及钙、镁、锌、硼等中微量元素复配，研制生产的全水溶、高浓缩、多功能、全营养的增效型水溶肥料产品。目前农业农村部（原农业部）还没有统一的登记标准，其活性有机物质一般包括腐殖酸、黄腐酸、氨基酸、海藻酸、甲壳素等。目前，农业农村部（原农业部）登记有 100 多个品种，有机质含量均在 20～500 g/L 以上，水不溶物小于 20 g/L。

（二）水溶肥料的使用方法

水溶肥料不但配方多样，而且使用方法十分灵活，一般有 3 种使用方法：

1. 土壤浇灌或灌溉施肥

土壤浇灌或者灌溉的时候，将水溶肥料先行混合在灌溉水中，这样可以让植物根部全面接触到肥料，通过根的呼吸作用把化学营养元素运输到植株的各个组织中。利用水溶肥料与节水灌溉相结合进行施肥，适用于极度缺水地区、规模化种植的农场，以及高品质、高附加值的作物生产上，是今后现代农业技术发展的方向之一。

2. 叶面喷施

把水溶肥料先行稀释溶解于水中进行叶面喷施。

3. 浸种蘸根

微量元素水溶肥料用量为 0.01%～0.1%，含氨基酸水溶肥料、含腐殖酸水溶肥料为 0.01%～0.05%。水稻、甘薯、蔬菜等移栽作物可用含腐殖酸水溶肥料进行浸根、蘸根等，浸根浓度为 0.05%～0.1%，蘸根浓度为 0.1%～0.2%。

二、缓控释肥料

针对传统速效肥引发的环境污染和资源浪费等问题，越来越多的学者关注缓控释肥的研究与应用。缓控释肥料是结合现代植物营养与施肥理论和控制释放高新技术，并考虑作物营养需求规律,采取某种调控机制技术延缓或控制肥料在土壤中的释放期与释放量,在作物根系底下形成一个像海绵一样的小肥库,延长化肥肥效期,使作物不脱肥,使其养分释放模式(释放时间和释放率)与作物养分吸收相协调或同步的新型肥料。缓控释肥料在养分上可以按照作物所需养分进行配方设计;在供肥上可以按照作物不同生育期对养分的要求进行控制释放;在施肥上可以一次基施,不用追施;在耕作上可以进行接触施肥和简化农业耕作;在效益上,可以提高养分利用率 10～20 个百分点,省工节肥,减少过多养分对环境的污染。

(一)缓控释肥料种类

按照生产工艺和肥料性质,缓控释肥料可分为包膜型(硫包膜、石蜡包膜、聚合物包膜等)、合成微溶态型(脲甲醛、草酰胺等)、化学抑制型(添加脲酶和硝化抑制剂)、基质复合与胶粘型(添加风煤、磷矿粉)。

1. 包膜型

主要介绍聚合包膜肥料、硫包衣肥料、包裹型肥料等类型。

(1)聚合包膜肥料　聚合包膜肥料是指肥料颗粒表面包裹了高分子膜层的肥料。通常有两种制备工艺方法:一是喷雾相转化工艺,即将高分子材料制备成包膜剂后,用喷嘴涂布到肥料颗粒表面形成包裹层的工艺方法;二是反应成膜工艺,即将反应单体直接涂布到肥料颗粒表面,直接反应形成高分子聚合物膜层的工艺方法。

(2)硫包衣肥料　硫包衣肥料是在传统肥料颗粒外表面包裹一层或多层阻滞肥料养分扩散的膜,来减缓或控制肥料养分的溶出速率。硫包衣尿素是最早产业化应用的硫包衣肥料。硫包衣尿素是使用硫黄为主要包裹材料对颗粒尿素进行包裹,实现对氮素缓慢释放的缓控释肥料,一般含氮 30%～40%,含硫 10%～30%。

(3)包裹型肥料　包裹型肥料是一种或多种植物营养物质包裹另一种植物营养物质而形成的植物营养复合体,为区别聚合包膜肥料,包裹型肥料特指以无机材料为包裹层的缓释肥料产品,包裹层的物料所占比例达 50%以上。具体要求可参照包裹肥料的化工行业标准《无机包裹型复混肥料(复合肥料)》(HG/T 4217—2011)。

2. 合成微溶态型

下面以脲醛类肥料为例进行介绍。脲醛类肥料是由尿素和醛类在一定条件下反应制成的有机微溶性缓释性氮肥。目前主要有脲甲醛、异丁叉二脲、丁烯叉二脲、脲醛缓释复合肥等,其中最具代表性的产品是脲甲醛。脲醛类肥料只适合做基肥施用,除了草坪和园林外,如果在水稻、小麦、棉花等大田作物施用时,应适当配合速效水溶氮肥。

3. 化学抑制型

化学抑制型又被称为稳定性肥料,是指在肥料生产过程中加入了脲酶抑制剂和(或)硝化抑制剂,使肥效期得到延长的一类含氮(酰胺态氮/铵态氮)肥料,包括含硝化抑制剂和脲酶抑制剂的缓释产品。稳定性肥料可以做基肥和追肥,施肥深度 7～10 cm,种肥隔离 7～10 cm。做基肥时,将总施肥量折合纯氮的 50%施用稳定性肥料,另外 50%施用普通尿素。稳定性肥料施用时应注意:由于稳定性肥料速效性慢、持久性好,需要较普通肥料提前 3～5 d 施用。稳定性肥料肥效可达 60～90 d,常见蔬菜、大田作物一季施用一次即可,注意配合施用有机肥,效果较理想。

4. 增值尿素

增值尿素是指在基本不改变尿素生产工艺的基础上,增加简单设备,向尿液中直接添加生物活性类增效剂,所生产的尿素增值产品。增效剂主要是指利用海藻酸、腐殖酸和氨基酸等天然物质经改性获得的、可以提高尿素利用率的物质。市场上的增值尿素产品主要有:木质素包膜尿素、腐殖酸尿素、海藻酸尿素、禾谷素尿素、纳米尿素、多肽尿素、微量元素增值尿素等。和普通尿素一样，增值尿素可以应用在所有适合施用尿素的作物上，但不同的是增值尿素其施用时期、施用量、施用方法等是不一样的，施用时需注意以下事项：①木质素包膜尿素不能和普通尿素一样，只能做基肥一次性施用；其他增值尿素可以和普通尿素一样，既可以做基肥，也可以做追肥。②增值尿素可以提高氮肥利用率10%～20%，施用量可比普通尿素减少10%～20%。③应当采取沟施、穴施等方法，并应适当配合有机肥、普通尿素、磷钾肥及中微量元素肥料施用。增值尿素不适合做叶面肥施用，不适合做冲施肥、滴灌或喷灌水肥一体化施用。

（二）缓控释肥料的施用

缓控释肥用途非常广泛，同时其施用技术也非常简单，既可以做基肥、追肥施用，还可以做种肥施用。具体的施用方法可以进行撒施、条施和穴施以及拌种、盖种施肥等。缓控释施肥量可以在作物相同产量的情况下比速效化肥减少20%以上的肥料施用量，另外，控释肥的施用量还要根据作物的目标产量、土壤的肥力水平和肥料的养分含量综合考虑后确定。如果作物的目标产量较高，就要相应增加控释肥的施用量。

对于水稻、小麦等根系密集且分布均匀的作物，可以在插秧或播种前按照推荐的专用包膜控释肥施用量一次性均匀撒施于地表，耕翻后种植，生长期内可以不再追肥。对于玉米、棉花等行距较大的作物，按照推荐的专用控释肥施用量一次性开沟基施于种子侧部，注意种肥隔离，以免烧种或烧苗。

对于花生、大豆等自身能够固氮的作物，缓控释肥配方以低氮高磷高钾型为好。作为底肥条沟施用，施用量因产量、地力不同而异，一般施用量为300～600 g/hm^2。对于大棚蔬菜可做底肥，适用硫酸钾型控释肥，注意应减少20%的施用量，以防止氮肥损失，提高利用率，同时能减轻施肥对土壤造成次生盐碱化的影响，防止氨气对蔬菜幼苗的伤害。对于马铃薯或甘薯用于底肥，适用硫酸钾型控释肥，用肥量1 125～1 350 kg/hm^2，集中条沟施肥。

对于苹果、桃、梨等果树，可在离树干1 m左右的地方呈放射状或环状沟施，深20～40 cm，近树干稍浅树冠外围较深，然后将控释肥施入后埋土。另外，还应根据控释肥的释放期，决定追肥的间隔时间。施用量，一般情况下，结果果树每株0.5～1.5 kg，未结果树750 kg/hm^2。施用缓控释肥注意事项：一定要注意种(苗)肥隔离，至少8 cm，以防止烧种、烧苗，作为底肥施用，注意覆土，以防止养分流失。

三、功能性肥料

功能性肥料是指除了具有提供植物营养和培肥土壤的功能以外的特殊功能的肥料。功能性肥料主要包括：高利用率肥料，改善水分利用率肥料，改善土壤结构的肥料，降解土壤有机无机污染物等。适于优良品种特性的肥料，改善作物抗倒伏特性的肥料，具有防治杂草作用的肥料，以及具有抗病虫害作用的肥料。按照肥料功能可分为多种：药肥、保水肥料、抗旱肥料、增蘖肥料、抗倒伏肥料等。

目前普遍推广的是药肥(除草、抗病虫害)。药肥是将农药和肥料按一定的比例配方相混合，并通过一定的工艺技术将肥料和农药稳定于特定的复合体系中而形成的新型生态复合肥料，一般以肥料作为农药的载体。

药肥可以做基肥、追肥、叶面喷施等：①做基肥和处理种子。药肥可与做基肥的固体肥料混在一起撒施，然后耙混于土壤中。对于含除草剂多的药肥，深施会降低其药效，一般应施于3～5 cm的土层。具有杀菌剂功能的药肥可以处理种子，处理种子的方法有拌种和浸种。②追肥。药肥可以在作物生长期作为追肥应用。在旱地施用时注意土壤湿度，结合灌溉或下雨施用。③叶面喷施。常和农药（特别是植物生长调节剂）混用的水溶肥料，可通过叶面喷施方法进行施用。

四、商品有机肥料

所谓商品有机肥料，就是将有机废弃物（畜禽粪便、作物秸秆、城市垃圾和污泥等）集中进行工厂化处理，通过高温发酵除臭，消灭病毒、病菌，并通过干燥生产出有机肥，或有机－无机复混肥，包装成袋，可以就地使用，也可以较长时间贮存，远距离运输，作为一种商品进入市场。按照商品有机肥的组成可以分为：粪便有机肥、秸秆有机肥、腐殖酸有机肥、垃圾废弃物有机肥、生物有机肥（含解磷、释钾等功能性微生物和有益微生物）、复合有机肥（含粪便、秸秆、腐殖酸等多种原料）等。

商品有机肥以其肥效长、供肥稳、肥害小、异味小、易运输、易施用以及无机肥不可替代的有机营养等优点，有力推动了蔬菜、果树、花卉等种植业的发展。近几年来，随着人们对果蔬产品质量要求的不断提高和对绿色农业产品的渴望，加之农业产业化的发展，商品有机肥的研究与开发得到了长足进展。

五、生物肥料

生物肥料又名细菌肥料、菌肥、生物肥料、接种剂、农用微生物产品等。所谓生物肥料是一类以微生物生命活动及其产物导致农作物得到特定肥料效应的微生物活体制品，在这种效应的产生中，活微生物起关键作用。生物肥料具有生产成本低、效果好、不污染环境，施后不仅增产，而且能提高农产品品质和减少化肥用量，在农业可持续发展中占有重要地位。

生物肥料的种类很多，按照产品中特定微生物的种类可分为细菌肥料（如根瘤菌肥、固氮菌肥）、放线菌肥料（抗生菌类）、真菌肥料（VA 菌根真菌）等；按照产品作用机理可分为根瘤菌类肥料、固氮菌类肥料、溶磷菌类肥料、解钾菌类肥料、硅酸盐细菌类肥料等；按照产品中微生物种类的多寡又可分为单一生物肥料、复合生物肥料。微生物肥料的剂型除草炭载体粉剂外，还有液体剂型、冻干剂型、矿油封面剂型、颗粒剂型等，以适应不同条件。为了使生物肥料接种时不致散落，以使用黏着剂羧甲基纤维素、硅酸镁、丙烯－丙烯酰胺、接枝淀粉等，提高接种效果的营养添加剂技术也不断发展。

目前，国内基本形成了微生物肥料产业，在国家农业农村部登记的产品种类有 13 个，全国约有 450 个生物肥料企业，年产量超过 200 万 t，生物肥料由单一功能向复合功能发展，由单一接种剂向复合生物肥料转变，由无芽孢菌种生产向芽孢菌种发展，由单一菌种向复合菌种转化（不局限于根瘤菌）等。然而生物肥料要进入土壤，其有效性的外部因素是土壤条件和环境因素。当生物肥料施入土壤后，土壤为休眠的微生物提供了复苏的条件，但微生物能否繁殖和旺盛代谢，取决于土壤的 pH、湿度、温度和通气性等条件以及养分含量（微生物与作物之间将会竞争养分）；加之，微生物和作物品种、土壤类型之间的关系也比较复杂；化肥品种和配比也会对微生物的生存产生影响，甚至产生负面作用；另外有关生产工艺、装备、安全性等都有待进一步研究加以解决。

创新创业

缓控释肥料研制与应用（实验方案）

一、实验目的及要求

选用新型、高效、廉价、无污染的包膜材料及简单易行的生产工艺制作缓控释肥料，进行土柱淋滤实验和盆栽试验，检验这种肥料的包膜效果和对植物生长以及氮磷钾吸收的影响。

二维码 6-5

微课：控释肥种类与概念

二、材料及测试方法

1. 材料

包膜材料、普通化肥、配方 1 包膜肥料、配方 2 包膜肥料、配方 3 包膜肥料、土盆、农作物或蔬菜种子。

2. 测试方法

肥料中的氮测定用蒸馏法，磷用喹钼啉铜重量法，钾用四苯硼钠重量法；植株中的氮测定用蒸馏法，磷用钒钼黄比色法，钾用火焰光度法。

三、步骤

1. 缓控释肥料制作

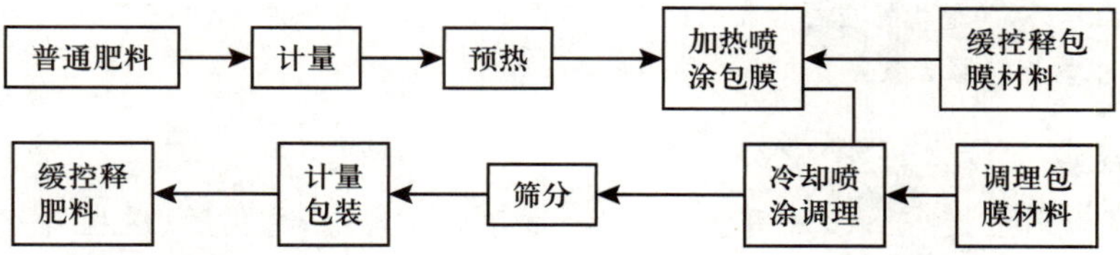

2. 缓控释肥料淋失率实验

(1)土柱淋洗方法　用直径 9 cm PVC 管，长 60 cm，设 CK、普通化肥、缓控释肥料、配方 1、配方 2、配方 3 五个处理，将肥料与土壤混合均匀，装入土柱中，用纯水多次淋洗土柱，分别测定渗滤液中氮、磷、钾含量。

(2)水中溶出率法　将包膜肥料放置在特定温度条件下的水中浸泡，定期测定养分元素的溶出率。欧洲标准委员会规定肥料（TC260/WG4/TFsrF）在水中（25 ℃）养分释放速率 24 h 不大于 15％；28 d 不超过 75％；在规定的时间内至少有 75％被释放。缓控释肥料的要求见表 6.19。

表 6.19　缓控释肥料的要求

项目指标		高浓度	中浓度
总养分($N+P_2O_5+K_2O$)的质量分数/％	⩾	40.0	30.0
水溶性磷占有效磷的质量分数/％	⩾	70	50
水分(H_2O)的质量分数/％	⩽	2.0	2.5
粒度(1.00～4.75 mm 或 3.35～5.60 mm)/％	⩾	90	
养分释放期/月		标明值	

续表 6.19

项目指标		高浓度	中浓度
初期养分释放率/%	≤	15	
28 d 累积养分释放率/%	≤	75	
养分释放期的累积养分释放率/%	≥	80	
中量元素单一养分的质量分数(以单质计)/%	≥	2.0	
微量元素单一养分的质量分数(以单质计)/%	≥	0.02	

注:

1. 缓控释养分为单一养分时,缓控释养分量应不小于 8.0%,三元或二元缓控释肥料的单一养分含量不得低于 4.0%。

2. 以钙镁磷肥等枸溶性磷肥为基础磷肥并在包装袋上注明为"枸溶性磷"的产品、未标明磷含量的产品、缓控释氮肥以及缓控释钾肥,"水溶性磷占有效磷的质量分数"这一指标不做检验和判定。

3. 三元或二元缓控释肥料的养分释放率用总氮释放率来表征;对于不含氮的二元缓控释肥料,其养分释放率用钾释放率来表征。缓控释磷肥的养分释放率用磷释放率来表征。

4. 应以单一数值标注养分释放期,其允许差为 15%。如标明值为 6 个月,累积养分释放率达到 80%的时间允许范围为 6 个月±27 d;如标明值为 3 个月,累积养分释放率达到 80%的时间允许范围为 3 个月±14 d。

5. 包装容器标明含有钙、镁、硫时检测中量元素指标。

6. 包装容器标明含有铜、铁、锰、锌、硼、钼时检测微量元素指标。

7. 除上述指标外,其他指标应符合相应的产品标准的规定,如复混肥料(复合肥料)、掺混肥料中的氯离子含量、尿素中的缩二脲含量等。

3. 盆栽试验

供试土壤为潮土,种玉米,采用盆栽方法,试验设 CK、普通化肥、缓控释肥料配方 1、配方 2、配方 3 五个处理,每盆装土 3 kg,肥料氮、磷、钾用量分别为 150 mg/kg、40 mg/kg 和 100 mg/kg 土,玉米拔节期取样,测定玉米干物重,氮、磷、钾吸收量。

四、预期结果

缓控释肥料配方 1、配方 2、配方 3 在初期养分释放率≤15%,比普通肥料释放要慢。28 d 累积养分释放率≤75%,普通肥料差不多全部释放。养分释放期的累积养分释放率≥80%。

注意事项:

(1)必须根据包膜肥料的性能和使用情况选择方法,水田上使用的可采用水浸泡方法,而旱地上的则用淋溶方法。

(2)浸泡法和淋溶测定方法只是评价包膜肥料养分释放缓效性的一种尺度,以提供不同农作物的需要,因为肥料在土壤中释放速度受土壤含水量、细菌、温度、pH、光照等因素影响,比较复杂,在实验室内不可能完全模拟。

(3)包膜肥料释放养分速度的测定至今还没有一个统一的方法,一般文献上介绍的方法都可作为参考。

阅读材料

常见肥料施肥要点歌谣

1. 硫酸铵	硫铵俗称肥田粉，氮肥以它作标准；含氮高达二十一，各种作物都适宜； 生理酸性较典型，最适土壤偏碱性；混合普钙变一铵，氮磷互补增效应。
2. 碳酸氢铵	碳酸氢铵偏碱性，施入土壤变为中；含氮十六到十七，各种作物都适宜； 高温高湿易分解，施用千万要深埋；牢记莫混钙镁磷，还有草灰人尿类。
3. 氯化铵	氯化铵、生理酸，含有二十五个氮；施用千万莫混碱，用作种肥出苗难； 牢记红薯马铃薯，烟叶甜菜都忌氯；重用棉花和水稻，掺和尿素肥效高。
4. 硝酸铵	硝酸铵、生理酸，内含三十四个氮；铵态硝态各一半，吸湿性强易爆燃； 施用最好做追肥，不施水田不混碱；掺和钾肥氯化钾，理化性质大改观。
5. 尿素	尿素性平呈中性，各类土壤都适用；含氮高达四十六，根外追肥称英雄； 施入土壤变碳铵，然后才能大水灌；千万牢记要深施，提前施用最关键。
6. 过磷酸钙	过磷酸钙水能溶，各种作物都适用；混沤厩肥分层施，减少土壤磷固定； 配合尿素硫酸铵，以磷促氮大增产；含磷十八性呈酸，运贮施用莫遇碱。
7. 重过磷酸钙	过磷酸钙名加重，也怕铁铝来固定；含磷高达四十六，俗称重钙呈酸性； 用量掌握要灵活，它与普钙用法同；由于含磷比较高，不宜拌种蘸根苗。
8. 钙镁磷肥	钙镁磷肥水不溶，溶于弱酸属枸溶；作物根系分泌酸，土壤酸液也能溶； 含磷十八呈碱性，还有钙镁硅锰铜；酸性土壤施用好，石灰土壤不稳定； 小麦油料和豆科，施用效果各不同；施用应作基肥使，一般不做追肥用； 五十千克施一亩，用前堆沤肥效增；若与铵态氮肥混，氮素挥发不留情。
9. 硫酸钾	硫酸钾、较稳定，易溶于水性为中；吸湿性小不结块，生理反应呈酸性； 含钾四八至五十，基种追肥均可用；集中条施或穴施，施入湿土防固定； 酸土施用加矿粉，中和酸性又增磷；石灰土壤防板结，增施厩肥最可行； 每亩用量十千克，块根块茎用量增；易溶于水肥效快，氮磷配合增效应。
10. 氯化钾	氯化钾、早当家，钾肥家族数它大；易溶于水性为中，生理反应呈酸性； 白色结晶似食盐，也有淡黄与紫红；含钾五十至六十，施用不宜做种肥； 酸性土施加石灰，中和酸性增肥力；盐碱土上莫用它，莫施忌氯作物地； 亩用一十五千克，基肥追肥都可以；更适棉花和麻类，提高品质增效益。

项目小结

- 土壤养分与化学肥料
  - 氮肥的合理施用
    - 土壤氮素：我国土壤氮素含量为0.5～1.0 g/kg，存在形态有有机态和无机态，以挥发、淋失和反硝化为主要损失途径；耕作土壤中氮的主要来源途径有施入的含氮肥料和生物固氮
    - 常用氮肥的施用技术：铵态氮肥可作为基肥、追肥使用，深施覆土，避免与碱性物质接触；硝态氮肥不宜作为基肥，追肥要少施多次，宜用于旱田；尿素可以作为基肥、追肥和种肥使用，追肥要提前几天施用，适宜根外追肥
  - 磷肥的合理施用
    - 土壤磷素：我国土壤磷素含量一般为0.3～3.5g/kg，存在形态有有机态和无机态，以固定方式造成磷的无效化；耕作土壤中磷的主要来源途径有施入的含磷肥料和矿物态磷的转化
    - 常用磷肥的施用技术：水溶性磷肥要集中、分层、与有机肥配合施用，可以根外施肥；弱酸溶性磷肥用在酸性土或与酸性肥配合为好；难溶性磷肥与有机肥堆腐后施用或先施于绿肥植物
  - 钾肥的合理施用
    - 土壤钾素：我国土壤含钾一般为5～25 g/kg，存在形态有水溶态、交换态、缓效态和矿物态；它在土壤中的转化包括钾的释放和固定2个过程；钾的来源途径包括施入的含钾肥料和矿物态钾的转化
    - 合理施用技术：硫酸钾和氯化钾是生理酸性肥，宜用于碱性土，在酸性土要配合石灰或碱性肥料施用，要深施，早施；草木灰、窑灰钾肥呈碱性，宜用酸性土
  - 土壤中量元素与中量元素肥料：农业生产上常将石灰、石膏、硫黄等作为土壤改良剂来施用
  - 土壤微量元素与微肥
    - 土壤微量元素：土壤微量元素包括硼、锌、钼、锰、铁、铜、氯和镍 8 种
    - 合理施用技术：常作为基肥、种肥和根外追肥施用，种肥采取浸种、拌种、蘸秧根。注意用量，施用均匀并与大量元素肥料配合施用
  - 复合肥料
    - 品种：磷酸铵、硝磷钾肥、磷酸二氢钾、氮磷钾复混肥、BB肥等
    - 合理施用技术：根据土壤条件、植物特性、肥料中养分种类和形态等合理施用，配合单质肥施用
  - 新型肥料：水溶肥料、缓控释肥料、功能性肥料、商品有机肥和生物肥料等

思考题

一、名称解释

氮肥利用率　复合肥料　新型肥料

二、填空题

1. 植物主要吸收无机态的氮素，其主要形态是________态氮和________态氮。

2. 根据氮肥中氮素的形态，可以把氮肥分为________氮肥、________氮肥和________氮肥三类。

3. 磷肥有水溶性、弱酸溶性和难溶性三种。生产常用的肥料分别是________、________和________。

4. 按照钾素对植物的有效性，可以将其分为3种形态，即速效钾、________和________。其中，速效钾包括________和________，二者可以相互转化。

5. 对植物来讲，微量元素与大量元素一样同等重要、不可________。通常将________、________、________、________、________、________及________等八种元素指定为微量元素。

三、问答题

1. 简述碳酸氢铵的施用技术要点。
2. 生产上如何提高氮肥的利用率？
3. 为什么磷肥的利用率不高？如何提高磷肥利用率？
4. 结合当地农业生产实际，谈谈钾肥的有效施用原则。
5. 在我国钾资源有限的条件下，应如何施用钾肥？
6. 微量元素肥料施用时要注意哪些事项？

二维码 6-6
思考题参考答案

思政园地

中国是世界上人口和资源矛盾最为尖锐的国家之一，中国用9%的耕地和6%的水资源养活全世界21%的人口，而化肥的使用量已接近了全球总用量的1/3。化肥的大量投入虽然保障了我国粮食安全的稳定，但与此同时，危害也开始显现，土壤开始出现板结、酸化、盐碱化等退化现象，粮食增长越来越难。

要加速传统农业向现代农业、智慧农业、绿色农业转型升级，藏粮于地、藏粮于技，我们要密切关注国家农业战略布局，把中央精神吃透、落实，整合力量、全面协调，不仅要把握现代农业的发展方向和趋势，还要加大科教兴农的力度，倡导科学种田，让新型职业农民掌握作物的需肥特点和需肥规律，把握施肥的关键环节、施肥品种，控制化肥的用量，增加有机肥的用量，做到有机肥和化肥相结合，改善土壤结构，减少环境污染，节本增效，实现农业的可持续发展。

肥料是粮食的粮食。请结合本项目内容谈谈如何适用、慎用肥料，达到肥料施用和土地健康之间的和谐，并推广“健康土壤带来健康生活”的理念。

项目七　有机肥料与生物肥料施用技术

学习目标

知识目标：

1. 理解有机肥料和生物肥料的概念、类型、特性。
2. 掌握常见有机肥料的特性及科学施肥技术。
3. 掌握生物肥料的合理施用技术。

技能目标：

1. 掌握有机肥料的积制技术。
2. 能针对不同的植物及土壤类型，选择合适的有机肥料和生物肥料。

素质目标：

1. 具有服务意识、吃苦耐劳意识和创新意识。
2. 培养同学以爱农强农兴农为己任，懂农业、爱农村、爱农民的爱国之心。

科学史话

有机肥发展历史

有机肥是禽畜粪便、厨余垃圾、秸秆、园林垃圾等经过发酵腐熟的含碳有机物料，其主要功能是改善土壤肥力、提供植物营养、提高作物品质。作为农业大国，我国的有机肥历史悠久，初期主要是农家肥，随着农业的发展，有机肥的需求逐渐增加，商品有机肥应运而生。下面简述下我国的有机肥发展历史。

1. 第一代(1G)有机肥料

主要指农家肥，通过简单的堆制或沤制，获得具有一定肥效的肥料。沤制原料主要为人畜粪便、作物秸秆等。此类肥料具有广而散、质量不均一、无质量标准、质量缺乏监控、价格低廉等特点。中国在历史上长期处于传统农业大国的地位，先民用自己的智慧与实践经验获得了用肥养地的知识，发明了制备多种有机肥料的方法，总结了有机肥料的作用、积造与施用的技术，并流传至今。

2. 第二代(2G)有机肥

加工厂制造的有机肥料是在传统式大农场肥料沤肥的根基上发展壮大的。原料来源和第一代类似。这类肥料具备集中化生产制造、品质匀称、商品规范化、生产制造规范性等特性。它是近几十年经济社会发展的产物。现阶段，在我国正处在进步阶段。

3. 第三代(3G)有机肥

微生物菌肥是在第二代有机肥生产制造的根基上发展壮大的。除第二代有机肥的特性外，在第三代有机肥生产制造中还加上了一些活力作用菌，有益于植物的生长，或提升绿色植物的抗病力、抗旱性和抗冷性，或提升土壤层品质或肥料使用率。

4. 第四代(4G)有机肥

4G有机肥除2G、3G有机肥外，还具备营养成分含量高、微量元素综合性、伤害化学物质低、附加值高的特性，适用绿色农业、有机种植，现阶段正处在销售市场发展期，中国生产制造量并不大，生产厂家很少。

5. 第五代(5G)有机肥

订制有机肥，即土壤层精确测量秘方施肥，这也是一种十分多样化的有机肥，先依据土质的初始特点和肥效，随后依据植物的特点，加上作用病菌中营养元素等辅材，做成不一样功用的有机肥、有机物复合肥料或独特肥。该有机肥针对性强，可进一步提高肥料使用率，合理推动绿色植物生长发育，但产品成本高，技术标准高。

我国施用有机肥料和生物肥料有着悠久的历史和丰富的经验，尽管它们的增产作用不如化肥明显，但在培肥地力和改良土壤方面的作用是不容忽视的，特别是在开发绿色食品、有机食品的生产中发挥着更加重要的作用。有机肥具有数量大、来源广、养分全面、肥效长、施用污染少、改良土壤、培肥地力、提高作物产量和品质等诸多优点。有机肥料不仅是不断维持与提高土壤肥力从而达到农业可持续发展的关键措施，也是农业生态系统中各种养分资源得以循环、再利用和净化环境的关键一链，有机肥还能持续、平衡地给作物提供养分从而显著改善作物的品质。

当前，各国科学家一直在努力探索提高化肥利用率达到平衡施肥、合理施肥以克服其弊端的途径。生物肥料在解决这方面问题上有独到之处，如生物肥料中所含有的多种溶磷、解钾的微生物能活化被土壤固定的磷、钾等矿物营养。近十年来，我国生物肥料和开发获得了长足的发展，不仅筛选出一些功能性高效菌株，还在微生物菌株的联合协同施用开发中积累了宝贵的经验，为我国生物肥料的升级和快速发展奠定了一定基础。但是短板也是显而易见的。高效菌株还没有真正进入产业化。生物肥料企业需要加快高效菌种的更新换代，充分发挥生物肥料产品应有的功效。生物肥料的研究范围还需要进一步拓展，尤其是针对荒漠化土壤修复、保水抗旱、盐碱土壤改良等功能性生物肥料的研究与开发。用于土传病害防治、土壤污染修复的生物肥料研究与创新亟待加强。

任务一　有机肥料的合理施用

在我国传统农业发展进程中，有机肥料是非常重要的环节，从古至今，人们在耕种土地时首要选择的肥料都是有机肥。作为保障食品安全、促进环境保护的施肥方式，有机肥料对农业产业的发展有着不可忽视的重要促进作用。

有机肥具有数量大、来源广、养分全面、肥效长、施用污染少、改良土壤、培肥地力、提高作物产量和品质等诸多优点。施用有机肥料能不断维持与提高土壤肥力，达到农业可持续发展的目的，它也是农业生态系统中各种养分资源得以循环、再利用和净化环境的关键环节，有机肥还能持续、平衡地给作物提供养分从而显著改善作物的品质。

随着我国人民生活水平不断提高和外贸出口对优质农产品、无污染的绿色食品等的需求量越来越高，发展生态农业和绿色农业将是我国农业发展的必然趋势。实施沃土工程，开展农田质量和生态建设，增加绿肥生产和有机肥的施用，全面提高农田肥力，将是发展我国可持续农业的关键。在广大的农区，实行粮食作物与绿肥作物复种、间作和套作；在半农半牧区，实行粮食作物与绿肥作物轮作，是建立良好的农业生态系统最有效的途径。因此，绿肥作物在我国生态农业的发展过程中也有广阔的利用前景。

一、有机肥料概述

我国有机肥种类繁多，粪尿肥、堆沤肥、绿肥、秸秆肥、沼气肥、微生物肥等都是我国农业生产中普遍使用并极为重要的有机肥料类型。

（一）概念及特点

有机肥料来源于植物和(或)动物，是通过对生物物质、动植物废弃物、植物残体进行加工并剔除有毒有害物质得到的含碳物料，也是农村中利用各种有机物质，就地取材、就地积制的自然肥料的总称，又称农家肥。有机肥料都有以下共同特点。

1. 来源广，数量大，种类多

有机肥料资源极为丰富，品种繁多，几乎一切含有有机物质，并能提供多种养分的材料，都可用来制作有机肥料。如植物秸秆、根茬和枯枝落叶、草炭、人粪尿、畜禽粪尿、生活垃圾和污水、塘泥等。

2. 肥效长，养分全面

有机肥料不仅含有植物所需要的各种营养元素，如氮、磷、钾、钙、镁、硫及微量元素，而且还含有刺激植物生长的某些特殊物质，如胡敏素和抗生素等。

3. 生产成本低，资源广泛，就地积制

粪尿肥和堆杂肥是我国农村中广泛施用的有机肥料。这类肥料主要是在农村就地取材，就地积制，就地施用。其中，厩肥的数量很大，是农村主要的有机肥源，农作物秸秆也是重要的有机肥源。

4. 养分含量低，施用量大

有机肥料体积大，养分含量低，施肥量大，运输和施用耗费劳力多，应注意提高有机肥料的质量。

5. 减少环境污染

在全球倡导的循环经济和低碳经济的促进下，充分利用畜禽粪便和生活垃圾等资源进行无公害农业生产尤为重要，变废为宝，废物资源化利用，以达到既不污染环境又能获得社会效益和经济效益的目的，并促进农业可持续健康的发展。同时有机肥料对人、畜和环境安全无毒，是一种环保型肥料。

《中华人民共和国农业行业标准有机肥料》由农业农村部于 2021 年 5 月 7 日批准发布为中华人民共和国农业行业标准，自 2021 年 6 月 1 日起实施。

（二）有机肥料的作用

随着农业现代化的不断发展，有机肥在农业生产中的作用愈发受到重视。有机肥料不仅可以提高作物产量和品质，有效保持瓜果蔬菜等本身特有的营养和味道，还能防止生态环境的恶化，提高环境质量，在农业可持续生产方面发挥巨大的作用。

有机肥料的作用主要有：

1. 改良土壤，提高土壤肥力

(1)更新和活化土壤有机质　土壤中的有机质在不断地进行分解矿化，有机肥施入土壤后，一方面通过分解释放养分供植物吸收利用；另一方面又不断地进行腐殖化作用，为土壤提供活性较强的新鲜腐殖质，增强土壤对养分的调控能力。

二维码 7-1

NY/T 525—2021 有机肥

(2)改善土壤理化性质　通过施用有机肥增加了土壤有机质含量，使得土壤黏结度降低，沙性土壤保水保肥性能变强，从而使土壤形成稳定的团粒结构，可有效改良土壤孔性和结构性。土壤变得疏松、肥沃，会提高土壤的保水、保肥能力和缓冲性能，使土壤理化性质得到改善。

(3)提高土壤生物活性　有机肥中含有多种微生物和酶，施用有机肥既可以为土壤微生物活动提供能源和养分，也有利于改变土壤微生物区系，增加有益微生物群落，增强土壤酶活性，从而有利于土壤中物质的转化和提高土壤养分利用率，如使固氮菌、氨化菌、纤维素分解菌等有益微生物大量繁殖，同时，抑制有害病菌的繁殖。此外，生物的生命活动过程中，会产生和释放多种生物活性物质，如氨基酸、维生素、植物激素等，可促进植物生长和增强植物的抗逆性。

(4)提高土壤养分有效性和化肥利用率　施用有机肥料能有效增加土壤内的磷元素，提高土壤的氮储存能力，增强土壤中的有机氮。有机肥分解过程中产生的各种有机酸，可活化钙、镁、硫、铜、锌、铁、硼、钼等土壤潜在养分，并促使土壤中难溶性磷酸盐的转化，提高磷的有效性。

化肥的实际利用率只有 30%～45%。损失的化肥一部分分解释放到大气中，一部分则随着水土流失掉了，还有一部分被固定在土壤中，不能被植物直接吸收利用。当施入有机肥后，由于有益生物活动改善了土壤结构，增加了土壤保水保肥能力，从而减少了养分的流失。加上有益微生物解磷解钾作用，能使化肥有效利用率提高到 50%以上。

2. 提高作物产量，改善作物品质

(1)提供多种营养物质，提高作物产量　有机肥含有丰富的有机质和各种养分，是养分最全的天然复合肥。有机肥中含有植物生长发育所必需的多种营养元素，大部分以复杂的有机化合物的形式存在，在微生物作用下能释放出简单的无机养分，直接供给植物吸收利用，并能保持长期的肥效；同时还能提供多种有机养分，如碳水化合物、蛋白质、氨基酸、酰胺、磷脂等可溶性有机化合物，以及维生素、生长素等生物活性物质，这些养分可以改善植物营养状况，促进新陈代谢，刺激根系发育，有效实现农作物生产提质增效。

(2)科学施用有机肥能提高作物品质　有机肥中的有益微生物利用土壤中的有机质，产生次级代谢物，其中含有大量的促生长类物质。如生长素，能促进植物伸长生长，脱落酸能促进果实成熟，赤霉素能促进开花坐果，增加开花数、保果率，提高产量，使果实饱满，色泽鲜嫩，还能提早上市，达到增产增收。

3. 减轻环境污染，变废为宝，节约能源

工农业生产及人类生活中产生的大量有机废弃物是重要的有机肥源，人类通过合理的积制处理作为有机肥料施用，可最大限度地利用自然资源，变废为宝，防止环境二次污染。通过施用有机肥，可减轻因农药残留和重金属对土壤的污染，提高土壤的自净能力。

4. 增强植物抗逆性

有机肥含有维生素、抗生素等，可增强农作物抗性，减轻或防止病害发生。有机肥施入土壤后，可增强土壤的蓄水保水能力，在干旱情况下，能增强作物的抗旱能力。同时，有机肥还可使土壤变得疏松，改善作物根系的生态环境，促进根系的生长，增强根系活力，提高作物耐涝能力，减少植物的死亡率。此外，施用有机肥料能够减少化肥、农药的使用，使化肥有效利用率提高到50%以上。

5. 有利于实现“碳达峰、碳中和”

有机肥料能增进自然体系和生物循环利用，是一种绿色肥料，对推动农业绿色发展，“碳达峰、碳中和”目标的实现，能够发挥重要作用。有机肥的广泛使用，可有效降低农业生产成本，减少环境污染，符合现代农业可持续发展的要求。

（三）有机肥的腐熟

有机肥的主要来源是动植物残体和人畜粪尿，并以植物残体为主，其中的养分大多以有机态存在，不能为植物直接吸收和利用，而且还含有大量病原物。因此，在施用前需采用堆积或沤制的方法使之腐熟，其目的首先是为了释放养分，并形成大量腐殖质，提高肥料质量及肥效，避免肥料在土壤中转化时产生某些对植物不利的影响；其次，在腐熟过程中产生的高温可杀灭寄生虫卵、各种病原菌以及杂草种子等，达到无害化的目的；最后，通过腐熟过程，可有效地减少有机物质的体积，节约运输成本，施用后便于耕作，提高耕作质量。

虽然在我国有机肥料的储存量非常大，但是考虑到有机肥料的生产规模并未呈现出标准化和规模化，因此应当对有机肥料的使用问题加强关注，既要发挥出其使用价值，认识到其作用，又应当持续探究如何对有机肥料开展无害化处理，进一步促进有机肥料实现产业化和商品化，从而增加有机肥料的使用量。

二、常见有机肥的种类、性质和施用

根据来源、特性和积制方法，有机肥料可分粪尿肥、堆沤肥、绿肥、杂肥等，这些是我国农业生产中普遍使用和极为重要的有机肥料。

（一）粪尿肥

包括人粪尿、家畜粪尿及厩肥、禽粪、海鸟粪以及蚕沙等。

1. 人粪尿

人粪尿是我国农民常用的有机肥料，是一种来源广泛的流体肥料，它具有养分含量高、氮多（70%～80%呈尿素态）、磷钾少、易腐熟、肥效快等特点。但由于易流失或挥发损失，同时还含有很多病菌和寄生虫卵，若使用不当，则容易传播病菌和虫卵。为此，合理贮存人粪尿并对其进行无害化处理，是合理使用人粪尿的关键。

（1）成分和性质

①人粪是食物经过消化未被吸收利用而排出体外的残渣，其中含水达70%～80%，有机物达20%左右，主要是纤维素、半纤维素、脂肪、脂肪酸、蛋白质等。含氮、磷、钾分别为1%、0.5%和0.37%，含矿物质约5%，主要是硅酸盐、磷酸盐、钙、镁、钠的氧化物等；此外，还有大量的微生物、寄生虫卵、各种酶、色素以及少量硫化氢、丁酸等带有臭气的物质。新鲜人粪一般呈中性反应。

②人尿是食物经过消化吸收参与新陈代谢后，排出体外的废液。含氮、磷、钾分别是0.5%、0.13%和0.19%，含水95%左右，含水溶性有机物质和无机盐类达5%左右。其中尿素占1%～2%，氯化钠约1%，并含有少量尿酸、马尿酸、磷酸盐、铵盐及各种微量营养元素和生长素。新鲜人尿中因含有酸性磷酸盐和多种有机酸，故呈弱酸性反应。贮存腐熟后，尿素水解产生碳酸铵而呈微碱性反应。

在各种有机肥料中人粪尿有机物含量低，一般人粪尿中有机物含量为5%～10%（鲜重，以下同），含氮0.5%～0.8%，含磷0.2%～0.4%，含钾0.2%～0.3%（表7.1）。

表7.1　新鲜人粪尿中主要养分含量　%

种类	水分	有机物	氮(N)	磷(P_2O_5)	钾(K_2O)
人粪	>70	20左右	1.00	0.50	0.37
人尿	>90	3左右	0.50	0.13	0.19
人粪尿	80左右	5～10	0.50～0.80	0.20～0.40	0.20～0.30

人粪尿中的养分主要呈有机态，需经分解腐熟后，才能被作物吸收利用。人粪中含氮高，碳氮比较小，施入土中分解速度较快，人尿成分比较简单，70%～80%的氮素以尿素状态存在，磷、钾均为水溶性无机盐状态，其肥效快，是速效性养分。

（2）人粪尿的无害化处理　人粪尿中常常含有传染病菌和寄生虫卵，若不注意粪尿的卫生管理和无害化处理，则易污染环境并传染疾病，危害人畜健康。处理原则：杀灭病原菌，消除传染源，防止蚊蝇的滋生，防止污染环境、水源和土壤，防止养分损失，促进腐熟，提高肥效。

① 加盖沤制。加盖沤制是利用人粪尿在嫌气发酵过程中产生的氨使病菌和虫卵中毒而被杀死。同时，在嫌气条件下，病原菌受到强烈抑制而死亡。

② 密封堆积。用人粪尿与厩肥、作物秸秆等有机物混合堆积，堆内粪尿发酵以及有机物分解所产生的高温可杀死病菌和虫卵。尤其是高温堆肥，堆内温度可达60～70 ℃，这个温度可杀灭大部分病原物。为了防止氨的挥发，还应该用泥土将肥堆密封起来，一般堆积2个月左右，即可翻捣、安全施用。

③ 药物处理。在生产上急需用肥时，可采用药物消毒的方法。如每100 kg人粪尿中加入50%的敌百虫2 g或浓度为15%的氨水0.5～1.0 kg加盖密封。也可在粪肥中加入少量漂白粉杀死肠道传染病和传染性肝炎病毒等。在农村还有土法杀灭病虫的措施，如辣椒秆、烟草梗、菜籽饼等均有一定的杀虫灭蛆的作用。

（3）人粪尿的施用　人粪尿是以氮素为主的有机肥料，适用于大多数作物，主要集中用于菜地，尤其是叶菜类如白菜、甘蓝、菠菜等，增产效果显著；还适用于各种土壤，尤其是含盐量低、具有灌溉条件的土壤及雨水充足地区的土壤。人粪尿中含有较多的氯离子，注意对忌氯作物或盐碱地应当少用，在马铃薯、甘薯、甜菜、烟草等忌氯作物上不宜施用；施用人粪尿应注意补充磷钾肥；由于人粪尿中有机质含量不高，且用量少，易分解，改良土壤的作用不大。为了更好地培养地力，应与厩肥、堆肥等有机肥料配合施用。

人粪尿最适合做追肥，也可做基肥，人尿可用来浸种。我国南方农民习惯泼浇粪水，北方农民习惯随水施入人粪尿，效果较好。人粪尿中80%氮素是铵态氮，必须严格禁止把腐熟的人粪尿和草木灰等碱性物质混存混用，以免造成氮素的挥发损失。

2. 家畜粪尿与厩肥

（1）家畜粪尿　家畜粪尿包括猪、牛、马、羊的粪尿，是我国农村中的一项重要肥源。厩肥是家畜粪尿和各种垫圈材料混合积制的肥料，在有机肥料中占有重要位置。

二维码7-2
视频：羊粪有机肥

① 家畜粪尿的成分和含量。家畜粪和尿的成分不同，畜粪是饲料经消化后未被吸收利用的残渣，成分复杂，主要是纤维素、半纤维素、木质

素、蛋白质及其分解产物、脂肪、有机酸、胆汁、酶等。畜尿是饲料经消化吸收后进入血液经新陈代谢而排出体外的废液，成分简单，全部为水溶性物质，如尿素、尿酸、马尿酸以及钾、钠、钙、镁等无机盐类。

家畜粪尿中养分的含量，常因家畜的种类、年龄、饲养条件等而有差异。家畜粪尿中主要养分的平均含量详见表 7.2。

表 7.2 新鲜家畜粪尿中主要养分的平均含量 %

家畜种类	排泄物	水分	有机质	氮(N)	磷(P_2O_5)	钾(K_2O)
猪	粪	81.50	15.00	0.60	0.40	0.44
	尿	96.70	2.80	0.30	0.12	1.00
马	粪	75.80	21.00	0.58	0.30	0.24
	尿	90.10	7.10	1.20	微量	1.50
牛	粪	83.30	14.50	0.32	0.25	0.16
	尿	93.80	3.50	0.95	0.03	0.95
羊	粪	65.50	31.40	0.65	0.47	0.23
	尿	87.20	8.30	1.68	0.03	2.10

就养分总含量来说，猪粪、羊粪含量较高，马粪次之，牛粪最少。就养分种类而言，畜粪中含有机质和氮素较多，磷和钾较少，畜尿中含氮、钾多，而含磷很少。各种家畜每年的排泄量也相差很大，牛的排泄量最大，羊最少，马和猪介于中间。

② 家畜粪尿的性质。不同家畜粪尿性质有较大的差异。

猪粪质地较细，C/N 小，腐熟后形成大量的腐殖质，积制过程中发热量少，温度低，属温性或冷性肥料。

马粪质地粗，分解快，发热量大，属热性肥料。多做温床或堆肥时的发热材料。

羊粪质地细密而干燥，养分浓厚，积制过程中发热量低于马粪而高于牛粪，属热性肥料。

牛粪质地细密，但含水量高，有机质分解慢，发酵温度低，是典型的冷性肥料。

③ 家畜粪尿的施用。家畜粪尿是我国农村普遍积制的一种有机肥料，若粪尿分存时，尿可做追肥，粪可做基肥，马粪和羊粪一般在早春做苗床的发热材料。肥料的腐熟程度是影响家畜粪尿肥效的主要因素，原则是没有腐熟好的粪肥不能做追肥和种肥，只能在生育期长的做物上做基肥施用。完全腐熟的粪肥基本上是速效性的，可做基肥，也可用做种肥和追肥。

(2)厩肥　厩肥是以家畜粪尿为主，混以各种垫圈材料及饲料残渣等积制而成的有机肥料。垫圈材料主要是有机物，如秸秆和枯枝落叶等。垫圈的目的在于保持圈内清洁，有利于牲畜的健康，同时也利于吸收尿液和增加积肥的数量。厩肥也是我国农村普遍使用的农家肥料。

① 厩肥的成分和性质。厩肥的成分随家畜种类、饲料优劣、垫圈材料和用量以及其他条件的不同而异。新鲜的厩肥平均养分含量见表 7.3。

表 7.3　新鲜厩肥的平均养分含量　%

厩肥种类	水分	有机质	N	P	K	CaO	MgO	C/N
猪厩	72.40	16.99	0.38	0.16	0.30	0.08	0.08	19.57
牛厩	77.50	16.22	0.50	0.13	0.72	0.31	0.11	19.18
马厩	71.30	21.21	0.45	0.14	0.50	0.21	0.14	26.07
羊厩	64.60	27.94	0.78	0.15	0.74	0.33	0.28	14.38

新鲜厩肥中的养分主要以有机态为主，作物大多数不能直接利用，一般不宜直接施用。厩肥中含有作物所需要的全部养分，还含硼、胡敏酸、维生素、生长素、抗生素等有机活性物质。厩肥中含有丰富的有机质，故有较长的后效和良好的改土作用，尤其是对低产田的土壤熟化，促进作用十分明显。

② 厩肥的积制方法。厩肥的积制方式，可分圈内堆积和圈外堆积，还有介于二者之间的方法，即在圈内堆积一段时间后，出圈再堆（沤）一段时间。具体的积肥方法，因地而异。下面主要介绍几种积肥方式：

深坑式积肥法　是我国北方大多数地区养猪所采用的积肥方法。深坑式，一般坑深 60～100 cm，经常保持潮湿，垫料在积肥坑中经常被牲畜踩踏，经过 1～2 个月的嫌气分解，然后起出堆积，腐烂后即成为优质有机肥。畜舍内垫料，可采用秸秆、杂草、泥炭和干细土等。深坑式积肥是在紧密压积、缺氧的条件下将肥料堆制而成的。在发酵过程中，有机质一方面矿物质化，另一方面腐殖质化，所产生的腐殖质和垫料充分混合以后，可使垫入的生土成为肥沃的熟土。深坑式积肥法，一方面，有利于保肥，所形成的肥料质量较高；另一方面，圈内的二氧化碳或其他臭气较多，影响家畜健康和环境卫生。

浅坑式积肥法　就是在圈内挖 15 cm 左右深的坑积肥，并开挖排水沟通至粪尿池。在坑内铺草或其他垫料，以吸收牛、猪等牲畜的粪尿，并随时更换垫料或褥草，以保持吸湿。由于肥料在圈内积沤时间较短，腐熟的程度较差，所以在堆制到一定规模时，还须经过圈外堆积发酵，以达到完全腐熟。浅坑式堆积法最合乎环境卫生的要求。

平底式积肥法　就是在畜舍地面用石板或水泥筑成平底而积肥，也有用砸实土底积肥的。垫料的方式一般分为 2 种：一种是每日垫料，每日清除，将肥料运到圈外堆沤发酵；另一种是每日垫料，隔几日清除一次使肥料在圈内堆沤一段时间后，再移到圈外堆沤发酵。第一种方式适用于养牛、马、驴、骡等牲畜的积肥，第二种方式适用于养猪积肥。在地下水位较高，雨量较大，不宜采用深坑式积肥法的地区，可采用平底式积肥法。采用平底式积肥法，在圈内堆沤时，也可利用牲畜的踩踏，使垫料与粪尿充分混合而进行发酵。但这必须垫入较多的草类或干土，不能使圈内过于潮湿。

③ 厩肥的施用。厩肥中的养分大部分是迟效性的，养分释放缓慢，应当做基肥施用。但腐熟的有机厩肥也可以做追肥，只是肥效不如基肥效果好。厩肥中氮素当季利用率不高，一般为 20%～30%，磷素一般为 30%～40%，钾素高达 60%～70%。因此，施用厩肥时，因土、因厩肥养分的有效性，配施相应的不同种类与数量的化学肥料。

施用厩肥不一定是完全腐熟的，一般应根据作物种类、土壤性质、气候条件、肥料本身的性质以及施用的主要目的而有所区别。一般来说，块根、块茎作物，如甘薯、马铃薯和十字花科的油菜、萝卜等，对厩肥利用率较高，可施用半腐熟的厩肥；而禾本科作物，如水稻、小麦等，对厩肥肥利用率较低，应选择腐熟程度高的厩肥。生育期短，应施用腐熟的厩肥，生育期长可用半腐熟的厩肥。若施用厩肥的目的是为了改良土壤，可选择腐熟程度稍差的，让厩肥在土壤中进一步分解，这样有助于改土；若用于种苗施用，则应选择腐熟程度较好的厩肥。就土壤条件而言，质地黏重、排水差的土壤，应施用腐熟的厩肥，而且不宜耕翻过深；对沙质土壤，可施用半腐熟厩肥，翻耕深度可适当增加。施用时应撒施均匀，随施随耕翻。若撒施不均匀，耕翻后造成幼苗高矮不齐，影响厩肥的肥效。

（二）堆沤肥

堆肥和沤肥也是我国农村中广泛积制的有机肥料。它们都是以植物秸秆、杂草、树叶、各种绿肥、垃圾、泥炭、塘泥、牲畜粪尿等堆制或沤制而成的。北方一般以堆肥为主，南方水网地区则以沤肥为主。经过腐熟的堆肥和沤肥都是优质的有机肥料。

常见的有厩肥、堆肥、沼气肥、沤肥、秸秆直接还田利用以及熏土和草木灰等。

1. 堆肥

堆肥指作物茎秆、绿肥、杂草等植物性物质与泥土、人粪尿、垃圾等混合堆置，经好气微生物分解而成的肥料。多做基肥，施用量大，可提供营养元素和改良土壤性状，尤其对改良沙土、黏土和盐渍土有较好效果。

(1)堆制方法　按原料的不同，分高温堆肥和普通堆肥。

高温堆肥以纤维含量较高的植物物质为主要原料，在通气条件下堆制发酵，产生大量热量，堆内温度高(50～60 ℃)，因而腐熟快、堆制快、养分含量高。高温发酵过程中能杀死其中的病菌、虫卵和杂草种子。

普通堆肥一般掺入较多泥土，发酵温度低，腐熟过程慢，堆制时间长。堆制中使养分化学组成改变，碳氮比值降低，能被植物直接吸收的矿质营养成分增多，并形成腐殖质。

(2)堆肥腐熟的条件

① 水分。保持适当的含水量，是促进微生物活动和堆肥发酵的首要条件。一般以堆肥原料的最大持水量的60%～75%为宜，用手紧握堆肥原料，挤出水滴时最合适。

② 空气。堆肥中空气的多少，直接影响微生物的活动和有机物质的分解。因此，保持堆中有适当的空气，有利于好气微生物的繁殖和活动，促进有机物分解。高温堆肥时更应注意堆积松紧适度，以利通气。故而调节空气，可采用先松后紧堆积法，在堆肥中设置通气塔和通气沟，堆肥表面加覆盖物等。

③ 温度。堆肥中各类微生物对温度有不同的要求，一般嫌气性微生物的适宜温度为25～35℃，好气性微生物为40～50 ℃，中温性微生物最适温度为25～27 ℃，高温性微生物最适宜温度为60～65 ℃，超过65 ℃其活动受到抑制。堆温可根据季节进行调节，冬季堆制时，接种高温纤维分解菌(加入骡马粪)，提高堆温或堆面封泥保温。夏季堆制时，堆温上升快，可翻堆和加水，降低堆温，以利保氮。

④ 酸碱度。微生物只能在一定的酸碱范围内进行活动，保持中性或微碱性环境。堆肥内大多数微生物要求pH 6.4～8.1，最适pH为7.5。调节酸碱度时可适量加入石灰或石灰性土壤，中和酸度，促进微生物繁殖和活动。

⑤ 碳氮比。适合的碳氮比是加速堆肥腐熟，避免含碳物质过度消耗和促进腐殖质合成的重要条件之一。微生物对有机质正常分解作用的碳氮比为25∶1。而豆科绿肥碳氮比为(15～25)∶1，杂草为(25～45)∶1，禾本科作物茎秆为(60～100)∶1。因此根据堆肥材料的种类，加

入适量的含氮较高的物质，以降低碳氮比值，促进微生物活动。

2. 沤肥

沤肥是利用作物茎秆、绿肥、落叶、杂草等植物性物质与河、塘泥及人粪尿同置于积水坑中，在淹水条件下沤制的肥料以嫌气发酵为主，发酵温度较低。沤肥实质也是秸秆还田的一种方式。

(1)沤肥积制条件

① 坑内应使沤肥材料经常处于水层以下，以保证嫌气分解的条件。一般水层要浅，以利于提高坑内温度，使坑内温度日变化幅度较小，既能加快腐熟，又可以减少养分损失。

② 适当调节沤肥材料的碳氮比和酸碱度。增加适量氮素(人畜粪尿或化肥)可加速分解；加入少量石灰，以中和有机物在分解过程中所产生的酸，促进微生物的活动，加速沤制过程。

③ 接种微生物(加粪引子)。在新沤制的肥料坑中加入已经腐熟的沤肥少许，能促进有机物质的迅速分解。

④ 坑内肥料应适时翻动。适时翻动可使坑内肥料上下受热一致，调整深层过强的还原条件，有利于微生物分解有机物质。每次翻动时，还可加少量人粪尿，以提高沤肥的质量。

⑤ 加强管理，防止养分损失。沤制过程中养分损失的途径，主要是渗漏损失和随水流失。因此要求做到坑底不渗漏，雨季坑面不漫水。

(2)沤肥的成分和施用　沤肥主要有凼肥和草塘泥两种形式，它们的平均养分含量见表7.4。按全国有机肥品质分级标准，凼肥和草塘泥属四级。凼肥可随时积制，草塘泥则在冬春季节积制。积制时因缺氧，使二价铁、锰和各种有机酸的中间产物大量积累，且碳氮比值过高和钙、镁养分不足，均不利于微生物活动。应翻塘和添加绿肥及适量人粪尿、石灰等，以补充氧气，降低碳氮比值，改善微生物的营养状况，加速腐熟。

表7.4　沤肥的平均养分含量　%

沤肥种类	有机质	全N	全P	全K
凼肥	4.96	0.23	0.10	0.77
草塘泥	4.96	0.23	0.08	0.33

沤肥一般做基肥，多数用于稻田，也可用于旱田。一般每667 m^2 施用量4 000 kg左右，随施随翻，防止养分损失。沤肥的肥效一般与牛粪、猪粪相近，为了提高肥效，施用时应配合速效N、P肥。

3. 沼气肥

沼气是指各种有机物质在嫌气条件下经过发酵产生的一种无色无味的气体，主要成分是CH_4，其次是CO_2，还有少量的CO和H_2S。沼气肥是有机物质经沼气池发酵产气后剩余的残渣、残液，可做肥料施用。它缓解或解决了我国农村普遍存在的三料矛盾问题，即燃料、饲料和肥料相争的矛盾问题。

(1)沼气发酵的条件　嫌气甲烷细菌属厌氧细菌，在空气中几分钟就会死亡，因此沼气池要保持严格的嫌气条件，池中的氧化还原电位在−410～−4 mV。

① 营养。应将有机物料的C/N调至(25～30)∶1，以使营养平衡。根据经验，在下料时按秸秆、青草和人畜粪尿各15%配料，即可满足微生物对养分的要求。

② 温度。甲烷菌在 8～70℃时都能生长，但温度低于 15℃时产气很差，一般在 15～55℃时产气较好。

③ 水分。发酵池中要有足够的水分，为甲烷细菌的活动创造严格的厌氧条件，但水分也不宜过多，否则发酵液中干物质少，产气量低。发酵池中最适的水料比与季节有关，夏季为 90∶1，冬季为 85∶1。

④ 酸碱度。甲烷细菌对 pH 要求较为严格，以 pH 6.7～7.6 最佳。在沼气发酵过程中，pH 的变化有一个自然的平衡过程，即初期有一个由高到低又升高的变化，15 d 后趋于稳定。因此，配料时一般不需要调节，如有酸度不适而影响发酵时，加适量草木灰即可。

⑤ 接种沼气细菌。污泥中含甲烷细菌多，故可向池中加点污水、污泥以接种甲烷细菌，利于沼气产生。

(2)沼气发酵注意事项　严禁在池内沤制菜籽饼等物，以防止发酵过程中产生大量的 H_2S、H_3P 等有毒气体。进、出料口和导气管不能有明火，以防爆炸。若需入池清理残渣或维修，要提前打开进、出料口，导入新鲜的空气。在池内不能有明火或抽烟。新建池投料后不久，不能在导气管口做点火试验，由于此时甲烷量不多，压力小，若点火有可能发生回火而引起爆炸。

(3)沼气的施用　沼气残液和残渣可分开施用，沼气肥可做基肥、追肥，也可浸种。沼气残液中含有多种水溶性养分，氮素以铵态氮为主，是一种速效肥料。一般做基肥，每 667 m^2 施用量 1 500～2 500 kg，深施 10 cm 左右，若施在作物根部需兑部分清水。发酵液还可做根外追肥，方法是将残液用麻布过滤后，滤液稀释 2～4 倍，喷施量 50 kg/667 m^2。发酵残渣含有丰富的有机质，速效氮占全氮的 19.2%～52%，是一种缓、速兼备而又具有改良土壤功能的优质肥料，一般用做基肥，每 667 m^2 用量 2 500～3 000 kg。

此外，收获植物及其加工残物也是一类具有良好应用价值的农家肥，其中大豆饼、棉籽饼等饼粕类养分含量比较高，在 5%以上。稻草和秸秆养分较低，一般总养分在 2%～3%。

（三）绿肥

绿肥是利用植物体的全部或部分作为肥料。绿肥的应用在我国有着悠久的历史，一直是我国农业中一个重要的组成部分。绿肥是有机肥料的主要来源，扩大绿肥生产是提高土壤肥力的主要技术措施，不仅对增加土壤有机质，提高土壤的氮素水平，改善土壤团粒结构，改良土壤和促进农作物增产有显著效果，还对净化土壤环境，防止土壤污染方面具有其他无机肥料所没有的效果和优越性。因此，绿肥生产在农业中也占有一定地位。

随着农业生产的发展，绿肥植物已由原来大田轮作和直接肥田为主的栽培利用方式，逐步过渡到多途径发展的种草业。一般是绿色植物种植后回田使用，包括栽培绿肥和野生绿肥，例如，豆科植物紫云英、苜蓿、豌豆、苕子和紫穗槐等。

1. 种类

绿肥植物的种类繁多，据统计，目前我国已栽培利用和可供栽培利用的绿肥植物有 300 多种。其分类方法多样。

(1)按绿肥来源分类

① 栽培绿肥，指人工栽培的绿作物。

② 野生绿肥，指非人工栽培的野生植物，如杂草、树叶、鲜嫩灌木等。

(2)按植物学科分类

① 豆科绿肥。其根部有根瘤，根瘤菌有固定空气中氮素的作用，如紫云英、苕子、豌豆、豇豆、苜蓿等。

② 非豆科绿肥。指一切没有根瘤的，本身不能固定空气中氮素的植物，如油菜、肥田萝卜、金光菊、黑麦草等。

(3)按生长季节分类

① 冬季绿肥。指秋冬播种，第二年春夏收割的绿肥，如紫云英、苕子、肥田萝卜、蚕豆等。

② 夏季绿肥。指春夏播种，夏秋收割的绿肥，如田菁、菽麻、竹豆、猪屎豆等。

(4)按生长期长短分类

① 一年生或越年生绿肥，如菽麻、竹豆、豇豆、苕子等。

② 多年生绿肥，如山毛豆、木豆、银合欢等。

③ 短期绿肥，指生长期很短的绿肥，如绿豆、黄豆等。

(5)按生态环境分类

① 水生绿肥，如绿萍、水花生、水葫芦、水浮莲和绿萍。

② 旱生绿肥，指一切旱地栽培的绿肥，如黄花苜蓿、金花菜、沙打旺。

③ 稻底绿肥，指在水稻未收前种下的绿肥，如稻底紫云英、苕子等。

2. 绿肥的合理施用

(1)施用方式

① 直接翻耕。翻耕前最好将绿肥切短，稍经暴晒，让其萎蔫，然后翻耕。例如，水田翻埋主要目的是为了防止毒害作用。

② 堆沤。可加速绿肥分解，提高其肥效，可把绿肥做堆沤肥原料，既可避免 C/N 小的易分解绿肥在分解初期因有效氮剧增而使作物疯长，又可防止绿肥分解中产生有害的物质。

(2)翻压时间、翻压量与翻压方法

① 合理安排翻压时间。绿肥翻压到土壤中以后，在土壤微生物的作用下，腐解矿化，释放出养分，供作物吸收利用。掌握绿肥养分转化规律，控制和调节绿肥养分释放、供应和积累，对充分发挥绿肥肥效有十分重要的意义。按照不同绿肥的腐解特点，并根据不同作物的需肥特性，确定合适的翻压时期和翻压量。翻压过早，养分释放高峰期提前，作物不能及时吸收利用，不仅起不到绿肥应有的效果，还会造成养分损失。翻压太晚，则往往影响后作的播种和生长以及作物前期养分供应不足、后期养分偏高而造成贪青晚熟和倒伏。适时翻压，首先应考虑下茬作物的播种期，翻压绿肥后，要有足够的整理土地的时间，使作物能进行适时播种。

例如，稻田翻压紫云英后 2 周左右，铵态氮开始释放，1 个月左右达到高峰。因此，紫云英翻压时间以在水稻插秧前 15 d 左右为宜，这样，水稻在插秧后能及时得到养分供应，提早返青，有利于早生快发。紫云英在水田嫌气条件下腐解，除释放出铵态氮外，还会产生大量还原性物质，使土壤的氧化还原电位降低。还原性物质的累积，常会影响水稻养分和水分的吸收利用，而出现缺素并发症，造成“坐苗”或“翻秋”。

为了避免或减轻还原性物质的伤害，同样需要在水田插秧前 15 d 左右翻压紫云英，其中通气性好的沙质田提前时间可短一些，而通气性差的烂泥田则要长一些，并应适当控制施用量。也可采用干耕晒垡，再灌水整田，随即插秧，并配施一些速效的氮、磷、钾等肥料，使秧苗在有毒物质大量出现前就已经转青复活，减轻受害。

② 合理安排翻压量。绿肥的翻压量对提高绿肥的肥效同样有重要影响。在一定范围内，随着绿肥翻压量的增加，其效果也随之增加。但是翻压量也不是越多越好，翻压量过大往往会产生不良的效果，特别是南方土壤质地黏重的水稻田，会受到过多还原性物质的伤害。紫云英的施用量应根据水稻品种的耐肥能力、土壤肥力和耕作水平而异。中等肥力的田块以每

667 m^2 施 1 500 kg 左右为宜，肥力低的可略增加。北方旱地，由于通气条件较好，此方面的问题不是很多，但也不能翻压量过大，以免造成浪费，同时影响整地和出苗。

③ 翻压方法。先将绿肥茎叶切成 10～20 cm 长，然后撒在地面或施在沟里，随后翻耕入土壤中，一般入土 10～20 cm 深，沙质土可深些，黏质土可浅些。

(3)绿肥的施用量　应视绿肥种类、气候特点、土壤肥力的情况和作物对养分的需要而定。一般 667 m^2 施 1 000～1 500 kg 鲜苗基本能满足作物的需要，施用量过大，可能造成作物后期贪青迟熟。决定绿肥施用量时要考虑：①作物产量；②作物种类品种的耐肥性；③绿肥含肥分量；④土壤肥力。

(4)绿肥的刈割与翻耕适期　注意适时收割或翻压。绿肥过早翻压产量低，植株过分幼嫩，压青后分解过快，肥效短；翻压过迟，绿肥植株老化，养分多转移到种子中去了，茎叶养分含量较低，而且茎叶 C/N 大，在土壤中不易分解，降低肥效。一般豆科绿肥植株适宜的翻压时间为盛花至谢花期；禾本科绿肥植株最好在抽穗期翻压，十字花科绿肥植株最好在上花下荚期。间、套种绿肥作物的翻压时期，应与后茬作物需肥规律相互配合。

多年生绿肥作物一年可割几次，翻耕适期应掌握在鲜草产量最高和肥分含量最高时进行，过早，虽易腐烂，但产量低，肥分总量也低，过迟，腐烂分解困难。例如，紫云英为盛花期，苕子、田菁为现蕾至初花期，黄花苜蓿、菽麻、绿豆为初花至盛花期。

(5)绿肥与无机肥料的配合施用　绿肥的肥劲稳、肥效长，但单一施用的情况下，往往不能及时满足后茬作物全生育期对养分的需求。绿肥所提供的养分虽然比较全面，但要满足作物的全部需求，仅仅靠绿肥的养分是不够的。同时，大多数绿肥作物提供的养分以氮为主，因此，与无机肥料配合施用是必需的。绿肥与无机肥料的配合施用，首先应考虑到绿肥的腐解特点，例如在北京地区 9 月中旬翻压田菁，一个月后，其土壤供氮量出现第一次高峰，为小麦的苗期生长和冬前分蘖提供了充足的养分。第二年小麦返青后，需要大量的氮素以便满足其快速生长。此时，虽然田菁的养分释放出现了第二个高峰，但所释放的氮素仍不能满足小麦的正常生长需求。若不供给氮肥，小麦就会出现缺素症状，导致减产。所以，在小麦返青后要及时、适量追施氮肥，才能保证小麦的高产，也才能发挥绿肥的增产潜力。稻田翻压紫云英的研究同样可以看出，紫云英的供肥高峰在水稻的分蘖前期。到了分蘖后期，土壤中铵态氮含量偏低，远远满足不了水稻生殖生长的需要。在水稻分蘖期追施氮肥，可以提高土壤供氮能力，从而保证水稻后期的生长需要，达到高产的目的。

大多数绿肥作物提供的养分以氮为主，所以补充磷、钾肥是十分重要的。但补充磷、钾肥最好是在绿肥播种时基施，这样既可以保证绿肥生长对磷、钾的需要，从而提高绿肥的鲜草产量和品质，又由于绿肥对磷、钾肥的吸收和富集而提高磷、钾肥对后茬作物的有效性，达到一箭双雕的目的。

(6)绿肥的综合利用　豆科绿肥的根、茎、叶，大多数可作为家畜良好的饲料，而其中的氮素的 1/4 被家畜吸收利用，其余 3/4 的氮素又通过粪尿排出体外，变成很好的厩肥。因此，利用绿肥先喂牲畜，再用粪便肥田，是经济有效的利用绿肥的好方法。注意绿肥与无机肥料配合施用，可提高有机氮的矿化率，而且有机氮可加强无机氮的生物固定。

（四）杂肥

包括泥炭及腐殖酸类肥料、泥土类肥料、海肥和农盐以及生活污水、工业污水和废渣等。详见表 7.5。

表 7.5　杂肥类有机肥料的养分含量与施用

杂肥名称	养分含量	施用
泥炭	含有机质 40%～70%，腐殖酸 20%～40%；全氮 0.49%～3.27%，全磷 0.05%～0.60%，全钾 0.05%～0.25%，多酸性至微酸性反应	多做垫圈或堆肥材料、肥料生产原料、营养钵无土栽培基质，一般较少直接施用
腐殖酸类	主要是腐殖酸铵（游离腐殖酸 15%～20%，含氮 3%～5%）、硝基腐殖酸（腐殖酸 40%～50%，含氮 6%），腐殖酸钾（腐殖酸 50%～60%）等，多黑色或棕色，溶于水	可做基肥和追肥，做追肥要早施；液体类可浸种、蘸根、烧根或喷施，浓度 0.01%～0.05%
饼肥	主要有大豆饼、菜籽饼、花生饼等，含有机质 75%～85%，全氮 1.1%～7.0%、全磷 0.4%～3.0%、全钾 0.9%～2.1%、蛋白质及氨基酸等	一般做饲料，不做肥料。若用做肥料，可做基肥和追肥，但需要腐熟
菇渣	含有机质 60%～70%，全氮 1.62%、全磷 0.45%、全钾 0.9%～2.1%、速效氮 212 mg/kg、速效磷 188 mg/kg，并含有丰富微量元素	可做饲料、吸附剂、栽培基质，腐熟后可做基肥和追肥
城市垃圾	处理后垃圾肥含有机质 2.2%～9.0%、全氮 0.18%～0.2%、全磷 0.23%～0.29%、全钾 0.29%～0.48%	经腐熟并达到无害化后多做基肥施用

（五）秸秆直接还田

秸秆直接还田是指前茬植物收获后，把植物秸秆直接用做后茬植物的基肥或覆盖肥。由于茬口和劳力投入的关系，当前农村一般是在机械化收割植物的同时，将秸秆切碎后耕翻入土。秸秆含有植物生长需要的大量和微量元素，进行直接还田是物质循环和利用的一种良好方式。

1. 秸秆还田的作用

秸秆还田增产效果显著。据报道，采用秸秆直接还田可使小麦增产 7%～17.3%，夏玉米增产 5.5%，大豆增产 5%～10%。英国洛桑实验站 1934—1951 年连续对秸秆直接还田与同量秸秆经堆腐后再还田的效果进行比较，发现秸秆直接还田的产量都高于堆腐后施用的产量；新鲜秸秆施入土壤后，由于 C/N 较大，为好气性和嫌气性的自生固氮菌提供碳源，促进了微生物的活动和繁殖，有利于氮素的固定和保存；秸秆施入土壤后，由于加强了微生物的活动，促进了有机质的分解和有效养分的释放，同时也有利于有机质的积累和更新；秸秆直接还田在分解过程中不仅可以产生多糖类物质，而且通过促进微生物的活动，增加了多糖类物质的分泌，从而有利于土壤微团聚体的形成。

2. 秸秆直接还田技术

(1)秸秆施用量　秸秆的用量一般不宜超过 6 000 kg/hm^2，过多易影响播种和出苗以及幼苗生长。为了便于翻埋，一般应切成 5～10 cm 的碎段，切碎方式可采用秸秆还田机，也可以使用重型耙或圆盘耙。旱地土壤翻埋深度以 18～22 cm 为宜，稻草还田以耕翻 10～13 cm 较好。

(2)水分管理　土壤水分状况是决定秸秆腐解速度的重要因素，北方旱地以土壤含水量为田间持水量的 60%～70%较为合适，特别是小麦秸秆还田，由于收获时秸秆含水量较低，更应注意土壤水分情况，如不足可在收获前轻灌一次水。

(3)配合使用其他肥料　秸秆可为植物生长提供一定的养分，但仍需配施适量的氮、磷肥作为基肥，以满足植物高产的需要。同时禾本科类秸秆 C/N 较高，应适当增施氮肥，以缓解微生物分解秸秆时与植物争氮的矛盾。此外，秸秆在分解过程中会产生很多有机酸，特别是水田嫌气条件下容易对植物生长造成危害，因而秸秆还田时应配施一定量的石灰，以中和有机酸。

(4)施用时期　秸秆直接还田后，如果条件适宜，7～15 d 会出现分解高峰，从理论上讲，秸秆直接还田时间在播种前 30 d 以上为好，但许多地区茬口衔接紧密，不存在这样的时间条件，因而更应注意翻埋技术和配套措施。

(5)病虫害秸秆切忌直接还田　带有病虫害的秸秆不能直接还田，以防病虫害的蔓延。目前对秸秆直接还田还有一些争论，有人认为直接还田最好，有人认为秸秆应以制沼气或经发酵后作为饲料过腹还田效益更高。不同生态区域应因地制宜地开展试验，以确定不同条件下最适宜的利用模式。

任务二　生物肥料的合理施用

生物肥料又称微生物肥料、接种剂或菌肥等，是指以微生物的生命活动为核心，使农作物获得特定的肥料效应的一类肥料制品。生物肥料的研究和应用起源于 20 世纪 20 年代，当时美国、澳大利亚等国家开始有根瘤菌接种剂(根瘤菌肥料)的研究和试用。我国生物肥料研究起步较晚，始于 20 世纪 40 年代，最早研究应用的是根瘤菌制剂(张宪武先生、陈华癸院士和樊庆笙先生等为代表)50 年代是早期发展的时期，开始研究应用了包括根瘤菌在内的固氮菌、溶磷细菌、硅酸盐细菌等细菌肥料。经过多年发展，尤其是近 10 年来，我国微生物肥料行业处于一个全新的发展阶段。呈现出品种种类多、功能多的特点。截至 2022 年 9 月，我国微生物生产企业约有 3 300 家(含境外 29 家)，年产量超 3 500 万 t，登记产品有 11 200 余个，产值超 400 亿元，在我国肥料产业中起着重要作用。这对保障国家粮食安全、农产品质量安全和农业生态安全具有重要的意义。目前，国际上已有 70 多个国家生产、应用和推广使用微生物肥料，欧美发达国家农业生产中，微生物肥料的使用占 20%以上，在美国大豆根瘤菌接种率达到 95%以上。

一、生物肥料的概念和作用

(一)生物肥料的概念

广义的生物肥料泛指利用生物技术制造的、对作物具有特定肥效(或有肥效又有刺激作用)的生物制剂，其有效成分可以是特定的活生物体、生物体的代谢物或基质的转化物等，这种生物体既可以是微生物，也可以是动、植物组织和细胞。

狭义的生物肥料，即指微生物(细菌)肥料，简称菌肥，又称微生物接种剂。它是由具有特殊效能的微生物经过发酵(人工培制)而成的，含有大量有益微生物，施入土壤后，或能固定空气中的氮素，或能活化土壤中的养分，改善植物的营养环境，或在微生物的生命活动过程中，产生活性物质，刺激植物生长的特定微生物制品。

生物肥料的核心是微生物，具有微生物的特性，因此，确切地说生物肥料是菌而不是肥，因为它本身并不含有植物需要的营养元素，而是含有大量的微生物，通过这些微生物的活动，改善植物的营养条件，进而达到增产的目的。

（二）生物肥料的作用

生物肥料施入土壤中之后，其中的菌类便依靠土壤中的营养、水分等生活条件进行生长繁殖，同时发挥着改土肥田的作用，具体表现在以下几个方面：

1. 活化土壤养分，改善土壤微生物群落

微生物肥料可以通过解磷解钾等方式把土壤中的过量的磷钾等分化，转变成植物可以直接吸收的磷钾化合物。土壤中拥有的微生物群体，因过分施用化肥、农药等种种原因，使得现在土壤中的微生物结构发生了改变，微生物肥料可以改变现在不健康的微生物群落，调控土壤中病原菌的繁殖和发展，使土壤的微生物群落接近或回到之前平衡的状态。

2. 制造和协助植物营养

根瘤菌与豆科植物共生时，可固定空气中的氮，供给植物利用。丛枝状（VA）菌根可以协助寄主植物吸收磷以及钙、铜等元素。

3. 促进植物生长

微生物生命活动的产物如维生素、激素等，能刺激植物根系活动，使植株生长健壮，促进对营养元素的吸收，从而起到刺激和调节作物生长的作用。

4. 增强植物抗病和抗旱能力

微生物肥料由于在作物根部大量生长繁殖，抑制或减少了病原微生物的繁殖机会；抗病原微生物可减轻作物的病害；微生物大量生长，菌丝能增加对水分的吸收，使作物抗旱能力提高。

5. 减少化肥的使用量和提高作物品质

使用微生物肥料不仅可以减少化肥的使用量，而且可以提高农产品品质，如提高蛋白质、糖分、维生素等的含量，有的还可以减少硝酸盐的积累。

二、生物肥料的种类、性质与施用

微生物肥料作为一种环保肥料受到越来越多的关注，目前我国微生物肥料分为微生物菌剂、复合微生物肥料和生物有机肥三大类，包括固氮菌菌剂、根瘤菌菌剂、溶磷菌菌剂、硅酸盐菌剂、复合菌剂、光合细菌菌剂、菌根菌剂、有机物料腐熟菌剂、生物修复菌剂、复合微生物肥料和生物有机肥 11 类产品。就生物肥料肥效功能而言，在我国使用最为普遍的主要有 5 类：根瘤菌生物肥料、联合固氮菌生物肥料、溶磷菌生物肥料、解钾菌生物肥料、促生菌生物肥料。

（一）根瘤菌生物肥料

大豆根瘤菌一直是我国筛选的主要菌种资源。根瘤菌能和豆科植物共生、结瘤、固氮，根瘤菌肥料是用人工选育出来的高效根瘤菌株，经大量繁殖后，用载体吸附制成的生物菌肥。

1. 根瘤菌肥料的特性

（1）专一性　指某种根瘤菌只能使某一种类的豆科植物形成根瘤。只有在同一种内的植物，才可以相互利用其根瘤菌形成的根瘤。

（2）侵染性　指根瘤菌侵入豆科植物根内形成根瘤的能力。只有侵染能力和结瘤能力强的菌株对植物生产才有意义，因为无论固氮能力多强，若侵染性差则无法与土壤中原有根瘤菌竞争，最后会被自然淘汰。

（3）有效性　指它的固氮能力，这也是衡量菌株优劣的重要指标。并不是所有能够形成根瘤的根瘤菌都能固氮，因此有有效根瘤和无效根瘤之分。从形态上判断，有效根瘤一般生长在主根或靠近主根的地方，根瘤大而饱满，呈粉红色；无效根瘤结瘤少，且多分散在侧根上，个体较小,呈灰白或青色。

2. 根瘤菌肥料的使用

根瘤菌肥料多用于拌种,使用时可根据产品说明书而采取适用的方法,一般是将肥料加水混匀,之后进行拌种,然后略微风干后即可播种。使用时要掌握互接种族关系,选择与植物相对应的根瘤菌肥。

3. 使用注意事项

根瘤菌结瘤最适温度为20～40℃,土壤含水量为田间持水量的60%～80%,适宜中性到微碱性(pH 6.5～7.5),良好的通气条件有利于结瘤和固氮;在酸性土壤上使用时需加石灰调节土壤酸度;拌种及风干过程切忌阳光直射,已拌菌的种子需当天播完;不可与速效氮肥及杀菌农药混合使用,如果种子需要消毒,需在根瘤菌拌种前2～3周使用,使菌、药有较长的间隔时间,以免影响根瘤菌的活性。

(二)联合固氮菌生物肥料

近10年来,我国联合固氮微生物的筛选工作持续开展,取得了较大进展,为我国生物肥料产品和产业发展提供了充足的菌种资源。固氮菌肥料指含有大量好气性自生固氮菌的生物制品。具有自生固氮作用的微生物种类很多,在生产上得到广泛应用的是固氮科的固氮菌属,但固氮效率不高是困扰我国联合固氮菌生物肥料施用推广的技术瓶颈。

1. 固氮菌肥料的特性

(1)具有固氮作用　固氮菌能固定空气中分子态氮素并将其转化成植物可利用的化合态氮素,但与根瘤菌不同,自生固氮菌不与高等植物共生,而是独立存在于土壤中,利用土壤中的有机物或根系分泌物作为碳源活动并固氮。

(2)生长调节作用　自生固氮菌能分泌某些化合物如维生素B_1、维生素B_2、维生素B_{12}、吲哚乙酸,刺激植物生长和发育。

2. 固氮菌肥料的使用

适合于各种植物,尤其是对禾本科植物和蔬菜中叶菜类有一定的增产效果。施用方法上,可做基肥、追肥和种肥,施用量按说明书确定。

3. 使用注意事项

固氮菌属中温好气性细菌,最适温度为25～30℃。要求土壤通气良好,含水量为田间持水量的60%～80%,pH 5.8～8.5,最适7.4～7.6。在酸性土壤(pH＜6)上活性明显受到抑制,因此,施用前需加石灰调节土壤酸度。固氮菌只有在环境中有丰富的碳水化合物而缺少化合态氮时才能进行固氮作用,与有机肥,磷、钾肥及微量元素肥料配合施用,对固氮菌的活性有促进作用,在贫瘠土壤上尤其重要。过酸、过碱的肥料或有杀菌作用的农药都不宜与固氮菌肥混施,以免影响其活性。

(三)溶磷菌生物肥料

我国溶磷微生物研究始于20世纪50年代。目前,溶磷微生物筛选更加重视溶解多种难溶磷、提高作物产量以及与土壤作物适配性强的菌株。

(1)磷细菌肥料的特性　磷细菌有两种类型,一种是有机磷解磷微生物,能使土壤中有机磷水解;另一种无机磷解磷微生物,能利用生命活动产生的CO_2和各种有机酸,将土壤中一些难溶性的矿质态磷酸盐溶解,改善土壤磷素营养。

(2)磷细菌肥料的施用　磷细菌肥料可做基肥、追肥和种肥,特别适合于缺磷但有机质丰富的土壤，施用量按说明书确定。

（四）解钾菌生物肥料

钾细菌肥料是指含有能使土壤中云母、长石等含钾的铝硅酸盐及磷灰石进行分解，释放出钾、磷与其他灰分元素，改善植物营养条件的钾细菌的生物制品。

解钾能力是衡量解钾菌株效能的重要指标。一些解钾菌株具有较好的活化难溶钾的作用，如硅酸盐细菌菌株 F1 接种土壤 60 d，土壤有效钾净增 20%。硅酸盐菌株还显示了良好的增产和抑病作用。接种硅酸盐细菌 C1 和 Y3，盆栽玉米植株地上部干重分别提高了 31.9%和 26.7%。钾细菌能抑制植物病害，提高植物的抗病性；菌体内含有生长素和赤霉素，具有一定的刺激作用。此外，该菌还有一定的固氮作用。钾细菌肥料可做基肥、追肥、拌种或蘸秧根，在小麦、棉花和一些喜钾植物上效果较好。

（五）促生菌资源筛选

为适应农产品商品化生产带来的土壤环境问题，我国农业微生物研究人员筛选了一些产生植物促生物质的菌株，主要是一些可以分泌 IAA 的菌株，并检测了它们合成 IAA 的效率。

有促生作用的微生物种类非常广泛，以芽孢杆菌类最为普遍，包括巨大芽孢杆菌、短小芽胞杆菌、枯草芽孢杆菌、解淀粉芽孢杆菌、蕈状芽孢杆菌、多黏芽孢杆菌、地衣芽孢杆菌、荧光假单孢菌。通过对这些菌株的优化组合，研制出了一些抗病促生的功能性生物肥料。如枯草芽孢杆菌 BCL-8 与克雷伯氏菌 Rs-5 联合使用对棉花立枯病的防治效果为 55.37%，棉花产量提高 10.51%；短芽孢杆菌菌株接种小麦，地上部鲜重比对照增加 10.64%；接种巨大芽孢杆菌 JX15 菌液，花生植株鲜重显著增加；苜蓿接种黏质沙雷氏菌 LJL-11 菌肥，干草产量提高 15.69%～40.38%，苜蓿粗蛋白质含量增加 7.67%～16.11%。

（六）其他生物肥料

（1）“5406”抗生菌肥料　抗生菌肥料是指含有能分泌抗生菌物质和刺激素的微生物的生物制品，菌种通常是放线菌，我国曾使用多年的“5406”即属此类。“5406”抗生菌是一种好气性放线菌，属于拮抗性微生物，能分泌杀死真菌和细菌的抗生素，因而它不仅具有肥效而且可以抑制一些植物病害。此外，其代谢产物中含有多种激素物质，对植物根系生长和发育有良好的促进作用。“5406”抗生菌肥料可作基肥、追肥和种肥，也可浸种和蘸秧根。浸种时，按 1∶(1～4)（菌剂与水之比）浸泡菌剂 6～30 h，再用浸出液浸泡种子。

（2）VA 菌根肥料　菌根肥料是指含有能够侵染植物根部，与其形成菌－根共生体的微生物的生物制品。菌-根共生体称为菌根，其中由内囊霉科真菌中多数属、种形成的泡囊，称为丛枝状菌根，简称 VA 菌根。VA 菌根的菌丝具有协助植物吸收磷素营养的功能，对硫、钙、锌等元素以及水的吸收也有很大的促进作用，现已应用到小麦、花生、西瓜、甘蓝、各类花卉、药材等植物的栽培技术中。

三、生物肥料发展趋势

1. 生物肥料向着节约化肥资源方向发展

使用耐受氮肥的根瘤菌、耐氮联合固氮菌、耐磷肥胁迫的溶磷菌、耐受化肥胁迫的硅酸盐细菌以及促生菌等生产的多种功能生物肥料，改善土壤生态功能，提高化肥利用效率，减少化肥使用量。

2. 生物肥料向着绿色和有机农业需要发展

为了保障农产品质量，我国加快了有机农业发展，生物肥料以其特有的功能促进了我国有机农业的蓬勃兴起。截至2017年底,全国获得有机产品认证的企业1 009家,有机农业示范基地面积已超2 000万亩。预计未来10年,我国有机农业面积将不断增加。

3. 生物肥料向着修复土壤环境的需要发展

我国农田土壤受到重金属、多环芳烃、石油、抗生素、农药、塑料污染的面积达10亿亩,严重威胁农产品安全和人民健康。每年因污染导致粮食减产2 000万t,直接损失200亿~250亿元。从根本上治理土壤污染已经刻不容缓,利用专用型生物肥料,降解土壤中的有机有毒物质,钝化重金属,确保农田生态和农产品安全。

4. 生物肥料向着荒漠化治理需要发展

利用微生物肥料产品,加速荒漠化土壤表层的治理恢复,加速风化成土过程,提高土壤颗粒黏结力,快速形成土壤结构和抗风蚀能力,恢复荒漠化土壤生产力,为我国粮食安全提供支撑。

5. 生物肥料向着连作障碍防治需要发展

随着我国社会经济飞速发展,耕地面积已经减少至16亿亩。为了满足国家发展对粮食增长的需求,连作在我国农业生产中已不可避免。作物连作导致土传病害加重、产量和品质下降,给我国粮食安全造成巨大隐患。研究、开发和生产防治主要作物连作障碍的生物肥料,对于我国粮食增产、保障农产品安全作用巨大。

6. 生物肥料向着提高土壤保水抗旱能力发展

近些年来,我国旱灾形势严峻,引起大面积减产,每年旱灾造成250亿kg粮食损失。研究开发具有保水功能的微生物肥料,增强土壤蓄水能力,提高土壤保水抗旱能力,是目前我国迫切需要发展的生物肥料产品。

技能训练16

有机肥料的积制——高温堆肥的积制

一、技能目标

学生了解高温堆肥的方法原理,学会高温堆肥积制有机肥料的方法,能够合理地选用合适的堆肥材料,调节碳氮比(C/N),掌握有机肥料堆制和管理技术等。

二、方法原理

高温堆肥堆置方法与普通堆肥相同,但必须加入特定的具有促进腐熟作用的微生物,以促进秸秆、粪尿的快速腐熟和分解。高温堆肥一般经过发热、高温、降温、腐熟等几个阶段,高温阶段可以杀虫灭菌。一般秸秆12 d左右、人畜粪便7 d左右即可充分腐熟。

三、实验材料

秸秆、落叶、绿肥、草炭、人畜粪尿、杂草、垃圾、淤泥、园土、铁锹等。

四、操作规程

1. 半坑式堆积法

挖约1 m的深坑,先铺一层农作物秸秆等,再将收集到的并铡短的杂草、秸秆,以及垃圾、淤泥、人畜粪便等物料混匀堆放成垛,加足水分(手捏物料能出水为宜),用铁锹轻拍至不紧不松,为保持好的通气条件,可以在堆垛中央垂直插入通气管,如秸秆、竹竿等,堆垛表面覆盖10 cm细土压紧或用稀泥糊抹封闭。它的主要优点是保温、保湿、保肥。

2. 地面堆积法

此法不用设坑，选择地势平坦，距水源较近的田间地头、空地或粪池旁边，运输方便的地方，肥堆大小视场地和材料多少而定。首先把地面捶实，然后于底部铺上一层干细土，再在上面铺一层未切碎的玉米秆作为通气床(厚约 26 cm)，然后在床上分层堆积材料，每层厚约 20 cm，并逐层浇入人粪尿(下少上多)，为保证堆内通气，在堆料前按一定距离垂直插入木棍，使下面与地面接触，堆完后拔去木棍，余下的孔道作为通气孔，堆肥材料包括秸秆、人畜粪尿和细土，其配比为 3∶2∶5，配料时加入 2%～5%的钙镁磷肥混合堆沤，可减少磷素固定，使钙镁磷肥肥效明显提高。按肥料比例混合后，调节水分为湿重的 50%，一般以手握材料有液滴滴出为宜，在肥堆四周挖深 30 cm、宽 30 cm 左右的沟，把土培于四周，防止粪液流失。最后，用泥封堆 3～5 cm，堆好后 2～8 d，温度显著上升，堆体逐渐下陷，当堆内温度慢慢下降时，进行翻堆，把边缘腐熟不好的材料与内部的材料混合均匀，重新堆起，如发现材料有白色菌丝体出现，要适量加水，然后重新用泥封好，待达到半腐熟时压紧密封待用。这样，既能防止雨水冲刷，淋失有机质，又能加速发酵，缩短堆沤时间。

3. 快腐剂堆肥法

利用各种秸秆粪肥及其他废弃物，加入一定量的“快速腐熟剂”调节营养，接种发酵菌剂进行高温堆制。一般每立方米麦秸(65～70 kg)需菌剂 0.5 kg、尿素 0.5 kg，平地堆制。先在堆址下挖宽 15～2 m、深 0.3 m 的底槽，长度不限，向槽内堆麦秸加水，1 kg 麦秸要加 2 kg 以上的水，同时人工在上面踏实。当堆制 0.6～0.7 m 高时，先撒一层尿素，尽量撒匀，用量为总用量的 1/2，第二层堆 0.4～0.5 m 高，将剩余的菌剂和尿素全部撒匀，再堆第三层 0.3～0.4 m 高，人工踏实，加足水，最后取周围泥土严密封堆，7～10 d 肥堆均匀塌陷，如塌陷不均匀，应在突出部位加水，30 d 后麦秸变暗褐色或烂泥状，即为腐熟好的堆肥。

五、注意事项

(1)如果秸秆过多，或新鲜秸秆，可就近在田头地边、村旁不流水、不积水的浅沟、洼地，按以上方法堆制，再多的秸秆也能利用，但要高出地面。特别是人畜粪便、各种圈肥等，与秸秆一起进行高温堆肥，能减少肥料养分损失，消灭病菌害虫，保持环境卫生，提高有机肥的质量，为农业生产提供充足的有机肥。

(2)一般发酵温度若在 50～60℃持续 10 d 即可。如果堆肥的温度骤然下降，则应及时补充水分。待堆肥的温度降低到 40℃以下时，高温堆肥中的有机物就大部分形成腐殖质了。

(3)堆肥腐熟的标志：完全腐熟时作物秸秆的颜色为黑褐色至深褐色，秸秆很软或混成一团，植株残体不明显，用手抓握堆肥挤出汁液，滤出后无色无臭味。

六、训练报告

报告内容：实训题目、时间地点、操作程序、实训结果、收获与体会。

创新创业

新型多功能生物有机肥的研发

通过项目实施，成功解决我国生物有机肥生产中功能菌株的筛选和稳定菌群的构建难题，建立并完善菌群微生物多样性研究的分子生态学技术；利用静止发酵法和真菌液体发酵产孢技术解决低成本菌株生产工艺，研制出适合我国生物有机肥生产的长槽式生物反应器，研制出污水污泥高效生物脱毒的设备和工艺，解决农业废弃物资源化利用问题。

研制出 6 种微生物制剂，20 种蔬菜、水果专用生物有机肥产品，获得 4 项成熟工艺和技术；设计和制造相关设施设备 2 个；建立试验基地 14 个，与 17 家生产企业进行了合作；完成 1 套生产技术和 2 个生物有机肥产品的科技成果鉴定。

与企业合作，登记 4 个有机肥商标，开发 20 余种系列专用肥产品，累计生产 180 t 菌剂和 9.24 万 t 有机肥，创总收入 5 658.43 万元，经济效益总额达 3 533.66 万元，应用面积达 34 万亩。形成以下关键技术：

1. 新型多功能抗蔬菜土传病害生物有机肥系列产品及生产技术

成功解决蔬菜土传病害生物防治中的核心问题——优良高效菌种的获得，通过特异性微生物和有机质的科学配伍，生产出来的产品具有抗土传病害、增产、改善土壤环境、提高作物品质等多重功效。产品病害防治效果达到 60%以上，增产超过 30%。性能明显优于目前市场上同类的产品。

2. 果蔬专用生物有机肥及其生产技术

借鉴日本有机肥生产技术进行了关键设备翻拌机的改造，在上海实现该生产技术的国产化。生产的有机肥产品获得国家绿色食品发展中心 AA 认证，开发的苹果专用有机肥获得了 A 级绿色证书。项目实施期间，累计生产有机肥 7 000 t。该肥料有效改善了土壤生物与非生物环境，提高了设施土壤温度，极大地改善了根系组成，新根数量增加，促进地上部生长和结实，显著改善风味品质，降低病害发生。

3. 新型高效畜禽粪便生物除臭剂及其生产技术

通过大量高效发酵、脱毒、除臭、保全养分的菌种的筛选，生产的高效畜禽粪便生物除臭剂具有成本低、保存期长，除臭效果好等特点，中试产品应用于畜禽粪便处理，试验结果均表明，本生物除臭剂具有良好的生物除臭效果，一般在 7 天以内，有的甚至在 4 天左右起效。

4. 木质纤维素(有机物)的快速分解菌剂及其生产技术

优化组合功能和代谢互补的多种微生物构建了木质素快速分解菌复合系，在培养条件下 8～10 d 可把水稻、小麦秸秆分解溶化。以该复合系吸附于特殊的载体而形成“有机物快速腐熟菌剂”，已获得国家发明专利(专利号：ZL 11121101.3)。该复合系的微好氧混合发酵技术已形成，正应用于有机肥示范基地，效果显著。

5. 长槽式有机肥工厂化生产系统

该系统采用了动力利用效率高的轨道式结构，设备简单，耗能低，而且发酵槽修造成独有的倾斜设计，入口在地下有利于原料投入，出口在平地有利于出料；翻堆机在下坡工作，比平地节省 17%的电功率和 20%的时间。每立方米肥料加工动力小于 4.6 kW・h。该系统的设备已获 2 项国家专利(“传送式有机肥自动翻堆机”：ZL 00243721.X；“复合有机肥生产成套设备”：ZL00243860.7）。该技术系统已建立10家年产3 000～10 000 t级的有机肥生产示范基地。

6. 利用嗜酸性硫杆菌去除污水污泥中重金属的新技术

在外源添加亚铁的作用下，并通过氧化亚铁硫杆菌的新陈代谢作用，可使污泥中重金属溶入水相，再通过固液分离方法，使污泥脱除重金属。水相中高浓度重金属采用物化方法予以回收或沉淀后处理。采用该方法重金属去除率可达95%～96%，重金属可回收或固定化后安全处置。该重金属生物脱除工艺使污泥中植物养分损失少，脱毒后的污泥含有丰富的有机质（主要为蛋白质）和氮磷等植物养分，有毒物质含量（包括病原物）远远低于国家标准，可开发成高价值优质农肥产品。

用鸡粪制绿色生态有机肥流程工艺

绿色生态有机肥以鸡粪和农作物秸秆为主原料，应用多维复合酶菌，利用生物有机肥发酵机器进行发酵生产而成。多维复合酶菌是由能产生多种酶的耐热性芽孢杆菌群、乳酸菌群、双歧杆菌群、酵母菌群等106种有益微生物组成的微生态发酵制剂，对人畜无毒，无污染，使用安全，能固氮、解磷、解钾，同时还能分解化学农药及化肥的残留物质，对种植业和养殖业有增产、抗病的作用。

1. 设备

需要搅拌机一台、堆放肥料的厂房若干平方米和一些覆盖肥料以发酵的旧麻袋片。具体操作应在简易水泥地面上进行。

2. 原料

以生产1 t绿色生态有机肥为例，需鸡粪1 t，秸秆粉0.3 t，玉米面5 kg，菌种8 kg。

3. 工艺流程

鸡粪＋秸秆粉＋玉米面＋菌种—搅拌—堆制（配肥）—晾干—包装—出厂。先将鸡粪与适量秸秆粉掺和，掺入量视鸡粪含水量而定。一般发酵要求45%的含水量，也就是手捏成团，手指缝见水但不滴水，松手一触即散便可。然后添加玉米面和菌种。玉米面的作用是增加糖分，供菌种发酵用，使多维复合酶菌很快占绝对优势。再将配好的混合料喂入搅拌机进行搅拌，搅拌一定要匀、要透，不留生块。搅拌好的配料堆成宽1.5～2 m、高0.8～1 m的长条堆，上面覆盖麻袋片进行好氧发酵堆制。堆制1 d升温、2 d无臭、3 d松散、4 d变香、5 d成肥。具体地说就是堆制第一天温度可达60～80 ℃，杀死大肠杆菌、虫卵等病虫害；第二天消除了鸡粪的臭味；第三天堆肥变得松散干爽，长满白色菌丝；第四天发出一种酒曲香味；第五天菌肥便发酵成熟，成熟后将肥料经过鸡粪烘干机进行处理，即可得到肥料。如果是肥料生产厂家，则还需要造粒、包膜等步骤，在此不做详述。

绿色生态有机肥的有机质含量在45%以上，是一种营养全面的有机肥料。如果再有针对性地配以不同元素，便可制成蔬菜、花卉、果树以及粮、棉、油等作物的系列专用肥。

阅读材料

生物有机肥的"前世今生"

生物有机肥是以畜禽粪便、秸秆、农副产品和食品加工的固体废物、有机垃圾以及城市污泥等为原料，配以多功能发酵菌种剂加工而成的含有一定量功能性微生物的有机肥料。它既不是传统的有机肥，也不是单纯的菌肥，是二者的有机结合体。

半个世纪以来，由于化肥的长期过量使用引起肥料利用率低、土壤质量下降和生态环境恶化等问题，迫切需要研制一种新型肥料来替代部分化肥。另外，随着生产生活水平的不断提高，各种废弃物的排放量也日益增多。据统计，我国目前有机固体废弃物中占重要地位的是畜禽粪便(每年约 26 亿 t)与农作物秸秆(每年约 6 亿 t)，如何有效利用这些废弃物成为急待解决的问题。两方面的需求促进了生物有机肥的"诞生"，它是环境友好型的有机改良剂和有益微生物的结合，具有营养功能强、根际促生效果好、肥效高等优点。能够改善土壤理化性状，促进和调控作物生长，增强作物抗逆抗病能力和减少环境污染，对人、畜、环境安全、无毒，是一种环保型肥料。

元代王祯在其所著的《农书》中首次对肥料种类进行了分类，即苗粪、草粪、火粪、泥粪四大类，苗粪和草粪相当于现在所说的绿肥；火粪，即人工烧土；泥粪，即河泥。生物有机肥除了上述有机肥料外，还有一个重要组分——微生物肥料。

1. 按照微生物的性能和种类不同分类

①单一功能生物有机肥包括固氮菌肥料、磷细菌肥料、解钾菌肥料和硅酸盐细菌肥料等；②多功能生物有机肥包括复合菌肥料，如 EM 生物有机肥就是一种接有多功能菌种的复合型菌肥。

2. 按其生产工艺分类

①菌肥，直接使用菌体的肥料；②"生化液"，利用微生物代谢产物的商品。

3. 按其基质和形态不同分类

①固体菌肥，以固体材料作为基质生产的生物肥料；②液体菌肥，以液体材料作为基质生产的生物肥料。

4. 根据添加不同的载体分类

在产品中添加牛粪、稻草、秸秆、酒糟、鸡粪、蝇蛆、蔗渣灰、葛根菌糠等形成不同类型生物有机肥。还有人将生物有机肥中加入无机肥料，制成有机无机生物有机肥。

为适应机械化作业的需要，目前农业生产中应用的生物有机肥多为颗粒剂，主要应用于粮食作物、饲料作物、经济作物和蔬菜上，并取得了较为明显的效果。

生物有机肥可以提高化肥利用率，有机肥经微生物分解后产生的有机酸可使土壤中难溶的磷酸盐转化为可溶性养分，发挥了土壤的潜在肥力。生物有机肥可以改良土壤，土壤施入生物有机肥后可增加土壤有机质含量，经微生物分解后形成腐殖酸，能改善土壤结构，增加土壤中有益微生物含量，同时有些微生物分泌的植物激素能促进作物生长，如放线菌能拮抗病原生物。有机肥的矿化作用使土壤中保肥、保水、保温性能得到加强。生物有机肥可以减轻环境污染，利用遍布城乡的腐熟废弃有机物作为微生物生活的能源和原料加工生产，并施用于大田作物，有利于保护环境。生物有机肥可以改善农产品品质，施用生物有机肥在一些无公害蔬菜产区已得到了广泛应用，蔬菜中硝酸盐含量减少48%～87%，氮磷钾含量提高5%～20%，维生素C含量增加，总酸含量降低，还原糖增加，糖酸比提高等。还能显著提高小麦产量，改善小麦品质，是建立优质小麦产区的重要措施之一。

为了保证农业的可持续发展，加大生物有机肥料的开发、生产及应用成为一种必然的趋势。可以相信，生物有机肥料将逐渐成为肥料行业生产和农资消费的热点。但从产品的生产到田间应用的各个环节上还存在许多问题，尤其在产品技术含量上要有质的提升。微生物是产品的技术核心，通过有益微生物的处理加快有机废弃物等资源化利用，降低有机废弃物对环境等造成的污染。生物有机肥的发展将会由单功能向多功能方面发展，根据不同土壤和不同作物研制不同的配方，适合农业的发展。近年来，生物有机肥在一些生态示范区、绿色和有机农产品产业得到了较为广泛的应用，这是生物有机肥今后发展的主要方向。

项目小结

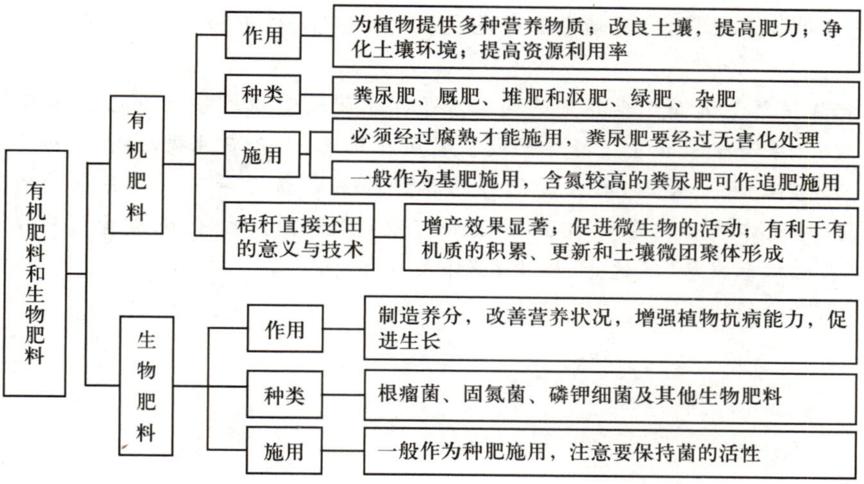

思考题

一、名称解释

有机肥料　堆肥　沤肥　生物肥料　固氮菌肥料

二、填空题

1. ＿＿＿＿＿肥料兼具促生、增强抗逆性的特点，能够减少化肥、农药的使用，使化肥有效利用率提高到50%以上。

2. 有机肥料的施用应注意：有机肥必须＿＿＿＿＿后才能施用，否则植物会烧根。

3. 堆肥腐熟需要控制好的因素有＿＿＿＿＿、＿＿＿＿＿、＿＿＿＿＿、＿＿＿＿＿和＿＿＿＿＿等。

4. 高温堆肥一般经过＿＿＿＿＿、＿＿＿＿＿、＿＿＿＿＿、＿＿＿＿＿等几个阶段，高温阶段可以杀虫灭菌。

5. 根瘤菌能和＿＿＿＿＿植物共生、结瘤、固氮，根瘤菌肥料是用人工选育出来的高效根瘤菌株，经大量繁殖后，用载体吸附制成的生物菌肥，具有＿＿＿＿＿、＿＿＿＿＿、＿＿＿＿＿的特性。

二维码 7-3
思考题参考答案

三、问答题

1. 制造堆肥的原料有哪些？
2. 堆肥腐熟的标准是什么？如何制作腐熟的堆肥？
3. 怎样施用堆肥？
4. 怎样制作沤肥？
5. 如何正确施用生物肥料？

思政园地

有机肥料对实现“碳达峰、碳中和”的作用

2020 年 9 月 22 日，中国国家主席习近平在第 75 届联合国大会一般性辩论上发表重要讲话，承诺中国在 2030 年实现碳达峰，在 2060 年实现碳中和。农业是对气候变化最敏感的行业之一，气候给中国的农业生产和粮食安全带来了极大的挑战。有机肥料能增进自然体系和生物循环利用，是一种绿色肥料，对推动农业绿色发展，“碳达峰、碳中和”目标的实现，能够发挥重要作用。

中国化肥施用总量远高于世界发达国家水平。化肥过量施用导致耕地生态环境受到破坏、土壤酸化板结、土壤有机质含量下降等问题。发展有机肥料，是农业提质增效、绿色可持续发展的重要措施。中国是农业大国，有大量的作物秸秆和畜禽粪污等农业废弃物资源。作为一名“三农”工作者，通过本项目内容的学习，谈谈如何做到“藏粮于地、化肥减量”，确保中国粮食安全，最终实现农业绿色发展“碳达峰、碳中和”伟大目标。

项目八　科学施肥技术

学习目标

知识目标：

1. 掌握科学施肥的基本方法和技术。
2. 了解配方施肥的内容和方法。
3. 掌握养分平衡法配方施肥方法。
4. 理解施肥与农产品品质、安全及环境的关系。

技能目标：

1. 能根据土壤肥力和植物需肥特性进行简单的施肥方案设计。
2. 能对当地植物生产中施肥方法的科学性进行调查评价。

素质目标：

1. 认可科学施肥对现代农业发展和生态环境保护的重要性。
2. 重视并乐于推广科学施肥新技术。

科学史话

科学施肥

2004 年 6 月 9 日，一位普通农民——湖北省枝江市安福寺镇桑树河村曾祥华，握着温家宝总理的手激动地道出自己的心愿："能不能请专家给测测土，看看缺哪种肥，好配方施肥。"温总理回北京后，在农业部测土配方施肥春季行动报告上做出专项指示，于 2005 年 8 月下达"测土配方施肥补贴资金试点项目"财政专项 2 亿元，在全国首批 200 个县展开试点。测土配方科学施肥技术由此拉开帷幕。

此后，中央持续补贴"测土配方施肥项目"并出台了一系列政策和技术指南，重点支持取土化验、田间试验、数据库建设、科学施肥服务、宣传培训，并开展了测土配方施肥手机信息服务，新型经营主体科学施肥示范等，着力培育施肥主体，转变施肥方式，优化施肥结构，构建施肥机制。自 2005 年，国家把测土配方施肥作为一项支农惠农补贴项目在全国范围内进行大规模实施；国家共补贴了 130 多亿元人民币，为 15 亿亩耕地做了测土配方。（参考张福锁：《科学认识化肥：粮食的"粮食"》）

2015 年，农业部提出了化学农药零增长行动。2022 年，农业农村部印发《到 2025 年化肥减量化行动方案》，提出建立健全以"高产、优质、经济、环保"为导向的现代科学施肥技术体系，完善肥效监测评价体系，探索建立公益性与市场化融合互补的"一主多元"科学施肥推广服务体系，加快构建完备的化肥减量化法规政策、制度标准和工作机制，着力实现"一减三提"，即减少农用化肥施用总量，提高有机肥资源还田量，提高测土配方施肥覆盖率，提高化肥利用率。此方案围绕着测土配方施肥提升行动，提出了“三新”集成配套落地行动，结合绿色高产高效创建，集成推广施肥新技术、新产品、新机具。

“十四五”时期是加快推进农业绿色发展的重要战略机遇期，对化肥减量增效提出了更高的要求。随着科学施肥理念的不断强化，科学施肥技术不断创新，科学施肥措施不断落地，科学施肥成为种植业绿色高质量发展的重要支撑。

俗话说：“庄稼一枝花，全靠肥当家。”化肥作为近现代工业革命最伟大的产物之一，是农业生产中非常重要的生产资料。化肥的出现极大地保证了世界的粮食供应，中国的粮食增产超过50%源于化肥的施用。化肥对提高农作物产量和品质功不可没，其作用不可替代。然而，在化肥普遍应用的今天，社会上一直流行着对化肥的负面评价，认为使用化肥导致了土壤板结、土壤酸化等，同时造成了水源污染，甚至判定化肥是引起农产品品质下降的“元凶”。其实这是一个认知误区。化肥是提供营养元素的物质，本身就是营养，不是造成土壤退化、环境污染的罪魁祸首，造成不良后果的是不合理、过量施肥等。施肥过少或者结构不平衡，会导致作物营养不良，生产发育受阻，产量降低；施肥过量，会造成作物营养过剩而产生倒伏、染病等问题，过犹不及；施肥方式不合理，则会造成资源浪费和经济损失，加剧环境污染。

科学施肥是根据植物的营养特点与需肥规律、土壤的供肥特性、气候因素、肥料基本性质与增产效应等综合因素，在施用有机肥料为基础的前提下，用科学的配比、经济的用量和适宜的方法在正确施肥时期完成的综合施肥技术，可以达到最佳经济、社会和生态效益。简单来说，在养分管理中选择正确的肥料品种，采用正确的肥料用量，在正确的施肥时间，将肥料施用在正确的施肥位置。科学施肥不仅可维持和提高土壤肥力，提高产量、改善作物品质，而且能够减少不科学施肥所造成的环境污染，是国家实现“藏粮于技”战略的重要手段。

任务一　科学施肥的基本理论

科学施肥是现代农业发展中的一项重要生产措施，是建立在施肥基本原理和植物营养学说基础上并遵循自然发展规律的科学技术。1840 年，李比希提出的“植物矿质营养”学说开创了科学施肥的新阶段。随着科学技术的发展和研究的不断深入，逐渐揭示并集成了一系列植物营养施肥的理论和学说。

一、科学施肥的基本理论

（一）矿质营养学说

人们一直困惑于植物在生长过程中需要什么作为营养。直至 1840 年，德国的化学家李比希(Justus von Liebig)提出了植物的矿质营养学说以后，这个问题才得到根本的解决。矿质营养学说的主要内容是：土壤中的矿物质才是植物的唯一养分，厩肥及其他有机肥料对植物生长所起的作用，并不是因为其中含有有机质，而是由于这些有机质分解所产生的矿物质。李比希的矿质营养学说基本上是正确的，在发展植物营养学说与指导施肥上做出了重大的贡献，为植物的产量提高奠定了理论基础。

矿质营养学说开创和引领了化肥工业的飞速发展。但是矿质营养学说也存在一些片面性：第一，李比希的矿质营养学说过分地强调了矿质元素所起的作用，而把有机肥料在农业生产中的综合作用，单纯地看成是有机质分解成矿物质所起的作用，忽视了有机质在改良土壤和改善作物营养条件等方面的作用。第二，它把矿质养分看成植物的唯一养分，其实作物除了能吸收矿质养分外，还能吸收少量的有机养分。

（二）养分归还学说

李比希还进一步提出了养分归还学说。养分归还学说指出：植物以不同的方式从土壤中吸收矿质养分，使土壤养分逐渐减少，连续种植会使土壤贫瘠，为了保持土壤肥力，就必须将植物带走的矿质养分以施肥的方式还给土壤。如果不归还，土壤将变得十分贫瘠，甚至寸草不生。如通过施肥使之归还，就能维持土壤养分平衡。该学说对恢复和维持土壤肥力有积极意义。

李比希的养分归还学说引导通过人为施肥的方式对土壤养分的损耗做出积极补偿，所以又称为养分补偿学说。但也存在不足和片面的地方：①归还所有养分是不必要的，不缺的可不归还。如果土壤积累了丰富的养分，在一段时间内该养分可以减少施用或者不施。②豆科植物有固氮作用，豆科植物可以少施氮肥。③归还的数量，不是取多少归还多少，而是归还多于取走。

养分归还学说强调要想维持地力水平，就必须以施肥的方式补充植物从土壤中取走的养分，扩大了生物循环的范畴，为植物的高产、稳产、均衡增产创造了良好的条件，也符合现代农业可持续发展的理念。其意义还表现在：①调节土壤和人类之间的物质交换，不以养分归还为基础的耕作是掠夺性的耕作制度。②推动了当时的化肥工业。

（三）最小养分律

1843 年，李比希又提出了最小养分律，该理论指出：植物生长发育需要吸收各种养分，而植物产量受土壤中有效养分含量相对最少的养分所控制，植物产量在一定范围内随着该元素补充量的多少而变化。如果无视这个客观限制因子的存在，继续增加其他营养元素，也难以使植物的产量进一步提高。

最小养分律如同一只装水的木桶，见图 8.1。木桶由若干块木块组成，木桶的最大容量取决于最短的那一块木板。将木桶容量比作植物产量，将木板比作各种养分元素，那么植物产量就取决于最少的养分元素。

需要注意的是：①最小养分不是指土壤中有效养分绝对含量最少的养分元素，而是指所有作物需要的养分中，相对含量最小的那种养分元素。②最小养分是动态变化的，当它增加到能满足植物需要量时，它就不再是最小养分，而其他养分就会变成了最小养分。③最小养分是植物营养上的限制因子，要想增加植物产量就必须增加最小养分的数量，不能用其他养分代替。④最小养分一般指大量元素，但有时也可能是微量元素。

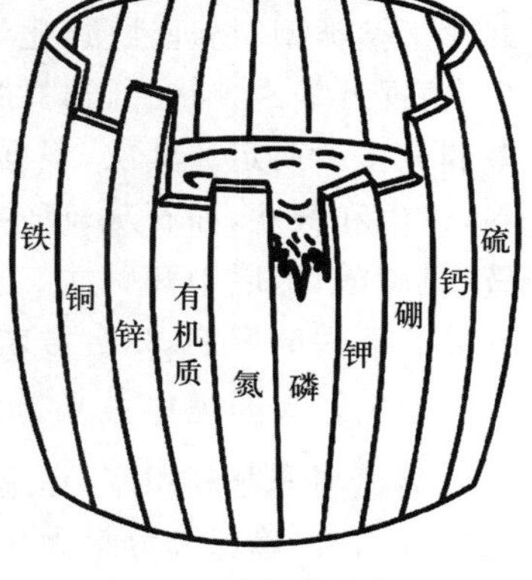

图 8.1 最小养分律

（四）因子综合作用律

1905 年，英国布莱克曼(F. F. Blackman)把最小养分律外延至养分以外的生态因子，提出了因子综合作用律：植物产量是影响植物生长发育的诸因子综合作用的结果，但必然有一个起主导作用的限制因子，植物产量在一定程度上受该限制因子的制约。影响作物产量的各种生态因子有水、肥、气、热、光、农业技术措施等，养分只是其中一个。任何一个因子不足时，都会成为影响作物生长的限制因子。只有各因子都满足植物正常生长发育的条件时，施肥的效果才能充分发挥。因此，农业生产要把握限制作物生长的主要矛盾，施肥既要配合农业技术措施，要注意养分均衡，也要注意选用良种等。

（五）报酬递减律

报酬递减律是一个经济学上的定律，反映了在技术条件相对稳定的条件下，投入与产出之间客观存在的报酬递减问题，后被广泛应用于其他领域。在施肥领域的应用是指从一定面积土地上得到的报酬，会随着向该土地投入的劳动和资本量的增大而有所增加，但单位投入的报酬却在减小。即最初的劳力和投资得到的报酬最多，以后同等的投入获得的报酬逐渐减少。

该原理指出了在生产中要注意的几个问题：①施肥量有经济施肥量与最高产量施肥量，不能为了一味追求高产而盲目增加施肥量，要平衡产出与投入之间的关系。②重视施肥技术的改进，在提高施肥水平的情况下，力争发挥肥料最大增产效益。

二、科学施肥的依据

（一）依据植物营养特性施肥

植物生长发育均需要 17 种必需营养元素，但每种养分的需要量各不相同。水稻、小麦、玉米等需氮较多；豆科植物有根瘤菌，可以固定空气中氮素，只需在生长初期施以少量氮素，而需要较多磷、钾；含糖、淀粉、脂肪、纤维高的甜菜、烟草、麻类等植物喜钾。

植物生长发育不同时期，对营养元素需要量差异很大，施肥时就需要考虑植物各生育时期的营养特性，尤其要注意植物营养临界期和最大效率期的营养特点，在生产中如能及时满足这两个时期植物对养分的要求，对提高植物产量有重要意义。

植物生长发育过程是连续的，各生育时期相互联系、彼此影响，因此既要注意关键时期的施肥，也要考虑各阶段的营养特点，注意养分的平衡，合理的施肥时期，因地制宜地制订施肥计划，才能更好满足植物对养分的需要。

（二）依据土壤特性施肥

土壤类型、物理性质、化学性质和生物性质等因素对土壤养分有效性影响较大。施肥时，首先，根据土壤养分状况，选择肥料种类和数量，将肥料优先施用在缺肥土壤上，施肥量依土壤有效养分多少而定。其次，根据土壤酸碱性选择肥料。酸性土壤宜施用化学碱性或生理碱性肥料，以中和酸性，如石灰、草木灰、钙镁磷肥。碱性土壤宜施用化学酸性和生理酸性肥料，如硫酸铵、过磷酸钙，以中和碱性。另外，还需要考虑土壤质地、通气状况、水分状况、温度等性质等对养分有效性的影响，综合考虑这些因素才能制订出合理的施肥方案。

（三）依据肥料性质施肥

为提高养分利用率，在施肥时，还需要考虑肥料的化学酸碱性、生理酸碱性、养分形态、释放速度等因素，确保养分最大化被当季作物吸收利用。根据肥料的特性，确定施用方法、施用量、追肥时间等。各肥料的特性及施用方法详见项目六。

三、施肥的基本方法和技术

根据植物营养的连续性和阶段性规律以及肥料性质，在植物生产中，应注意肥料的分配与运筹及氮、磷、钾肥的配合比例，一般采取基肥、种肥和追肥相结合的施肥方式。

（一）基肥施用技术

1. 基肥的作用

基肥也称底肥，是在播种或定植前结合土壤耕作翻入土壤中的肥料。基肥具有双重作用：一是持续供应养分，满足植物全生育期对养分的基本需求；二是培养地力，改良土壤，为植物生长创造良好的土壤条件。

2. 基肥种类的选择

因为基肥具有培肥土壤和全面提供养分的特点，施好基肥非常关键。在肥料选择上，应坚持：

（1）有机肥为主，无机肥为辅　有机肥养分全、肥效长、养分释放慢，而化学肥料肥效快，作用时间短，养分单一，有机肥无机肥配合施用，可使植物生长稳健，培育壮苗，后期不早衰。

（2）长效肥为主，速效肥为辅　氮、磷、钾（或多元素）肥配合施用为主，微量元素缺啥补啥的基本原则。肥料混合施用，可取长补短。

适宜作基肥的肥料种类较多，几乎所有的肥料均能作底肥施用。如果需要同时施用的基肥种类较多，一定要注意施用方法，以免肥料混合不当降低肥效。

3. 基肥的施用方法

基肥的一般施用方法是结合深耕将肥料基肥施在植物根系密集层。基肥的有效施用方法：

（1）确定基肥施用深度　结合整地将肥料均匀地混入耕作层。深入浓度需要考虑肥料品种和作物根系特点。有机肥和钾肥要施入 10～15 cm 土层为宜；氮肥不稳定，易挥发，深施以减少损失；磷肥易被土壤固定，且难以移动，需浅施深施相结合，如北方冬小麦基施磷肥应 1/3 撒垡头，2/3 掩底深施。花卉施用基肥，一般是在苗木定植前结合深耕将肥料施于 20 cm（根系较浅的花卉）或 30 cm（根系较深的花卉）左右深处。

（2）采用合理的施肥方式　条施，将有机肥、钾肥、氮肥和部分磷肥结合犁地起垄一次施入播种沟内。穴施，在播种、移栽前，把基肥施在穴中。条施和穴施均要注意肥沟和种子之间的安全距离，一般 10 cm 以上为宜。条施、穴施均可减少土壤对磷素的固定，提高磷肥有效性。木本花卉由于根系较深，可采用穴施或沟施方法。环状和放射状施肥是果园秋施基肥常用方式。环状施肥是在树冠外围垂直的地面上，挖一环状沟，深、宽各 30～60 cm，施肥后覆土踏实。放射状施肥是在距树木一定距离处，以树干为中心，向树干外围挖 4～8 条放射状直沟，沟深、沟宽各 50 cm，沟长与树冠相齐，肥料施在沟内。相较于环状沟，放射状施肥不容易截断根系，更有利于树体生长。

4. 基肥的施用量

基肥施用量与植物需肥量、生育期长短、土壤保供肥特性有关。一般基肥用量应占该植物全生育期用肥量 50%左右，生育期短的作物可提高基肥比例，生育期长的可减少基肥比例，磷肥一般全部基施。近年来，冬小麦通过减少氮钾肥基肥用量，增加追肥比例，提高产量和品质。

（二）种肥施用技术

1. 种肥作用

种肥是在植物播种或移栽定植时施用于种子或植物幼株附近，或与种子混播以及与植物幼株接触的肥料。

种肥的作用：一是植物生长初期，根系弱，吸收养分能力有限，种肥可创造有利于生长的营养环境；二是满足营养临界期对养分的需求。

2. 种肥的选择

种肥一般以速效化肥为主，腐熟好的有机肥也可作种肥。浓度过大、过酸或过碱、吸湿性强、溶解时产生高温及含有毒副成分的肥料均不宜作种肥。

氮肥中硫酸铵作种肥比较适宜，碳铵、硝铵易产生对种子萌发有抑制作用的氨气，不适宜作种肥；氯化铵中的 Cl^- 抑制种子萌发，也不宜用作种肥；尿素虽然性质稳定，但其含有对种子发芽有毒害作用的缩二脲成分，原则上不用作种肥。

过磷酸钙作种肥比较适宜，但若游离酸含量较高时，也不能用作种肥。

钾肥中的硫酸钾可用作种肥，氯化钾因含有 Cl^- 不宜用作种肥。

微量元素肥料一般都可以用作种肥，浸种和拌种的浓度不同，需要严格控制用量，以免产生肥害。

3. 种肥的施用方法

种肥主要作用于种子或幼苗根系附近，为避免不良影响，施用部位要准确，施用量要严格控制。种肥的有效施用方法有：

(1)沟施　在播种沟内施用肥料，中间以土相隔。如棉花或小麦在开沟播种时(先施肥，后播种)将要施入的肥料混合后施入沟中，并使肥土相融，然后，再播种覆土，大量元素肥料一般采用这种方法。

(2)拌种　当肥料用量少或肥料价格比较昂贵时多用此法。将要施入的肥料与填充物(如细土、腐熟有机肥等)充分拌匀后再与种子相拌，随拌随种。忌将种子与肥料直接相拌，尤其是化学肥料。生物制剂、腐熟有机肥可直接用于拌种。

(3)浸种　用一定浓度的肥液来浸泡或喷淋种子，待一定时间后，取出晾至表面干爽，及时播种。

(4)蘸秧根　移栽秧苗可用此法。如蔬菜类、苗木花卉类植物，或将肥液、药液、调节剂一起混配后蘸根并及时定植。此法要特别注意浓度。

4. 种肥的施用量

种肥主要满足营养临界期、离乳期或缓苗期等较短的一段生育时期对养分的需求，因而用量不宜过大。

种肥土施时，大量元素肥料一般占总施肥量的 5%～10%为宜。微量元素肥料干拌时依肥料种类酌情施用，硫酸锌一般每千克种子拌 2～4 g，钼酸铵每千克种子拌 2～3 g 为宜，最好掺入填充物将肥料进行稀释，减少种子直接接触肥料。若采用肥液浸种或蘸根，浓度一般不宜超过 0.2%，部分微量元素肥料浓度更低。

(三)追肥施用技术

1. 追肥的作用

追肥是在植物生长期间施用的肥料，可根据生育期长短和作物长势随时调整追肥时间、用量和追施次数。

追肥可及时补充植物生长发育过程中所需要的养分，以促进植物生长发育，特别是植物营养最大效率期对养分的需要，是提高植物产量和品质的重要保障。

2. 追肥肥料的选择

追肥的肥料以速效性化肥为主，腐熟良好的有机肥也可用于追肥。氮肥的硫酸铵、尿素常作追肥。磷肥一般全部用于基肥，后期追施优先选择水溶性磷肥，叶面喷施磷酸二氢钾也是较好的一种方式。钾肥在植物生长中后期有提高产量和改善品质的作用，可选用硫酸钾或氯化钾作追肥。复合肥用于追肥时，可全面补充氮磷钾，但要注意养分配比。基肥或种肥如果没有施用微量元素肥料，可在中后期以叶面施肥的方式补充。

3. 追肥的施用方法

追肥可分为根部施肥和根外追肥。根部追肥主要条施、穴施、撒施、水肥一体等。根外追肥以叶面喷施为主，多用于植物生长中后期，此时植物根系和叶片功能衰退，叶面喷施效果较好。

(1)条施、穴施时要深施覆土 一般黏质土追施到 7～10 cm 耕层；壤质土、沙质土分别施入 10～15 cm 耕层，施后覆土。

(2)密植植物追肥撒施为主 选用性质稳定的肥料，撒施后灌水，促进肥料溶解下渗，但不宜大水漫灌。

(3)水肥一体 将肥溶于水中，以水带肥，节约肥料，也降低施肥成本，减少了对耕层土壤结构的破坏。水肥一体化追肥时，对肥料品种有一定要求，肥料水溶性要好，无沉淀或杂质，以免造成喷灌装置堵塞。

4. 追肥的施用量

多数追肥时期是在植物营养生长与生殖生长并进时期，此时植物对养分需求最为旺盛。如小麦、水稻的拔节期，棉花蕾期、花期，玉米大喇叭口期等。

除去基肥和种肥，余下肥料全部用作追肥，一般氮肥追肥用量占总施肥量的 40%～50%，钾肥 20%～40%，磷肥追肥少，以叶面补充为主。追肥用量可依“五看”原则灵活处理：

(1)看土施肥 即肥土少施轻施，瘦土多施；沙土少量多次，黏土可适当多施，减少追肥次数。

(2)看苗施肥 即旺苗不施，壮苗轻施，弱苗适当多施。

(3)看植物生育时期 苗期少施轻施，旺盛生长期多施。

(4)看肥料性质 苗期追肥以速效氮肥为主，营养生长与生殖生长并进期氮肥、钾肥配合施用。

(5)看植物种类 高密植物、高产植物、生育期长的植物追肥量大。

任务二 配方施肥技术

施肥方法不当、养分配比不均衡是导致肥效降低的重要因素。科学的施肥技术要充分考虑植物、土壤、肥料等多种因素，以经济合理的施肥量、最佳的养分配比、最高效的使用方法，获得最高产量和最佳品质；以通过提高肥料效益收获最大经济效益。我国近年推广的测土配方施肥、化肥减量增效技术均是科学施肥技术在现代农业中的重要体现。

一、配方施肥的概念和作用

（一）配方施肥的概念

配方施肥是一项科学性很强的综合性施肥技术体系，是养分归还学说、最小养分律、报酬递减律、因子综合作用率、必需营养元素同等重要和不可替代性、植物营养连续性与阶段性、肥料效应等施肥原理在生产上的综合应用，标志着我国施肥技术发展到一个新的阶段，其内容包括“配方”与“施肥”两个程序。

“配方”是根据植物种类、产量水平、需要养分的数量、土壤养分供应量和肥料利用率等参数，确定施用肥料的种类与用量，做到产前定肥定量。

“施肥”是配方的实施，是目标产量实现的保证。根据“配方”确定肥料品种、数量，根据土壤和植物特性，合理安排基肥和追肥比例、追肥次数和每次追肥用量、明确施肥时期、施肥部位、施用方法等。配方施肥坚持“有机肥为主，有机无机结合，用地养地结合”的基本原则，以增强后劲，维持并提高土壤肥力。

（二）配方施肥的作用

1. 增产增收效益明显

（1）调肥增产　不增加化肥投资，只调整氮磷钾比例，即可起到增产增收作用。例如，湖北省黄冈市将化肥 N：P_2O_5：K_2O1：0.17：0.025 调整到 1：0.57：0.7，使该市稻谷生产效率提高了 64%。

（2）减肥增产　在高肥高产地区，通过配方施肥，适当减少某一肥料用量，以取得增产或平产效果。例如，广东珠江三角洲实行“水稻氮调法”后，氮肥用量减少 40%左右，而水稻单产仍较传统提高 10%以上。

（3）增肥增产　例如，陕西省通过配方施肥发现不缺钾的垆土农田施用钾肥，其植物增产 15%～23%。

2. 培肥地力保护生态

配方施肥不仅直接表现在植物增产效应上，还体现在培肥土壤、保护生态、提高土壤肥力等方面。例如，河南省博爱县界沟乡连续 5 年施行配方施肥，全乡土壤肥力有明显提高，土壤有机质增加 2.1 g/kg，碱解氮增加 14 mg/kg，有效磷增加 5.2 mg/kg，有效钾增加 18 mg/kg，土壤理化性状得到改善。

3. 协调养分提高品质

我国农田习惯上大多偏施氮肥，造成土壤养分失调，不仅影响产量，还影响产品品质，通过配方施肥，平衡养分比例，可显著改善农产品品质。据农业农村部汇总资料表明，配方施肥与习惯单施氮肥比较，棉花提高衣分 1.3%～3.4%、绒长 0.4～1.6 mm、单铃重 0.1～0.4 g；西瓜甜度可增加 2 度。

4. 调控营养防治病害

据报道，湖北省实行配方施肥的早稻“叶斑病”发病率由 45.2%减少到 2.9%～9%；棉花枯萎病发病率由 56%下降到 5%左右。缺硼土壤配施硼肥后，可有效防治棉花蕾而不花、油菜花而不实、小麦“亮穗”等生理病症。

5. 有限肥源合理分配

利用肥料效应，找出报酬最高点，以经济效益为目标，合理分配肥源，既经济又高效。

二、配方施肥的基本方法

我国测土配方施肥方法有三大类 6 种，分别是地力分区（级）配方法、目标产量配方法（养分平衡法和地力差减法）、田间试验配方法（肥料效应函数法、养分丰缺指标法、氮磷钾比例法），其中养分丰缺指标法、养分平衡法和肥料效应函数法应用较为广泛。

（一）地力分区（级）配方法

地力分区（级）配方法是在一定的自然条件或行政区内，肥力高低将土壤分为若干等级。或划出一个肥力均等的田块作为配方区，利用土壤普查资料和过去田间试验结果，结合群众实践经验，估算出这一配方区内比较适宜的肥料施用量。

此方法虽然比较粗放，但也属于定量施肥技术的应用。适用于生产水平差异小、基础较差的地区。这种方法的优点是针对性强，提出的用量和措施比较接近当地经验，群众易于接受，推广的阻力小。缺点是有地区局限性，依赖经验较多，精确性较差。在推行过程中，必须结合试验示范，逐步扩大科学测试手段和理论指导的力度。

（二）目标产量配方法

目标产量配方法是根据作物目标产量和土壤供应养分量的差额来计算施肥量。用公式表达为：

$$\text{某种肥料计划施用量}=\frac{\text{一季植物的吸收养分量}-\text{土壤供肥量}}{\text{肥料中有效养分含量}\times\text{肥料当季利用率}}$$

目标产量配方法，由植物目标产量、植物需肥量、土壤供肥量、肥料利用率和肥料中的有效养分含量五个方面构成。因土壤供肥量计算方法的不同，又可分为养分平衡法和地力差减法两种。

1. 养分平衡法

通过土壤养分测定值计算土壤供肥量，养分平衡法需要先求出以下参数。

(1)植物目标产量　实际推广中，常以当地前三年该植物的平均产量为基础，上浮 10%～15%作为目标产量。

(2)植物目标产量需要的养分量　可用下面的公式计算。

$$\text{植物目标产量所需某种养分量}=\frac{\text{目标产量(kg)}}{100\ \text{kg}}\times 100\ \text{kg 产量所需养分量(kg)}$$

式中：100 kg 产量所需养分量是指形成 100 kg 植物产品时，该植物必须吸收的养分量，可通过对正常成熟的植物全株养分化学分析来获得，也可参照表 8.1。

表 8.1　不同植物形成 100 kg 经济产量所需养分的大致数量

作物名称		收获物	从土壤中吸取氮、磷、钾的数量/kg*		
			N	P_2O_5	K_2O
大田作物	水稻	稻谷	2.1～2.4	1.25	3.13
	冬小麦	籽粒	3.00	1.25	2.50
	春小麦	籽粒	3.00	1.00	2.50
	大麦	籽粒	2.70	0.90	2.20
	荞麦	籽粒	3.30	1.60	4.30
	玉米	籽粒	2.57	0.86	2.14
	谷子	籽粒	2.50	1.25	1.75
	高粱	籽粒	2.60	1.30	3.00
	甘薯	块根**	0.35	0.18	0.55
	马铃薯	块茎	0.50	0.20	1.06
	大豆***	豆粒	7.20	1.80	4.00
	豌豆	豆粒	3.09	0.86	2.86
	花生	荚果	6.80	1.30	3.80

续表8.1

作物名称		收获物	从土壤中吸取氮、磷、钾的数量/kg*		
			N	P_2O_5	K_2O
大田作物	棉花	籽棉	5.00	1.80	4.00
	油菜	菜籽	5.80	2.50	4.30
	芝麻	籽粒	8.23	2.07	4.41
	烟草	鲜叶	4.10	0.70	1.10
	大麻	纤维	8.00	2.30	5.00
	甜菜	块根	0.40	0.15	0.60
蔬菜作物	黄瓜	果实	0.40	0.35	0.55
	茄子	果实	0.81	0.23	0.68
	架芸豆	果实	0.30	0.10	0.40
	番茄	果实	0.45	0.50	0.50
	胡萝卜	块根	0.31	0.10	0.50
	萝卜	块根	0.60	0.31	0.50
	卷心菜	叶球	0.41	0.05	0.38
	洋葱	葱头	0.27	0.12	0.23
	芹菜	全株	0.16	0.08	0.42
	菠菜	全株	0.36	0.18	0.52
	大葱	全株	0.30	0.12	0.40
果树	柑橘(温州蜜柑)	果实	0.60	0.11	0.40
	梨(20世纪)	果实	0.47	0.23	0.48
	柿(富有)	果实	0.59	0.14	0.54
	葡萄(玫瑰露)	果实	0.60	0.30	0.72
	苹果(国光)	果实	0.30	0.08	0.32
	桃(白凤)	果实	0.48	0.20	0.76

注：* 包括相应的茎、叶等营养器官的养分数量。** 块根、块茎、果实均为鲜重，籽粒为风干重。*** 大豆、花生等豆科作物主要借助根瘤菌固定空气中氮素，从土壤中吸取的氮素仅占1/3左右。

(3)土壤供肥量　土壤供肥量指一季植物全生育期可以从土壤中吸收到的养分。土壤供肥量通过土壤养分测定值来换算，其公式为：

$$\text{土壤供肥量}(\text{kg/hm}^2)=\text{土壤养分测定值}(\text{mg/kg})\times 2.25\times \text{校正系数}$$

式中，2.25是换算系数，即将1 mg/kg养分折算成每公顷土壤养分。校正系数是植物实际吸收养分量占土壤养分测定值的比值，常通过田间空白试验及下列公式计算求得：

$$\text{校正系数}=\frac{(\text{空白产量}/100)\times \text{植物 100 kg 产量养分吸收量}}{\text{土壤养分测定值}\times 2.25}$$

(4)肥料利用率　肥料利用率指当季植物从所施肥料中吸收的养分占施入肥料养分总量的百分数。试验表明，肥料利用率不是一个恒值，植物种类、土壤肥力、气候条件和农艺措施都会影响其值的大小。其测定方法有两种：同位素肥料示踪法和田间差减法，前者难以应用于生产，故现有肥料利用率的测定大多用差减法，其算式为：

$$肥料利用率=\frac{施肥区植物吸收养分量-无肥区植物吸收养分量}{肥料施用量\times肥料中养分含量}\times100\%$$

例如，某农田无氮肥区小麦产量 4 500 kg/hm^2，施用尿素 225 kg/hm^2 后小麦产量达 6 000 kg/hm^2(尿素含氮量为 46%，小麦 100 kg 产量吸收氮素 3 kg)，则尿素利用率为：

$$尿素利用率=\frac{(6\ 000/100)\times3-(4\ 500/100)\times3}{225\times46\%}\times100\%=43.5\%$$

(5)有机肥料与无机肥料的换算　在施用有机肥料情况下，计算无机肥料施用量，必须从植物需肥量中减去有机肥料中所含的养分。常有三种换算方法。

① 同效当量法：鉴于有机肥和无机肥的当季利用率不同，通过试验，先计算出某有机肥所含的养分相当于几个单位的化肥所含养分的肥效，这个系数称为“同效当量”。例如，有机肥氮的同效当量为：

$$同效当量=\frac{有机肥氮处理产量-无氮处理产量}{化学氮肥处理产量-无氮处理产量}$$

例如，施用厩肥 15 000 kg/hm^2，分析测得含氮 0.5%，玉米单产 6 000 kg/hm^2；施用化肥氮 75 kg，玉米单产 7 200 kg/hm^2；不施氮时玉米单产为 4 500 kg/hm^2，则厩肥的同效当量为：

$$\frac{6\ 000-4\ 500}{7\ 200-4\ 500}=0.56$$

即 1 kg 厩肥氮相当于 0.56 kg 化肥氮的肥效。

② 产量差减法：先通过试验，取得某一种有机肥料单位施用量的植物增产量，然后从目标产量中减去有机肥增产部分，所得的产量即是施用化肥才能得到的产量。

例如，某块地施厩肥 22 500 kg/hm^2(含纯氮 112.5 kg)，玉米产量 5 475 kg/hm^2，而不施肥玉米产量 4 500 kg/hm^2，则每吨有机肥增产玉米 43.3 kg。若某一块地目标产量为 6 750 kg/hm^2，计划用厩肥 30 000 kg/hm^2，若已知土壤供氮量为 36.75 kg/hm^2，问施用尿素(含氮 46%，利用率为 40%)多少？

已知 30 000 kg 厩肥可增产玉米：30 000/1 000×43.4=1 299(kg)

则施用尿素应得到的产量为：6 750−1 299=5 451(kg)

则应施尿素为：

$$\frac{5\ 451\times2.57/100-36.75}{46\%\times40\%}=561.63(\text{kg})$$

因为一个地区农户积肥大多相同，故肥料质量变动不大，只要做一个试验即可应用。本法虽然粗放，但有实用价值。

③ 养分差减法：在掌握有机肥养分含量和有机肥料利用率（主要氮素利用率）情况下可用此法。

$$\text{有机肥料养分供应量}(kg/hm^2)=\text{有机肥料用量}(kg/hm^2)\times\text{有机肥料养分含量}(\%)\times\text{有机肥料当季利用率}(\%)$$

然后从植物需肥量中减去有机肥能利用部分，即可求化肥的施用量。

得到了上述各项数据后，即可用斯坦福公式计算各种肥料的施用量。即

$$\text{肥料用量}(kg/hm^2)=\frac{\text{目标产量所需养分总量}(kg/hm^2)-\text{有机肥料养分供应量}(kg/hm^2)-\text{土壤养分测定值}(mg/kg)\times 2.25\times\text{校正系数}}{\text{肥料中有效养分含量}\times\text{肥料当季利用率}}$$

该方法的优点是概念清楚，容易掌握。缺点是由于土壤具有缓冲性能，土壤养分处于动态平衡，因此，测定值是一个相对量，不能直接计算出“土壤供肥量”，通常要通过田间试验，取得“校正系数”加以调整，而校正系数变异大，且不易取得准确值。

2. 地力差减法

地力差减法是通过空白田产量来计算土壤供肥量。植物在不施任何肥料的情况下所得的产量称空白田产量，它所吸收的养分，全部取自土壤，能够代表土壤提供的养分数量。所以，目标产量吸收养分量与空白田产量吸收养分量的差值，就是需要通过施肥补充的养分量。其肥料用量计算公式表述为：

$$\text{肥料用量}(kg/hm^2)=\frac{\left(\frac{\text{目标产量}-\text{空白田产量}}{100}\right)\times\text{每 100 kg 植物产量吸收养分量}}{\text{肥料中有效养分含量}\times\text{肥料当季利用率}}$$

该方法的优点是不需要进行土壤测试，计算较简便，避免了养分平衡法的缺点。缺点是需要开展肥料要素试验，所需时间长，试验代表性也有限，给推广工作带来一定困难。另外，空白田产量是构成产量诸因素的综合反映，无法代表若干营养元素的丰缺情况，只能以植物吸收量来计算需肥量。当土壤肥力越高，植物对土壤的依赖率越大（即植物吸收土壤的养分越多）时，需要由肥料供应的养分就越少，可能出现消耗地力的情况。

（三）肥料效应函数法

此法以田间试验为基础，一般采用单因素或二因素多水平试验，将不同施肥处理得到的产量进行数理统计，求得产量与施肥量之间的函数——肥料效应方程式。肥料效应方程式可以看出不同元素肥料的增产效应，肥料配合施用的联合效果，还可以分别计算出经济施用量（最佳施肥量）、施肥上限和施肥下限。

此法的优点是，能客观地反映影响肥效诸因素的综合效果，精确度高，反馈性好。缺点是有地区局限性，在某条件下求得的肥料效应函数，没有普适性，需要在不同类型土壤上布置多点肥效试验，积累不同年度的资料，费时较长。当土壤肥力发生变化后，函数就失去了应用价值。肥料效应函数法具体举例如下。

1. 养分丰缺指标法

根据土壤养分丰缺状况及土壤检测数据来确定一季植物对各种养分的总需要量，一般分为3个步骤。

（1）相关研究　指选定的土壤测试方法的比较研究。一种测试方法在某种土壤上是否适

用，取决于该测试方法的结果和田间试验得出的结论是否有较好的相关性。如碱解氮测定值（水稻土用碱解法，旱田土壤用还原碱解法）、速效磷测定值（中性及石灰性土壤用 Olsen 法，酸性土壤用 Bray 法）、速效钾测定值（醋酸铵浸提火焰光度计法）与产量有显著的相关性。

（2）校验研究　用选定的土壤测试方法完成土壤检测，将其划分为丰、中、缺三个等级或极丰、丰、中、缺、极缺五个等级进行研究。研究地块在 20～30 个。设置 NPK、NP、PK 和 NK 四个处理。对每一无养分处理区的土壤有效养分进行测定，得到各个地块的土壤测定值（mg/kg），以全肥区（NPK）的产量为分母，缺素区的产量为分子，计算相对产量。在实践中，一般以相对产量作为分级标准。通常的分级指标是相对产量在 50％以下归为极缺，50％～75％为缺，75％～85％为中，85％～95％为丰，95％以上为极丰。但是，不同的植物对营养元素的要求不同，它的土壤养分供应丰缺指标也不相同，因此，不能完全按照通用的分级标准，必须结合当地田间实际情况进行划分。

（3）施肥建议　在养分丰缺等级范围内，分别进行多点施肥量试验，从拟合肥料效应回归方程中求得丰缺等级内的最高与最佳施肥量，并制定出施肥量检索表。通过检索表，可从土壤养分测定值查出各种肥料的建议施肥量。

养分丰缺指标法的优点是直观性强、定肥简便。缺点是精确度差，制检索表比较复杂，同时，由于土壤理化性质的差异，土壤氮的测定值与产量之间相关性差，一般只用于磷、钾和微量元素肥料的定肥。

2. 氮磷钾比例法

通过田间试验确定出氮、磷、钾三要素的最适用量，并计算出三者之间的比例关系。实际应用时，只要确定其中一种养分的用量，然后按各种养分之间的比例关系来决定其他养分的肥料用量，例如，以氮定磷定钾，以磷定氮等。

此法的优点是，减少了工作量，也容易为群众所理解。缺点是，作物对养分吸收的比例和应施肥料养分之间的比例是不同的，在实用上不一定能反映缺素的真实情况。由于土壤各养分的供应强度不同，因此，作为补充养分的肥料量只是弥补了土壤的不足。所以，推行这一定肥方法时，必须预先做好田间试验，对不同土壤条件和不同植物相应地做出符合于客观要求的肥料氮磷钾比例。

配方施肥的方法可以互相补充，并不互相排斥。形成一个具体配方施肥方案时，可以一种方法为主，参考其他方法配合运用。吸收各法的优点，消除或减少存在的缺点，在产前能确定更符合实际的肥料用量。

三、配方施肥的实施推广

配方施肥涉及面广，是一个系统工程。整个实施过程需要农业教育、科研、技术推广部门同广大农民相结合，在实施推广过程中应抓好以下几个环节。

1. 划定配方区，收集当地有关技术资料

收集资料是配方施肥的基础工作，在实际工作中，根据技术力量和资金物化程度，选定推广配方施肥区域，尽量收集各种资料，主要包括：植物种类和产量、丰产栽培技术措施、施肥水平、土壤理化性质、肥料试验结果及土壤改良和土壤普查资料等。

2. 选定配方方法，制订适宜当地的配方方案

配方以一种方法为主，其他方法为辅，互相补充，配合使用。在考虑配用肥料种类时，应有最低限度的有机肥料补充土壤有机质。磷钾肥的用量，一般根据土壤测定值来确定。

3. 制定施肥制度，简化配方施肥技术

施肥制度包括施肥的次数、时间、用量和方法等。为使农民实施方便，一般把配方施肥技术要点制成“配方施肥建议卡”，以利于实施推广。

4. 推广示范与试验相结合，不断优化配方施肥

推广配方施肥要安排一定的示范样板田，让群众眼见为实。同时还要不断进行试验，改善施肥技术，优化配方方法，使配方施肥更加科学简便，易于实施和推广。

二维码 8-1
测土配方施肥技术规程
(NY/T 2911—2016)

5. 强化技术培训，加强推广工作的领导

农技人员应掌握配方施肥技术的原理、会配方、会施肥；条件具备时还要逐步掌握生物统计知识和计算机应用技术，为进一步优化配方施肥技术打好基础。

现如今，测土配方施肥技术已经成为科学施肥中最常规的工作。随着农业现代化的推进，现代施肥技术将融入了农业物联网、农机自动化装备、水肥一体化技术、设施生产技术等更多的新技术。

任务三　肥料的安全施用

随着科技的发展和人们生活水平的提高，农业生态环境、食品质量安全、农业可持续发展等问题已引起社会广泛关注。不合理施肥会对农产品质量和环境造成危害，如何科学合理施肥既减轻污染，又保证农产品安全，使农业资源可持续利用和良性发展，已成为研究热点。

一、合理施肥与农产品质量安全

2023 年 1 月 1 日新修订的《中华人民共和国农产品质量安全法》实施，新“三品一标”被重新定义为合格农产品、绿色食品、有机农产品和农产品地理标志。以绿色食品为例：

绿色食品是指遵循可持续发展的原则，按照特定生产方式生产，经专门机构认定，许可使用绿色食品标志的无污染的安全、优质的食品。绿色食品是在生态环境质量符合规定标准的产地进行生产加工的。在我国，绿色食品分为 AA 级和 A 级。AA 级绿色食品等同于有机食品，是生产过程不使用化学合成的肥料、农药、食品添加剂、饲料、兽药及有害于环境和人体健康的生产资料，而是通过使用有机肥、种植绿肥、轮作、生物或物理方法等技术，培肥土壤、控制病虫草害、保护或提高产品品质。A 级绿色食品是限量使用限定的化学合成生产资料，并积极采用生物、物理方法，保证产品质量符合绿色食品产品标准要求。在生产中可以使用像尿素、磷酸二铵等化肥，但禁止使用硝态氮肥。

绿色食品是通过产前环节的环境检测和原料检测，产中环节具体生产、加工操作规程的落实，以及产后环节产品质量、卫生指标、包装、保鲜、运输、储藏、销售的控制，确保安全食品的整体产品质量。

行业标准《绿色食品产地环境质量标准》规定了绿色食品产地的环境空气质量、农田灌溉水质、土壤环境质量以及生产绿色食品的农药、肥料、食品添加剂、饲料添加剂、兽药和水产养殖药的使用准则，对允许、限制和禁止使用的生产资料及其使用方法、使用剂量等做出了明确规定。

绿色食品生产中使用的肥料应对环境无不良影响，有利于保护生态环境，保持和提高土壤肥力及土壤生物活性。2021 年农业农村部颁布实施的《绿色食品肥料使用准则》(NY/T 394—

2021)，严格规定了我国AA级绿色食品和A级绿色食品肥料使用原则，并对每类肥料进行了严格界定。

1. AA级绿色食品生产的施肥要求

(1)不使用化学合成肥料。

(2)可施用农家肥料、有机肥料、微生物肥料。

(3)可使用完全腐熟的农家肥或符合NY/T 3442规范的堆肥，有机肥料应达到GB/T 17419、GB/T 23349或NY 525的指标，按照NY/T 1868的规定使用。微生物肥料符合GB 20287或NY 227或NY/T 798的要求。

(4)无土栽培可使用农家肥料、有机肥料和微生物肥料，掺混在基质中使用。

二维码8-2

绿色食品产地环境质量(NY/T391—2021)

2. A级绿色食品生产的施肥要求

(1)限量使用限定的化学合成生产资料。

(2)可施用农家肥料、有机肥料、微生物肥料、有机—无机复混肥料、无机肥料、土壤调理剂。

(3)使用符合GB 15063、GB 18877、GB/T 23348、GB/T 34768、BG/T 35113、HG/T 5045、HG/T 5046、HG/T 5049、HG/T 5514、HG/T 5515等要求的无机、有机—无机复混肥料作为有机肥料、农家肥料、微生物肥料的辅助肥料。选用符合NY/T 3034要求的土壤调理剂。

二、施肥与农产品品质

农产品的品质可分为营养品质、商业品质和加工品质。随着生活质量的提高，人们对农产品的要求也越来越高。提高农产品品质的途径有改良品种、培育优质新品种、优化种植结构和方式、合理施肥等，其中合理施肥是重要的途径之一。

(一)氮肥与农产品品质

氮肥对植物品质的影响主要是通过提高植物产品中蛋白质含量来实现的。在正常生长的植物所吸收的氮中，大约有75%形成蛋白质。增加氮肥供应除了可增加产品中蛋白质含量外，往往会减少植物碳水化合物含量和油脂含量，降低油料植物、糖用植物、淀粉植物的品质。对落叶果树来说，增加氮营养通常可以增大果实。但氮营养过多时会影响柑橘果实色泽，延迟成熟并使成熟期参差不齐。在质量方面，合理的氮素营养，可以增加果实中可溶性糖含量，氮太多使柑橘中酸含量增加，果实的耐贮性和维生素C含量也会下降。氮素过多还会使大麦发芽质量下降。合理的氮素营养在增加产量的同时，也能提高品质，如使叶色加深，能改善叶菜类外观；氮营养不足，使蔬菜色泽变淡、植株变小且成熟不一致；氮营养过剩会导致蔬菜中NO_3^-含量大幅度增加。

(二)磷肥与农产品品质

磷对植物体内许多重要化合物的形成有重要作用，如磷酸酯、植素、磷脂、磷蛋白、核蛋白等，这些化合物对植物生长发育和品质都有重要作用。增加磷的供应可以增加植物的粗蛋白含量，特别是增加必需氨基酸的含量。合理供应磷可以使植物的淀粉和糖含量达到正常水平，并可增加多种维生素含量。施磷对牧草的营养价值是有重要作用的，在饲料植物中，如果含磷量不足，就会大大影响牲畜的健康并引起严重疾病，还会引起牲畜生育力的明显下降。一般来说，磷营养过量除了促进植物过早成熟之外，对植物品质并无多大不良影响。

（三）钾肥与农产品品质

钾可以活化植物体内的一系列酶系统，改善碳水化合物代谢，并能提高植物的抗逆能力，合理的钾素营养可以增加产品中碳水化合物含量，如增加糖分、淀粉和纤维含量，对改善西瓜、甘蔗、马铃薯、麻类等作物的品质有良好作用；合理的钾素营养可以增加某些维生素含量，改善水果、蔬菜作物的品质；可以防止缺钾条件下马铃薯黑斑的形成；可以延长籽粒灌浆期，使籽料饱满；也有利于增强植物的抗倒、抗寒、抗旱、抗病虫害能力。粮食植物和饲料植物中钾的含量对人畜意义不大。因食物导致人畜缺钾的情况很少见，植物体内含钾量高时对人畜也无害，但当土壤中钾素水平过高时，将影响植物对镁、钙的吸收。饲料中钾、镁比过高会导致反刍动物缺镁病症。

（四）中、微量元素肥料与农产品品质

中、微量元素营养状况的多少对植物品质有重要影响。缺钙时，使苹果患苦痘斑病，使花生空壳率提高。缺硫时，一些必需氨基酸无法形成，而降低蛋白质含量与质量。缺硫会使芥菜、洋葱口味变劣。缺铜时，不利于谷类作物籽实的灌浆和形成，导致小粒、瘪粒增加。缺铜还影响花椰菜花序的形成与外观。氯过多会降低马铃薯淀粉含量及烟草的可燃性。

（五）有机肥料与农产品品质

施用有机肥料在改善植物营养品质、商品品质和加工品质等方面均有良好作用。有机肥料能改善植物产品，在于有机肥供肥平稳持续，能形成早稳、中旺、后健的植物长势。另外，有机肥料含有大量的有机营养成分如葡萄糖、丙氨酸、核糖核酸等，这些物质可被植物直接吸收，而随畜禽粪进入土壤的各种酸类物质也能激发土壤生物生化活性，有利于植物根际营养，为改善植物品质奠定了良好基础。研究表明，增施有机肥料使小麦和玉米蛋白质增加 2%～3.5%，8 种必需氨基酸含量增加 0.3%～0.48%；大豆脂肪含量提高 0.56%，亚油酸和油酸含量分别增加 0.31%和 0.92%；烤烟优级烟率提高 7.3%～9.8%；西瓜糖分增加 0.8～4.2 度；芦笋一级品增加 6%～9%，维生素 B_1 和维生素 C 含量增加 5%。通过增施有机肥，减少化学氮肥施用量，可使叶菜硝酸盐含量降低 33%～35.5%。但高量施用，也会造成土壤、植物体内硝酸盐量的增加，王立河(2004—2006)等研究表明，在氮肥用量为 1 050 kg/hm^2 时，增加有机肥用量达到 135 t/hm^2，将使日光温室黄瓜和土壤硝酸盐含量显著增加，0～20 cm 土层硝态氮富积，黄瓜硝酸盐含量达到 487 mg/kg，土壤属于二级污染程度。

三、施肥与环境

（一）施肥与全球变暖

温室效应使全球变暖的问题已引起广泛重视。造成温室效应的气体主要是二氧化碳、一氧化碳、甲烷、氧化亚氮（N_2O）、氧化氮（NO）、氯氟烃、水蒸气等。农业生产主要排放二氧化碳（CO_2）、甲烷（CH_4）、氧化亚氮（N_2O）三种温室气体，施肥影响最大的温室气体主要是氧化亚氮和甲烷。CO_2 主要来自能源消耗，CH_4 主要来自家畜反刍消化的肠道发酵、畜禽粪便和稻田等，N_2O 主要来自化肥使用、秸秆还田和动物粪便等。

农业造成的甲烷排放不容小觑。甲烷的来源主要是水田和湿地，特别是有机肥或秸秆还田后，若土壤处于还原条件下，更易产生甲烷。施用氮肥一般有利于抑制水田或湿地甲烷的排放。在我国和日本等国家，水稻种植是主要的农业甲烷排放源头。在欧美等国，大部分的农业甲烷排放来自畜牧业，来源包括各类家畜肠道发酵以及各类畜禽粪便管理。

（二）氮肥施用与环境

氮通常是作物生长最重要、增产最显著的养分之一，所以氮肥在农业中是施用历史最长，应用最广泛的肥料品种，同时也是对人类健康和生态环境易于构成危害的重要根源之一。合理施用氮肥，并不至于对环境造成危害，而滥用氮肥则会引起严重的环境问题。氮肥施用对环境造成污染的可能性，从 20 世纪 60 年代开始就引起人们的注意，尤其是关注氮肥施用对水体和大气的影响。

1. 氮肥分解转化产生酸性物质和温室气体

氮肥分解转化产生的 NO、N_2O、H_2S 等气体，扩散到大气中形成酸性化学物质，随雨水降到地面形成酸雨。据研究，氮肥只要施用合理，并与有机肥配合施用，一般不会对土壤产生太大的影响，但若长期施用化学氮肥，而且是单一品种的氮肥，则易引起土壤理化性质变劣。如用江西红壤土试验，氯化铵和硫酸铵分别以每公顷相当于纯 N 素 60 kg 的数量施用，两年后，表土 pH 从 5.0 分别降至 4.3 和 4.7 左右，使土壤进一步酸化。氮肥施用对环境温室效应的影响主要有以下两个方面：反硝化作用产生的 N_2、NO、N_2O；施用 NH_4^+ —N 引起的 NH_3 挥发。特别是 N_2 和 N_2O，在大气中与臭氧作用生成 NO，使臭氧层变薄，加剧了生态环境的破坏。

2. 氮肥施用与水质富营养化

在湖泊、水库、海湾等封闭、半封闭的水体中，由于 N、P 等养分的富集，引起水体中藻类（比如蓝藻、绿藻）的异常增殖，水体溶解氧降低，透明度下降，水味腥臭，并产生某些有毒物质。

3. 氮肥施用与土壤硝酸盐积累及对地下水的污染

氮肥除被植物吸收利用外，其他部分经过反硝化、淋失或挥发作用造成了养分损失，其中 NO_3^- 的淋失使硝酸盐在土体中富集并渗入地下水中。

硝酸盐含量是饮用水水质的重要标准之一，NO_3^- 会污染水源，影响人畜健康。NO_3^- 进入人体后，会还原为 NO_2^- 进而形成亚硝胺，会引起高铁血红蛋白症，对人体危害较大。在农田土壤中，渗漏水中氮的浓度和渗漏损失的氮量均与氮肥施用有关，同时对植物生长、根系吸收状况也有密切关系。也就是说，在植物生长发育良好、产量较高的情况下，就会大大减少土壤中氮的淋失数量。因此，在适当控制氮肥用量的同时，平衡施用其他营养元素肥料，改善植物生长，加强根系吸收利用，就可以使土壤淋失氮量得到明显控制。改进施氮技术，减少 NO_3^- 的淋失量，关键是要按照植物和土壤氮素状况合理施用氮肥，包括控制一次性氮肥用量，分次施用，推荐施用缓释氮肥和氮肥增效剂等。

（三）磷肥施用与环境

磷肥施入土壤后，除少数部分被植物利用外，大部分被土壤固定。磷肥施用对生态环境的影响主要表现在水体富营养化、重金属污染和放射性物质污染等。

1. 水体富营养化

磷也是影响水体富营养化的因素。磷进入水体的途径，一是农田中磷酸盐通过渗漏进入地下水，但是磷通过渗漏进入地下水而造成污染的情况很少，因为磷易被土壤固定，大部分都集中在耕层土壤中；二是地表径流，这是磷进入水体的主要途径，影响径流中磷量的主要因素是磷肥的施用，长期施用磷肥造成土壤磷的不断累积，便有部分磷经地表径流而进入水体。减少地表径流是水土保持的一个主要任务，也是防止水体富营养化的主要途径。

2. 重金属污染

大多数的磷肥直接或间接来源于磷矿石，磷矿石中含有 Cd、Zn、Ni、Cu、Co、Cr 等重金属元素，长期大量施用磷肥，会使这些元素在土壤中累积，比如 Cd 是目前对人类健康影响比较大的一种元素，随磷肥施入土壤中的 Cd 在土壤中移动性小，也不会被微生物分解，而且大多以交换态存在，有效性高，易被植物吸收和累积，进入人体后会对人的健康造成危害。

3. 放射性污染

磷矿石中可能含有铀、镭、锶等多种放射性元素及它们的衰变产物，随着磷肥进入土壤并累积，有可能带来放射性污染。

（四）有机肥与环境污染

化学肥料施用不当会对环境造成负面影响，但有机肥若施用不当，除了像氮、磷化肥一样造成环境污染外，还会产生恶臭，污染大气，造成蚊蝇大量滋生，鼠类繁殖。寄生虫病原菌不仅危害作物生长，还可能威胁人类健康。此外，有机肥的不当施用有造成土壤重金属污染的风险。

（五）废弃物农用与环境污染

1. 固体废弃物与环境污染

废弃物主要指城市生活垃圾及部分工业垃圾。这些废弃物因含有一定的养分，往往被农民作为肥料施用于蔬菜或农田。这种作法虽在某种程度上节省了肥料，取得了一定的经济效益，但垃圾肥中的有毒有害成分或重金属含量过高，不加处理施用后患无穷。

2. 污泥农用与环境污染

城市生活污水处理厂的污泥通常肥力较高，如有机质含量 16％～20％，N 0.8％～0.9％，P 0.3％～0.4％，K 0.2％～0.35％，如不做处理就当作肥料施用，会造成土壤重金属污染。

3. 农田污灌与环境污染

利用城市生活污水、工业污水或混合水进行农田灌溉，虽然节约了水资源，增加了土壤肥力，但同时也会增加土壤被污染的风险，破坏一旦产生会很难恢复。

总之，科学施肥是纠正土壤养分失衡最有效的措施，更是解决因土壤养分失衡导致植物品质变劣问题的关键。

四、土壤健康与农产品质量安全

（一）土壤污染的危害

全国土壤环境状况总体不容乐观，部分地区土壤污染较重，耕地土壤环境质量堪忧，工矿业废弃地土壤环境问题突出。全国土壤总的点位超标率为 16.1％，其中轻微、轻度、中度和重度污染点位比例分别为 11.2％、2.3％、1.5％和 1.1％。从土地利用类型看，耕地、林地、草地土壤点位超标率分别为 19.4％、10％、10.4％。从污染类型看，以无机型为主，有机型次之，复合型污染比重较小，无机污染物超标点位数占全部超标点位的 82.8％。从污染物超标情况看，镉、汞、砷、铜、铅、铬、锌、镍 8 种无机污染物点位超标率分别为 7.0％、1.6％、2.7％、2.1％、1.5％、1.1％、0.9％、4.8％；六六六、滴滴涕、多环芳烃 3 类有机污染物点位超标率分别为 0.5％、1.9％、1.4％。《2021 中国生态环境状况公报》指出：2021 年全国土壤环境风险得到基本管控，土壤污染加重趋势得到初步遏制；全国农用地土壤环境状况基本稳定，影响农用地土壤环境质量的主要污染物是重金属，其中镉是首要污染物；全国重点行业企业用地土壤污染风险不容忽视。

土壤污染的种类土壤污染物类型多样，有无机物、有机物、农药、化学肥料、放射性物质等，常新老污染并存，有机无机复合污染，控制难度比较大。这些污染物对作物产量、产品品质、人体健康以及环境等都有很大影响。

1. 土壤污染导致严重的直接经济损失

土壤污染可使农作物污染、减产。对于各种土壤污染造成的经济损失，目前尚缺乏系统的调查资料。仅以土壤重金属污染为例，全国每年就因重金属污染而减产粮食 1 000 多万 t，另外被重金属污染的粮食每年也多达 1 200 万 t，合计经济损失至少 200 亿元。

2. 土壤污染导致生物品质不断下降

我国大多数城市近郊土壤都受到了不同程度的污染，有许多地方粮食、蔬菜、水果等食物中镉、铬、砷、铅等重金属含量超标或接近临界值。土壤污染除影响食物的卫生品质外，也明显地影响农作物的其他品质。有些地区污灌已经使得蔬菜的味道变差，易烂，甚至出现难闻的异味；农产品的储藏品质和加工品质也不能满足深加工的要求。

3. 土壤污染危害人体健康

土壤污染主要是农药和重金属污染。它会使污染物在植物体中积累，并通过食物链富集到人体和动物体中，危害人畜健康，引发癌症和其他疾病等。农药在土壤中受物理、化学和微生物的作用，按照其被分解的难易程度可分为两类：易分解类（如有机磷制剂）和难分解类（如有机氯、有机汞制剂等）。难分解的农药成为植物残毒的可能性很大。植物对农药的吸收率因土壤质地不同而异，其从沙质土壤吸收农药的能力要比从其他黏质土壤中高得多。不同类型农药在吸收率上差异较大，通常农药的溶解度越大，被作物吸收也就越容易。人类吃了含有残留农药的各种食品后，残留的农药转移到人体内，这些有毒有害物质在人体内不易分解，经过长期积累会引起内脏机能受损，使肌体的正常生理功能发生失调，造成慢性中毒，影响身体健康。植物对重金属吸收的有效性，受重金属在土壤中活动性的影响。一般情况下，土壤中有机质、黏土矿物含量越多，盐基代换量越大，土壤的 pH 越高，则重金属在土壤中活动性越弱，重金属对植物的有效性越低，也就是植物对重金属的吸收量越小。农作物体内的重金属主要是通过根部从被污染的土壤中吸收积累的。土壤重金属被植物吸收以后，通过食物链危害人体健康。例如，1955 年日本富山县发生的“镉米”事件，即“痛痛病”事件。我国 2013 年发生的湖南毒大米事件也是土壤镉污染引起的。

4. 土壤污染导致其他环境问题

土地受到污染后，含重金属浓度较高的污染表土容易在风力和水力的作用下分别进入到大气和水体中，导致大气污染、地表水污染、地下水污染和生态系统退化等其他次生生态环境问题。

（二）我国土壤安全保护法规

2015 年，全国政协提案委员会召开“加大耕地保护工作力度，为人民群众提供优质安全的农产品”提案办理协商会。“土壤环境保护”已列入立法规划，法律草案已初步完成。从法律角度为保护土壤提供支撑。

我国现行法律中有关土壤污染防治的法律法规主要有：《土壤污染防治法》《黑土地保护法》《环境保护法》《农业法》《土地管理法》《基本农田保护条例》《固体废物污染环境防治法》《水污染防治法》《大气污染防治法》等。另外，还有《土地复垦规定》《闲置土地处置办法》《矿产资源法》《水法》《森林法》《草原法》《农药管理条例》《水土保持法》《防沙治沙法》等与土地生态安全相关的法律法规。

（三）建立农产品安全生产基地

农产品安全基地建设对于保护生态环境，提高农产品质量，促进食品工业发展，增进人民身体健康，增加农产品出口创汇，都具有深远的意义。近年来，农产品安全基地的生产方式备受各地农业生产部门青睐，建设好农产品安全基地对农业生产将有事半功倍的效果。

加强农产品安全产地建设的措施如下。

1. 加强日常监管

通过深入农产品生产基地，对认证产品生产情况实施全程检查，重点检查产地环境管理、生产规程制定和实施、生产记录执行和管理、投入品使用管理和包装标识使用等情况，狠抓源头治理，严格落实标准化生产，及时查处不规范生产行为。

2. 加强农资市场执法力度

通过深入农资市场，查处清理各类明令禁止的农药、化肥，尤其是农产品安全生产中坚决杜绝的违规农资出现在生产基地，一经发现，将严肃处理。

3. 强化农产品认证工作力度

建立认证申报的相关管理制度和工作程序，对产地和产品的申报工作做相应的规范和统一，严格按照规定进行各项申报工作。

4. 广泛宣传

利用科技人员包村、举办培训班等多种形式，做好法律法规宣传，重点宣传《农产品质量安全法》和《农产品包装和标识管理办法》等中关于农产品的有关知识和规定；发放有关农产品宣传资料，积极向广大人民群众解答农产品安全生产知识，提高广大农民产品质量安全意识和对农产品安全生产的了解。

5. 加强抽检监测工作

成立专门的农产品质量安全监管监测工作组，从各个基地随机取样进行检测，特别在节假日期间，做好抽样监测工作。

6. 严格控制农产品安全标识的使用和管理

对农产品实行分级收购、统一包装，使用标识，实行登记追溯制度。

（四）倡导合理安全施肥

合理安全施肥是保证土壤健康和农产品质量安全的有效途径，具体措施有以下几方面。

1. 科学配比，平衡施肥

施肥应该根据土壤条件、作物的营养需求和季节气候变化等因素，调节养分的配比和用量，保证养分的平衡供给。

2. 施足基肥，合理追肥

有机肥主要作基肥施用，可为植物整个生长周期提供各种养分，同时还有改良土壤，提高地力的作用。追肥要根据作物生长情况与需求，采用沟施、穴施、撒施和叶面喷施，以速效化肥为主。

3. 要贯彻有机肥料和化学肥料配合施用的原则

有机肥料和化学肥料是性质和特点不同的两类肥料，各有优缺点，两者配合施用，可以取长补短，增进肥效，是建设高产稳产农田的有效措施。

4. 要做到养分的平衡

一是要做到大量元素的平衡；二是做到大量元素和微量元素的平衡，不能盲目单纯施用一种肥料，只有这样，才能实现高产、稳产和优质的目的。

(五)加强农产品产地环境保护

1. 目前农产品产地环境存在的主要问题

(1)土地质量退化 土地质量退化是指土地的生产力下降,具体表现为土壤肥力下降和土壤结构破坏,最主要的原因是有机质含量下降。有机质含量下降一方面导致土壤矿质化过程和腐殖化过程减弱,削弱了农田腐生食物链的作用,同时,有机质含量下降也是导致土壤物理、化学性能变劣的主要根源,造成土壤结构破坏,养分供应能力降低。目前,我国农田土壤养分亏缺的情况非常普遍,氮、磷、钾等元素严重不足,越来越依赖大量施用化学肥料,随着产量提高,锌、硼、锰等微量元素的缺少也表现了出来。

(2)水土流失严重 中国是世界上水土流失最严重的国家之一,水土流失面积已达150 万 km^2,接近国土面积的 1/6,每年侵蚀总量在 5×10^9 t 以上,耕地是水土流失量最大,也是危害最严重的,目前耕地水土流失面积占总耕地面积的 34.26%,砍伐森林和不合理的土地利用是造成水土流失的主要原因。水土流失不但造成土壤肥力下降、土壤退化、农业减产,而且引起河流、湖泊、水库淤塞,造成生态环境破坏,导致生态环境破坏,导致旱、涝、风沙等自然灾害频繁发生,是土地资源遭受破坏的主要原因。

(3)土地沙化加剧 在干旱和半干旱地区,由于土地资源的不合理利用,盲目开垦,过度放牧,破坏植被,导致土地沙化加剧,我国目前干旱和半干旱地区有沙漠化土地 1.76×10^5 km^2,在半湿润地区有沙漠化土地 1.9×10^5 km^2,而且每年新增沙漠化土地约 1 560 km^2,土地沙漠化以后,耕地面积减少,风沙危害特别严重。

(4)土壤次生盐碱化和潜育化 在半干旱和半湿润地区,由于灌溉不合理导致地下水位上升,或者用高矿化度水灌溉,造成土壤次生盐渍化,此外,在湿润地区,由于排灌不合理,土壤长期渍水引发的潜育化土地面积也在逐年增加,严重妨碍了农业生产的发展。

(5)土壤污染 由于大气污染所带来的酸雨危害,污水灌溉导致污染物在土壤中沉积,以及农业生产中大量施用化肥、农药等,使土壤污染越来越严重,土壤污染不仅直接导致污染物长期富集在土壤中,还能引起土壤结构变坏,改变土壤理化性状,并通过其他环节和食物链,最终危害人类健康。

(6)水资源相对较少且分布不均匀 我国人均水资源占有量仅 2 100 m^3,为世界人均占有量的 20%,而且我国地域辽阔,降水地带性明显,各地年降水量差异很大。

(7)水环境恶化 工业废水和生活污水未经处理造成水体污染日益严重,化肥和农药的大量施用,造成水体污染物日益增多。

2. 农产品产地环境保护措施

(1)加强土地资源管理 为了使土地资源得到合理开发利用,必须建立基本农田保护制度。通过法律措施,加强对现有耕地保护,严格控制耕地占用,加强土地管理与整治工作,搞好土地资源的调整与规划。

(2)加强土壤资源的综合治理 耕地实行用地与养地相结合,增施有机肥,建立用地与养地相结合的耕作制度,提高土壤肥力,改良土壤结构,提高土壤质量。对于次生盐渍化土壤和潜育化土壤,应该合理灌溉,加强综合治理,防止土壤资源的退化和破坏,对水土流失严重的地区,应加强绿化,增加植被,减轻水土流失的危害,沙化地区应该探索沙地农业生态技术,加强综合治理。

(3)合理灌溉,节约用水 传统的农业灌溉技术造成了严重的水资源浪费,应该改革灌溉技术,采用喷灌、滴灌措施,节约水资源;改良土壤结构,提高土壤保水保肥能力;可采用薄膜覆盖,塑料大棚、日光温室等设施设备可大大减少耗水量。

技能训练17

当地农业生产施肥技术调查

一、目的要求

了解当地农业生产施肥现状与存在的问题,先进农业生产施肥技术的应用状况,运用所学知识,提出科学施肥建议,总结出当地优质高产施肥技术模式。

二、调查准备

(1)确定调查区域和对象:选择具有代表当地农业生产施肥技术或优质高产施肥典型的农户或村庄,作为调查区域和对象。

(2)调查组织建立:对全班进行分组,以小组为单位分别拟出调查提纲。

(3)材料准备:编制农业生产施肥技术调查表格,准备铅笔、纸张和统计工具等。

三、调查内容

(1)调查当地农业生产中主要轮作制度的施用肥料种类、品种、数量。

(2)调查当地主要轮作制度下施用肥料的方式方法与存在问题。

(3)调查当地农户优质高产施肥的典型经验。

(4)调查当地农业生产中配方施肥技术的推广应用情况。

四、调查方法

(1)现场调查:依据拟定的调查提纲和制作的调查表格,按调查内容选择农户进行询问。

(2)座谈访问:请当地科技示范户,召开座谈会,介绍优质高产施肥典型经验。

五、总结报告

根据调查资料,分组讨论,并统计、汇总,编写一份调查报告。调查报告主要包括:调查方法、调查过程与内容、调查结果(表 8.2)。

表 8.2 农户施肥现状调查表

农户姓名: 行政区划: 地块位置:

种植制度: 种植植物: 产量(kg/hm^2):

肥料施用方式	肥料名称	施肥量/(kg/hm^2)	养分含量/(kg/hm^2)			施肥时期	施肥方法
			N	P_2O_5	K_2O		
种肥施用							
基肥施用							
追肥施用							
叶面肥及其他肥料施用							

创新创业

腐殖酸肥料在生产中的应用及研究进展

一、腐殖酸肥料的概念

腐殖酸是腐殖质的主要组成部分，是土壤的主要有机成分。腐殖酸肥料是一种含有腐殖酸类物质的新型肥料，也是一种多功能肥料。腐殖酸肥料是由草炭或泥炭与化学肥料化合而成的，主要产品有腐殖酸铵、腐殖酸磷、腐殖酸钾、腐殖酸钠、腐殖酸氮磷钾复合肥以及硝基腐殖酸铵、硝基腐殖酸钾等硝基复合肥类。由于腐殖酸具有多种活性官能团和较大的比表面积，因此它也是一种环保型的吸附剂。随着对腐殖酸研究工作的深入和仪器设备的改进，腐殖酸类产品的应用范围将更加广泛。作为一类可以开发利用的潜在有机资源，腐殖酸越来越受到国内外科技人员的重视，也为煤炭行业以及工农业的发展创造了有利条件。

二、腐殖酸肥料的作用

1. 刺激作物生长

腐殖酸中含有多种功能团，作为生理活性物质，对作物的生长发育及体内生理代谢有刺激作用，腐殖酸中的低分子组成黄腐酸是水溶性的，通过拌种、蘸根、喷洒等方式促进种子发芽，提高出苗率和成苗率，促使幼苗发根快，次生根增多，根量增加，根系伸长，使作物吸收水分和养分的能力增加，增强光合作用的强度。试验结果表明，在常规施肥的基础上，在辣椒始花期、盛花期、幼果期喷施含腐殖酸水溶肥料，不但增强了辣椒的抗病能力，而且增加了辣椒的单株结果数。锌、钼与腐殖酸配施能够显著提高大蒜叶片的叶绿素含量，可提高过氧化物酶（POD）、超氧化物歧化酶（SOD）和过氧化氢酶（CAT）的活性，有利于增强土壤酶（脲酶和磷酸酶）活性，改善土壤理化性状，并能显著增加大蒜株高、茎粗、蒜头直径及产量。腐殖酸钾肥与其他形态钾肥在增加烟叶产量、降烟叶烟碱含量、提高烟叶还原糖和钾含量以及促进烟叶主要化学成分的比例协调上，表现出不同程度的优势。腐殖酸能明显提高玉米产量及氮素利用率。

2. 改良土壤

土壤是农作物生长的基础。腐殖酸结构单元中含有的羟基和羧基可与土壤中的钙离子发生螯合反应，在土壤中形成团聚体，使土壤孔隙度增大、体积密度减小，并具有良好的渗透性，进而改良土壤结构，协调土壤水、肥、气、热状况。试验结果表明：腐殖酸专用肥在一定程度上起到了改良土壤的作用，减少了土壤对可溶性磷的固定，使土壤中速效磷的含量明显提高；Winarso S 等研究了从堆肥中提取的腐殖质对重金属的螯合性能，发现腐殖质对铜的吸附可达 300 mg/kg，对土壤的修复效果明显，表明腐殖酸可以有效改良酸性土壤，减少土壤中重金属离子的含量。

3. 提高肥效

由于腐殖酸能吸附交换活化土壤中很多矿质元素，如磷、钾、钙、镁等，使这些元素的有效性大大增强，从而改善了作物的营养条件。在化肥中起到增效剂的作用，而且减轻化肥对土壤理化性状产生的不良影响。研究表明：与单施无机肥相比，配施腐殖酸能提高根、茎和叶的生物量，对根系生长的促进作用尤为明显；另外，提高了土壤中胡敏酸与富里酸的比值，有利于土壤的培肥。

4. 提高植物的抗病功能和抗逆性

土壤有机质含量高，为有益微生物提供了一个优良的环境，抑制有害病菌生长，植物生长健壮，抗病能力强，大大减少病害的发生。腐殖酸对防治病虫害有着独特的效果。腐殖酸能够提高作物抗旱能力，节水能力提高30%，节水保墒的效果仅次于地膜覆盖所产生的效果。腐殖酸还可增强作物抗寒能力。

5. 改善作物品质

在蔬菜、瓜果类中，腐殖酸可以提高糖分，增加维生素C的含量，降低果质酸度，在烟叶、蔬菜等阔叶型作物中，可以提高叶片的质量品质。

三、腐殖酸肥料的施用

1. 浸种

浸种可以提高种子发芽率、提早出苗、增强幼苗的发根能力，一般浸种浓度为0.005%～0.05%，浸种时间为5～10 h。

2. 喷施

一般浓度为0.01%～0.05%，在作物花期喷施2～3次，每667 m^2 每次用50 L水溶液喷施，时间在傍晚为好。

3. 基肥

一般固体腐殖酸肥料每667 m^2 用量100～150 kg，可与农家肥料混合在一起施用，沟施、穴施均可。

4. 追肥

在作物幼苗期和抽穗期前，每667 m^2 用0.01%～0.1%浓度的水溶液40 L左右，浇灌在根系附近。

四、腐殖酸肥料的发展方向

腐殖酸肥料是各种含腐殖酸的肥料的总称，当前还处于不断开发中，腐殖酸肥料具有优良的特性，大力推广该种肥料必然会为农业生产注入新的活力，但腐殖酸肥料中未经加工的腐殖质含有大分子聚合物，短时间内很难被微生物分解，在保护土壤的前提下，应控制其施用量，否则会加重土壤的次生盐渍化。因此，原生腐殖质在加入肥料前应该先进行氧化、氨化等活化处理，以增加其有效性，同时应进一步加强以下几方面的研究工作。

(1)由于腐殖酸的具体分子支链结构尚有争议，其作用机理不是很明确，通过先进的分析检测手段进一步确定腐殖酸的作用机理将是下一步工作的重点。

(2)目前，腐殖酸肥料的生产工艺处于粗制品阶段，生产工艺体系不成熟，评价体系及生产体系缺乏统一标准，应尽快制定腐殖酸类肥料加工的系列标准。

(3)腐殖酸是一类混合物的总称，不同成分物质的溶解性能不同，生物降解机理与周期尚待研究，如何高效合理利用不同成分的腐殖酸及确定腐殖酸的生物降解过程也是未来研究的主要方向。

阅读材料

精准农业

当下，中国农业正从传统意义上的精耕细作向精准化、智能化的现代农业演进。从以“靠天”吃饭为主的传统农业转向以“看天”吃饭为主的现代农业，以及未来以“用天”吃饭为主的精准农业。而这个转变中将引入与应用物联网技术，对于建立集约型农业生产经营管理方式、提高植物病虫害管理防控能力、确保农产品质量安全等方面都具有重要意义。物联网技术是现代农业依托新型信息化应用的重要一步，实现了很好的“联动”，它将农业带入数字和信息时代，是21世纪农业的重要发展方向。

一、精准农业的概念与技术原理

精准农业(Precision Agriculture)又称为精确农业或精细农作，起源于美国。精准农业是以信息技术为支撑，根据空间变异，定位、定时、定量地实施一整套现代化农事操作与管理的系统，是信息技术与农业生产全面结合的一种新型农业。精准农业是近年出现的专门用于大田作物种植的综合集成的高科技农业应用系统。其基本含义是根据作物生长的土壤性状，调节对作物的投入，即一方面查清田块内部的土壤性状与生产力空间变异；另一方面确定农作物的生产目标，进行定位的“系统诊断、优化配方、技术组装、科学管理”，调动土壤生产力，以最少的或最节省的投入达到同等收入或更高的收入，并改善环境，高效地利用各类农业资源，取得经济效益和环境效益。精准农业的技术支撑主要是3S(GPS，全球定位系统；GIS，地理信息系统；RS，遥感遥测系统)集成，这种农业技术体系是信息技术网格化、智能化、数字化综合应用的体现。

精准农业的技术原理是，根据土壤肥力和作物生长状况的空间差异，调节对作物的投入，在对耕地和作物长势进行定量的实时诊断并充分了解大田生产力的空间变异的基础上，以平衡地力、提高产量为目标，实施定位、定量的精准田间管理，实现高效利用各类农业资源和改善环境这一可持续发展目标。实施精准农业不但可以最大限度地提高农业生产力，而且能够实现优质、高产、低耗和环保的农业可持续发展的目标。

二、精准农业的技术组成

精准农业是空间信息管理与变异分析相结合的现代农业管理策略和农业操作技术体系，其由10个系统组成：即全球定位系统、农田信息采集系统、农田遥感监测系统、农田地理信息系统、农业专家系统、智能化农机具系统、环境监测系统、系统集成、网络化管理系统和培训系统。以地理信息技术为主体的信息技术是精准农业的技术核心。

(1)全球定位系统GPS　精准农业广泛采用了GPS系统用于信息获取和实时的准确定位。为了提高精度广泛采用了DGPS(Differential Global Positioning System)技术，即所谓“差分校正全球卫星定位技术”。它的特点是定位精度高，根据不同的目的可自由选择不同精度的GPS系统。

(2)地理信息系统GIS　精准农业离不开GIS(Geographical Information System)的技术支持，它是构成农作物精准管理空间信息数据库的有力工具，田间信息通过GIS系统予以表达和处理，是精准农业实施的重要一步。

(3)遥感系统RS　遥感技术(Remote Sensing)是精准农业田间信息获取的关键技术，为精准农业提供农田小区内作物生长环境、生长状况和空间变异信息的技术要求。

(4)作物生产管理专家决策系统 ES　它的核心内容是用于提供作物生长过程模拟、投入产出分析与模拟的模型库;支持作物生产管理的数据资源的数据库;作物生产管理知识、经验的集合知识库;基于数据、模型、知识库的推理程序;人机交互界面程序等。

(5)田间肥力、墒情、苗情、杂草及病虫害监测及信息采集处理技术设备。

(6)带 GPS 系统的智能化农业机械装备技术　如带产量传感器及小区产量生成图的收获机械;自动控制的精密播种、施肥、洒药机械等。

RS(遥感遥测系统)是农田信息的获取手段;GPS(全球卫星定位系统)是地理位置信息的获取手段,用于信息获取和实施的准确定位;GIS(地理信息系统)是农田信息的管理和分析手段,DSS(决策支持系统)和 ES(农业专家系统)是形成决策支持系统的核心,再加上变量施用技术构成了精准农业技术系统的基本内容。

精准农业的核心是建立一个完善的农田地理信息系统(GIS),可以说是信息技术与农业生产全面结合的一种新型农业。精准农业并不过分强调高产,而主要强调效益。它将农业带入数字和信息时代,是 21 世纪农业的重要发展方向。

三、精准农业的作用和意义

从世界近代农业发展史可见,20 世纪中期以前,发达国家要由第三世界国家进口粮食和农产品,然而到了 20 世纪后期,情况出现了逆转,发达国家却大量出口粮食和农产品到第三世界国家。其实发达国家的耕地面积并无明显增加,主要依靠科学技术,包括逐步发展起来的精准农业等技术投入,不断提高了农业劳动生产率和农资利用率,在大力挖掘潜力、降低成本的同时,减少了化肥、农药、石油对环境的污染,达到经济效益、社会效益、生态效益的同步增长、持续发展。

我国是世界上最主要的农业国家,用占世界 9% 的耕地解决了世界近 20% 人口的温饱问题,取得了举世瞩目的成就。但是人口增长和土地资源减少的矛盾不可逆转,为了满足经济和人民生活水平日益提高的要求,必须保持农业的持续发展。解决问题的根本出路在于科学技术,形势迫使我们应该启动精准农业技术,寻找发展高效农业的途径。因此精准农业在减少投入、降低成本、减轻环境污染、农产品可控化、标准化和批量化、便于加工、出口等方面均有积极的作用和意义。

四、精准农业对环境的影响

传统农业的发展在很大程度上依赖于生物遗传育种技术,以及化肥、农药、矿物能源、机械动力等投入的大量增加而实现。由于化学物质的过量投入引起生态环境和农产品质量下降,高能耗的管理方式导致农业生产效益低下,资源日显短缺,在农产品国际市场竞争日趋激烈的时代,这种管理模式显然不能适应农业持续发展的需要。

农业环境问题主要包括水、空气和土壤的质量,以及自然资源的消耗。传统的均量施肥意味着田间一些地方施肥过量而另一些地方施肥不足,超过植物所需的过量施用造成过多部分进入地下水或地表水。有人认为,在精准农业模式下,生产者一般少施肥料,那么养分流失就有可能减少。然而,肥料用量不可能减少很多,农药的使用也会得到控制。感应器及制图可以根据特定地点的需要更好地确定农药施用的类型、数量和位置。精准农业可以通过提高土地生产力,降低消耗以满足衣食之需。用精准农业所提供的精准控制技术可以较好地改善环境热点中的化学品施用问题,减少化肥、农药的过量不合理施用带来的危害。

五、精准农业在我国的应用情况

据悉，在国外已日趋成熟的精确农业技术也进入了中国。“农业部遥感估产运行系统”的投入使用，让中国农业资源开发与保护、大宗农作物估产、重大农业灾害评价、农业预警等方面都得到了质的飞跃。国内一些地区已将“精确农业”技术引入农业生产实践中，并取得了可观的经济效益。从2009年开始，为有效提高农作物生产过程的管控能力和生产作业的精细化水平，北京市植物保护站将物联网技术引入到设施农业生产中，从而推进北京市种植业生产向精细化、智能化、集约化方向转变，推动生态农业、循环农业和低碳农业的发展。

国家农业信息化工程技术研究中心致力于信息化在农业中的应用研发，大力推动了中国农业信息化的发展。通过在农业生产区安装生态信息无线传感器和其他智能控制系统，对整个生产地区的生态环境进行检测，从而及时掌握影响生产地区环境的一些参数，并根据参数变化适时调控如灌溉系统、保温系统等，确保农作物有最好的生长环境，以提高产量、保证质量。

2017年9月21—22日，在中国常州举办了第四届中国国际精准农业与高效利用高峰论坛(PAS 2017)。该论坛以“农业4.0时代下的精准农业发展”为主题，讨论时下精准农业热点话题与最新技术解决方案。PAS 2017论坛充分说明我国对精准农业行业发展的重视。精准农业将是中国农业未来的发展方向，也顺应了依靠科技进步夯实农业基础地位的形势。以物联网为基础，按照田间每一操作单元(区域、部位)的具体条件，精细准确地调整各项土壤和作物管理措施，最大限度地优化使用各项农业投入，以获取单位面积上的最高产量和最大经济效益。

项目小结

- 科学施肥技术
  - 科学施肥的基本理论
    - 基本理论：矿质营养学说、养分归还学说、最小养分律、报酬递减律和因子综合作用律
    - 施肥依据：依据植物营养特性、土壤特性、肥料特性、生态环境
  - 施肥方法与技术
    - 基肥：播种前施用的肥料，供应植物全生育期营养，以有机肥为主，配合长效化肥
    - 种肥：播种时施用的肥料，满足苗期营养需求，以优质速效性化肥为主
    - 追肥：植物生长期间施用的肥料，满足某一生育期的营养要求，以速效化肥为主，配合有机肥
  - 测土配方施肥技术
    - 概念：根据植物需肥规律、土壤供肥性能及肥料效应，以有机肥为基础，产前提出各种养分的适宜用量和相应的施肥方法
    - 方法：地力分区（级）法、养分平衡法（目标产量法、地力差减法）、肥料效应函数法、养分丰缺指标法
  - 肥料的安全施用
    - 植物产品安全：施肥要注意植物产品质量安全，符合标准产品对施肥的要求，掌握肥料使用策略
    - 施肥与环境：避免施肥排放使全球变暖的气体，减少过多施用氮肥、磷肥造成的水体富营养化
    - 改善植物产品品质：各种肥料的用量和比例要合理，保证植物产品中各种营养物质的形成
    - 土壤健康与农产品质量安全：土壤污染直接导致农产品污染，农产品质量安全应从源头抓起。依据我国土壤安全保护法规，建立农产品安全生产基地，合理科学施肥，并加强环境保护

思考题

一、名称解释

基肥　种肥　追肥

二、填空题

1. 科学施肥应该综合考虑________、________和________三方面的因素。
2. 追肥要做到一看________，二看________，三看________，四看________，五看________。
3. 配方施肥中常用________法和________法来计算土壤供肥量。

三、问答题

1. 基肥、种肥和追肥的施用方法有何不同？
2. 如何利用施肥的基本原理指导农业生产？农业生产中施肥应依据哪些方面？

3. 农业生产中为什么强调基肥、种肥和追肥相结合施用？

4. 配方施肥有哪些基本方法？各有何特点？当地配方施肥推广存在哪些问题？

二维码 8-3
思考题参考答案

思政园地

解读国家“测土配方施肥”“土壤有机质提升”“耕地质量提升与化肥减量增效”“国家优质粮食产业工程标准粮田建设”等重大项目内容，结合有机肥、生物菌肥、无土栽培、测土配方施肥、水肥一体化等最新研究成果和技术，谈谈科学施肥与这些项目间的联系。

参 考 文 献

[1] 方树良．土壤肥料学[M]．北京：中央广播电视大学出版社，2012.
[2] 王田利．腐熟羊粪在苹果生产中的应用效果试验[J]．果树资源学报，2023，4(1)：3.
[3] 金为民．土壤肥料[M].2 版．北京：中国农业出版社，2009.
[4] 宋志伟．植物生产环境(第四版)(种植类专业)[M]．北京：高等教育出版社，2020.
[5] 李庆逵，朱兆良，于天仁．中国农业持续发展中的肥料问题[M]．南昌：江西科学出版社，1998.
[6] 李小明．叶面肥的应用及研究进展[J]．安徽农业科学，2017，45(3)：127-130.
[7] 李振陆．植物生产环境[M].2 版．北京：中国农业出版社，2015.
[8] 李振陆．作物栽培[M]．北京：中国农业出版社，2002.
[9] 马林倩，曹丹．欧洲月季扦插育苗营养土配制对比试验[J]．种子科技，2019，37(10)：145-146.
[10] 林葆．中国肥料[M]．上海：上海科学出版社，1994.
[11] 林启美．土壤肥料学[M]．北京：中央广播电视大学出版社，1999.
[12] 刘汉忠．农业基础[M]．北京：中国农业出版社，1994.
[13] 刘念祖，陆景陵．土壤肥料学(下册)[M]．北京：中央广播电视大学出版社，1990.
[14] 孟宪民．我国基质产业面临的问题与对策[J]．中国蔬菜，2017(8)：16-20.
[15] 刘子龙，张广军，赵政阳，等．陕西苹果主产区丰产果园土壤养分状况的调查[J]．西北林学院学报，2006(2)：50-53.
[16] 葛建军．叶面肥的种类与发展趋势探析[J]．现代农业科技，2008，23：367-368.
[17] 刘志朋．论我国土壤污染防治立法的完善[D]．石家庄：河北经贸大学，硕士论文，2016.
[18] 芦亚娟．林木容器育苗技术探讨[J]．世界热带农业信息，2023(4)：86-88.
[19] 石刚，庞巧莲，李文燕，等．土壤调理剂的应用现状及前景[J]．现代农业科技，2021(24)：138-139.
[20] 鲁如坤．土壤农业化学分析方法[M]．北京：中国农业科学技术出版社，2000.
[21] 陆欣．土壤肥料学[M]．北京：中国农业大学出版社，2002.
[22] 骆永明．污染土壤修复技术研究现状与趋势[J]．化学进展，2009：558-565.
[23] 吕贻忠，李保国．土壤学[M]．北京：中国农业出版社，2006.
[24] 吕英华．测土及施肥[M]．北京：中国农业出版社，2002.
[25] 潘瑞炽．植物生理学[M].4 版．北京：高等教育出版社，2001.
[26] 潘铁生．农作物低温冷害及防御措施[M]．北京：农业出版社，1983.
[27] 裴保华．植物生理学[M]．北京：农业出版社，1992.
[28] 乔振刚．设施蔬菜土壤改良及施肥技术[J]．新农业，2015(11)：29-31.
[29] 丘华昌．土壤学[M]．北京：中国农业科技出版社，1995.
[30] 龚子同，张甘霖，陈志诚．北京：土壤发生与系统分类[M]．科学出版社，2007.
[31] 库永丽，徐国益，赵骅，等．腐殖酸复合微生物肥料对高龄猕猴桃果园土壤改良及果实品

质的影响[J]. 华北农学报,2018,33(3):9.
[32] 向文明,孙媛,周富忠. 土壤调理剂的种类、作用及科学使用[J]. 长江蔬菜,2021(13):70-72.
[33] 詹余福,韩茂德. 酒糟沼渣理化特性及其育苗基质化利用试验研究[J]. 中国沼气,2022,40(6):72-78.
[34] 沈其荣. 土壤肥料学通论[M]. 北京:高等教育出版社,2001.
[35] 沈善敏. 中国土壤肥力[M]. 北京:中国农业出版社,1998.
[36] 史静,张乃明,包立. 我国设施农业土壤质量退化特征与调控研究进展[J]. 中国生态农业学报,2013,21(7):787-794.
[37] 宋连启. 农业植物与植物生理[M]. 北京:中国农业出版社,2000.
[38] 宋志伟. 土壤肥料[M].3 版. 北京:中国农业出版社,2012.
[39] 宋志伟. 土壤肥料[M]. 北京:高等教育出版社,2005.
[40] 宋志伟. 植物生长环境[M].3 版. 北京:中国农业大学出版社,2015.
[41] 孙鹏轩. 土壤重金属污染修复技术及其研究进展[J]. 环境保护与循环经济,2012(11):48-51,75.
[42] 孙羲. 植物营养及肥料[M]. 北京:农业出版社,1991.
[43] 孙羲. 植物营养原理[M]. 北京:中国农业出版社,1997.
[44] 郭世荣. 无土栽培学[M].2 版. 北京:中国农业出版社,2011.
[45] 索琳娜,马杰,刘宝存,等. 土壤调理剂应用现状及施用风险研究[J]. 农业环境科学学报,2021,40(6):1141-1149.
[46] 王建霞. 河西地区果园土壤改良措施分析[J]. 甘肃科技,2020,36(11):3.
[47] 周启星. 健康土壤学——土壤健康质量与农产品质量安全[M]. 北京:科学出版社,2005.
[48] 孙向阳. 土壤学[M]. 北京:中国林业出版社,2005.
[49] 孙秀庭. 作物配方施肥技术[M]. 成都:四川科学技术出版社,1993.
[50] 谭金芳. 作物施肥原理与技术[M]. 北京:中国农业大学出版社,2003.
[51] 王曦. 浅析土壤肥料现状与发展前景[J]. 农业与技术,2014(10):21.
[52] 吴礼树. 土壤肥料学[M]. 北京:中国农业出版社,2010.
[53] 吴玉光. 化肥使用指南[M]. 北京:中国农业出版社,2001.
[54] 谢德体. 土壤学(南方本)[M].3 版. 北京:中国农业出版社,2014.
[55] 熊顺贵. 基础土壤学[M]. 北京:中国农业大学出版社,2001.
[56] 熊毅. 中国土壤[M].2 版. 北京:科学出版社,1987.
[57] 徐秀华. 土壤肥料[M]. 北京:中国农业大学出版社,2007.
[58] 洪常青,聂艳丽. 根系分泌物及其在植物营养中的作用[J]. 生态环境,2003,12(4):508-511.
[59] 范贝贝,彭宇涛,张冉,等. 基于专利文献计量来看我国土壤调理剂发展趋势[J]. 中国农业大学学报,2021,26(6):141-149.
[60] 吴迪,王加国,任春光. 不同有机肥料对红阳猕猴桃叶片营养及果实品质的影响[J]. 农业与技术,2022,42(24):12-15
[61] 张福锁. 根分泌物与禾本科植物对缺铁胁迫的适应机理[J]. 植物营养与肥料学报,1995(1):17-23.

[62] 张绍林．稻田氮肥施用技术的改进[J]．土壤,1992(1):19-22.
[63] 张慎举．土壤肥料[M]．北京:化学工业出版社,2013.
[64] 张小凯,何丽芝,陆扣萍,等．生物质炭修复重金属及有机物污染土壤的研究进展[J]．土壤,2013(6):970-977.
[65] 赵吉红．水肥一体化技术应用中存在的问题及解决对策[D]．杨凌:西北农林科技大学,2015.
[66] 赵佐平．陕西苹果、猕猴桃果园施肥技术研究[D]．杨凌:西北农林科技大学,2014.
[67] 朱祖祥．土壤学[M]．北京:农业出版社,1983.
[68] 邹良栋．植物生长与环境[M]．北京:高等教育出版社,2004.
[69] 周连仁．肥料加工技术[M]．北京:化学工业出版社,2007.
[70] 黄昌勇．土壤学[M]．北京:中国农业出版社,2002.
[71] 白博文,刘善江,申俊峰,等．土壤调理剂研发及应用研究进展[J]．安徽农业科学,2021,49(3):14-18.
[72] 吕福堂．土壤肥料学[M]．武汉:华中科技大学出版社,2013.
[73] 黄德明．作物营养和科学施肥[M]．北京:农业出版社,1993.
[74] 范丙全．我国生物肥料研究与应用进展[J]．植物营养与肥料学报,2017,23(6):1602-1613.
[75] 付强强,沈彦辉,高璐阳．矿物型土壤调理剂生产技术及应用效果[J]．肥料与健康,2020,47(6):21-25.
[76] 王立河,高素玲．土壤肥料[M]．北京:中国农业大学出版社,2021.
[77] 黄巧云．土壤学[M]．北京:中国农业出版社,2006.
[78] 宋志伟,王庆安．土壤肥料[M]．北京:中国农业出版社,2019.
[79] 金为民．土壤肥料[M]．北京:中国农业出版社,2001.
[80] 徐乃霞,李振陆．植物生产环境[M]. 3 版．北京:中国农业出版社,2019.
[81] 许威,彭耀东,郭洪光,等．烤烟移栽营养土配制材料筛选[J]．安徽农业科学,2019,47(18):152-154.
[82] 姜长云．农业强国建设及其关联问题[J]．华中农业大学学报(社会科学版),2023(2):1-6.